高等院校规划教材·软件工程系列

软件工程

第2版

瞿中　吴渝　常庆丽　王永昆　编著

机械工业出版社

本书从实用的角度出发，根据教育部高教司主持编审的《中国计算机科学与技术学科教程2002》中对软件工程的要求组织编写，并参照美国ACM和IEEE Computing Curricula 2005教程关于软件工程的描述。本书详细介绍了软件工程、软件开发过程、软件计划、需求分析、总体设计、详细设计、编码、软件测试、软件维护、软件工程标准化和软件文档、软件工程质量、软件工程项目管理、开发实例等知识。每章配有习题，以指导读者深入地进行学习。

本书内容丰富，结构合理，既可作为高等院校计算机专业课程的教材或教学参考书，也可作为通信、电子信息、自动化等相关专业的计算机课程教材，还可供软件工程师、软件项目管理者和应用软件开发人员阅读参考。

图书在版编目（CIP）数据

软件工程/瞿中等编著. —2版，—北京：机械工业出版社，2011.6
（高等院校规划教材·软件工程系列）
ISBN 978-7-111-33949-6

Ⅰ.①软… Ⅱ.①瞿… Ⅲ.①软件工程-高等学校-教材
Ⅳ.①TP311.5

中国版本图书馆CIP数据核字（2011）第054959号

机械工业出版社（北京市百万庄大街22号 邮政编码100037）
责任编辑：唐德凯
责任印制：乔 宇
三河市宏达印刷有限公司印刷

2011年5月第2版·第1次印刷
184mm×260mm·23.25印张·576千字
0001-3000册
标准书号：ISBN 978-7-111-33949-6
定价：42.00元

出版说明

计算机技术的发展极大地促进了现代科学技术的发展，明显地加快了社会发展的进程。因此，各国都非常重视计算机教育。

近年来，随着我国信息化建设的全面推进和高等教育的蓬勃发展，高等院校的计算机教育模式也在不断改革，计算机学科的课程体系和教学内容趋于更加科学和合理，计算机教材建设逐渐成熟。在“十五”期间，机械工业出版社组织出版了大量计算机教材，包括“21世纪高等院校计算机教材系列”、“21世纪重点大学规划教材”、“高等院校计算机科学与技术‘十五’规划教材”、“21世纪高等院校应用型规划教材”等，均取得了可喜成果，其中多个品种的教材被评为国家级、省部级的精品教材。

为了进一步满足计算机教育的需求，机械工业出版社策划开发了“高等院校规划教材”。这套教材是在总结我社以往计算机教材出版经验的基础上策划的，同时借鉴了其他出版社同类教材的优点，对我社已有的计算机教材资源进行整合，旨在大幅提高教材质量。我们邀请多所高校的计算机专家、教师及教务部门针对此次计算机教材建设进行了充分的研讨，达成了许多共识，并由此形成了“高等院校规划教材”的体系架构与编写原则，以保证本套教材与各高等院校的办学层次、学科设置和人才培养模式等相匹配，满足其计算机教学的需要。

本套教材包括计算机科学与技术、软件工程、网络工程、信息管理与信息系统、计算机应用技术以及计算机基础教育等教材系列。其中，计算机科学与技术系列、软件工程系列、网络工程系列和信息管理与信息系统系列是针对高校相应专业方向的课程设置而组织编写的，体系完整，讲解透彻；计算机应用技术系列是针对计算机应用类课程而组织编写的，着重培养学生利用计算机技术解决实际问题的能力；计算机基础教育系列是为大学公共基础课层面的计算机基础教学而设计的，采用通俗易懂的方法讲解计算机的基础理论、常用技术及应用。

本套教材的内容源自致力于教学与科研一线的骨干教师与资深专家的实践经验和研究成果，融合了先进的教学理念，涵盖了计算机领域的核心理论和最新的应用技术，真正在教材体系、内容和方法上做到了创新。同时本套教材根据实际需要配有电子教案、实验指导或多媒体光盘等教学资源，实现了教材的“立体化”建设。本套教材将随着计算机技术的进步和计算机应用领域的扩展而及时改版，并及时吸纳新兴课程和特色课程的教材。我们将努力把这套教材打造成为国家级或省部级精品教材，为高等院校的计算机教育提供更好的服务。

对于本套教材的组织出版工作，希望计算机教育界的专家和老师能提出宝贵的意见和建议。衷心感谢计算机教育工作者和广大读者的支持与帮助！

机械工业出版社

前言

当今，软件工程已成为计算机科学中的一个重要分支，并且一直是一个非常热门的研究领域。软件工程是指导计算机软件开发与维护的工程学科，它采用工程的概念、原理、技术和方法来开发与维护软件，把经过时间验证过的管理技术和当前能够得到的最好技术方法结合起来，以便经济地开发高质量的软件并有效地维护它。软件工程学是计算机专业一门非常重要的专业课程，它的研究范围非常广泛，包括技术、方法、工具和管理等许多方面。软件工程学也是一门迅速发展的新兴学科，有很多新的技术和方法。严格遵循软件工程的方法，可以大大提高软件的开发效率和成功率，减少软件开发和维护中的问题。

本书共11章，从实用角度出发，讲述了软件工程的基本原理、概念、技术和方法。本书的主要内容有软件工程、软件开发过程、软件计划、需求分析、总体设计、详细设计、编码、软件测试、软件维护、软件工程标准化和软件文档、软件工程质量、软件工程项目管理、开发实例等。在编写的过程中注重理论与应用相结合，不仅对软件的分析、设计、开发及维护过程进行了全面地讲述，而且配有丰富的实例，每章还提供典型习题。

本书由有着丰富的教学经验和雄厚的软件开发能力的教师在参阅大量国内外有关软件工程的教材和资料后编写而成。全书由瞿中、吴渝、常庆丽、王永昆编写，研究生马庆伟、张庆庆、高腾飞、李梦露、关兴等参与了文字录入，并对书中的实例及图表做了大量的工作。本书的顺利出版，要感谢领导和老师给予的大力支持和帮助，也得到了计算机教育界许多同行的关心，在此一并致谢。

书中文字通俗易懂、概念清晰、深入浅出、实例丰富、实用性强，既可作为高等学校计算机专业课程的教材或教学参考书，也可作为通信、电子信息、自动化等相关专业的计算机课程教材，还可供软件工程师、软件项目管理者和应用软件开发人员阅读参考。为了便于读者学习，本书提供配套的电子教案和习题答案，如有需要可从机械工业出版社教材服务网（www. cmpedu. com）下载或与编者联系，编者的联系方式：quzhong@ hotmail. com。

目前，国内外有关软件工程技术与设计方面的资料很多，新理论、新技术层出不穷。由于时间仓促，加上软件工程发展迅速和编者水平有限，书中难免存在不妥之处，恳请读者批评指正，以便进一步完善。

作　者

目　录

第1章 概 论

本章要点

- 软件、软件工程的概念以及开发的主要原则
- 软件开发过程的模型以及开发方法
- 软件工程标准及开发文档的编制管理方法
- 软件工程发展的新动向

1.1 软件的概念

1.1.1 软件的定义以及特点

软件（Software）在计算机系统中与硬件（Hardware）相互依存，包括程序（Program）、相关数据（Data）及其说明文档（Document）。其中，程序是按照事先设计的功能和性能要求执行的指令序列；数据是程序能正常操纵信息的数据结构；说明文档是与程序开发维护和使用有关的各种图文数据。软件的发展历史不过四五十年，人们对软件的认识也经历了一个由浅到深的过程。在计算机系统发展的初期，硬件通常用来执行一个单一的程序，而程序是为一个特定的目的编制的。早期硬件的通用性很强，软件的通用性却是很弱。大多数软件是由使用该软件的个人或机构研制的，软件往往有局限性。早期的软件开发也没有什么系统的方法可以遵循，软件设计是在某个开发者的头脑中完成的。而且，软件成品除了源代码外几乎没有软件说明书等文件。

随着计算机的普及，软件变得越来越复杂，规模变得越来越大，人与人、人与机器间的相互沟通变得更加困难。文档在软件开发与维护过程中体现出越来越高的价值，甚至超出了软件产品本身。因此，“软件就是程序”的观念已经落后，需要对其进行重新认识。

软件的特点如下。

1）软件是一种抽象的逻辑实体。人们无法看到其具体形态，只能通过观察、分析、思考、判断等方式了解它的特性和功能。

2）软件是一种通过人们的智力活动，把知识与技术转化为信息的一种产品，是在研制、开发中被创造出来的。在软件的开发过程中没有明显的制造过程，不像硬件那样，一旦研制成功，可以重复制造，在制造过程中进行质量控制，以保证产品质量。软件研制成功后只是大量复制同一内容的副本，所以软件的质量主要取决于软件的开发过程，在软件的制造过程中几乎不会引入新的质量问题。软件故障往往是在开发时产生而在测试时没有发现的问题，所以要保证软件质量，必须在软件开发的过程中加强管理。同时由于软件的复制是非常容易的事情，必须在技术上和法律上采取有力的措施，严格控制任意复制软件的行为。

3）在软件的运行和使用期间，没有硬件那样的机器磨损、老化问题。但是软件存在退

化问题，需要维护。软件的退化问题主要是因为在软件的生存周期中，为了使它能够处理之前没有发现的故障，能够适应硬件、软件环境的变化以及用户的新要求，必须多次修改软件，每次修改都会引入新的不可知的错误，连续多次后，软件失效率就会提高，图 1-1 描述了硬件与软件使用过程中产生的失效率曲线。

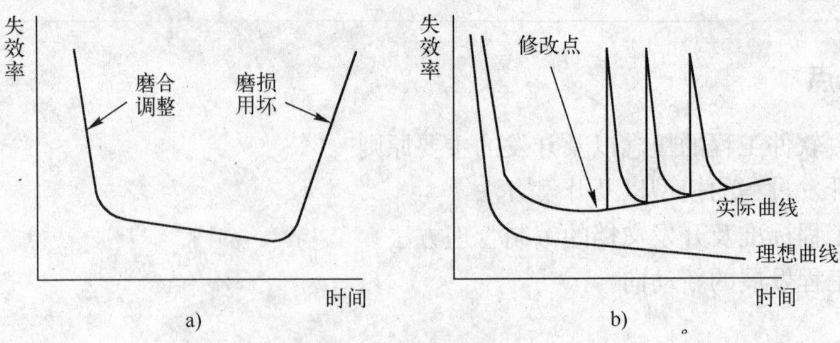

图 1-1　失效率曲线

a）硬件失效率曲线　b）软件失效率曲线

4）软件的开发和运行受到计算机硬件系统的限制。在软件的开发和运行中必须以硬件提供的条件为基础。有的软件依赖于某种硬件系统，有的依赖于某种操作系统，这给软件的使用带来很多不便。为了消除这种依赖关系，在软件开发中提出了软件移植问题，并将软件的可移植性作为衡量软件质量的一个重要因素。

5）软件开发至今尚未摆脱手工开发方式，很多软件仍然是“定制”的。这使得软件的开发效率受到很大限制。近年来出现的软件复用技术、自动生成技术和其他一些有效的软件开发工具或软件开发环境，在一定程度上提高了软件的开发效率，但在软件项目中采用的比率较低。对软件工作而言，开发工作是一种高强度的脑力工作，并不轻松。

6）软件的开发是一个复杂的过程。软件的复杂性可能来自于它所反映的实际问题的复杂性，也可能来自于程序逻辑结构的复杂性。因而，管理是软件开发过程中必不可少的内容。

7）软件的成本相当高。软件开发需要投入大量的、高强度的脑力劳动，成本很高，风险也非常大，现在软件的开销已大大超过了硬件的开销。

8）相当多软件的开发涉及社会因素。如许多软件的开发和运行涉及机构、体制、管理方式等方面的问题，同时也涉及人们的观念和心理等问题。

1.1.2　软件技术的发展阶段

17 世纪 60 年代，Augusta Ada 为 Lovelace Charles Babbage 的分析机（Analytic Machine）编写流程，其中包括计算三角函数、级数相乘、伯努利函数等。在 20 世纪 40 年代末，随着 ENIAC（Electronic Numerical Integrator and Calculator）的问世，以写软件为职业的人开始出现，他们多是经过训练的数学家和电子工程师。到了 20 世纪 60 年代，美国大学里开始出现专门教授人们编写软件的专业，并且对该专业毕业的大学生、研究生授予计算机专业的学位。伴随着信息产业的迅速发展，软件对人类社会的作用显得越来越重要，人们对软件的认识也更为深刻。

在发展过程中，软件技术主要经历了以下 4 个发展阶段。

1. 第一阶段

20世纪50年代初期至20世纪60年代中期，软件技术进入了程序设计阶段，软件生产开始以个体化为主。由于软件规模不大，几乎没有什么系统化的标准可遵循，对软件的开发也无良好的管理方法。大多数的软件由使用者自己开发、编写、应用，也很少涉及到软件文件的撰写。程序设计阶段早期并没有软件的概念，开发工作主要是围绕硬件进行，工程规模很小，所使用的工具也较为单一，开发者之间也没有明确的分工。

2. 第二阶段

20世纪60年代中期至70年代末期，软件技术进入了程序系统阶段，多道程序设计、多用户系统引入了人机交互的新概念。此阶段出现了实时系统和第一代数据库管理系统，软件产品的使用和软件作坊也相继出现。软件的应用范围更广泛，一个程序能够有多达上百的用户。

随着计算机软件规模越来越大，应用范围越来越广，软件的维护也花费人们更多的精力和资源。然而此阶段依然没有解决程序个人化特性的问题，人们开始有了“软件危机”感。

3. 第三阶段

从20世纪70年代中期开始，软件技术进入了软件工程阶段。随着分布式系统、高带宽数字通信系统、实时数据访问控制系统等应用技术的迅速发展，人们对计算机软件的需求变得更高，同时也使得软件开发的效率和质量成为人们关注的焦点。因此，以软件产品化、系列化、工程化、标准化为特征的软件产业迅猛发展，推动了软件工程学的进步。

4. 第四阶段

此阶段已经不着重于单台计算机系统和程序，而是面向计算机和软件的综合影响。Internet和世界范围的信息网提供了一个基本架构，使得计算机体系结构迅速从集中的主机环境转变为分布式的客户机/服务器环境，由复杂的操作系统控制强大的桌面机、广域网络和局域网络，配以先进的软件应用已成标准。计算机科学与软件技术正朝社会信息化和软件产业化的方向发展，软件工程逐步向社会信息化的计算机阶段过渡，一些新技术蓬勃兴起，面向对象的开发方法和其他技术方法在许多领域中表现出强大的生命力。

表1-1给出4个阶段典型技术的比较。

表1-1　4个阶段典型技术比较

阶段	第一阶段	第二阶段	第三阶段	第四阶段
典型技术	面向批处理有限的分布自定义软件	多用户实时数据库软件产品	分布式系统、嵌入智能、低成本硬件、消费者的影响	强大的桌面系统、面向对象技术专家系统、人工神经网络并行计算、网格计算

1.1.3　软件的分类

为了便于人们根据不同的应用需求选择相应的软件，也鉴于不同类型的工程对象，对其进行开发和维护有着不同的要求和处理方法，对软件进行分类是必要的。但是人们对软件的关心和侧重点有所不同，难以找到一种统一的严格分类标准。

1. 基于软件功能的划分

(1) 系统软件

系统软件与计算机硬件紧密配合以使计算机的硬件部分与相关软件，如操作系统、数据库管理系统、设备驱动程序以及通信处理程序等，以及数据协调、高效工作的软件。系统软件是计算机系统必不可少的，它频繁地与硬件交互，通过进程管理和数据结构处理，为用户提供服务。

（2）支撑软件

支撑软件是协助用户开发软件的工具性软件，包括帮助程序人员开发软件产品的工具和帮助管理人员控制开发进程的工具。表 1-2 给出一些支撑软件的实例。

表 1-2　支撑软件举例

一般类型	支持需求分析
文本编辑程序 文本格式化程序 磁盘向磁带数据传输程序 程序库系统	PSI/PSA 问题描述分析器 关系数据库系统 一致性检验系统 CARA 计算机辅助需求分析器
支持设计	**支持实现**
图形软件包 结构化流程图绘图程序 设计分析程序 程序结构图编辑程序	编辑程序 交叉编辑程序 预编译程序 连接逻辑程序
支持测试	**支持管理**
静态分析程序 符号执行程序 模拟程序 测试覆盖检验程序	PERT 进度计划评审方法绘图程序 标准检验程序 库管理程序

（3）应用软件

在特定领域内开发、为特定目的提供服务的一类软件。其中商业数据处理软件占很大比例。另外有工程与科学计算软件、计算机辅助设计/计算机辅助制造（CAD/CAM）软件、系统仿真软件、智能产品嵌入软件（如汽车油耗系统、仪表盘数字显示、刹车系统）以及人工智能软件（如专家系统、模式识别）等。此外，在事务管理、办公自动化、中文信息处理、计算机辅助教学（CIA）等方面的软件也得到了迅速发展。

2. 基于软件规模的划分

按软件所需要的人力、时间以及完成的源程序行数，可划分为 6 种不同规模的软件。表 1-3 描述了软件的规模分类。

表 1-3　软件规模的分类

类型	参加人数	研制日期	产品规模（源程序行数）
微型	1	1～4 周	500 行
小型	1	1～6 月	1000～2000 行
中型	2～5	1～2 年	5000～50000 行
大型	5～20	2～3 年	50000～100000 行
甚大型	100～1000	4～5 年	1000000 行
极大型	2000～5000	5～10 年	1000000～10000000 行

（1）微型软件

微型软件由一个人在几天内完成，程序不超过 500 行且供个人专用。通常没必要做严格的分析、完整的设计和测试数据。

（2）小型软件

小型软件是由一个人半年之内完成的2000行以内的程序。这种程序通常没有与其他程序的接口，但需要有一定的标准化技术、正规的数据书写以及定期的系统审查。

（3）中型软件

中型软件是由2~5人在一年多的时间内完成的5000~50000行的程序。要求软件人员之间、软件人员与用户之间的联系与协调配合，因而计划、数据书写以及技术审查需要严格地进行。在开发中使用软件工程方法是完全必要的，这对提高软件产品质量和程序人员的工作效率起到重要的作用。

（4）大型软件

大型软件是由5~10人在两年多的时间里完成50000~100000行的程序。参与开发的软件人员需要二级管理，在任务完成过程中，人员调整往往不可避免，会出现对新手的培训和新手逐步熟悉工作的问题。对于这样规模的软件，采用同一标准，实行严格审查是必要的。由于软件的规模庞大以及问题的复杂性，往往会在开发的过程中出现一些事先难以估计的突发事件。采用软件工程方法进行规划可以有效地解决和避免这类事件的发生，从而减小它的危害性。

（5）甚大型软件

甚大型软件是由100~1000人参加，用4~5年时间完成1000000行的程序。这种规模的程序可能会划分成若干个子项目，每一个子项目都会是一个大型软件，子项目间要建立复杂的接口。实时处理系统、远程通信系统、多任务系统、大型操作系统、大型数据库管理系统、军事指挥系统具有这样的规模。显然，以这类软件庞大的工程量，没有软件工程方法的支持，它的开发工作是难以想象的。

（6）极大型软件

极大型软件是由2000~5000人参加，10年内完成1000万行以内的程序。这种规模的软件很少见，往往是军事指挥、弹道导弹防御系统等。

综上所述，无论软件的规模、参与的人数、开发的时间有什么不同，开发工作都需有软件工程方法做指导，都要遵循软件工程的基本原理，只是依赖程度有所不同而已。

3. 基于软件工作方式的划分

（1）实时处理软件

实时处理软件主要包括数据采集、分析、输出3部分，在事件或数据产生时，立即处理并回馈信号。其处理时间应严格限定，如果在任何时间超出这一限制，都将造成事故。

（2）分时软件

分时软件允许多个用户同时使用计算机。系统把处理机时间轮流分配给联机用户，用户只感觉到自己在使用计算机软件。

（3）交互式软件

交互式软件实现人机通信。这类软件接受用户给出的信息，但在时间上没有严格的限定。这种工作方式给予用户很大的灵活性。

（4）批处理软件

批处理软件把一组输入作业或一批数据以成批处理的方式一次运行，并按输入顺序逐个处理完。

1.2 软件危机

1.2.1 软件危机的定义

软件危机指的是在计算机软件的开发和维护过程中所遇到的一系列严重问题。其实这些问题并不仅仅是那些不能正常运行的软件才具有，几乎所有的软件都不同程度地存在问题。1968 年北大西洋公约组织的计算机科学家在联邦德国召开的国际学术会议上第一次提出了“软件危机（Software Crisis）”这个名词。

概括来说，软件危机包含两方面问题：一方面是如何开发软件，以满足不断增长，日益复杂的需求；另一方面是如何维护数量不断膨胀的软件产品。鉴于软件危机的长期性和症状不明显的特征，近年来也有“软件萧条（Depression）”或者“软件困扰（Affliction）”的说法。不过，“软件危机”强调了问题的严重性，也更为大多数软件工作者熟悉。

具体来说，软件危机有以下一些典型表现。

(1) 对软件开发成本和进度的估计常常不准确

开发成本超出预算，实际进度比预定计划一再拖延的现象并不罕见。这种现象大大地降低了软件开发组织的信誉。在软件产品的质量保证和成本进度之间的矛盾得不到有效的协调，不可避免地引起用户的不满。

(2) 用户对“已完成”系统不满意的现象经常发生

软件开发人员和用户间的交流不充分，造成开发人员对用户的需求一知半解，仓促编写程序，最终导致产品与用户期望值的差距过大。

(3) 软件产品的质量往往靠不住

Bug 一大堆，Patch 一个接一个，软件质量保证技术并没有完全应用到软件开发的全过程中，软件产品的质量也就无从保证。

(4) 软件的可维护程度非常低

许多程序的错误难以改正，更不可能使这些程序适应新的硬件环境，也不可能根据用户需要在原有程序上增加新功能。“可重用软件”仍有很长的一段路要走。

(5) 软件通常没有适当的文档数据

计算机软件不仅是程序，还应该有完整的文档数据。这些文档数据应该是在软件开发过程中产生的，而且应该是和代码程序完全一致的，对于软件开发组织的管理人员、开发人员、维护人员而言都是至关重要、必不可少的。缺乏必要的文档数据或文档数据不合格，必然给软件开发和维护带来许多严重的问题。

(6) 软件的成本不断提高

随着微电子技术的进步和生产自动化的不断发展，硬件成本在逐年下降，然而软件开发需要大量人力，软件成本所占比例持续上涨。

(7) 软件开发生产率的提高赶不上硬件的发展和人们需求的增长

软件产品的“供不应求”现象使人类不能充分利用现代计算机硬件提供的巨大潜力。

以上列举的仅仅是软件危机的一些典型表现，事实上软件危机带给软件开发和维护的问题远远不止这些。

1.2.2 软件危机产生的原因

20 世纪 60 年代中期到 20 世纪 70 年代中期以“软件作坊”的形式开发软件。开发的方法基本上仍然沿用早期的个性化软件开发方式，当软件的数量急剧膨胀，软件需求日趋复杂，维护的难度越来越大，开发成本越来越高，失败的软件开发项目屡见不鲜，“软件危机”就这样开始了。“软件危机”使得人们开始对软件及其特性进行更进一步的研究，人们改变了早期对软件的不正确看法，那些被认为很难被别人看懂，通篇充满了程序技巧和窍门的程序不再是优秀的程序。而除了功能正确，性能优良外，容易看懂、容易使用、容易修改和扩充的程序才是真正优秀的程序。

在软件开发和维护工作中存在如此多的严重问题，一方面是与软件本身的特点有关；另一方面是与软件开发和维护的方法不正确有关。

（1）软件开发和维护的方法不正确主要表现为忽视软件开发前期的需求分析

对问题和目标的正确认识是解决任何问题的前提和出发点，软件开发也是一样。只有用户最能了解他们自己的需求，但许多用户开始并不能正确地、具体地描述他们的需求，这就要求软件开发人员进行深入细致的调研工作，反复与用户交流信息，才能全面、真实、具体地了解用户的需求。许多软件开发工程失败的主要原因在于对用户需求没有准确完整的认识就匆忙着手编写程序。事实上，编码阶段开始得越早，完成整个工程的时间反而越长。

（2）开发过程没有统一的、规范的方法论的指导，文件资料不齐全，忽视人与人的交流

一个软件从定义、开发、使用和维护直到最终被废弃，要经历一个漫长的周期。这个周期一般被称为软件的生存周期，包括问题定义、可行性分析、需求分析、系统设计、编码、调试和测试、验收与运行、维护升级到废弃等阶段，这种按时间分段的思想方法是软件工程中的一种思想原则，即按部就班、逐步推进，每个阶段都要有定义、工作、审查、形成文档以供交流或备查，以提高软件的质量。所以，编程只是软件开发过程中的一个阶段，而在典型的软件开发工程中，编写程序的工作量只占全部开发工作量的 10% ~20%。

（3）缺少规范而盲目编写程序

忽视软件文档也是造成开发效率低下的原因。软件文档的编制在软件开发工作中占有突出的地位和相当的工作量。高效率、高质量的开发、分发、管理和维护文档对于转让、变更、修正、扩充和使用文件，对于充分发挥软件产品的效益有着重要意义。然而，在实际工作中，文档在编制和使用中存在着许多问题，有待解决。软件开发人员中较普遍地存在着对编制文档不感兴趣的现象；从用户方面又会经常感到文档售价太高、文档不够完整、文档编写得不好、文档已经陈旧或是文档太多，难于使用等。

（4）忽视测试阶段的工作，提交用户的软件质量差

事实上，对于软件来讲，不论采用什么技术和方法，软件中仍然会存在错误。采用新的语言、先进的开发方式、完善的开发过程，可以减少错误的引入，但是不可能完全杜绝软件中的错误，这些引入的错误需要通过测试进行查找，软件中的错误密度也需要测试来进行估计。统计表明，在典型的软件开发项目中，软件测试工作量往往占软件开发总工作量的 40% 以上，而在软件开发的总成本中，用在测试上的开销要占 30% ~50%。如果把维护阶段也考虑在内，讨论整个软件生存周期时，测试的成本比例也许会有所降低，但实际上维护

工作相当于二次开发，乃至多次开发，其中必定还包含有许多测试工作。很多开发人员认为测试工作不如设计和编码那样容易取得进展，并且难以给测试人员某种成就感，发现以软件错误为目标的测试是非建设性的，甚至是破坏性的，测试中发现错误是对已完成工作的一种否定，测试工作枯燥无味，不能引起人们的兴趣。测试工作本身是一项艰苦而细致的工作，对自己编写的程序盲目自信，在发现错误后，顾虑别人对自己开发能力的看法，这些现象对软件测试工作是极为不利的，必须澄清认识、端正态度，才可能提高软件产品的质量。

(5) 忽视软件的维护

在一个软件漫长的维护期中，必须改正软件使用中发现的每一个潜在错误。当硬件环境或系统环境改变的时候还必须相应地修改软件来适应。特别是用户需求的变更，更需要修改软件来适应这些变化。这些改动都属于维护工作，并且是在软件完成之后进行的，因此，维护工作是极其复杂艰巨的，需要付出很大的代价。软件工程的一个重要目标就是提高软件的可维护性，减少软件维护的开销。

1.2.3 解决软件危机的途径

为了更好地解决软件危机带来的各种问题，首先应该对软件有一个比较全面的认识，根据 1983 年 IEEE 对软件的定义：计算机程序、方法、规则、相关的文档数据以及在计算机上运行程序必需的数据。由此可以看出软件其实包含 5 个部分，其中方法和规则是在文档中说明，并由程序加以实现。应该认识到，软件开发是一种组织良好、管理严格、各类人员协同配合、共同完成的工程项目。

应该推广在实践中总结出来的开发软件的成功技术和方法，并且探索更好、更有效的技术和方法，尽快消除在计算机系统早期发展阶段形成的关于软件开发的错误概念。

应该使用更好的软件工具。在适当的软件工具支持下，开发人员可以更好地完成工作。

总之，按工程化的原则和方法组织软件开发工作是有效的，也是摆脱软件危机的一个主要方法。

1.3 软件工程

1.3.1 软件工程的定义和研究对象

著名的软件工程专家 B. W. Boehm 把软件工程定义为“运用现代科学技术知识来设计并构造计算机程序及为开发、运行和维护这些程序所必需的相关文件数据。”这个定义指出了软件工程包括了在成本限额内按时开发完成和修改软件，也指出软件工程应当包含技术和管理两方面的目标。

Fritz Bauer 把软件工程定义为“建立并使用完善的工程化原则，以较经济的手段获得能在实际机器上有效运行的可靠软件的一系列方法。”这个定义是将系统工程的原理应用到软件的开发和维护中，认为软件工程应当有完善的工程化原则。

1993 年 IEEE 进一步给出了更全面的定义：软件工程把系统化的、规范化的、可度量的途径应用于软件开发、运行和维护的过程，也就是把工程化应用于软件中。

软件工程是一门研究如何用系统化、规范化、数量化等工程原则和方法进行软件开发和维护的学科，包括软件开发技术和软件项目管理。

从上面给出的各种软件工程的定义可以看出，实际上软件工程的具体研究对象就是软件系统，它包括了方法、工具和过程 3 个要素。

1.3.2 软件工程的基本原理

自从 1968 年提出“软件工程”这一术语以来，研究软件工程的专家学者们陆续提出了 100 多条关于软件工程的准则或信条。美国著名的软件工程专家 B. W. Boehm 综合这些专家的意见，并总结了多年开发软件的经验，于 1983 年提出了软件工程的 7 条基本原理。

（1）用分阶段的生存周期计划严格管理

这一条是吸取前人的教训而提出来的。统计表明，50% 以上的失败项目是由于计划不周而造成的。在软件开发与维护的漫长过程中，需要完成许多性质各异的工作。这条原理指出，应该把软件生存周期分成若干阶段，并制定出相应切实可行的计划，然后严格按照计划对软件的开发和维护进行管理。B. W. Boehm 认为，在整个软件生存周期中应指定并严格遵循 6 类计划：项目概要计划、里程碑计划、项目控制计划、产品控制计划、验证计划、运行维护计划。

（2）坚持进行阶段评审

统计结果表明，大部分错误是在编码之前犯下的，大约占 63%，错误发现得越晚，改正它要付出的代价就越大。因此，软件的质量保证工作不能等编码结束之后再进行，应坚持进行严格的阶段评审，以便尽早发现错误。

（3）实行严格的产品控制

开发人员最痛恨的事情之一就是改动需求。但是实践证明，需求的改动往往是不可避免的。这就要求采用科学的产品控制技术来顺应这种要求，也就是要采用变动控制和基准配置管理。当需求变动时，其他各个阶段的文档或代码随之相应变动，以保证软件的一致性。

（4）采纳现代程序设计技术

从 20 世纪 60 年代的结构化软件开发技术，到现在的面向对象技术，从第一、第二代语言，到第四代语言，人们已经充分认识到方法大于气力。采用先进的技术既可以提高软件开发的效率，又可以降低软件维护的成本。

（5）结果应能清楚地审查

软件是一种看不见、摸不着的逻辑产品。软件开发小组的工作进展情况可见性差，难于评价和管理。为更好地进行管理，应根据软件开发的总目标及完成期限，尽量明确地规定开发小组的责任和产品标准，从而使所得到的标准能清楚地审查。

（6）开发小组的人员应少而精

开发人员的素质和数量是影响软件质量和开发效率的重要因素，应该少而精。高素质开发人员的效率比低素质开发人员的效率要高几倍到几十倍，开发工作中犯的错误也要少很多；当开发小组为 N 人时，可能的通信信道为 $N(N-1)/2$，可见随着人数 N 的增大，通信开销将急剧增大。

（7）承认不断改进软件工程实践的必要性

遵从上述 6 条基本原理，就能够较好地实现软件的工程化生产。但是，它们只是对现有经验的总结和归纳，并不能保证赶上技术不断前进的步伐。因此 B. W. Boehm 提出应把承认不断改进软件工程实践的必要性作为软件工程的第七条原理。根据这条原理，不仅要积极采纳新的软件开发技术，还要注意不断总结经验，收集进度和消耗等数据，进行出错类型和问题报告统计。这些数据既可以用来评估新的软件技术的效果，也可以用来指明必须着重注意的问题和应该优先进行研究的工具和技术。

1.3.3 软件工程项目的基本目标

一个软件工程项目的成功与否，在于开发过程中所采取的技术和管理上的措施是否合理、完善，判断软件开发方法优劣的衡量标准就是它所能达到的目标。

组织实施软件工程项目，最终目标是降低软件的开发成本，提高软件的质量、软件的可维护性和软件开发的效率。软件工程的主要目标是生产具有正确性、可用性以及开销合适的产品。正确性是指软件产品达到预期功能的程度；可用性是指软件基本结构、实现及文档为用户可用的程度；开销合适性是指软件开发、运行的整个开销满足用户要求的程度。这些目标的实现不论在理论上还是在实践中均存在很多有待解决的问题，它们形成了对过程、过程模型及工程方法选取的约束。

事实上，软件工程项目的目标之间存在着相互关系，想使几个目标都达到理想状态往往是非常困难的。对于一个软件开发方法，对其评价就是它对满足哪方面的目标比其他方法更有利。事实上，软件工程项目开发的方法就是为了力求在几个目标间达到平衡。

1.3.4 软件工程的基本原则

为了开发出能够遵循软件工程目标的低成本高质量的软件产品，软件工程必须围绕工程设计、工程支持以及工程管理，遵循软件工程的基本原则。

（1）抽象（Abstraction）

抽象是提取事物最基本的特征和行为，忽略非基本细节。采用层次抽象的方法，可以控制软件开发的复杂度，有利于软件的可理解性和开发过程的管理。

（2）信息隐藏（Information Hiding）

模块化和局部化设计过程中使用了信息隐藏的原则。按照信息隐藏的原则，模块应该尽量简洁，将某些元素隐藏起来，把细节决策封装起来。系统中的模块应设计成“黑箱”。模块外能使用模块接口说明中给出的信息，如操作、数据类型等。由于模块操作的实现细节被隐藏，软件开发人员能够将注意力集中在更高层次的抽象上。

（3）模块化（Modularity）

按照功能将一个软件划分成许多部分单独开发，然后再组装起来，每一个部分即为模块。其优点是利于控制质量、利于多人合作、利于扩充功能等，是软件工程中一种重要的开发方法。模块（Module）是程序逻辑上相对独立的部分，它是一个独立的编程单元，应有良好的接口定义。模块化有助于信息隐藏和抽象，有助于表示复杂的软件系统。模块应该大小适中，太大会导致模块内部的复杂性增加，不利于模块的调试和重用；太小则导致系统过于复杂，不利于控制整个工程的复杂性。模块之间的关联用耦合（Coupling）来度量，模块内部的紧密关系用内聚（Cohesion）来度量。

（4）局部化（Localization）

局部化要求在一个物理模块内集中逻辑上相互关联的计算资源，并且从物理和逻辑两个方面保持系统中模块之间有松散的耦合关系，而在模块内部有较强的内聚性，这样有助于控制软件的复杂性。

（5）一致性（Consistency）

一致性指开发过程的标准化和统一化，包括不同工件之间的一致性和使用同样的方法来处理问题。整个软件系统（包括文档和程序）的各个模块应使用一致的概念、符号和术语。程序内部接口应保持一致，系统规格说明与系统需求保持一致等。一致性原则支持系统的正确性和可行性。实现一致性原则需要良好的软件设计工具（如数据字典、数据库、文档自动生成与一致性检查工具等），除此之外还需要设计方法和编码风格的一致。

（6）完整性（Completeness）

完整性是指软件不丢失任何重要成分，完全实现系统所需功能的要求。在形式化开发方法中，按照给出的公理系统，描述系统行为的充分性，当系统给出错误或非预期状态时，系统保持正常的能力。完整性要求人们开发必要且充分的模块用于保持软件的完整性，在整个软件开发和管理过程中还需要软件管理工具的支持。

（7）可验证性（Verifiability）

开发大型的软件系统需要对系统自顶向下、逐层分解。系统分解应遵循系统易于检查、测试、评审的原则，以确保系统的正确性。

1.4 软件生存周期

1.4.1 软件生存周期的概念

软件从开始计划起，到废弃不用止，称为软件生存周期（Life Cycle）。通常将软件生存周期分为计划、开发、运行、维护4个时期，每一时期又可分为若干更小的阶段。它们之间的关系如图1-2所示。

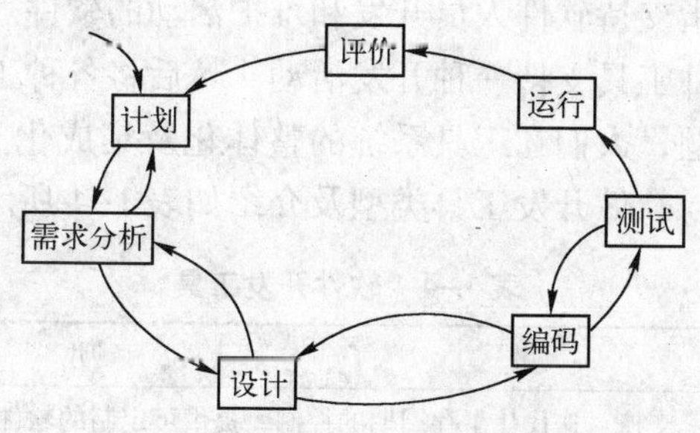

图1-2　软件的生存周期循环

（1）制订计划（Planning）

制订计划主要确定软件的开发目标及其可行性，给出其在功能、性能、可靠性以及接口等方面的要求。可行性分析由系统分析员和用户合作探讨，并且对可利用资源（计算机硬件、软件、人力等）、成本、可取得效益、开发的进度做出估量。制订任务实施计划，连同可行性报告提交管理部门。

(2) 需求分析和定义（Requirement Analysis and Definition）

需求分析包括需求的获取、分析、规格说明、变更、验证、管理等一系列需求工程。软件人员与用户共同讨论决定，哪些需求是可以满足的，并且加以确切地描述。然后编写出软件需求说明书或系统功能说明书，以及初步的系统用户手册，提交管理机构。

(3) 软件设计（Software Design）

软件设计是软件工程的技术核心。设计人员应该建立一个与确定的各项需求相应的体系结构，这个结构保证每一部分都有一个明确的意义，针对需求的模块组成，并对每一个模块进行工作量描述。所有设计中的考虑以设计说明书的形式加以描述，以供后续工作使用并提交评审。

(4) 程序编写（Coding、Programming）

程序编写是软件开发过程中的生产步骤。就是将软件转化为计算机代码，对功能用某一种特定的计算机语言进行描述。程序编写要求具有结构性，并且易读，重要的是要与设计要求一致。

(5) 软件测试（Testing）

软件测试的目的是确认软件的质量，一方面是确认软件是否实现了预期目标；另一方面是确认软件是否以正确的方式来完成这个目标。首先进行单元测试，查找各个模块内部功能结构上存在的问题；其次进行集成测试，查找模块间联合工作存在的问题；最后进行有效性测试，决定软件产品质量是否过关，能否交给用户。

(6) 运行与维护（Running Maintenance）

软件产品开发完成投入使用后可能运行若干年。在运行过程中可能因为各方面原因需要进行修改，如出现硬件变更、操作系统换代、平台移植等问题时，都可能需要对软件进行维护。

1.4.2 软件开发工具

软件开发工具一般是指支持软件人员开发和维护活动的软件。最初的软件开发工具是以工具箱的形式出现的，一种工具支持一种开发活动，然后将各种工具简单结合起来就构成工具箱。由于工具箱存在问题，人们在工具系统的整体化及集成化方面开展一系列研究工作，使之形成完整的软件环境。软件开发工具类型及介绍如表 1-4 所示。

表 1-4 软件开发工具

类型	工具	说 明
项目管理	RUP	支持对迭代化生存周期的控制，提供可定制的软件过程框架
配置管理	ClearCase	实现综合的软件配置管理，包括版本控制、工作空间管理、过程控制和建立管理
需求管理	RequisitePro	它是一种基于团队的需求管理工具，将数据库和 Word 结合起来，有效地组织需求、排列需求优先级以及跟踪需求变更
可视化建模	Rose	Rational Rose 是一个完全的、具有能满足所有建模环境（如 Web 开发、数据建模、Visual Studio 和 C ++）需求能力和灵活性的可视化建模工具
自动测试	Robot	可以对使用各种集成开发环境（IDE）和语言建立的软件应用程序，创建、修改并执行自动化的功能测试、分布式功能测试、回归测试和集成测试

1.5 软件开发过程模型

目前，常见的软件开发过程模型包括瀑布模型、快速原型模型、增量模型、喷泉模型、螺旋模型、形式化方法模型、基于组件的开发模型、基于知识的模型等。

1. 瀑布模型

瀑布模型将软件开发过程划分为需求定义与分析、软件设计、软件实现、软件测试和运行维护等一系列基本活动，并且规定这些活动自上而下、相互衔接的固定次序，如图 1-3 所示。该模型支持结构化的设计方法，但它是一种理想的线性开发模式，缺乏灵活性，无法解决软件需求不明确或不准确的问题。

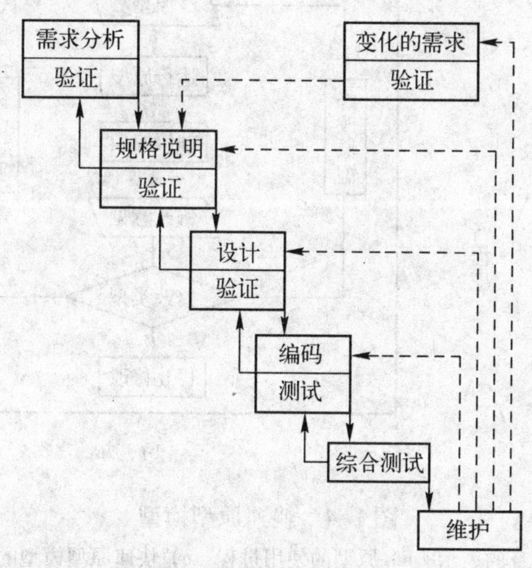

图 1-3 瀑布模型

瀑布模型优点如下。

- 严格规范软件开发过程，克服了非结构化的编码和修改过程的缺点。
- 强调文档的作用，要求每个阶段都要仔细验证。

瀑布模型缺点如下。

- 各个阶段的划分完全固定，阶段之间产生大量的文档，极大地增加了工作量。
- 由于开发模型是线性的，用户只有等到整个过程的后期才能见到开发成果，中间提出的变更要求很难响应。
- 早期的错误可能要等到开发后期的测试阶段才能发现，进而带来严重的后果。

2. 快速原型模型

快速原型模型需要迅速建造一个可以运行的软件原型，以便理解和澄清问题，使开发人员与用户达成共识，最终在确定的用户需求基础上开发用户满意的软件产品，如图 1-4 所示。

快速原型模型的优点是克服了瀑布模型的缺点，减少由于软件需求不明确带来的开发风险，可以快速构建一个软件原型，用于进行用户需求分析，帮助用户更好地描述系统要实现的功能。

快速原型模型缺点如下。

- 所选用的开发技术和工具不一定符合主流的发展。
- 快速建立起来的系统结构加上连续的修改可能会导致产品质量低下。

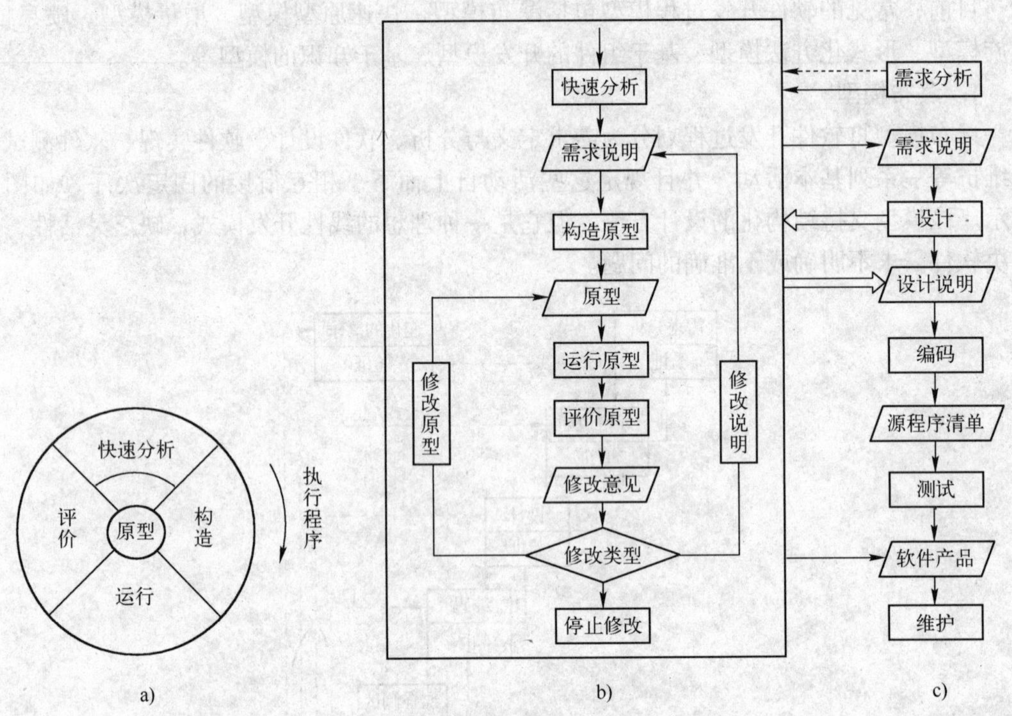

图 1-4　快速原型模型

a）原型本身的表示　b）原型的使用过程　c）快速原型模型的开发过程

3. 螺旋模型

螺旋模型将瀑布模型和快速原型模型结合起来，它将软件过程划分为若干个开发回线，每一个回线表示开发过程的一个阶段，例如，最中心的第一个回线可能与系统可行性有关，第二个回线可能与需求定义有关，第三个回线可能与软件设计有关等，如此反复形成了螺旋上升的过程，如图 1-5 所示。

螺旋模型适合于大型软件的开发，它吸收了软件工程“演化”的概念。

螺旋模型优点如下。

- 以风险驱动开发过程，强调可选方案和约束条件从而支持软件的重用。
- 关注于早期错误的消除，将软件质量作为特殊目标融入产品开发之中。

螺旋模型缺点如下。

- 要求许多客户接受和相信风险分析并做出相关反应是不容易的，往往适应于内部的大规模软件开发。
- 需要软件开发人员具备风险分析和评估的经验，否则将会带来更大的风险。

4. 增量模型

增量模型是一种非整体开发的模型。在增量模型中，软件被作为一系列的增量构件来设计、实现、集成和测试，从而适应用户逐步细化需求的形成过程，如图 1-6 所示。该模型有较大的灵活性，适合于软件需求不明确、设计方案有一定风险的软件项目。

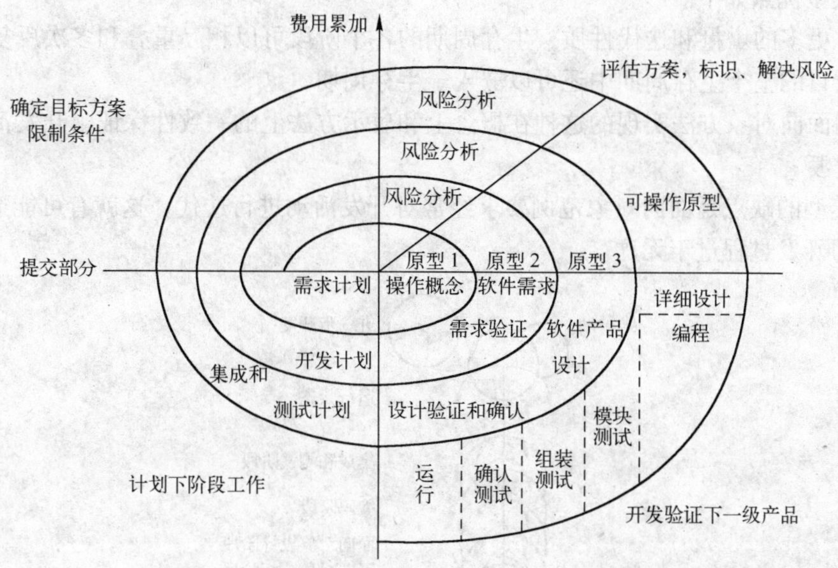

图 1–5　螺旋模型

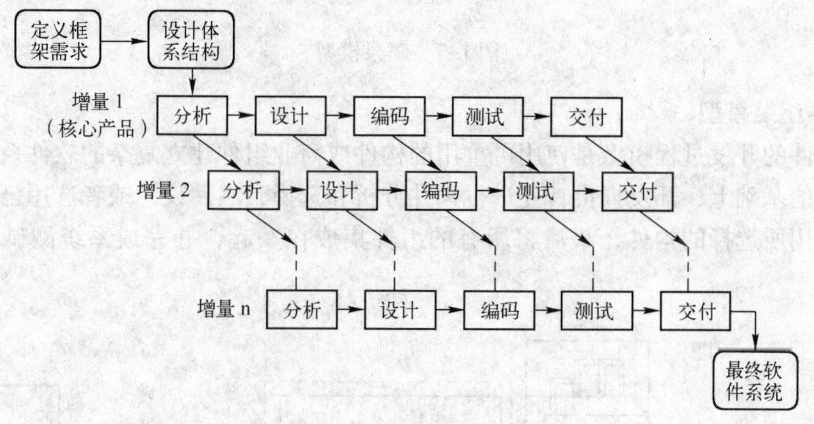

图 1–6　增量模型

增量模型优点如下。

- 较好地适应需求的变化，用户可以不断地看到所开发软件的可运行中间版本。
- 重要功能被首先交付，从而使其得到最多的测试。

增量模型缺点如下。

- 各个构件是逐渐并入已有的软件体系结构中，要求软件具备开放式的体系结构。
- 容易退化为边做边改的方式，从而使软件过程的控制失去整体性。

5. 喷泉模型

喷泉模型是一种以用户需求为动力，以对象作为驱动的模型，适合于面向对象的开发方法。在喷泉模型中，存在交迭的活动用重叠的圆圈表示。一个阶段内向下的箭头表示阶段内的迭代求精。喷泉模型用较小的圆圈代表维护，圆圈较小象征采用面向对象范例后维护时间缩短，如图 1-7 所示。

喷泉模型优点如下。

- 具有更多的增量和迭代性质，生存周期的各个阶段可以相互重叠和多次反复。
- 在项目的整个生存周期中还可以嵌入子生存周期。
- 采用面向对象方法实现的这种在概念上和表示方法上的一致性保证了开发活动间的无缝过渡。

喷泉模型的缺点是面向对象范例要求经常对开发活动进行迭代，这就有可能造成在使用喷泉模型的开发过程过于无序。

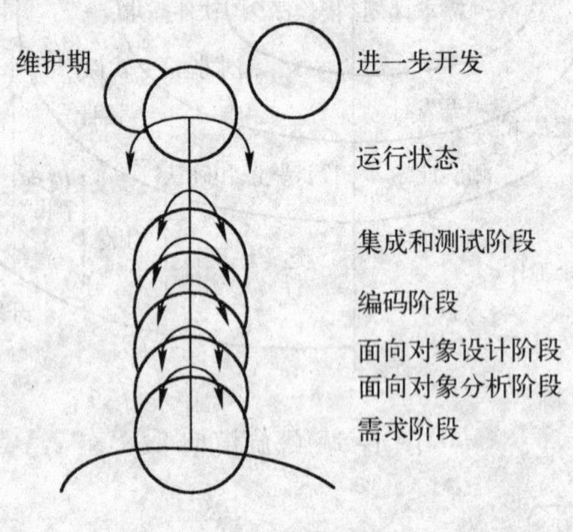

图 1-7　喷泉模型

6. 构件组装模型

基于构件的开发过程模型是使用可重用的构件或商业组件建立复杂的软件系统，即在确定需求描述的基础上，开发人员首先进行构件分析和选择，然后设计或者选用已有的体系结构框架，复用所选择的构件，最后将所有的组件集成在一起，并完成系统测试，如图 1-8 所示。

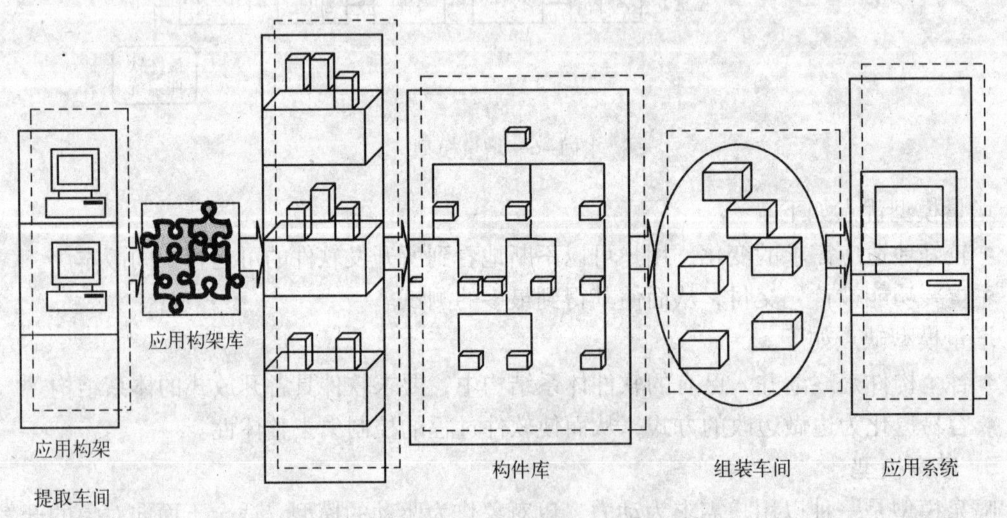

图 1-8　基于构件组装模型

基于构件的开发模型优点如下。

- 充分体现了软件复用的思想，降低了开发风险和成本。
- 可以快速交付所开发的软件。

基于构件的开发模型的缺点是，由于某些商业构件是不能进行修改的，系统的演化将受到一定程度的限制。

7. 统一过程模型

统一过程（Rational Unified Process，RUP）模型的提出者 Rational 软件公司聚集了面向对象领域三位杰出专家 Booch、Rumbaugh 和 Jacobson，同时它又是面向对象开发的行业标准语言——标准建模语言（UML）的创立者。RUP 方法与早期的开发模型相比，提高了团队生产力，在迭代的开发过程、需求管理、基于组件的体系结构、可视化软件建模、验证软件质量及控制软件变更等方面，针对所有关键的开发活动为每个开发成员提供了必要的准则、模板和工具指导，并确保全体成员共享相同的知识基础。它建立了简洁和清晰的过程结构，为开发过程提供了较大的通用性。

统一过程模型的优点如下。

- 任何功能开发后就进入测试过程，及早进行验证。
- 早期风险识别，采取预防措施。

统一过程模型的缺点如下。

- 需求必须在开始之前完全弄清楚，是否有可能在架构上出现错误。
- 必须有严格的过程管理，以免使过程退化为原始的“试—错—改”模式。
- 如果不加控制地让用户过早接触没有测试完全、版本不稳定的产品，可能对用户和开发团队都带来负面的影响。

8. 敏捷过程与极限编程

（1）敏捷过程

由以下 4 个价值观生命组成。

1）个体和交互胜过过程和工具。

2）可以工作的软件胜过面面俱到的文档。

3）客户合作胜过合同谈判。

4）响应变化胜过遵循计划。

敏捷过程的优点如下。

- 相比 RUP，敏捷方法更为灵活，倡导尽早地、持续地交付有价值的软件满足用户需要。
- 在不同开发环境下具有高度灵活性，并提倡开发人员的自我管理。

敏捷过程的缺点是项目维护难度大（知识和经验分散在软件开发人员手中）。

（2）极限编程

极限编程（Extreme Programming，XP）是敏捷软件开发方法的代表。2000 年，美国软件工程专家 Kent Beck 对极限编程这一创新软件过程方法论进行了解释：“XP 是一种轻量、高效、低风险、柔性、可预测、科学而充满乐趣的软件开发方法。”Kent Beck 建议 XP 应用于规模小、进度紧、需求变化大、质量要求严格的项目。极限编程是价值而非实践驱动的高度迭代的开发过程。其价值体现在以下几个方面：第一，沟通（Communication），即追求有效的沟通。XP 强调项目开发人员、设计人员、客户之间等有效地、及时地沟通，确保各种信息的畅通。第二，简单（Simplicity），即实现最简单的可行方案。XP 认为应该尽量保持代码的简单，只要能够满足工作需要就行，这样有利于代码的重构和优化。第三，反馈（Feedback），即快速有效的反馈。要求不断对当前系统状态进行反馈，通过反馈，达到迅速沟通、编码、测试、发布的目的。第四，勇气（Courage），即勇于放弃和重构。对于用户的反馈，XP 程序员要勇于对自己的代码进行修改，即使有些修改可能会使得原来已经通过的测试又出现错误，但是经过团队的共同攻关，最终必然会取得满意的效果。

极限编程的优点如下。

- 重视客户的参与、团队合作和沟通。
- 制定计划前做出合理预测，让编程人员参与软件功能的管理。
- 重视质量、设计简单、高频率的重新设计和重构、高频率及全面的测试。
- 递增开发和连续的过程评估。
- 对过去的工作持续不断地检查。

极限编程的缺点如下。

- 以代码为中心，忽略了设计。
- 缺乏设计文档，局限于小规模项目。
- 对已完成工作的检查步骤缺乏清晰的结构，质量保证依赖于测试并缺乏质量规划。
- 没有提供数据的收集和使用的指导。
- 开发过程不详细，全新的管理手法带来了认同度问题。
- 缺乏过渡时的必要支持。

9. 微软过程模型

微软过程是一套既面向软件研发实践，又符合公司业务特点的理论与方法体系。微软使用的研发管理模式是微软公司在近 30 年的软件研发实践中逐渐发展和完善起来的，它把软件周期划分为 5 个阶段，如图 1-9 所示。

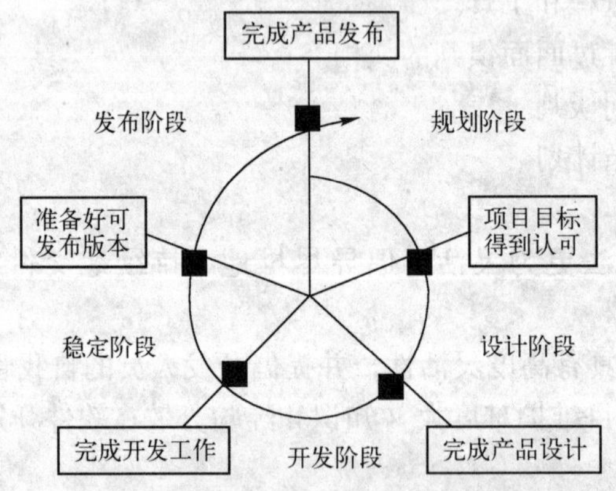

图 1-9　微软软件生命周期阶段划分和主要里程碑

微软过程模型的优点综合了 Rational 统一过程和敏捷过程的许多优点，是对众多成功项目的开发经验的正确总结。

微软过程模型的缺点对方法、工具和产品等方面的论述不如统一过程和敏捷过程全面，人们对它的某些准则本身也有不同意见。

10. 形式化方法模型

需求分析方法基本上都是基于非形式化的需求描述语言，也就是说它们都未给出数学意义上严格要求的语法和语义说明，因此需求模型都带有或多或少的不精确性和不完整性，甚至不一致性。鉴于此，许多软件开发实践都希望借助形式化方法，严格地定义用户需求，并通过数学推演而不是代价昂贵的失败教训，确保需求定义的一致性和完整性。对于正确性至关重要的实时嵌入式系统关键部件的软件开发，形式化方法更是不可缺的。

形式化方法包含了一组活动，它们导致计算机软件的数学规约。形式化方法使得软件工程师能够通过一个严格的数学体系来规约、开发和验证基于计算机的系统。在此方法基础上进行改进的模型，称为净室软件工程（Cleaning Room Software Engineering），已经被一些组织所采用。在开发中使用形式化方法时，它们提供了一种机制，能够消除使用其他软件模型难以克服的很多问题。二义性、不完整性、不一致性能被容易地发现和纠正，而不是通过专门的评审，是通过对应用的数学分析。

形式化方法模型的优点如下。

- 形式化规约可直接作为程序验证的基础，可以尽早地发现和纠正错误（包括那些其他情况下不能发现的错误）。
- 开发出来的软件具有很强的安全性和健壮性，特别适合安全部门或者软件错误会造成经济损失的开发者。
- 具有开发无缺陷软件的承诺。

形式化方法模型的缺点如下。

- 开发费用昂贵（对开发人员需要多方面的培训），而且需要的时间较长。
- 不能将这种模型作为对客户通信的机制，因为客户对这些数学语言一无所知。
- 目前还不流行。

11. 第四代技术模型

一系列的软件工具的使用，是第四代技术的特点。这些工具有一个共同的特点：能够使软件工程师在较高级别上约束软件的某些特征，然后根据开发者的规约自动生成源代码。软件在越高级别上被规约，就越能被快速地开发出程序。软件工程的第四代技术集中于规约软件的能力，使用特殊的语言形式或一种用户可以理解的术语描述待解决问题的图形符号体系。和其他模型一样，第四代技术也是从需求收集开始的，要将一个第四代技术实现变成最终产品，开发者还必须进行彻底地测试、开发有意义的文档，并且同样要完成其他模型中要求的所有集成活动。总而言之，第四代技术已经成为软件工程的一个重要方法。特别是和构件组装模型结合起来时，第四代技术可能成为当前软件开发的主流模型，如图 1-10 所示。

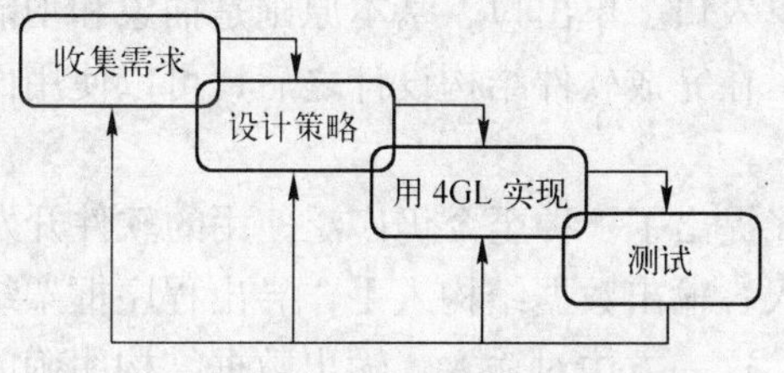

图 1-10　第四代技术开发软件模型

使用第四代技术模型在小型和中型的应用软件开发中可以起到很好的效果，但是，在大型项目的开发中，第四代技术模型显得并不比程序设计语言更容易使用。并且这类工具生成的源代码可能是“低效”的。生成软件的可维护性目前令人怀疑。在一些情况下，可能比传统的软件模型需要更多的时间。

第四代技术模型的优点如下。

- 缩短了软件开发时间，提高了建造软件的效率。
- 对很多不同的应用领域提供了一种可行性途径和解决方案。

第四代技术模型的缺点如下。

- 用工具生成的源代码可能是“低效”的。
- 生成的大型软件的可维护性目前还令人怀疑。
- 在某些情况下可能需要更多的时间。

1.6 软件开发方法简述

1. 结构化方法

1978 年，E. Yourdon 和 L. L. Constan - tine 提出了结构化方法，即 SASD（Structured Analysis and Structure Design）方法，也可称为面向功能的软件开发方法或面向数据流的软件开发方法。1979 年 Tom DeMarco 对此方法做了进一步的完善。结构化方法是建立在软件生存周期模型基础上的一种软件开发方法，相对于早期的个体化开发方法，无疑是前进了一大步。

结构化方法的基本要点是自顶向下、逐步求精、模块化设计。自顶向下的核心本质是“分解”，它将相对复杂的大问题分解为简单的小问题，对每个小问题进行精确、定量的描述；逐步求精即是抽象处理，将系统功能按层次进行分解，由单一简单的模块来描述整个系统；模块化设计以功能模块为单位进行程序设计，实现其求解算法，模块化降低了程序复杂度，使程序设计、调试测试和维护等操作简化。

2. 面向数据结构的开发方法

面向数据结构的开发方法是根据数据结构设计程序处理过程的方法。在许多应用领域中信息都有清楚的层次结构，输入数据、内部存储信息（数据库或文件）以及输出数据都可能有独特的结构。数据结构的设计既影响程序的结构又影响程序的处理过程，重复出现的数据通常由具有循环控制结构的程序来处理。层次的数据组织通常和使用这些数据的程序层次结构十分相似。

面向数据结构开发方法的最终目标是得出对程序处理的描述。这种方法的总的指导思想是自顶而下、逐步求精、单入口、单出口，基本原则是抽象和功能分解。因此，这种方法最适合于详细设计阶段使用，在完成软件结构设计之后，可以使用面向数据结构的方法来设计每个模块的处理过程。

1975 年，M. A. Jackson 提出了一种至今仍广泛使用的软件开发方法，称为 Jackson 方法。这一方法从目标系统的输入、输出数据结构入手，导出程序框架结构，再补充其他细节，就可得到完整的程序结构图。这一方法对输入、输出数据结构明确的中小型系统特别有效，如商业应用中的文件表格处理。该方法也可与其他方法结合，用于模块的详细设计。

3. 面向对象的方法

传统的生命周期开发学主要存在的问题是生产率提高的幅度远不能满足需求，软件的重用度很低，软件难以维护，软件往往不能满足用户的需求。

随着 OOP（Object Oriented Programming）向 OOD（Object Oriented Design）和 OOA（Object Oriented Analysis）的发展，最终形成面向对象的软件开发方法 OMT（Object Modeling Technique）。这是一种自底向上和自顶向下相结合的方法，而且它以对象建模为基础，从而不仅考虑了输入、输出数据结构，实际上也包含了所有对象的数据结构。所以 OMT（Object Modeling Technology）彻底实现了 PAM（Problem Analysis Method）没有完全实现的目标。不仅如此，OO 技术在需求分析、可维护性和可靠性这 3 个软件开发的关键环节和质量指标上有了实质性的突破，彻底地解决了在这些方面存在的严重问题，从而宣告了软件危机末日的来临。

4. 视觉化开发方法

20 世纪 90 年代的软件界兴起了视觉化开发的热潮。视觉化开发就是在可视开发工具提供的图形用户接口上，通过操作接口元素，诸如菜单、按钮、对话框、编辑框、单选框、复选框、列表框和滚动条等，由可视开发工具自动生成应用软件。Windows 图形接口产生后，图形开发变得复杂。Window 为此提供了 API 函数，它包含了 600 多个函数，极大地方便了图形用户接口的开发。但是由于 API 函数本身的复杂性和太多的参数以及更多的常数。使得利用 API 进行图形编程仍然是一件艰巨的工作。之后 Borland C ++ 推出了 Object Windows 编程，提供了大量预定义的对象类对 API 进行封装。用面向对象的方式自上而下的处理 API 函数。并提供标准的默认处理，方便了程序开发。但对于非专业用户来说，开发图形化的接口程序仍然显得困难。为了解决这个问题，人们后来推出了一系列的可视化编程工具。

这类应用程序的工作方式包括事件驱动和消息机制，对于由事件产生的消息，通过消息响应函数作出相应的处理。可视化工具会自动为这些消息导入相应的消息函数。

可视化开发工具应提供两大类服务：一类是生成图形用户接口及相关的消息响应函数，通常的方法是先生成基本窗口，并在它的外面以图示形式列出所有其他的接口元素，让开发人员挑选后放入窗口指定位置，在逐一安排接口元素的同时，还可以用鼠标拖动，以使窗口的布局更趋合理；另一类服务是为各种具体的子应用的各个常规执行步骤提供规范窗口，它包括对话框、菜单、列表框、组合框、按钮和编辑框等，以供用户挑选，开发工具还应为所有的选择（事件）提供消息响应函数。

1.7 软件工程的最新发展动向

随着 SOA（Service Oriented Architecture）技术的兴起和 C/S（客户端/服务器）模型的快速发展，软件工程技术本身也在靠近这些领域。在 20 世纪 90 年代末，出现了一类新的方法，开始被称为“轻量型”（Lightweight）方法，现在被广为接受的是“敏捷型方法”（Agile Methodologies），它的核心就是用户和开发人员间的沟通以及快速的交付。

在信息时代，软件工程领域将遇到新的挑战。软件自动化势在必行，研究的内容将涉及需求工程、软件规格说明的形式化以及规格说明到系统的进化或转换。但是，由于形式化的软件方法以严格的数学和逻辑系统为基础，至今尚未达到工程应用的程度。因而，着眼于高度自动化、智能化的计算机辅助软件工程（Computer Aided Software Engineering，CASE）研究，仍将成为软件工程的一个主体。其中，将根据开发经验的积累，聚合各类应用领域的知识，集成各类应用工具，在用户面前创造一个良好的应用系统开发平台和环境，支持软件群体式的“多维”开发。这样的 CASE 应首先将涉及面向对象技术、重用技术、人工智能技术、图形、图像处理技术、多媒体与可视化技术、裁剪、组装与集成技术、质量保证技术、软件过程模型、描述及控制技术等。另外由于软件是知识的积累，软件重用将越来越受重视。并且，人们从现实实践中，已经注意到要获得成功的软件重用，仅有可重用代码模块和库技术是不够的，必须研究如何设计和包装可重用软件，如何组合可重用构件的框架结构以及如何适应组织与经济结构的要求等。有效的软件重用将彻底改变现行软件开发过程，代之以生产和消费可重用软件构件的开发模型、方法、过程和技术。

21 世纪的软件生产将是一种大规模的工业化生产活动，以符合产品化质量要求的工业标准，实现软件生产自动化。其突出特征是计算机真正成为人们的一种工具，用户即为系统分析员，“软件过程是软件”。为达到这一目标，形式化技术与工程化技术必然是有机的统一，并容纳其他相关的技术，产生一种新的软件生产方法、技术、规程以及相应的工业标准，并产生与之相适应的“傻瓜”CASE，为软件产业奠定坚实的基础，使软件走上工业化生产方式，形成规模经济。

1.8 经典例题讲解

例题 1　（2003 年软件设计师试题）

软件开发的螺旋模型综合了瀑布模型和演化模型的优点，还增加了＿（1）＿。采用螺旋模型时，软件开发沿着螺旋线自内向外旋转，每转一圈都要对＿（2）＿进行识别和分析，并采取相应的对策。螺旋线第一圈的开始点可能是一个＿（3）＿。从第二圈开始，一个新产品开发项目开始了，新产品的演化沿着螺旋线进行若干次迭代，一直运转到软件生存周期结束。

(1) A. 版本管理　B. 可行性分析　C. 风险分析　D. 系统集成

(2) A. 系统　B. 计划　C. 风险　D. 工程

(3) A. 原型项目　B. 概念项目　C. 改进项目　D. 风险项目

分析：螺旋模型是在瀑布模型和演化模型的基础上，加上两者所忽略的风险分析所建立的一种开发模型，螺旋线第一圈的开始点可能是一个概念项目。

参考答案：(1) C (2) C (3) B

例题 2　（2002 年软件设计师试题）

在下列说法中，＿＿＿＿是造成软件危机的主要原因。

① 用户使用不当　② 软件本身特点

③ 硬件不可靠　④ 对软件的错误认识

⑤ 缺乏好的开发方法和手段　⑥ 开发效率低

A. ①③⑥　B. ①②④　C. ③⑤⑥　D. ②⑤⑥

分析：软件危机主要表现在：软件需求的增长得不到满足，软件生产成本高、价格昂贵，软件生产进度无法控制，软件需求定义不够准确，软件质量不易保证，软件可维护性差。归纳起来，产生软件危机的内在原因可归结为两个重要方面：一方面是由于软件生产本身存在着复杂性；另一方面是与软件开发所使用的方法和技术有关。

参考答案：D

例题 3 （2002 年软件设计师试题）

原型化（Prototyping）方法是一类动态定义需求的方法， ＿(1)＿ 不是原型化方法所具有的特征。与结构化方法相比，原型化方法更需要 ＿(2)＿ 。衡量原型化开发人员能力的重要标准是 ＿(3)＿ 。

(1) A. 提供严格定义的文档　　B. 加快需求的确定
　C. 简化项目管理　　D. 加强用户参与和决策

(2) A. 熟练的开发人员　　B. 完整的生命周期
　C. 较长的开发时间　　D. 明确的需求定义

(3) A. 丰富的编程技巧　　B. 灵活使用开发工具
　C. 很强的协调组织能力　　D. 快速获取需求

分析：原型化方法基于这样一种客观事实：并非所有的需求在系统开发之前都能准确地说明和定义。因此，它不追求也不可能要求对需求的严格定义，而是采用了动态定义需求的方法。

具有广泛技能水平的原型化人员是原型实施的重要保证。原型化人员应该是具有经验与才干、训练有素的专业人员。衡量原型化人员能力的重要标准是他是否能够从用户的模糊描述中快速获取实际的需求。

参考答案：(1) A (2) A (3) D

例题 4 （2001 年软件设计师试题）

软件开发模型用于指导开发软件的开发。演化模型是在快速开发一个 ＿(1)＿ 的基础上，逐步演化成最终的软件。螺旋模型综合了 ＿(2)＿ 的优点，并增加了 ＿(3)＿ 。喷泉模型描述的是面向 ＿(4)＿ 的开发过程，反映了该开发过程的 ＿(5)＿ 特征。

(1) A. 模块　　B. 运行平台　　C. 原型　　D. 主程序

(2) A. 瀑布模型和演化模型　　B. 瀑布模型和喷泉模型
　C. 演化模型和喷泉模型　　D. 原型模型和喷泉模型

(3) A. 质量评价　　B. 进度控制　　C. 版本控制　　D. 风险分析

(4) A. 数据流　　B. 数据结构　　C. 对象　　D. 构件（Component）

(5) A. 迭代和有间隙　　B. 迭代和无间隙
　C. 无迭代和有间隙　　D. 无迭代和无间隙

分析：演化模型是在快速开发一个原型的基础上，根据用户在试用原型的过程中提出的反馈意见和建议，对原型进行改进，获得原型的新版本。重复这一过程，直到演化成最终的软件产品。

螺旋模型将瀑布模型和演化模型相结合，它综合了两者的优点，并增加了风险分析。它以原型为基础，沿着螺旋线自内向外旋转，每旋转一圈都要经过制订计划、风险分析、实施工程、客户评价等活动，并开发原型的一个新版本。经过若干次螺旋上升的过程，得到最终的软件。

喷泉模型主要用来描述面向对象的开发过程。它体现了面向对象开发过程的迭代和无间隙特征。迭代意味着模型中的开发活动常常需要多次重复；无间隙是指开发活动（如分析、设计）之间不存在明显的边界，各项开发活动往往交叉迭代地进行。

参考答案：(1) C (2) A (3) D (4) C (5) B

小结

本章从软件的相关概念出发，介绍了软件的分类、规模、特点及其软件危机和软件危机产生的原因和应对的方法。引出软件工程的概念，并且详细介绍了软件工程中的基本原理，目标和准则；然后着重对软件工程的生存周期进行阐述。包括软件模型中的瀑布模型、快速组装模型、螺旋模型、喷泉模型、统一过程模型、第四代技术模型等方面的内容都有比较详细的描述；最后对标准化软件工程，软件文档处理进行了简单介绍，这些内容会在后面的章节中做更为深入的讲解。

习题

一、选择题

1. 软件是计算机系统中与硬件相互依存的另一部分，它包括文档，数据及________。（ ）

A. 数据　　B. 软件　　C. 文档　　D. 代码

2. 软件工程中描述生存周期的瀑布模型一般包括计划、（ ）、设计、编码、测试、维护等几个阶段。（ ）

A. 需求分析　　B. 需求调查　　C. 可行性分析　　D. 问题定义

3. 在结构化的瀑布模型中，哪一个阶段定义的标准将成为软件测试中的系统测试阶段的目标。（ ）

A. 需求分析阶段　　B. 详细设计阶段
C. 概要设计阶段　　D. 可行性研究阶段

4. 从结构化的瀑布模型看，在它的生命周期中的 8 个阶段中，下面的几个选项中哪个环节出错，对软件的影响最大。（ ）

A. 详细设计阶段　　B. 概要设计阶段
C. 需求分析阶段　　D. 测试和运行阶段

5. 软件工程的出现主要是由于________。（ ）

A. 方法学的影响　　B. 其他工程科学的影响
C. 软件危机的出现　　D. 计算机的发展

6. 软件工程方法学的目的是：使软件生产规范化和工程化，而软件工程方法得以实施的主要保证是________。（ ）

A. 硬件环境　　B. 软件开发的环境
C. 软件开发工具和软件开发的环境　　D. 开发人员的素质

7. 软件开发常使用的两种基本方法是结构化和原型化方法，在实际的应用中，它们之间的关系表现为________。（ ）

A. 相互排斥　　B. 相互补充

C. 独立使用　　D. 交替使用

8. 软件开发中常采用的结构化生命周期方法，由于其特征而一般称其为________。　（　）

A. 瀑布模型　　B. 对象模型

C. 螺旋模型　　D. 层次模型

9. 软件开发的瀑布模型，一般都将开发过程划分为：分析、设计、编码和测试等阶段，一般认为可能占用人员最多的阶段是________。　（　）

A. 分析阶段　　B. 设计阶段

C. 编码阶段　　D. 测试阶段

10. 软件开发的结构化生命周期方法将软件生命周期划分成________。　（　）

A. 计划阶段、开发阶段、运行阶段　　B. 计划阶段、编程阶段、测试阶段

C. 总体设计、详细设计、编程调试　　D. 需求分析、功能定义、系统设计

二、简答题

1. 试说明“软件生存周期”的概念。

2. 试说明软件危机的原因。

3. 试论述瀑布模型软件开发方法的基本过程。

4. 什么是软件工程开发环境？

5. 软件工程学的基本原则有哪些？试说明之。

6. 试说明软件文档的作用。

7. 软件工程项目的目标有哪些？

8. 简述软件工程的基本原理。

9. 简述结构化方法的含义。

10. 常见的软件开发模型有哪些？

第2章　结构化分析

本章要点

- 可行性研究的任务和步骤
- 系统流程图的符号及其画法
- 软件计划的制定和复审
- 成本的估算和成本/效益分析的方法

2.1　可行性研究

2.1.1　问题定义

问题定义阶段在说明软件项目的最基本情况下形成问题定义报告。在此阶段，开发者与用户一起，讨论待开发软件项目的类型（应用软件还是系统软件、通用软件还是专用软件）、将要开发软件项目的性质（主要是区分此软件是新开发软件还是原有软件系统的升级）、待开发软件项目的目标（软件主要的使用功能）、待开发软件的大致规模以及开发软件项目的负责人等问题，并且用简洁、明确的语言将上述内容写进问题报告，最后双方对报告签字认可。

问题定义阶段的持续时间一般很短，形成的报告文本也相对比较简单。问题定义报告的主要内容如下。

- 待开发项目名称。
- 软件项目使用单位和部门。
- 软件项目开发单位。
- 软件项目用途和目标。
- 软件项目类型和规模。
- 软件项目开发的开始时间以及大致交付使用的时间。
- 软件项目开发可能投入的经费。
- 软件项目使用单位与开发单位双方名称全称及其盖章。
- 软件项目使用单位与开发单位双方的负责人签字。
- 问题定义报告的形成时间。

2.1.2　可行性研究的任务

可行性研究是在明确了问题定义的基础上，对软件项目从技术、经济等各个方面进行研究与分析，得出项目是否具有可行性结论的过程。

可行性研究的任务是用最小的代价、在尽可能短的时间内确定问题是否能够解决。但必须注意的是，可行性研究的根本目的并不是解决问题，而是确定问题是否值得去解决，也就是判断系统原定的目标和规模是否能实现，软件使用所带来的效益是否能够值得用户去投资开发。因此，可行性研究实质上是要进行一次压缩和简化系统分析和设计的过程，也就是在较高层次上以较抽象的方式进行的系统分析和设计过程。

首先系统分析员应该导出系统的逻辑模型，然后从系统逻辑模型出发，研究出几种可供选择的能够实现系统的方案，最后仔细研究每种方案的可行性。

可行性研究的结果可作为系统规格说明书的一个附件。可行性研究报告有很多种形式。下面提供的可行性研究报告具有普遍性，可作为参考。最后可将可行性研究报告提交给项目管理部门，项目管理人员对可行性研究报告进行评审。

1. 引言
   1.1 问题
   1.2 实现环境
   1.3 约束条件
2. 管理
   2.1 重要的发现
   2.2 注解
   2.3 建议
   2.4 效果
3. 方案选择
   3.1 选择系统配留
   3.2 选择方案的标准
4. 系统描述
   4.1 缩写词
   4.2 各子系统的可行性
5. 成本/效益分析
6. 技术风险评价
7. 有关法律问题
8. 其他

一般说来，可行性研究包括经济可行性、技术可行性、法律可行性和开发方案选择4个任务。

1. 经济可行性

计算机的应用极大地促进了社会经济的发展，并给社会带来了巨大的经济效益。因此，基于软件的成本/效益分析是可行性研究的重要内容，它用于评估软件产品的经济合理性，并最终影响软件系统的市场前景。所以必须给出系统开发的成本论证，并将估算的成本与预期的利润进行对比。由于软件开发成本受软件的特性、规模等多种不确定因素的制约，对软件设计的反复优化可以获得用户更为满意的软件产品。但由于系统分析员很难直接估算软件产品的成本和利润，因此得到完全精确的成本—效益分析结果是十分困难的。通常，软件的成本由以下几个部分组成。

1）硬件费用。主要是购置并安装软硬件及有关设备的费用。

2）系统开发费用。

3）系统安装、运行和维护费用。

4）人员培训费用。

在系统分析和设计这两个阶段只能得到上述费用的预算，即估算成本。在系统开发完毕并交付用户运行后，上述几个部分的统计结果就是实际成本。至于系统效益则包括经济效益和社会效益两部分。经济效益是指软件应用系统直接或间接为用户增加的收入。它可以通过直接的或统计的方法估算；社会效益则只能用定性的方法估算。

2. 技术可行性

在技术可行性研究过程中，系统分析员应采集软件系统涉及到的各种信息（包括系统性能、可靠性、可维护性和可生产性方面）；分析实现系统功能和性能所需要的各种设备、技术、方法和过程；并且需要分析软件开发在技术方面可能面临的风险，以及技术问题对开发成本的影响等。

完成技术分析后，项目管理人员必须在此基础上做出是否进行系统开发的决定。如果开发技术风险较大，或系统预期的功能和性能在模型演示当中不能很好地实现，或系统的实现难以支持各子系统的集成等，项目管理人员不得不做出“停止”系统开发的决定。

3. 法律可行性

法律可行性考虑的范围也是很广泛的，它们包括合同、责任、侵权和技术人员不知道的其他陷阱。

4. 开发方案的选择

系统分析完成后，就要开始研究问题求解方案。首先要做的是降低解的复杂性。通常系统工程师将一个复杂系统分解为若干个相对简单的子系统；然后再精确地定义子系统（如界面、功能和性能等），以及给出各子系统之间的关系。这样对于人员的组织和分工，系统开发效率和工作质量的提高，都将有很大的帮助。当然，分解系统和实现子系统所提供的选择方案通常都不是唯一的。每种方案对各种因素，如成本、时间、人员、技术、设备等都有一定的要求。而每一种方案开发出来的系统在功能和性能方面都会存在很大的差异。系统开发各阶段所用成本分配方案的不同也会对系统的功能和性能产生相当大的影响。这是由于系统是由很多部分所组成的，如需求分析成本、设计成本、设备成本、程序编码成本、测试和评审成本等。另外，由于系统功能和性能也是由多种因素组成的，某些因素是彼此关联和制约的，如系统有效使用的范围与精度的关系、系统安全性、可靠性的折衷等。所以系统论证和选择、确定系统开发方案的过程也是一个折衷过程。系统开发方案的选择过程如图 2-1 所示。

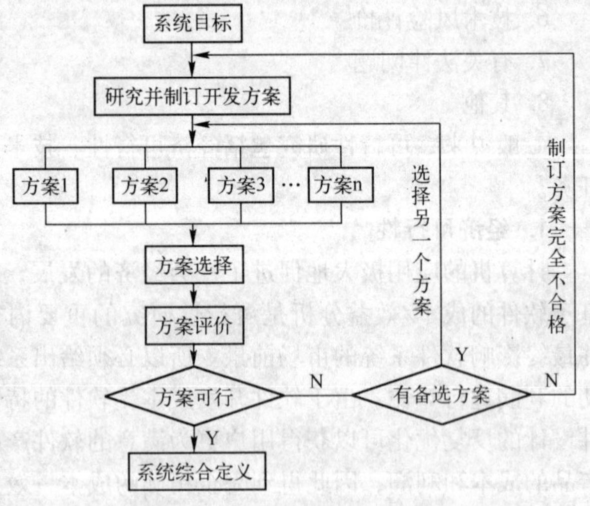

图 2-1　方案选择、制定过程

项目管理人员在综合分析可行性研

究报告的评审结果，综合比较、分析开发所涉及的各种情况后做出是否开发软件项目的决策。

2.1.3 可行性研究的步骤

通常，可行性研究的步骤如下。

（1）系统规模和目标的复查

系统分析员应该根据有关材料，进一步复查确认系统规模和目标，进一步明确含糊或不够准确的叙述。

（2）认真研究现有系统

旧系统是信息的重要来源，旧系统运行所需要的费用是系统是否更新的一个重要的经济指标。如果新系统不能更好地实现经济目标，那么至少从经济角度来看新系统就不如原有的系统，应该检验系统分析员对现有系统的认识是否正确。同时还要注意，没有一个系统是与其他系统完全隔开的，实际上每一个系统都与其他系统有着或多或少的联系。所以还应特别注意了解并记录现有系统和其他系统之间的接口情况。

（3）导出新系统的高层逻辑模型

好的设计通常都是从现有系统出发，通过现有系统的逻辑模型来设想目标系统的逻辑模型，最后根据目标系统的逻辑模型建造新的系统。在对目标系统有了一定程度的了解后，就可以画出相应的数据流图，从而概括地表达出对新系统的设想。

（4）重新定义问题

新系统的逻辑模型本质上表达了系统分析员对新系统所具有的功能的认识，重要的是用户是否也有同样的看法呢？系统分析员应该和用户充分协商，比如一起讨论问题定义、软件规模以及对目标进行复查。如果用户遗漏了某些要求，或是系统分析员对少数问题存在误解，那么仍可在一定程度上进行改正。

可行性研究所涉及的这几个步骤实际上构成了一个循环（如图 2-2 所示）。定义问题、分析问题、导出一个试探性的解，在此基础上再次定义问题、再次分析、再次修改……继续这个过程，直到提出的逻辑模型完全符合系统目标为止。

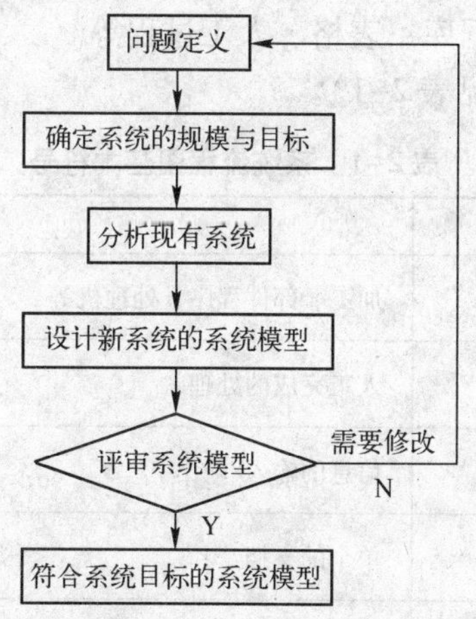

图 2-2　可行性研究前 4 个步骤示意图

（5）导出和评价供选择的方案

从系统逻辑模型出发，系统分析员应该导出若干个较高层次的物理实现方案。当从技术角度提出了一些可能实现的物理系统之后，首先要初步排除一些不现实的系统，当然是基于技术可行性研究的结果；其次是对经济可行性方面的考虑，系统分析员应该估计每个方案的开发成本和运行费用，并且估计相对于现有系统而言这种方案所体现出来的优越性，在这些基础上，对每个方案进行成本/效益分析；最后需要的是法律可行性，所开发的系统是否符合当前社会生产管理经营体制的要求，有无版权纠纷，生产安全以及与国家法律相违背的问题，这些都是系统分析员所要认真考虑的，在此基础上做出法律可行性的结论。

（6）推荐方案和行动方针

根据可行性的研究结果，如果系统分析员认为这项工程值得继续进行开发，应该选择一种最佳的解决方案，并且说明选择这个方案的理由。这当中，成本/效益分析是系统分析员必须仔细关注的，因为使用部门负责的人通常是根据经济上是否合算来决定是否投资。

（7）草拟开发计划

系统分析员进一步为推荐的系统草拟一份开发计划。其中包括工程进度表，各种开发人员（如系统分析员、程序员、资料员等）以及各种资源（计算机硬件、软件工具等）的需求情况，同时需要指明这些人员如何分配、资源具体如何使用等。此外，还需要估计系统生存周期中每个阶段的成本。最后，给出需求分析阶段的详细进度表和成本估计。

（8）提交文档

把上述几个步骤得到的结果写成文档，并邀请用户和部门的负责人仔细审查，以决定是否接受系统分析员推荐的解决方案。

2.2 系统流程图

2.2.1 系统流程图的符号

系统流程图的图形元素比较简单，也较容易理解。一个图形符号代表一种物理部件，这些部件可以是程序、文件、数据库、表格、人工过程等。

系统流程图有下列几种（见表2-1）。

表2-1 系统流程图基本符号

符号	名称	说明
	处理	加工、部件程序、处理机等
	人工操作	人工完成的处理
	输入/输出	信息的输入/输出
	文档	单个的文档
	多文档	多个文档

（续）

符　号	名　称	说　明
	连接	一页内的连接
	辅助操作	使用设备进行的脱机操作
	人工输入	人工输入数据的脱机处理，例如，填写表格
	换页连接	不同页的连接
	磁盘	磁盘存储器
	显示	显示设备
←	信息流	信息的流向
	通信链路	远程通信线路传送数据

在系统流程图的绘制过程中，要注意以下几个方面。

1）物理部件的名称应写在图形内，用以说明该部件的含义。

2）系统流程图中不应该出现信息加工控制的符号。

3）用以表示信息流的箭头符号，无须标注名称。

2.2.2　系统流程图举例

例如描述某单位运动会信息管理系统的系统流程图，该系统由人工操作，分为报名处理（处理报名、生成报名表、运动项目册）、成绩处理（成绩录入、分类、统计、计算）和成绩发布与奖励（发布所有运动员比赛成绩、给破纪录以及成绩前三名的运动员颁奖）。

根据运动会委员会的要求，建立计算机管理的运动会信息系统，分析员经过仔细研究，推荐了一个新的系统方案，该系统方案如图 2-3 所示。在系统流程图的每一个部件上标注了名称，部件之间用信息流向线表示出信息流动的方向。

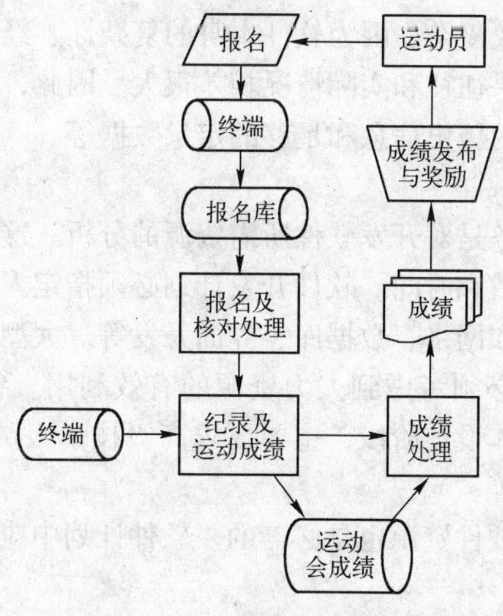

图 2-3　运动会系统流程图

2.2.3 分层

面对复杂的系统，一个比较好的方法是分层次描绘。首先用一张高层次的系统流程图描绘系统总体概括，表明系统的关键功能，然后分别把每个关键功能扩展到适当的详细程度，画在单独的一页纸上。图 2-4 是运动会中将成绩发布与奖励部分细化后的分层结果。

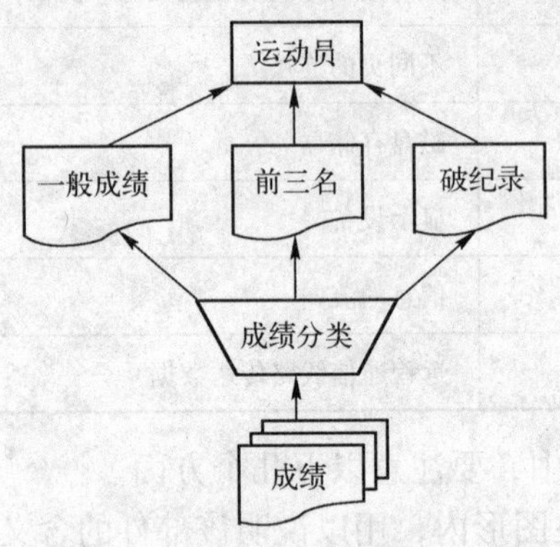

图 2-4 分层的成绩发布与奖励

2.3 制订软件计划

2.3.1 确定软件计划

确定软件计划就是要用书面文件的形式，把开发过程中所涉及到的每个问题，如各项工作的负责人员、成本、进度及所需要的软硬件条件等作出合理估算的框架。这些估算应当在软件开发项目开始时的一个有限的时间段内完成，并且随着项目的进展定期更新。以便根据制定的计划，使项目管理人员对各种资源统一管理、检查监督项目的开发工作。

软件项目的估算通常比较复杂。因为软件本身的复杂性、经验和估算工具的缺乏以及一些人为错误，导致预算的结果往往和实际情况相差很大。因此，估算成本和进度需要相当程度的经验，还需要收集有用的历史信息和足够的定量数据等。

1. 资源需求分析

软件计划的另外一项任务是对开发软件所需资源的分析。这其中最主要的资源是人，包括参与人员的技术要求、人数和时间。软件开发计划必须指定人员，如分析员，程序员；还需要指定相关人员的专业，如网络、数据库、界面开发等。大型软件开发时间很长，人员的变动是不可避免的，所以还必须考虑到人力资源的有效利用。各阶段的人员配置是不相同的，如在项目需求分析和总体设计阶段，主要要求高级技术人员参加。而在系统编码阶段，则要求大量程序员承担，等等。

除了人力资源外，软、硬件资源也是必需的。软件计划中应该考虑开发环境和用户使用环境的软、硬件资源需求。

(1) 开发系统

开发系统是软件开发阶段使用的整个计算机系统。它应该能够支持系统开发要求的多种开发平台，满足用户信息存储与通信的不同要求，能够模拟用户运行环境。

（2）目标硬件系统

目标硬件系统是指目标软件实际运行的硬件系统。目标硬件系统应该是在满足用户需求前提下的最小系统。

（3）软件资源

软件资源主要是支持系统开发、运行要求的软件系统。如操作系统，程序设计开发环境等。市场上，支撑软件的选择很多，有效地组合使用这些支撑软件可以极大地提高软件开发效率与质量。选择支撑软件应注意如下事项。

1）支撑软件是不可缺少的，这是软件开发的前提，必须合法有效地获取。

2）软件可明显减少开发工作量，并显著提高程序质量。获取支撑软件的费用应该小于等于不使用该软件进行开发所要求的费用。

3）如果期望得到的软件必须做某些修改才能有效使用，则必须确保修改的费用应不大于开发同等软件要求的费用。

2. 软件进度安排

项目的进度安排应该综合考虑各种情况，从各种开发资源得到最佳利用的角度估算每个开发阶段的工作量和所需时间，从而得到交付日期，这其中必须充分考虑软件系统测试时间。但实际工程中更常见的是交付日期由用户方确定，因此软件进度计划常常采用倒计时方式安排。如果进度得不到保证，很可能导致用户不满意，增加额外成本，甚至项目失败。因此准确估算软件开发各阶段工作量是非常重要的。

计划软件开发进度时应该考虑的问题如下。

（1）开发进度与开发人员数量的关系

与其他科学活动不一样，软件开发的进度不可能靠不断增加人数来保证。因为人员的增加就意味着增加了开发人员之间信息交流的复杂性。例如，设单人开发的软件生产率是4000行/人年，如果4人共同开发，要求6条通信路径。设每条路径耗费的时间为200行/人年，则每人的软件生产率为（4000－6×200/4）行/人年＝3700行/人年。如果人数增加到6人，则通信路径为15条，软件生产率降为3250/人年。由此可见，软件开发的人数与进度不成正比。

（2）开发进度与人员配备

软件开发各阶段的人员配备是不一样的，目前通常采用40－20－40规则。即在软件开发中，编码占全部工作量的20%，而编码前和编码后的工作各占40%。这种方式体现了需求分析、设计以及后期测试的重要性。当然，40－20－40规则也仅是一个指导性的参考标准。实际工作中，测试的工作量常常还不止40%，许多复杂的软件开发中，测试甚至占开发工作的50%以上。

（3）软件进度计划

软件进度计划中，必须明确各任务之间的人数、工作量和工作之间的衔接要求，每项任务的起止时间等。需要注意的是，每项任务的完成，应该以应交付的文档和复审通过为标准。当估计出每个子阶段的工作量及相应的时间要求以后，可以结合运筹学中的计划评审和关键路径法确定各任务的时间限制，编制开发进度时刻表，找出并确保关键时间路径。

3. 制定项目开发计划

一个项目经过可行性研究后，如果是可行的，则接下来应制定项目开发计划。系统分析员应当进一步编写一份开发计划。而计划的合理性和准确性往往关系着项目的成败。所以计划应力求完备，并要考虑到一些未知因素和不确定因素以及可能的修改。计划还应力求准确，最大程度地提高所需数据的可靠程度。软件项目开发计划是一种管理性文档，主要是对开发项目的费用、时间、进度、人员组织、硬件设备的配置、软件开发环境和运行环境的配置等进行说明和规划。项目的管理，以及项目的费用、进度和资源方面的控制都是以此为依据的。

项目开发计划主要内容如下。

(1) 项目概述

说明项目的各项主要工作以及软件的功能、性能，用户及合同承包者承担的工作、完成期限及其他条件限制，应交付的程序所使用的语言及其存储形式，应依附的文档。

(2) 实施计划

说明任务的划分，每阶段应完成的任务，项目开发的进度，各项任务的责任人，项目的预算，以及各阶段的费用支出预算。

(3) 人员配置

说明该项目所需人员的类型和数量以及组成结构等。

(4) 交付期限

说明项目最后交付的日期。

最后给出下一阶段的详细进度和成本。

2.3.2 复审软件计划

软件计划复审应该由开发人员与用户方合作进行，内容主要针对成本估算，进度安排，以及人员和资源的保证等，复审内容可以分为管理与技术两个方面。

1. 管理方面

1）计划描述的系统是否符合用户的需要。

2）计划中对系统相关资源的描述是否合理有效。

3）开发成本与开发进度要求是否合理。

2. 技术方面

1）系统的功能复杂性是否与开发风险、成本、进度相一致。

2）是否为后续的开发提供足够的依据和空间。

3）规格说明中关于系统性能、可维护性等要求是否恰当。

经过评审，如果软件计划需要进行修改，则分析员需要重新复查最初的用户需求文档，然后再评价修订。在软件开发实施过程中，软件计划可以修改，但不应扩大软件作用范围。

2.4 成本/效益分析

开发一个系统本身就是一种投资，而成本/效益分析的目的，就是从经济角度确定一个新系统是否划算，从而帮助使用部门负责人正确地做出是否投资于这项工程开发的决定。

2.4.1 成本估算技术

近年来，软件成本估算方面有了很大的发展，大多数成本估算都是从分析与软件成本相关的因素入手。例如，软件产品的复杂程度，软件开发时间及软件的可靠性等。

1. 基于代码行的成本估算方法

软件是高度知识密集型的产品，开发过程中几乎没有原材料或者能源消耗，设备折旧所占比例很小，因此软件生产的成本主要是劳动力成本。软件生产率是软件成本估算的基础。常用的软件成本估计计量单位如下。

（1）源代码行

交付的可运行软件中有效的源程序代码行数。

（2）工作量

指完成一项任务所需的程序员平均工作时间，其单位可以是人月（PM）、人年（PY）或者人日（PD）。

（3）软件生产率

开发过程中单位时间内能够完成的平均软件数量。

软件生产率不仅可以用于成本估算，也可以用于软件计划的进度估算。行代码估算方法是比较简单的定量估算方法，通常根据经验和历史数据估计系统实现后的各功能的源代码行数，然后用每行代码的平均成本相乘即得软件功能成本估算。每行代码的平均成本取决于软件复杂程度和开发人员的工资水平，如果用软件生产率相乘，可得到预期开发期，再进行功能或者任务分解后，则可以估计开发进度。

对每个功能的行代码估算值通常是3个根据历史资料或者直觉得到的数据：最乐观估计值N，最可能估计值M，最坏估计值B。然后加权平均：

$$L_e = (N + 4 \times M + B)/6$$

2. 基于任务分解的成本估算方法

典型办法是根据生存周期得到的瀑布模型，对开发工作进行任务分解，分别估算每个任务的成本，然后累加得到总成本。每个任务的成本估算通常只估算工作量（通常以PM为单位），如果软件系统庞大，可以分子系统独立开发，则应该对每个子系统按照开发阶段分别估算。典型系统开发需要的工作量大体如下：

$$\begin{cases}\text{需求分析：}15\% \\ \text{设计：}25\% \\ \text{编码与单元测试：}20\% \\ \text{综合测试：}40\%\end{cases}$$

3. 经验统计估算模型

（1）参数方程

静态单变量模型的一般形式是：

代价 = CI ×（估算特点）× exp(C2)

其中代价可以是工作量、需要人数、项目持续时间等，估算特点通常是估算源代码行数。

如 Walston—Felix 模型如下。

工作量 $E = 5.2L^{0.91}$ （PM）

项目时间 $D = 4.1L^{0.36}$ （月）

源代码长 $L = 2.47E^{0.35}$ （行）

程序员人数 $S = 0.54E^{0.6}$（人）

文档资料 $DOCL = 2.47E^{0.35}$（页）

其中 L 为估算目标程序指令代码条数，对于高级语言源程序，应该在不包括程序注释、编译命令行的前提下，将所有源程序行乘以转换系数折算为机器指令条数。

该模型收集了 1973～1977 年间 IBM 联合系统分部 60 个项目的成本数据。程序规模从 400 行到 46.7 万行，人力从 12PM 到 1178PM，使用 66 台计算机，28 种不同语言；最后这些数据用最小二乘法进行参数估算得出。

（2）动态多变量参数模型

将代价看做开发时间的函数。例如，根据 30 人年以上的大型软件项目导出的 Putnam 模型如下。

$$L = C_k K^{1/3} T_i^{4/3}$$

其中，L：源代码行数。

K：软件开发与维护要求的工作量（单位是 PY）。

T_d：开发时间（年）。

C_k：技术水平常数，其典型值为

好的开发环境（有自动化技术支持）：$C_k = 12500$

正常的开发环境（采用正规的开发方法，有充分的文档或者复审）：$C_k = 10000$

差的开发环境（没有规范的开发方法，缺少文档或者复审）：$C_k = 6500$

（3）COCOMO 模型（Constructive Cost Model）

COCOMO 模型是一种结构成本组合模型。该模型将软件开发方式分为有机方式、半分离方式和嵌入方式 3 种。有机方式指软件要求不苛刻，开发人员经验丰富，软件环境十分熟悉，程序规模不大（通常小于 50000 行）；嵌入方式软件通常和某些硬件设备紧密联系，约束条件十分严格（如导弹巡航制导系统）；半分离方式的软件要求通常介乎于以上两者之间，但软件规模较大（可以达 300000 行）。基本 COCOMO 模型的开发工作员和开发时间估算方程如表 2-2 所示。

表 2-2　基本 COCOMO 模型的工作量和进度公式

开发方式	开发工作量	开发时间
有机方式	$MM = 2.4(KDSI)^{1.05}$	$TDEV = 2.5(MM)^{0.38}$
半分离方式	$MM = 3.0(KDSI)^{1.12}$	$TDEV = 2.5(MM)^{0.35}$
嵌入方式	$MM = 3.6(KDSI)^{1.20}$	$TDEV = 2.5(MM)^{0.32}$

其中，MM 是开发工作量（以人月计），KDSI 是估算代码千行数，TDEV 是开发时间（以月计），影响软件开发工作量的因素不仅只与产品规模和开发方式相关，基本 COCOMO 模型是比较粗略的成本估算模型。

影响软件开发成本的因素可以分为软件产品属性、计算机属性、人员属性和项目属性 4 类。在详细 COCOMO 模型中，就影响开发成本的 15 个主要因素调整系数 fi 如表 2-3 所示。利用该表，不仅可以估算软件开发成本，还可以分析比较不同开发条件的成本和效益，从而制定恰当的开发方案。

表 2-3 调整系数表

f_i	类别	主要因素	级别					
			很低	低	正常	高	很高	极高
f_1	软件	软件可靠性（RELY）	0.75	0.88	1.00	1.15	1.40	
f_2		数据库大小（DATA）		0.94	1.00	1.08	1.16	
f_3		产品复杂性（CPLX）	0.70	0.85	1.00	1.15	1.30	1.65
f_4	硬件属性	执行时间限制（TIME）			1.00	1.11	1.30	1.66
f_5		内存容量限制（STOR）			1.00	1.06	1.21	1.56
f_6		硬环境变动（VIRT）		0.87	1.00	1.15	1.30	
f_7		计算机响应时间（TURN）		0.87	1.00		1.07	1.15
f_8	人员属性	分析能力（ACAP）	1.46	1.19	1.00	0.86	0.71	
f_9		应用经验（AEXP）	1.29	1.13	1.00	0.91	0.82	
f_{10}		程序员能力（PCAP）	1.42	1.17	1.00	0.86	0.72	
f_{11}		开发环境知识（VEXP）	1.21	1.10	1.00	0.90		
f_{12}		编程语言经验（LEXP）	1.14	1.07	1.00	0.95		
f_{13}	项目	软件开发模型（MODP）	1.24	1.10	1.00	0.91	0.82	
f_{14}		软件工具（TOOL）	1.24	1.10	1.00	0.91	0.83	
f_{15}		进度约束（SCED）	1.23	1.08	1.00	1.04	1.10	

2.4.2 成本/效益分析的方法

上面简单介绍了估算开发成本的基本方法，本书第 11 章还要对此作进一步的详细介绍。系统的经济效益，等于因使用新系统而增加的收入，加上使用新系统可以节省的运行费用。系统总的经济效益与生存周期的长度有关，所以应该合理地估算软件的寿命（一般估计为 5 年左右）。当然，成本和效益不能简单地作比较，应该考虑货币的时间价值。

1. 货币的时间价值

通常用利率形式表示货币的时间价值。假设年利率为 i，现在存入 P 元，则 n 年后的货币总价值为：

$$F = P(1+i)^n$$

反之，若 n 年后能收入 F 元钱，那么这些货币的现在价值是：

$$P = F/(1+i)^n$$

例如，一个系统的开发成本需 3000 元，系统运行后每年可节省 1500 元，假定年利率为 10%，利用上面的计算公式可以算出节省货币的现在价值，如表 2-4 所示。

表 2-4 将来的收入折算成现在价值

年	将来价值/元	$(1+i)^n$	现在价值/元	累计的现在价值/元
1	1500	1.10	1363.64	1363.64
2	1500	1.21	1239.67	2603.31
3	1500	1.33	1127.82	3731.13
4	1500	1.46	1027.40	4758.53
5	1500	1.61	931.68	5690.21

2. 收入

纯收入是指整个生存周期之内系统的累计经济效益（折合成现在值）与投资之差，如上例中纯收入预计是：

5690.21 - 3000 = 2690.21（元）

3. 投资回收期

投资回收期是用来衡量一项开发工程价值的，它是衡量经济效益最重要的参考数据。所谓投资回收期，就是使累计的经济效益等于最初投资所需要的时间。例如，上例中，两年后可节省 2630.31 元，比初始投资的 3000 元还少了 369.69 元；第三年后将再节省 1779.45 元，369.69/1127.82 = 0.33，因此投资回报期是 2.33 年。

4. 投资回收率

投资回收率用来衡量投资效益的大小，通常把它与年利率相比较。如果投资回收率等于银行的年利率，则此系统不能开发，因为没有增加收入，只有当投资回收率大于年利率时，开发该系统才是合算的。投资回收率的计算方式为：

$$P = F_1/(1+j) + F_2/(1+j)^2 + \cdots + F_n/(1+j)^n$$

其中，

P：现在的投资额。

F_i：第 i 年年底的效益（i = 1，2，…，n）。

n：系统使用寿命。

j：投资回收率。

解出这个高阶代数方程即可求出投资回收率（假设系统寿命 n = 5 年）。

以上是从几个不同方面来讨论成本与效益的关系，它是供使用部门的负责人来决定是否开发此项工程的一个经济观点。

2.5 需求分析的概念和任务

2.5.1 需求分析的概念

需求分析是在可行性研究的基础上进行的更细致的分析工作，是软件定义时期的最后一个阶段对软件目标及范围的求精和细化。通过可行性研究和分析，充分了解用户对软件系统的要求，把用户要求表达出来，解决“软件系统必须做什么”的问题。

2.5.2 需求分析的层次

软件工程是一个建立模型和实现的过程。各个阶段是互相替代，反复的建模过程，那么需求分析自然就是需求建模过程，在这一阶段要在 3 个不同层次上建模，即业务需求、用户需求和功能需求（3 个层次是互相迭代的关系，可以简单地理解是下层对上层的完善和细化）。

图 2-5 中所表示的内容并不是一个完善的需求层次图，文档是对上层模型信息的载体（图形，文字等记录上层模型），例如，软件需求规格说明书就是需求分析阶段的一个文档。按照功能和非功能的特征，又可以将需求建模分为两部分，即功能性分析和非功能性分析。

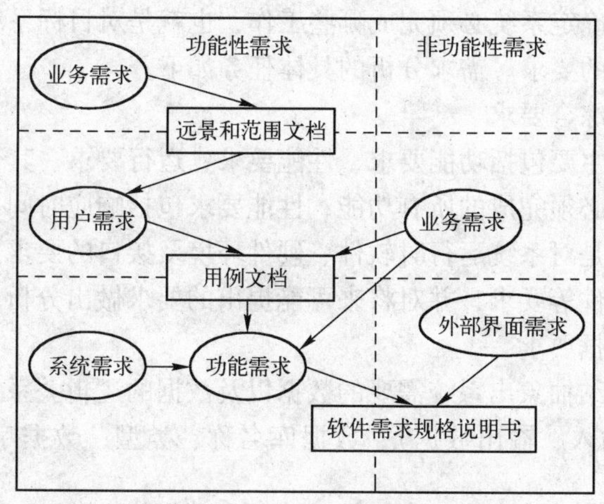

图 2-5　需求层次图

简单描述以下这三个层次需求。

(1) 业务需求

组织或客户高层次的目标。业务需求通常来自项目投资人、购买产品的客户、实际用户的管理者、市场营销部门或产品策划部门。业务需求描述了组织为什么要开发一个系统，即组织希望达到的目标。前景和范围文档用于记录业务需求。

(2) 用户需求

用户的目标或用户要求系统必须能完成的任务。用例、场景描述和事件响应表是表达用户需求的有效途径。

(3) 功能需求

规定开发人员必须实现的软件功能，用户利用这些功能来完成任务，满足业务需求。功能需求有时也被称做行为需求，功能需求描述的是开发人员需要实现什么。

2.5.3　需求分析的目标和任务

1. 需求分析的目标

软件需求分析阶段是把来自用户的信息加以分析提炼，最后从功能和性能上加以描述。它要求分析员首先应具有相应的业务知识，以便能很好地理解用户需求和用户环境；其次还要有丰富、广泛的计算机科学知识，有一定的开发计算机硬件或软件系统的经验，以便能把硬件、软件元素有效地利用到目标系统中去；其三要善于在用户和软件开发部门之间进行良好的通信和协作；其四要有概括能力和分析能力。

需求分析阶段所要达到的目标是以软件计划阶段确定的软件工作范围为指南，导出新系统的逻辑模型，即编制出软件规格说明书，具体目标如下。

1）理清数据流或数据结构。

2）通过标识接口细节，深入描述功能，确定设计约束和软件有效性要求。

3）构造一个完全、精致的目标系统逻辑模型。

2. 需求分析的任务

需求分析的基本任务是准确回答“系统必须做什么”的问题。它的任务并不是确定系统怎样完成工作，而是确定系统必须完成哪些工作，也就是对目标系统实现的功能等提出完整、准确、清晰、具体的要求。需求分析的具体任务如下。

(1) 确定对系统的综合要求

对系统的综合要求主要包括功能要求、性能要求、运行要求、其他要求等 4 个方面。功能要求划分并描述系统必须完成的所有功能；性能要求包括响应时间、数据精确度及适应性等要求；运行要求主要是对系统运行时软件、硬件环境及接口的要求；其他要求包括安全保密性、可靠性、可维护件等要求，并对将来可能提出的要求做出分析。

(2) 分析系统的数据要求

由系统的信息流归纳抽象出系统需要的数据以及数据的逻辑关系。描述系统所需要的静态数据、动态数据（输入、输出数据）、数据库名称、类型，数据字典以及数据的采集方式等。

(3) 导出目标系统的详细逻辑模型

通过以上两项分析的结果导出目标系统的详细逻辑模型，详细逻辑模型用数据流图、数据字典和 IPO 图等软件需求表达工具来表示。

(4) 修订系统开发计划

(5) 编写软件需求规格说明书，并提交审查，需求分析的结果是系统开发的基础，关系到最终软件产品的质量，因此必须对软件需求进行严格的审查验证。

图 2-6 给出了对需求分析的任务关系图。

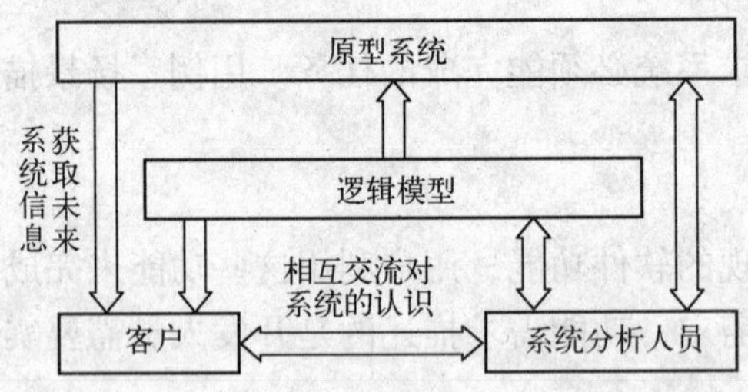

图 2-6　需求分析的任务关系图

2.5.4　需求分析的原则

为使需求分析科学化，在软件工程的分析阶段提出了许多需求分析方法。在已提出软件需求分析与说明的方法中，每一种分析方法都有独特的观点和表示法，但都适用下面的基本原则。

1) 分析人员要使用符合用户语言习惯的表达，尽量多地了解用户的业务及目标，以期获得用户所需要的功能和质量的系统。

2) 分析人员必须编写软件需求报告，要求得到需求工作结果的解释说明。

3) 开发人员要尊重用户的意见，开发人员要对需求及产品实施提出建议和解决方案，同时分析人员也要尊重开发人员的需求可行性及成本评估。

4) 用各种方法特别是容易理解和交流的图形来准确而详细地说明需求，描述产品使用特性，清楚地说明并完善需求。为了提高生产效率，必须划分需求的优先级。

5) 允许重用已有的软件组件，需求变更要立即联系，特别是要求对变更的部分提供真实可靠的评估，遵照开发小组处理需求变更的过程。

6）及时做出决定。

7）评审需求文档和原型。

2.5.5 需求规格说明书

按照 GB856T－88 软件开发标准技术文档的要求，需求规格说明书（SRS）主要内容（范本）如下。

1 引言

1.1 编写目的

说明编写这份软件说明书的目的，指出预期的读者。

1.2 背景

说明待开发软件的软件系统的名称；本项目的任务提出者、开发者、用户及实现该软件的计算中心或计算机网络；该软件系统同其他系统或其他机构的基本的相互来往关系。

1.3 定义

列出本文件中用到的专门术语的定义和外文首字母组词的原词组。

1.4 参考资料

列出要用到的参考资料，如本项目的经核准的计划任务书或合同、上级机关的批文；属于本项目的其他已发表的文件；本文件中各处引用的文件、资料、包括所要用到的软件开发标准。列出这些文件资料的标题、文件编号、发表日期和出版单位，说明能够得到这些文件资料的来源。

2 任务概述

2.1 目标

叙述该项软件开发的意图、应用标准、作用范围以及其他的应向读者说明的有关该开发软件的背景材料。如果本软件产品是一项独立的软件，而且全部内容自含，则解释被开发软件与其他有关软件之间的关系；如果所定义的产品是一个更大的系统的一个组成部分，则应说明本产品与该系统中其他各组成部分之间的关系，为此可使用一张方框图来说明该系统的组成和本产品同其他各部分的联系和接口。

2.2 用户的特点

列出本软件的最终用户的特点，充分说明操作人员、维护人员的教育水平和技术专长，以及本软件的预期使用额度。这些是软件设计工作的重要约束。

2.3 假定和约束

列出进行本软件开发工作的假定和约束，如经费限制、开发期限等。

3 需求规定

3.1 对功能的规定

用表达的方式（如 IPO 表即输入、处理、输出表的形式），逐项定量和定性地叙述对软件所提出的功能要求，例如，说明输入什么量、经过怎样的处理、得到什么输出，说明软件应支持的终端数和应支持的并行操作数。

3.2 对性能的规定

3.2.1 精度

说明对该软件输入、输出数据精度的要求，可能包括传输过程中的精度。

3.2.2　时间特性要求

说明对于该软件的时间特性要求，如对响应时间、更新处理时间、数据的转换和处理时间、解题时间等的要求。

3.2.3　灵活性

说明对该软件的灵活性的某些要求，即当需求发生变化时，该软件对这些变化的适应能力，如操作方式上的变化、运行环境的变化、同其他软件接口的变化、精度和有效时限的变化、计划的变化或改进。

对于为了提供这些灵活性而进行的专门设计应该加以标明。

3.3　输入、输出的要求

解释各输入输出数据类型，并逐项说明其媒体、格式、数据范围、精度等。对软件的数据输出及必须标明的控制输出量进行解释并举例，包括对应复件报告（正常结果输出、状态输出及异常输出）以及图形或显示报告。

3.4　数据管理能力要求

说明需要管理的文卷和记录的个数、表和文卷的大小规模，要按可预见的增长对数据及其分量的存储要求做出估算。

3.5　故障处理要求

列出可能的软件、硬件故障以及对各项性能而言所产生的后果和对故障处理的要求。

3.6　其他专门要求

如用户单位对安全保密的要求，对使用方面的要求，对可维护性、可补充性、易读性、可靠性、运行环境可转换性的特殊要求等。

4　运行环境规定

4.1　设备

列出运行该软件所需要的硬件设备。说明其中的新型设备及其专门功能，包括处理器型号及内存容量；外存容量、联机或脱机、媒体及其存储格式，设备的型号及其数量；输入及输出设备的型号和数量；数据通信设备的型号和数量；功能键及其他专用硬件。

4.2　支持软件

列出支持软件，包括要用到的操作系统、编译（或汇编）程序、测试支持软件等。

4.3　接口

说明该软件同其他软件之间的接口、数据通信协议等。

4.4　控制

说明控制该软件的运行方法和控制信号，并说明这些控制信号的来源。

仅仅写好每条需求声明是不够的。需求规格说明中所包含的整体需求集还必须具备以下特性。

- 完整性。不能遗漏任何需求或必要的信息，需求遗漏问题很难被发现，因为它们并没有列出来，着重于用户任务而不是系统功能会有助于避免遗漏需求。
- 一致性。需求的一致性是指需求不会与同一类型的其他需求或更高层次的业务、系统或用户需求发生冲突。必须在开发前解决需求不一致的问题。只有经过调查才能知道需求正确与否，记下每项需求的来源，当发现需求冲突时就知道该找谁商量。

- 可修改性。必须能够对 SRS 做必要的修订，并可以为每项需求维护修改的历史记录。这要求对每项需求进行唯一标识，与其他需求分开表述，从而能够明确地提及它。每项需求只能在 SRS 中出现一次。如果有重复需求，很容易因为只修改其中一项而产生不一致，可以将相关需求合并到原声明中来避免对需求的重复声明。使用目录和索引可以使 SRS 更易于修改。用数据库或商业的需求管理工具来存储需求就能使其成为可重用的对象。
- 可跟踪性。需求如果是可跟踪的，就能找到它的来源，它对应的设计单元、实现它的源代码以及用于验证其是否被正确实现的测试用例。可跟踪需求都有一个固定的标识符对其唯一标识，记录这类需求应采用结构化、精细准确的方式，而不是大段冗长的描述。不要在一项需求声明中描述多项需求，不同的需求应对应不同的设计单元和代码段。

2.5.6 评审

无论何时，只要不是由软件产品作者本人，而是由其他人来检查产品中存在的问题，这就是在进行同级评审。需求文档的评审是一项功能很强的技术，通过它可以发现具有二义性的或无法验证的需求，那些定义不够明确而无法开始设计的需求以及其他问题。

软件工程各阶段结束时，都要进行评审。这种分析主要是发现需求分析中的错误，所以评审人员必须注意以下几个方面。

(1) 完整性

每一项需求都必须将所要实现的功能描述清楚，以使开发人员获得设计和实现这些功能所需的所有必要信息。

(2) 正确性

每一项需求都必须准确地陈述其要开发的功能，做出正确判断的参考是需求的来源，如用户或高层的系统需求规格说明，若软件需求与对应的系统需求相抵触则是不正确的。只有用户代表才能确定用户需求的正确性，这就是一定要有用户的积极参与的原因。

(3) 可行性

每一项需求都必须是在已知系统和环境的权能和限制范围内可以实施的。为避免不可行的需求，最好在收集需求过程中始终有一位软件工程小组的组员与需求分析人员或考虑市场的人员在一起工作，由他负责检查技术可行性。

(4) 必要性

每一项需求都应把客户真正所需要的和最终系统所需遵从的标准记录下来。“必要性”也可以理解为每项需求都是用来编写文档的“根源”。要使每项需求都能回溯至某项客户的输入，如使用实例或其他来源。

(5) 划分优先级

给每项需求、特性或使用实例分配一个实施优先级以指明它在特定产品中所占的分量。如果把所有的需求都看做同样重要，那么项目管理者在开发或节省预算或调度中就丧失控制。

(6) 无二义性

对所有需求说明都只能有一个明确统一的解释，由于自然语言极易导致二义性，所以尽量把每项需求用简洁明了的用户性的语言表达出来。避免二义性的有效方法包括对需求文档的正规审查，编写测试用例，开发原型以及设计特定的方案脚本。

(7) 可验证性

检查一下每项需求是否能通过设计测试用例或其他的验证方法，如用演示、检测等来确定产品是否确实按需求实现了。如果需求不可验证，则确定其实施是否正确就成为主观臆断，而非客观分析了。一份前后矛盾，不可行或有二义性的需求也是不可验证的。

整个审查过程可分为下述的几个阶段。

1）规划。该阶段的工作主要由审查负责人进行，具体工作为：被审文档进入条件检验、审查内容划分、确定审查小组的成员、制订审查进度表、准备和分发审查材料，决定在审查会议之前是否进行概况介绍。

2）总体会议。在开审查会议之前，从较高的层次上解释被审查的产品及其有关材料，可以是口头的，也可以是文字的。目的是让审查者能够阅读和分析被审查的产品和有关材料。介绍包括产品的功能和用途、该产品与正在开发的其余产品的关系、以及开发中所采用的方法。

3）准备。审查者个人在审查会议召开前按照分工阅读审查材料，发现产品中的缺陷，并填写审查准备日志，记录所用的时间、发现的缺陷及其严重程度和类别，在审查会议之前交给负责人。负责人应对每个审查员提交的准备日志进行检查，以确定审查小组是否已做好充分准备。

4）审查会议。审查组查找缺陷，并对所发现的缺陷进行分类和记录。

5）审查议程。带领审查员对产品进行逻辑阅读并进行相关解释，作者按要求提供说明性信息，审查小组对已分类和记录的缺陷进行鉴别。当读到含有潜在缺陷的部分时，任何一个审查员均可以在任意的时间打断领读者。如果需要对潜在缺陷进行短暂讨论时，领读暂时停止。审查小组应对提出的每一个缺陷是否是真缺陷取得一致意见。如果审查小组意见一致，记录员应在审查缺陷登记表上记下缺陷的部位、缺陷的简要说明、缺陷的分类和严重程度，以及发现缺陷的审查员，然后领读者恢复领读。

6）返工。被审文档的作者对发现的缺陷进行修改。作者应改正所有记录在审查缺陷登记表中的重要缺陷，如果费用和进度允许，次要缺陷也应改正。

7）评价。如果全部主要缺陷都已经改正，所有遗留问题都已经解决，审查负责人可以在审查报告上作出文档通过审查的结论；若不满足上述条件，被审文档的作者就应重新修改，直到条件满足，通过审查为止。

图2-7说明了审查过程各环节间的逻辑关系。

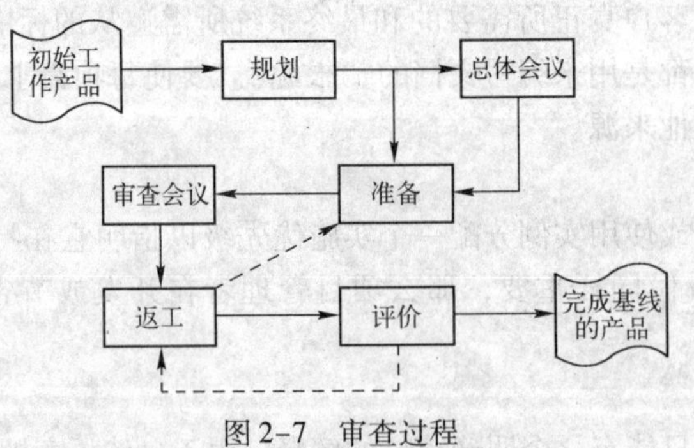

图2-7　审查过程

审查可以提高软件质量，但是不能占用过多时间，因为越到后面发现的缺陷就越少。图 2-8来说明缺陷数量与审查速度间的关系。

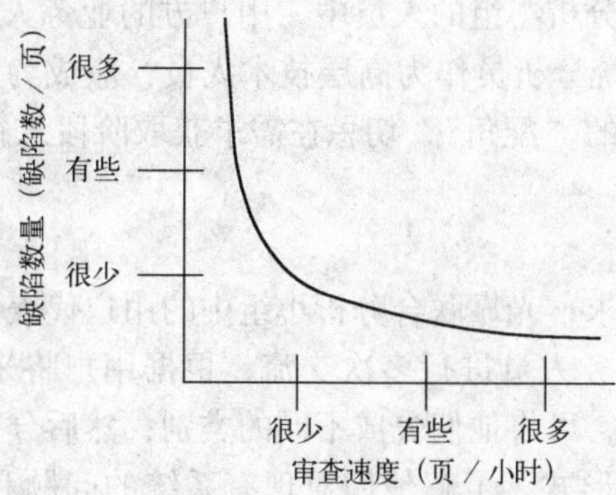

图 2-8　缺陷数量与审查速度间的关系图

2.6　获取需求的方法

2.6.1　存在问题

需求分析应该尽量少出现错误，这主要是因为软件工程前一阶段的错误将对后一阶段产生严重的影响，尤其返工，返工的成本占总成本的 30% ~ 50%。所以应尽量使用好的方法防止错误的发生。图 2-9 可以说明各个开发阶段的错误与开发成本的关系。

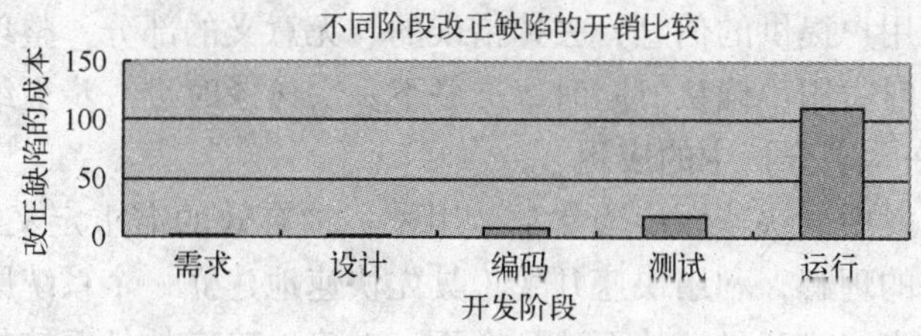

图 2-9　软件工程错误与开发系统成本关系

2.6.2　常用方法

1. 常规的需求获取方法

负责需求分析的软件开发人员称为系统分析员，系统分析员为了获取正确的需求信息，可以使用一些基本的需求获取方法和技术，包括建立一个联合分析小组、用户访谈以及问题分析与确认等。

（1）建立联合分析小组

系统开始开发时，系统分析员对用户的业务过程和术语不熟悉，用户也不熟悉计算机的处理过程，所以用户提供的需求信息，在系统分析员看来往往是零散和片面的，需要由一个领域专家来沟通，因而，建立一个由用户、系统分析员和领域专家参加的联合分析小组，对开发人员和用户之间的交流和需求的获取将非常有用。通过联合分析小组的工作，可极大地方便系统开发人员和用户之间的沟通，所以有些学者也将这种面向联合开发小组的需求收集方法称为“便利的应用规约技术”（Facilitated Application Specilication Techniques，FAST）。

有人主张，在参加联合分析小组的人员中，用户方的业务人员应该是系统开发的主体。是“演员”和“主角”；系统分析员作为高层技术人员，应成为开发工作的“导演”；其他的与会开发人员是理所当然的“配角”，切忌在需求获取阶段忽视用户业务人员的作用，由系统开发人员代劳。

（2）客户访谈

为了获取全面的用户需求，光靠联合分析小组中的用户代表是不够的，系统分析员还必须深入现场，和用户方的业务人员进行多次交流，根据用户将来使用软件产品的功能、频率、优先等级或熟练程度等，可将他们分成不同的类别；然后分别对每一类用户通过现场参观、个别座谈或小组会议等形式，了解他们对现有系统的问题和期望新系统功能等方面的看法。

客户访谈是一个直接与客户交流的过程，既可了解高层用户对软件的要求，也可以听取直接用户的呼声。由于是与用户面对面的交流，如果系统分析员没有充分的准备，也容易引起用户的反感，从而产生隔阂；所以分析员必须在这个过程中尽快找到与用户的“共同语言”，进行愉快的交谈。在与用户接触之前，先要进行充分的准备，首先，必须对问题的背景和问题所在系统的环境有全面的了解；其次，尽可能了解将要会谈用户的个性特点及任务状况；第三，事先准备一些问题。在与用户交流时，应遵循循序渐近、逐步逼近的原则，切不可急于求成，否则欲速则不达。

（3）问题分析与确认

不要期望用户经过一两次交谈，就会对目标软件的要求阐述清楚。在每次访谈之后，要及时进行整理，分析用户提供的信息，去掉错误的、无意义的部分，整理有用的内容，以便在下一次与用户见面时由用户确认，同时，准备下一次访谈时进一步更细节的问题。

2. 快速原型法在需求分析中的应用

在实际的软件开发中，快速原型法常常被用做一种有效的需求定义方法，在分析阶段，开发人员根据对软件的理解，利用快速开发工具先快速地建立一个系统原型，然后让用户对原型进行评估，并提出修改意见，从而达到全面、准确地确定软件系统的外部行为和特征。

在需求分析阶段采用快速原则法，一般可按照以下步骤进行。

1）利用各种分析技术和方法，生成一个简化的需求规格说明。

2）对需求规格说明进行必要的检查和修改后，确定原型的软件结构、用户界面和数据结构等。

3）在现有的工具和环境的帮助下快速生成可运行的软件原型并进行测试、改进。

4）将原型提交给用户评估并征求用户的修改意见。

5）重复上述过程，直到原型得到用户的认可。

由于开发一个原型需要花费一定的人力、物力、财力和时间，而且由于确定需求的原型在完成使命后一般被丢弃，因此是否使用快速原型法必须考虑软件系统的特点、可用的开发技术和工具等方面，Audriolc 提出的以下 6 个问题，可用来帮助判断是否要选择原型法。

1）需求已经建立，并且可以预见是相当稳定吗？

2）软件开发人员和用户已经理解了目标软件的应用领域吗？

3）问题是否可被模型化？

4）用户能否清楚地确定基本的系统需求？

5）有任何需求是含糊的吗？

6）已知的需求中存在矛盾吗？

2.6.3 需求分析的过程

软件需求分析的工作过程是依据在软件计划阶段确定的软件作用范围，进一步对目标对象和环境作细致深入的调查，了解现实的各种可能解法，加以分析评价，作出抉择，配置各个软件元素，建立一个目标系统的逻辑模型并写出软件规格说明。不难看出，需求分析过程实际上是一个调查研究、分析综合的过程，是一个抽象思维、逻辑推理的过程。它要求分析者能够从冲突和混淆的原始资料中吸收恰当的事实，从大量的、复杂的事实中抽象出一组概念，并把它们组织成一个逻辑整体。这要求分析者具有相应的业务领域中的专门知识以便能很好地理解用户需求和用户环境，也要求分析者有丰富的计算机科学知识，以便能把硬件、软件元素有效地利用到目标系统中，并要求分析者具有较好的文学修养和相互合作精神，以便与用户建立起良好的通信和协作关系。这一切都充分说明了需求分析是一项复杂的综合性技术，需求分析过程是一种高水平的创造性劳动。

2.6.4 结构化需求分析方法

在结构化分析阶段，基于问题分解与抽象的观点，将任何信息处理过程看做输入数据变换成所要求的输出信息的装置，因此数据流分析是需求分析的出发点。结构化分析采用“自顶向下，由外及里，逐步求精”的策略对问题进行分析。具体做法是首先将整个系统看做一个加工（信息处理的装置，是一个黑匣子），标识出系统边界和所有输入/输出数据流。然后再对加工内部进行细化分解，将复杂功能分解为若干简单功能的有机组合，并逐步补充细节描述，描述结构化分析结果的主要手段是数据流图和数据词典。

结构化分析方法是面向数据流的典型方法。由于其出现较早，简单易懂，既可以手工实现，也适用于自动化、半自动化支持环境，广泛用于中、小型系统开发。

（1）实现的步骤

- 确定系统边界，画出顶层数据流图。
- 自顶向下，对每个加工进行内部分解，画出分层数据流图。
- 对数据流图进行复审求精。

（2）分层的优点

- 便于实现采用逐步细化的扩展方法，可避免一次引入过多细节，有利于控制问题的复杂度。
- 便于使用一组图代替一张总图，用户中的不同业务人员可各自选择与本身有关的图形，而不必阅读全图。

（3）画分层数据流图的指导原则

- 注意父图和子图的平衡。在分层图中，每一层都是它上层的子图，同时又是它下层的父图。所谓平衡，是指父图与子图的输入数据和输出数据应分别保持一致。
- 区分局部文件和局部外部项。初学者易犯的毛病就是在父图中多画了子图的局部文件，或者在子图中漏画了应添写的外部项。一般来说，除底层数据流图需画出全部文件外，中间层的数据流图仅显示处于加工之中的接口文件，其余的文件均不必画出，以保持图面的清洁。

- 掌握分解的速度。分解是一个逐步细化的过程。通常在上层可分解快一些，下层应慢一些。因为愈接近下层功能愈具体，分解太快增加具体用户理解的困难。
- 遵守加工编号规则。

顶层加工不编号；第二层的加工编为1，2，3，…，n；第三层的加工编号为1.1，1.2，1.3，…，n.1，n.2，n.3，…，依次类推。

(4) 确定数据定义和加工策略

分层数据流图因为整个系统描绘了一个概貌。下一步应该考虑系统的一些细节，定义系统的数据和确定加工的策略等问题。

W. Davis 认为，由于最底层 DFD 图包含了系统的全部数据和加工，同时终点的数据代表系统的输出，其要求是明确的，一般应该从数据的终点开始。由这里开始，沿着 DPD 图一步步向数据源点回朔，较易看清楚数据流中的每一个数据项的来龙去脉，有利于减少错误和遗漏。

2.7 传统的软件建模

2.7.1 软件建模

需求分析最主要的任务是对系统建立逻辑模型。

2.7.2 数据模型的实体-联系图建立

数据模型包含3种相互关联的信息：数据对象、描述数据对象的属性及数据对象彼此间相互连接的关系。

在需求分析阶段，对系统中的数据模型是从用户角度进行数据建模。须描述数据的逻辑结构和数据元素之间的关系。最常用的概念数据模型是实体-联系方法（Entity-Relationship Approach），也就是通常说的用ER图来描述。

ER模型中有3种要素：实体、联系、属性。

(1) 数据对象

数据对象是对软件必须理解的复合信息的抽象。所谓复合信息是指具有一系列不同性质或属性的事物，仅有单个值的事物不是数据对象。

数据对象可以是外部实体、事物、行为、事件、角色、单位、地点或结构等。总之，可以由一组属性来定义的实体都可以被认为是数据对象。

数据对象彼此间是有关联的，例如，教师“教”课程，学生“学”课程，教或学的关系表示教师和课程或学生和课程之间的一种特定的连接。

数据对象只封装了数据而没有对施加于数据上的操作的引用，这是数据对象与面向对象范型中的“类”或“对象”的显著区别。

(2) 属性

属性定义了数据对象的性质。必须把一个或多个属性定义为“标识符”，也就是说当我们希望找到数据对象的一个实例时，用标识符属性作为“关键字”。

应该根据对所要解决的问题的理解，来确定特定数据对象的一组合适的属性。

（3）联系

客观世界中的事物彼此间往往是有联系的。例如，教师与课程间存在“教”这种联系，而学生与课程间则存在“学”这种联系。

数据对象彼此之间互相连接的方式称为联系或关系。联系可分为以下 3 种类型。

1）一对一联系（1:1）。

2）一对多联系（1:N）。

3）多对多联系（M:N）。

（4）符号

实体关系图（Entity-Relationship Diagram，ERD）作为数据建模的基础，描述数据对象及其关系。

ER 图中三种元素的表示如图 2-10 所示，通常用矩形框代表实体，用连接相关实体的菱形框表示关系，用椭圆形或圆角形表示实体（或关系）的属性。

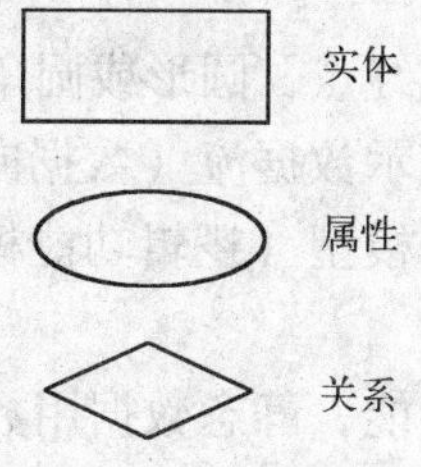

图 2-10　ER 图的元素

图 2-11 显示了教学管理系统中课程、学生、教师之间的实体关系图，其中方框表示实体或属性，方框之间的连线表示实体之间或者实体与属性之间的联系。

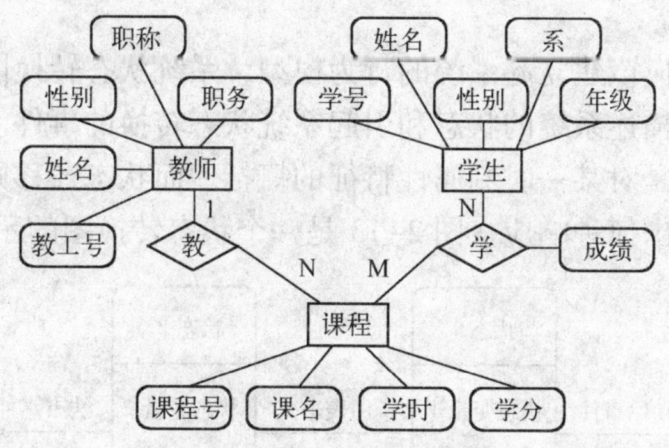

图 2-11　学生、教师及课程之间的 ER 图

2.7.3　功能模型、行为模型的建立及数据字典

1. 功能模型的建立

数据流图是描述系统逻辑模型的图形工具，数据流图是一个逻辑模型而不是物理模型，

是描述系统功能的模型。它表示数据在系统内的处理及流向变化情况，可以用来表示一个系统或软件在任何层次上的抽象。较大型软件系统的数据流图分成多层（子图、父图概念），每层可以表示数据流和功能的进一步的细节。数据字典是对所有与系统相关的数据元素的一个有组织的列表，以及精确的、严格的定义，使得用户和系统分析员对软件系统的输入、输出、存储内容和中间计算有共同的理解，数据字典是对数据流图的一个补充，与数据流图一起使用，一起更新和完善，数据字典的作用是为了让用户更好地理解数据流图。图 2-12 是数据流图的几种基本表示符号。

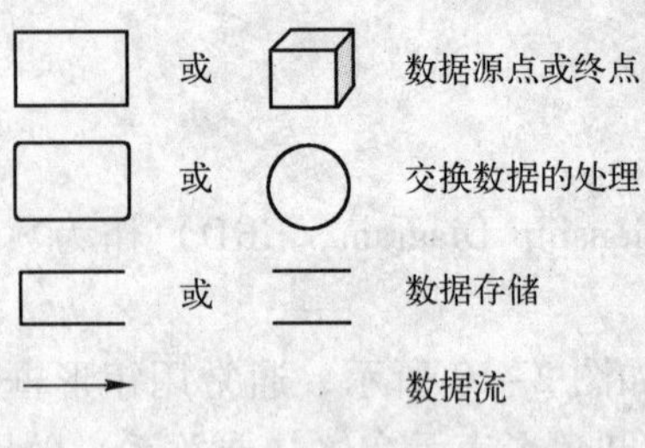

图 2-12　数据流图基本元素

矩形或正方体表示数据的源点或终点，圆形或圆角矩形表示对数据的处理，平行线或半封口的矩形表示数据的存储，箭头表示数据流（数据向箭头方向流动）。整个数据流图由以上元素构成，用它来描述系统的逻辑模型（逻辑功能模型），描述信息在系统的流动和处理情况。

处理一般表示一个功能或一组功能，静态数据用数据存储表示，常用来描述数据库在数据流图的表示，可以用来表示一个文件（一个文件可看做许多数据的组合）或者多个文件的组合，总之数据存储用来表示静态的一些数据的集合体。而动态数据表示则由数据流描述，数据流一般用来表示一个数据集合由一个处理流向另一个处理，或者表示由源点流出（流向终点）。

2. 行为模型的建立

在需求分析过程中应该建立起系统的行为模型，系统状态转换图是描述系统行为模型的有力工具。状态图主要描述系统的状态和引起系统状态转换的事件。

在状态图中，状态是对某一时刻属性特征的概括。而状态迁移则表示系统在何时对系统内外发生的哪些事件作出何种响应。图 2-13 是一个状态转换图的示例。

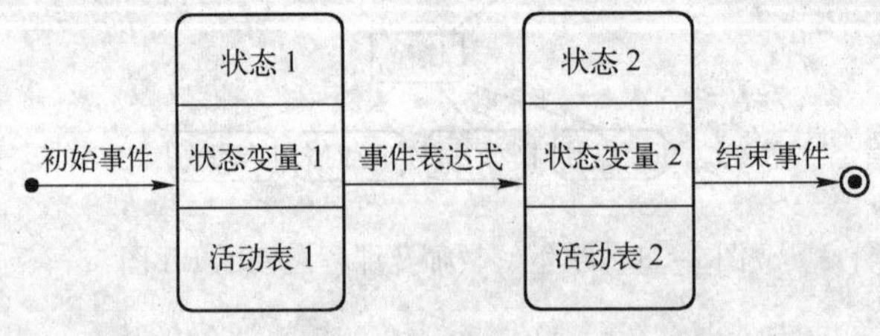

图 2-13　状态转换图示例

“事件 A”是一个无条件的事件，而“事件 B［条件］”是一个有条件的事件，在给定条件满足时才起作用。区分两种不同的行为，即操作和活动，操作是一个伴随状态迁移的瞬时发生的行为，与触发事件一起表示在有关的状态迁移之上，活动则是发生在某个状态中的行为，往往需要一定的时间来完成，因此与状态名一起出现在有关的状态之中。状态图中所有这些内容都可以根据具体要求予以取舍。

3. 数据字典

数据字典是对数据流图中数据的描述，由4个类型条目组成。

1）数据流。

2）文件。

3）数据项（指不再分解的数据单位）。

4）加工。

数据流条目主要列出组成该数据流的各数据项；数据项条目主要列出数据的类型、长度、取值范围等；数据存储主要列出组成该库文件的数据项（记录）及组织形式；加工用来描述处理“做什么”的处理逻辑。

对于数据定义依然用结构化方法，即自顶向下逐步求精的方法。其数据元素之间的关系通常有顺序、选择和重复3种，可以用各种工具来实现，如Jackson图等。常用的一些描述简单数据的符号如表2-5所示。

表2-5　描述简单数据的符号

符　号	意　义
=	等价于
+	和（即连接两个分量）
[ ]	或（从括号里列出的若干分量中选择一个）
{ }	反复（重复括号里的分量）
( )	可选（括号里的分量可有可无）

下面举例说明上述描述数据内容的符号使用方法：某程序设计语言规定，用户定义的标识符是长度不超过8个字符的字符串，第一个字符必须是字母字符，随后的字符既可以是字母字符也可以是数字字符。利用上面讲述的符号，可以像下面那样定义标识符。

标识符 = 字母字符 + 字母字符串

字母字符串 =0 {字母或数字} 7

字母或数字 = [字母字符 | 数字字符]

由于和项目有关的人都知道字母字符和数字字符的含义，因此，关于标识符的定义分解到这种程度就可以结束了。

在大型软件系统的过程中，数据字典的规模和复杂程度迅速增加，事实上，人工维护数据字典几乎是不可能的，因此，应该使用CASE工具来创建和维护数据字典。

2.7.4 构建数据流图实例

结构化需求分析的核心任务是弄清楚用户的要求，特别是功能方面的要求，而数据流图和数据字典是描述系统功能要求的一个很好的工具，在构造数据流图时应该始终有结构化分析的思想，只有这样才能一步一步准确地描述出系统的功能需求即最终的数据流图。下面通过一个简单例子具体说明怎样画数据流图。

假设一家工厂的采购部每天需要一张定货报表，报表按零件编号排序，表中列出所有需要再次定货的零件。对于每个需要再次定货的零件应该列出零件编号、零件名称、定货数量、目前价格、主要供应者和次要供应者。零件入库或出库称为事务，通过放在仓库中的CRT终端把事务报告给定货系统。当某种零件的库存数量少于库存量临界值时就应该再次定货。数据流图有源点或终点、处理、数据存储和数据流4种成分。因此，画出上述定货系统的数据流图可采用以下步骤。

1）从问题描述中提取数据流图的4种成分。

2）处理。

3）考虑数据流和数据存储。

表2-6总结了上面分析的结果，其中加星号标记的是在问题描述中隐含的成分。

表2-6　组成数据流图的元素可以从描述问题的信息中提取

源点/终点	处理
采购员	产生报表
仓库管理员	处理事务
数据流	**数据存储**
订货报表	订货信息
零件编号	（见订货信息）
零件名称	库存清单
订货数量	零件编号 *
目前价格	库存量
主要供应者	库存量临界值
次要供应者	
事务	
零件编号 *	
事务类型	
数量 *	

一旦把数据流图的4种成分都分离出来以后，就可以着手画数据流图了。任何系统的基本模型都由若干个数据源点/终点以及一个处理组成，这个处理就代表了系统对数据加工变换的基本功能。对于上述的定货系统可以画出如图2-14所示的基本系统模型。

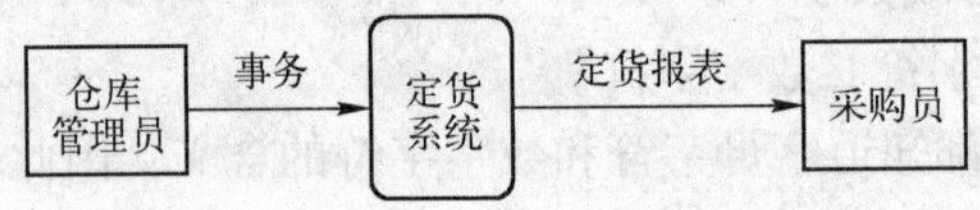

图2-14　定货系统的基本系统模型

从基本系统模型的抽象层次开始画数据流图是一个好办法。在这个高层次的数据流图上是否列出了所有给定的数据源点/终点是一目了然的，因此它是很有价值的通信工具。

下一步应该把基本系统模型细化，描绘系统的主要功能。在图2-15和图2-16中给处理和数据存储都加了编号，这样做的目的是便于引用和追踪。接下来应该对功能级数据流图中描绘的系统主要功能进一步细化。当对数据流图分层细化时必须保持信息连续性，也就是说，当把一个处理分解为一系列处理时，分解前和分解后的输入/输出数据流必须相同。

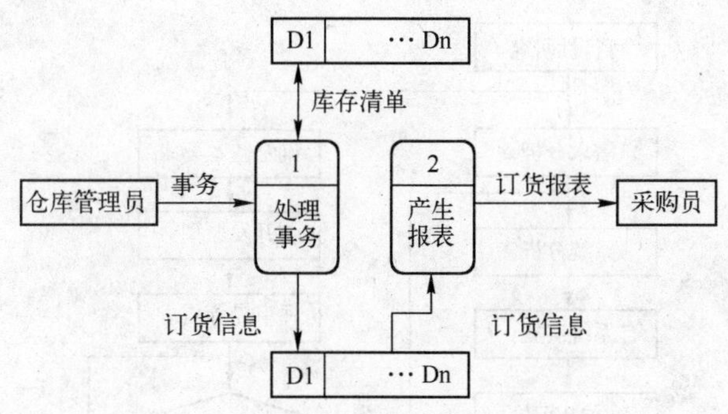

图 2-15 定货系统的功能级数据流图

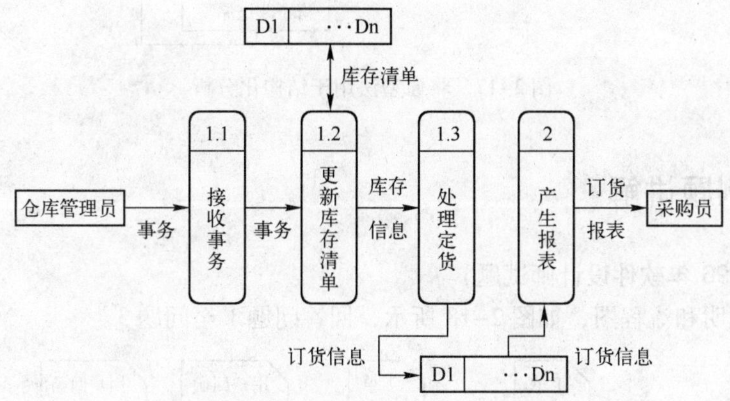

图 2-16 把处理事务的功能进一步分解后的数据流图

2.7.5 快速原型法分析实例

资源信息系统是一种复杂的大系统，为了解决这种系统的分析、设计与开发问题，可以以结构化生命周期法为基础，在需求定义阶段采用快速原型方法，在系统分析阶段采用结构化方法，而在系统设计和系统实现阶段采用面向对象方法，或者先进行面向对象的分析与设计，再用结构化生存周期法来编程实现，或者在面向对象的系统开发和生存周期的有关阶段中，采用快速原型法进行模型求真。

某地矿勘查系统分析，就是将勘查单位的各项工作及其组织、机构、人员、设备和资金等作为一个完整的系统，对其数据管理和处理的需求、业务现状、数据现状、系统建造目标和系统结构特征进行全面分析，并且逐步建立该系统的实体模型、概念模型和数据模型的过程。

在系统分析阶段，目的是要求在系统需求分析阶段所作的原型求真和需求提炼基础上，进行深入细致的需求分析与工作环境分析。

地矿资源勘查信息系统的需求定义与分析：把原型的开发过程作为结构化生命周期法开发过程的需求定义阶段，以弥补结构化生命周期法在需求定义阶段存在的或可能产生的困难。一旦需求完全清楚，就可以丢弃各种原型，采用严格的结构化方法进行开发，如图 2-17所示。

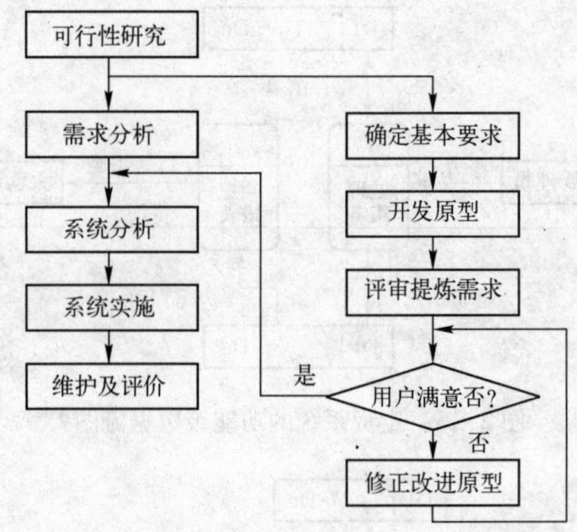

图 2-17　将原型法用于结构化分析

2.8　经典例题讲解

例题 1（1996 年软件设计师试题）

阅读下列说明和流程图，如图 2-18 所示，回答问题 1 至问题 3。

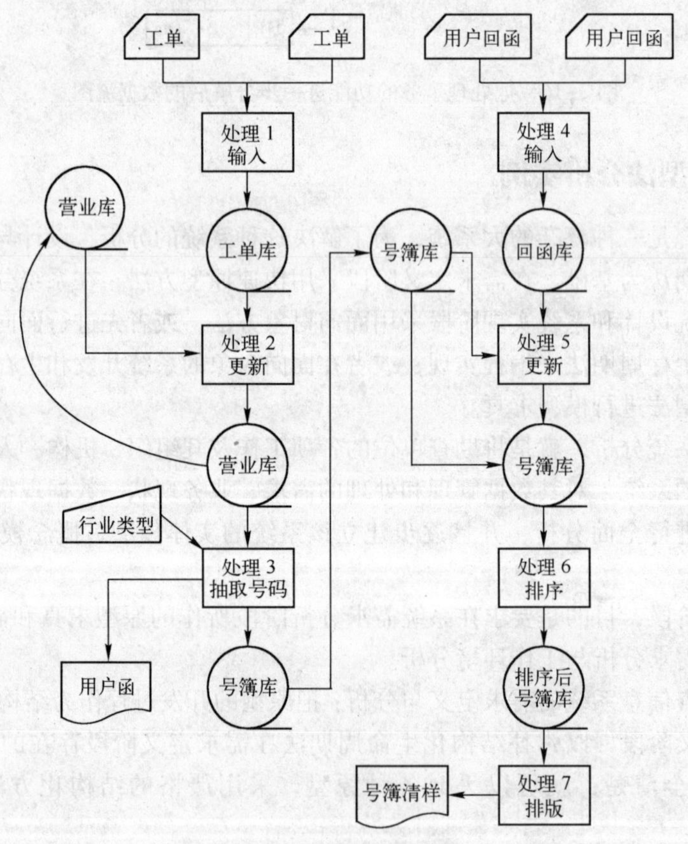

图 2-18　例题 1 流程图

说明：全市所有电话的基本信息均存在营业库中。系统输入工单，工单中包括电话的新装、拆除、移机和更改（更改用户名、地址和电话号码）信息。为确保输入工单的正确性，每张工单均由两个录入员分别录入，由处理1进行输入和校对，然后更新营业库。系统根据待出版号码簿的行业类型从营业库中选取该类用户的电话信息，存入到号簿库中。同时向每个电话用户发出用户函，用户函上记录着刊登在号簿库中的位置。用户收到用户函后，进行校对，并将修改内容和印刷要求（字号大小和是否套红）填写在用户函中。系统按收到用户回函的先后顺序依次输入用户回函，然后更新号簿库，最后通过排版输出经用户校对并符合其印刷要求的电话号码清单。

系统中部分单据和文件的格式如下。

工单 = 工单类型 = 户名 + 地址 + 电话号码

营业库记录 = 户名 + 地址 + 电话号码 + 分类信息

用户函 = 序号 + 户名 + 地址 + 电话号码

用户回函 = 序号 + 户名 + 地址 + 电话号码 + 套红标记 + 字号大小

【问题1】

流程图中哪些处理能发现工单的哪些错误，并举例说明。

【问题2】

指出号簿库文件的记录至少应包括哪些数据项。

【问题3】

为提高处理速度，流程图需做何改进。

分析：该流程图描述了分类电话号码簿出版系统的处理流程。流程从录入工单开始，且没有外部文件对工单中的数据进行合法性检查，因此处理1仅能够对工单中的数据进行一般性错误检查，如两次录入是否相同，录入的数据中是否含有非法字符，电话号码是否为固定数据格式等错误。

处理2将工单库更新到营业库中，可以根据潜在的规则结合营业库中数据对工单库中的工单数据进行个性错误检查。如新装、更改后的新电话号码不能出现在营业库中；而拆除、移机、更改的旧电话号码也必须在营业库中，否则就不能进行拆除、移机、更改操作。

处理3仅从营业库中提取某些用户的电话信息，存放在号簿库中，同时向每个电话用户发送用户函。该操作无法检查工单的错误，但用户函是用户对电话号码、用户名、地址等信息进行确认的过程，因此也是一种检查工单数据的过程。

处理4应该对输入的回函信息进行一般性错误检查，确保两次录入正确的回函数据。其余的处理是根据号簿库生成电话号码簿，所以不能再对工单中的数据进行错误检查。

处理5将用户回函库中信息更新到号簿库文件，因此号簿库文件应该包含用户回函所有的数据。

通过上面对号簿库文件的数据来源与去向的分析可以确定号簿库文件数据项的最大范围，即分类信息、序号、户名、地址、电话号码、套红标记、字号大小。号簿描述是某行业的电话号码，没有必要在号簿中重复描述；序号是用户在号簿库中的位置，所以也是一个冗余数据项。

为了提高文件处理的效率，一般方法是保证文件数据的有序性和减少文件数据冗余。文件数据冗余在处理流程没有涉及到，那么只有保证文件数据的有序性，可以通过关键字排序使文件中的数据有序，处理2将工单库中的数据更新到营业库之前，如果工单库与营业库中的数据按照某个关键字进行排序，那么可以减少工单库中的记录在营业库文件中查找与更新的时间。由于用户函中的序号表示用户在号簿库中的位置，则在处理5之前如将回函库中的数据按照序号排序，也可以减少在号簿库中查找与更新的时间。

参考答案：

【问题1】

处理1能发现两个人录入不全同的工单和非法数据。

处理2能发现与营业库不一致的工单（如新装电话重号、移机、拆机、更改和原电话号码不存在等）。

处理4能发现两人录入不全同的用户回函和非法数据。

【问题2】

户名+地址+电话号码+套红标识+字号大小。

【问题3】

处理5前对回函库按序号排序。

处理2前对工单库按营业库的排序关键字进行排序。

例题2（2002年软件设计师试题）

阅读以下说明和流程图，如图2-19所示，回答问题1至问题3。

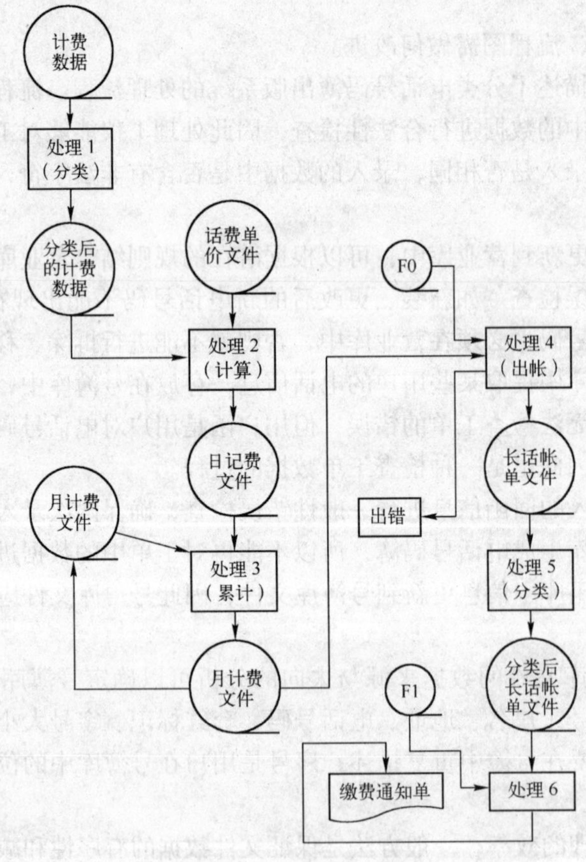

图2-19 例题2流程图

说明：某城市电信局受理了许多用户在指定电话上开设长话业务的申请，长话包括国内长途和国际长途。电信局保存了长话用户档案和长话业务档案。

长话用户档案的记录格式为：

用户编码	用户名	用户地址

长话业务档案的记录格式为：

电话号码	用户编码	国内长途许可标志	国际长途许可标志

电话用户每次通话的计费数据都自动记录在电信局程控交换机的磁带上，计费数据的记录格式为：

日期	电话号码	受话号码	通话开始时间	通话持续时间

该电信局为了用计算机处理长话收费以提高工作效率，开发了长话计费管理系统，该系统每月能为每个长话用户打印出长话缴费通知单，长话缴费通知单的记录格式为：

用户名	用户地址	国内长途话费	国际长途话费	花费总额

该系统每天对原始的计费数据进行分类排序，并确定每个通话记录的通话类型（市话/国内长途/国际长途），再根据话费单价文件，算出每个通话记录应收取的话费。因此，形成的日计费文件中，增加了两个数据项：通话类型和话费。该系统每日对日计费文件进行累计（按电话号码和通话类型对该类型的话费进行累计，得到该电话号码该通话类型的当月话费总计），形成月计费文件。

月计费文件经过长话出账处理形成长话账单文件。长话账单文件的记录格式为：

月份	用户编码	电话号码	国内长途通话费	国际长途话费	话费总额

【问题1】

1）请说明流程图1中的文件F0、F1分别是哪个文件。

2）处理1和处理5分别按照哪些数据项进行分类？

【问题2】

处理4能发现哪些错误（不需要考虑设备故障错误）？

【问题3】

说明处理6的功能。

分析："日计费文件"经过处理3形成月计费文件；月计费文件和F0文件经过处理4形成长话帐单文件。分析长话账单文件，有月份、用户编码、电话号码、国内长途话费、国际长途话费和话费总额总共6个数据项目。其中月份数据项的数据来自月计费；计费数据经过处理1形成分类后的计费数据，然后经过处理2形成日计费文件。不难发现月计费文件中的电话号码、国内长途话费、国际长途话费和话费总额均来自计费数据。用户编码的数据项目需要F0文件提供，本题目中出现用户编码数据项的只有长话用户档案和长话业务档案，但是使用长话业务档案中的电话号码数据项才能和月计费文件合并起来，所以F0文件为长话业务档案。

F1是在处理6中生成长话交费通知单所要用到的长话用户档案，因为用户编码是用户在系统中唯一标识，所以，应该先将长话账单文件按照用户编码分类，再根据 F1 长话用户档案，得到用户名和用户地址，产生长话交费通知单，因此 F1 应该是长话用户档案。

计费数据包含日期、电话号码、受话号码、通话开始时间和通话持续时间。很明显，通话开始时间、通话持续时间作为分类项毫无意义，日计费文件经过处理 3 后，将会合并日期数据项目。显然，如果处理 1 按日期分类，为同一问题划分日期两次，这样的操作毫无意义，综观整个题目，这是为了向用户提交催款的流程，当然以用户为主，所以处理 1 按电话号码分类。

处理 4 实际上是处理月计费文件与长话业务档案的数据项目，可以得到以下 3 种不一致的情况。

1）根据月计费文件中电话号码，在长话业务档案中找不到相应的用户编码。

2）在月计费文件中，某电话号码有国内长途通话的话费，但在长话业务档案中，国内长途许可标志却是不许可。

3）在月计费文件中，某电话号码有国际长途通话的话费，但在长话业务档案中，国际长途许可标志却是不许可。

长话账单文件和长话用户档案中的长话编号为关键字，从长话用户档案中提取用户名和用户地址与长话账单文件的国内长途话费、国际长途话费和花费总额等数据项目一起，形成缴费通知单。

参考答案：

【问题 1】

1）F0 是长话业务档案，F1 是长话用户档案。

2）处理 1：电话号码；处理 5：用户编码。

【问题 2】

1）根据月计费文件中的电话号码，在长话业务档案中找不到相应的用户编码。

2）在月计费文件中，某电话号码有国内长途通话的话费，但在长话业务档案中，国内长途许可标志却是不许可。

3）在月计费文件中，某电话号码有国际长途通话的话费，但在长话业务档案中，国际长途许可标志却是不许可。

【问题 3】

对长话账单文件中的每个记录，根据用户编码查询长途电话用户档案，找到相应的用户名和用户地址，形成长话缴费通知单。

例题 3（2004 年软件设计师试题）

阅读下列说明和数据流图，回答问题 1 至问题 4，将解答填入答题纸的对应栏内。

说明：某基于微处理器的住宅系统，使用传感器（如红外探头、摄像头等）来检测各种意外情况，如非法进入、火警、火灾等。

房主可以在安装该系统时配置安全监控设备（如传感器、显示器、报警器等），也可以在系统运行时修改配置，通过录像机和电视机监控与系统连接的所有传感器，并通过控制面板上的键盘与系统进行信息交互。在安装过程中，系统给每个传感器赋予一个编号（即 ID）和类型，并设置房主密码以启动和关闭系统，设置传感器事件发生时应自动播出的电话号码。当系统监测到一个传感器事件时，就激活警报，拨出预置的电话号码，并报告关于位置和检测到的事件的性质等信息。

【问题1】

如图2-20所示，数据流图（住宅安全系统顶层图）中的A和B分别是什么？

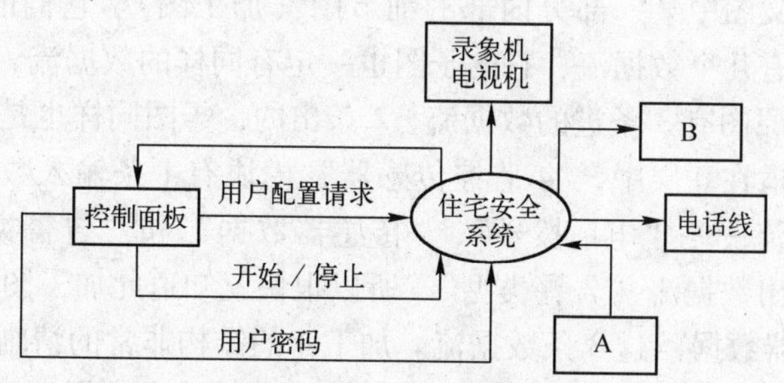

图2-20　住宅安全系统顶层图

【问题2】

如图2-21所示，数据流图（住宅安全系统第0层DFD图）中的数据存储“配置信息”会影响图中的哪些加工？

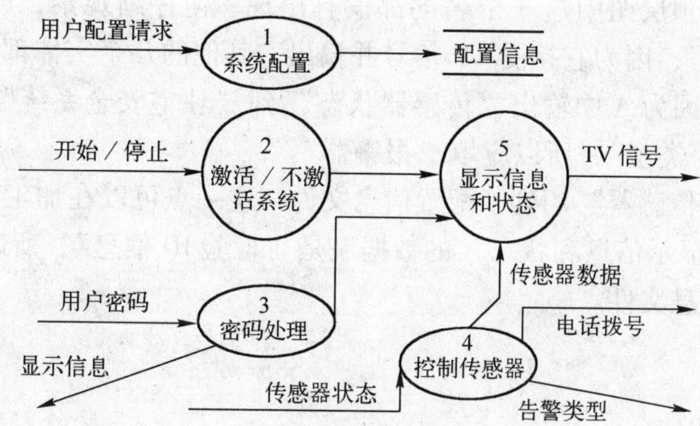

图2-21　住宅安全系统第0层DFD图

【问题3】

如图2-22所示，将数据流图（加工4的细化图）中的数据流补充完整，并指明加工名称、数据流的方向（输入／输出）和数据流名称。

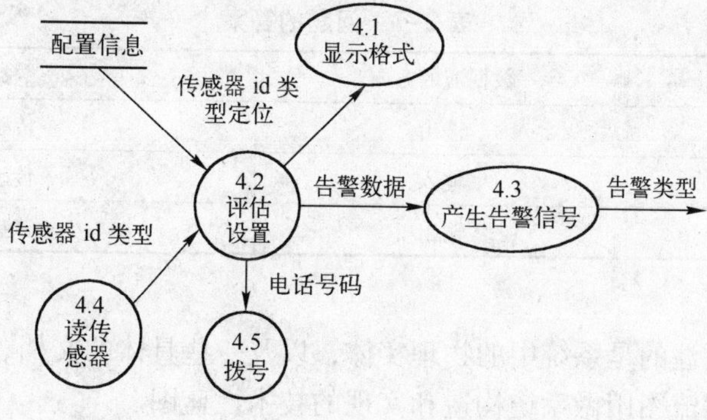

图2-22　加工4的细化图

【问题 4】

请说明逻辑数据流图（Lojical Data Flow Diagram）和物理数据流图（Physical Data Flow Diagram）之间的主要区别。

分析：子图是其父图中某一部分内部的细节图（加工图）。它们的输入/输出数据流保持一致。在上一级中有几个数据流，它的子图也一定有同样的数据流，而且它们的输送方向是一致的（也就是说原图有 3 条进的数据流、2 条出的，子图同样也是）。

通过分析可以知道在 0 层中，“4 监控传感器” 模块有 1 条输入数据流——“传感器状态” 和 3 条输出数据流——“电话拨号”、“传感器数据” 和 “告警类型”。但在加工 4 的细化图中只看到了输出数据流 “告警类型”。所以很快就知道此加工图少了 “传感器状态”、“电话拨号”、“传感器数据” 这 3 条数据流。加工 4 的结构非常的清晰，所以只需把这 3 条数据流对号入座即可：“电话拨号” 应是 “4. 5 拨号” 的输出数据流；“传感器状态” 应是作为 “4. 4 读传感器” 处理的输入数据流；“传感器数据” 应该是经 “4. 1 显示格式” 处理过的数据流，所以作为 “4. 1 显示格式” 的输出数据流。

问题 1：题目中提到了 “房主可以在安装该系统时配置安全监控设备（如传感器、显示器、报警器等）”，在顶层图中这 3 个名词都没有出现。但仔细观察，可以看出 “电视机” 实际上就是 “显示器”，因为它接受 TV 信号并输出。其他的几个实体都和 “传感器”、“报警器” 没有关联。又因为 A 中输出 “传感器状态” 到 “住宅安全系统”，所以 A 应填 “传感器”。B 接受 “告警类型”，所以应填 “报警器”。

问题 2：“4 监控传感器” 用到了配置信息文件，这一点可以在加工 4 的细化图中看出。同时由于输出到 “5 显示信息和状态” 的数据流是 “检验 ID 信息”，所以 “5 显示信息和状态” 也用到了配置信息文件。

参考答案：

【问题 1】

A. 传感器；B. 报警器。

【问题 2】

4. 监控传感器；5. 显示信息和状况。

【问题 3】

答案见表 2-7。

表 2-7　问题的答案

加工名称	数据流的方向	数据流名称
4. 1 传感器数据	输出	传感器数据
4. 4 读传感器	输入	传感器状态
4. 5 拨号	输出	电话拨号

【问题 4】

物理数据流图关注的是系统中的物理实体，以及一些具体的文档、报告和其他输入 / 输出硬复件。物理数据流图用做系统构造和实现的技术性蓝图。

逻辑数据流图强调参与者所做的事情，可以帮助设计者决定需要哪些系统资源、为了运行系统用户必须执行的活动、在系统安装之后如何保护和控制这些系统。

逻辑数据流图是物理数据流图去掉了所有的物理细节后得到的变换形式，逻辑数据流图被用做系统分析的需求分析阶段的起点。

小结

需求分析的目的就是构造一个用户也能看懂的系统模型，传统方法是构造以数据流图为核心的系统模型图。

本章概念很多，如数据流图，UML 等；掌握这些概念很重要，且不能和其他一些概念混淆。数据流图是描述未来系统的逻辑模型。另外就同一概念在不同方面使用时含义有差别，甚至完全不同，比如在进行面向对象分析时，提到的脚本概念和现实中操作系统中的概念完全不同。

总之，需求分析就是清楚“系统要做什么”。即用户的需求，且将需求在不同层次上，不同的部分描述出来。

习题

一、选择题

1. 在软件需求规范中，下述________可以归类为过程要求。 (　　)

A. 执行要求　　B. 效率要求

C. 可靠性要求　　D. 可移植性要求

2. 在软件需求分析和设计过程中，其分析与设计对象可归结成两个主要的对象，即数据和程序，按一般实施的原则，对二者的处理应该________。 (　　)

A. 先数据后程序　　B. 与顺序无关

C. 先程序后数据　　D. 可同时进行

3. 进行需求分析可使用多种工具，但________是不适用的。 (　　)

A. 数据流图（DFD）　　B. 判定表

C. PAD 图　　D. 数据字典

4. 在软件的需求分析中，开发人员要从用户那里解决的最重要的问题是________。 (　　)

A. 要让软件做什么　　B. 要给该软件提供哪些信息

C. 要求软件工作效率怎样　　D. 要让软件具有何种结构

5. 软件需求分析阶段的工作，可以分为 4 个方面：对问题的识别、分析与综合、编写需求分析文档以及________。 (　　)

A. 软件的总结　　B. 需求分析评审

C. 阶段性报告　　D. 以上答案都不正确

6. 各种需求分析方法都有它们共同适用的________。 (　　)

A. 说明方法　　B. 描述方式

C. 准则　　D. 基本原则

7. 数据流图是常用的进行软件需求分析的图形工具，其基本图形符号是________。 (　　)

A. 输入、输出、外部实体和加工

B. 变换、加工、数据流和存储

C. 加工、数据流、数据存储和外部实体

D. 变换、数据存储、加工和数据流

8. 由 RumBaugh 等人提出的一种面向对象方法叫做对象模型化技术（OMT），即三视点技术，它要求把分析时收集的信息建立在 3 个模型中。第一个模型是______，它的作用是描述系统的静态结构，包括构成系统的对象和类，它们的属性和操作，以及它们之间的联系。第二个模型是______，它描述系统的控制逻辑，主要涉及系统中各个对象和类的时序及变化状况。______包括两种图，即______和______。______描述每一类对象的行为，______描述发生于系统执行过程中的某一特定场景。第三个模型是______，它着重于描述系统内部数据的传送与处理，它由多个数据流图组成。

供选择的答案：

A，B，E：① 数据模型　② 功能模型　③ 行为模型　④ 信息模型
⑤ 原型　⑥ 动态模型　⑦ 对象模型　⑧ 逻辑模型
⑨ 控制模型　⑩ 仿真模型

C，D：① 对象图　② 概念模型图　③ 状态迁移图　④ 数据流程图
⑤ 时序图　⑥ 事件追踪图　⑦ 控制流程图　⑧ 逻辑模拟图
⑨ 仿真图　⑩ 行为图

9. 结构化分析（SA）方法将欲开发的软件系统分解为若干基本加工，并对加工进行说明，下述是常用的说明工具，其中便于对加工出现的组合条件的说明工具是______。（　）

a. 结构化语言　b. 判定树　c. 判定表

A. b 和 c　B. a，b 和 c

C. a 和 c　D. a 和 b

10. 加工是对数据流图中不能再分解的基本加工的精确说明，______是加工的最核心。（　）

A. 加工顺序　B. 加工逻辑

C. 执行频率　D. 激发条件

二、简答题

1. 什么是需求分析？需求分析阶段的基本任务是什么？

2. 什么是结构分析方法？该方法使用什么描述工具？

3. 结构化分析方法通过哪些步骤来实现？

4. 什么是数据流图？其作用是什么？其中的基本符号各表示什么含义？

5. 画数据流图应注意什么事项？

6. 某银行的计算机储蓄系统功能是：将储户填写的存款单或取款单输入系统，如果是存款，系统记录存款人姓名、住址、存款类型、存款日期、利率等信息，并打印出存款单给储户；如果是取款，系统计算清单给储户。请用 DFD 描绘该功能的需求。

第3章　结构化设计

本章要点

- 总体设计的任务及过程
- 总体设计的原则
- 设计准则
- 总体设计的常用方法及工具
- 详细设计的任务及原则
- 详细设计的方法和工具
- 详细设计规格说明与复审
- 面向数据结构的结构化设计方法
- 界面设计
- 软件体系结构

3.1　总体设计的任务及过程

3.1.1　总体设计的任务

在软件需求分析阶段，已经搞清楚了软件“做什么”的问题，并把这些需求通过规格说明书描述了出来，这也是目标系统的逻辑模型。在设计阶段，要把软件“做什么”的逻辑模型变换为“怎么做”的物理模型，即着手实现软件的需求，并将设计的结果反映在“设计规格说明书”文档中。

总体设计也称为概要设计，其主要的任务是根据用户需求分析阶段得到的目标系统的物理模型，确定一个合理的软件系统的体系结构。这个体系结构的确定包括合理地划分组成系统的模块、模块间的调用关系及模块间的接口关系。软件的体系结构从总的方面决定了软件系统的可扩充性、可维护性及系统的其他性能。总体设计还应该为软件系统提供所用的数据结构或者数据库的结构。

3.1.2　总体设计的过程

总体设计的过程由系统设计和结构设计两个阶段组成，包括以下步骤。

1. 设想供选择的方案

在需求分析阶段得到的数据流程图的基础上，一个边界一个边界地设想并列出供选择的方案。

2. 选取合理的方案

根据需求分析阶段确定的目标，来判断哪些方案是合理的。然后选取若干个合理的方案，通常至少选取低成本、中等成本和高成本3种方案。

3. 推荐最佳方案

综合分析对比各种合理方案的利弊，推荐一个最佳的方案，并为最佳方案制定详细的实现计划。

4. 功能分解

对流程图进一步细化，进行功能分解。

分析员结合算法描述，仔细分析数据流图中的每个处理，必须把功能过于复杂的处理的功能进行适当的分解，使其成为一系列比较简单的功能。一般来说，经过分解之后，对大多数程序员而言，每个功能都应该是明显易懂的。功能分解使数据流图的进一步细化，同时还应该用IPO图或者其他适当的工具简要描述细化后每个处理的算法。

5. 设计软件结构

设计软件模块的结构就是要把软件模块组成良好的层次系统，描述各模块之间的关系。顶层模块调用它的下层模块以实现程序的完整功能，每个下层模块再调用更下层的模块，最下层的模块完成最具体的功能。

软件设计方法主要有面向数据流的设计方法和面向数据结构的设计方法，在总体设计阶段，主要采用面向数据流的结构化设计方法，通过把数据流图进一步细化，从而映射出软件结构，用层次图或软件结构图来描述，可以直接从数据流程图映射出软件结构。

6. 数据库的设计

对于需要使用数据库的那些应用领域，还要进行数据库的设计。数据库的设计包括模式设计、子模式设计、完整性设计和安全性设计等。

7. 制订测试计划

为保证软件的可测试性、制订测试计划，软件设计一开始就要考虑软件的测试问题，这个阶段的测试计划只是从输入/输出的功能出发制定黑盒法测试计划与测试策略，在详细设计时才编写详细的测试用例和测试计划。

8. 书写文档

对总体设计结果进行正式记录的文档通常包括以下几种。

(1) 用户手册

根据总体设计的结果，修改更正在需求分析阶段产生的用户手册。

(2) 系统说明

主要内容包括：用系统流程图描绘的系统构成方案，组成系统的物理元素清单，成本/效益分析；对最佳方案的概括描述，精化的数据流图，用层次图或结构图描绘的软件结构，用IPO图或其他工具（如PDL语言）简要描述的各个模块的算法，模块间的接口关系，以及需求、功能和模块三者之间的交叉参照关系等。

(3) 测试计划

主要包括：测试策略、测试方案、预期的测试结果、测试进度计划等。

(4) 详细的实现计划

(5) 数据库设计结果

如果目标系统中包含数据库，则应该用正式文档记录数据库设计的结果。通常包括数据库管理系统的选择、模式、子模式、完整性、安全性、及优化方法等。

9. 审查和复审

最后应该对总体设计的结果进行严格的技术审查，在技术审查通过之后再由使用部门的负责人从管理的角度进行复审。

3.2 总体设计的原理

3.2.1 软件结构和过程

软件结构是软件元素（模块）间的关系表示，而软件元素间的关系是多种多样的，如调用关系、包含关系、从属关系和嵌套关系等。但不管什么关系，都可以表示为层次形式，即层次之间是由关系连接的，故受到关系的制约。因此，可以这样来定义软件层次结构：在软件系统中，有一对应的组成成份 α 和 β，它们的关系为 $R(\alpha,\beta)$，若这个关系为层次结构，则应满足以下条件。

1）第 0 层有组成成份 α，该层不出现的另一成份 β 与它有 $R(\alpha,\beta)$关系。

2）在第 i 层$(i>0)$，α 是一个集合。

3）在第 $i-1$ 层必定有一个成份，且仅有一个成份 β，与之有 $R(\beta,\alpha)$关系。

4）若有 $R(\beta,\gamma)$，则成份 γ 必定在 $i+1$ 层上。

其中，i 是层次编号，0 表示最高层，编号增大，层次降低。

这种层次结构的概念，已经成为各类软件结构的一种表示形式，如在模块化结构软件中，它表示了模块间调用与控制关系的层次结构；在并发性软件中，它可以表示进程间控制关系的层次结构。

由于层次结构的结构清晰，可理解性好，所以能够获得广泛应用，进而使得可靠性和可维护性、可读性得到提高。

以模块为软件元素的层次结构是一种静态层次结构，它是在对“问题”的逐步定义过程中得到的，软件的层次结构使得问题的每一部分都能够由软件元素（模块）来实现。问题定义过程，实际上是一种分解过程，隐含地表示了模块间的关系。

用不同方法定义同一软件项目，最终获得的层次结构是不一样的，选择哪一种方法主要取决于设计对象的性质，但也和开发条件和设计人员有关。

软件结构提供了软件模块间组成关系的表示。它不提供模块间实现控制关系的操作细节，更不提供模块内部的操作细节。软件过程是用以描述每个模块的操作细节，当然包括一个模块对下一层模块控制的操作细节。实际上，过程的描述就是关于某个模块算法的详细描述，它应当包括处理的顺序、精确的判定位置、重复的操作以及数据组织和结构等。

3.2.2 模块设计

1. 模块化

模块是数据说明、可执行语句等程序对象的集合，包含以下 4 种属性。

(1) 输入/输出

一个模块的输入/输出都是指同一个调用者。

(2) 逻辑功能

指模块能够做什么事，表达了模块把输入转换成输出的功能，可以是单纯的输入/输出功能。

(3) 运行程序

指模块如何用程序实现其逻辑功能。

(4) 内部数据

指属于模块自己的数据。

其中输入/输出和逻辑功能属于外部属性；运行程序和内部数据属于内部属性。在结构化系统设计中，人们主要关心的是模块的外部属性，而内部属性将在系统实现过程中完成。

模块可以被单独命名，可通过名字来访问。模块有大有小，它可以是一个程序，也可以是程序中的一个程序段或者一个子程序。例如，过程、函数、子程序、宏等都可作为模块。模块化就是把程序划分成若干个模块，每个模块具有一个子功能，把这些模块集中起来组成一个整体，可以完成指定的功能，实现问题的需求。

在软件开发过程中，大型软件由于其控制路径多、涉及范围广而且变量数目多，使其总体更为复杂，与小型软件相比较就不易被人理解。模块化是为了使一个复杂的大型程序能被人的智力所管理。如果一个大型程序仅由一个模块组成，可理解性就很差。

理想模块（黑箱模块）的特点如下。

1) 每个理想模块只解决一个问题。

2) 每个理想模块的功能都应该明确，使人容易理解。

3) 理想模块之间的连接关系简单，具有独立性。

4) 由理想模块构成的系统，易于理解，易于编程，易于测试，易于修改和维护。

下面根据人类解决问题的一般规律，描述上面所提出的结论。

定义函数 c(x) 为问题 x 的复杂程度，函数 E(x) 为解决问题 x 需要的工作量（时间）。对于问题 P1 和问题 P2，如：

$$C(P1) > C(P2)$$

则有：

$$E(P1) > E(P2)$$

因为由 P1 和 P2 两个问题组合而成一个问题的复杂度大于分别考虑每个问题时的复杂度之和，根据人类解决一般问题的经验，有：

$$C(P1+P2) > C(P1)+C(P2)$$

综上所述，可得到下面的不等式：

$$E(P1+P2) > E(P1)+E(P2)$$

由此可知，把复杂的问题分解成许多容易解决的小问题，原来的问题也就容易解决了，这就是模块化提出的理论根据。

如果无限地分割软件，最后为了开发软件而需要的工作量也就小得可以忽略了，如图 3-1 所示。事实上，当模块数目增加时，每个模块的规模将减小，开发单个模块需要的成本确实减少了；然而，设计模块间接口所需要的成本将增加，根据这两个因素，得出了最适合的总成本曲线。每个程序都相应地有一个最适当的模块数目 M，使得系统的开发成本最小。

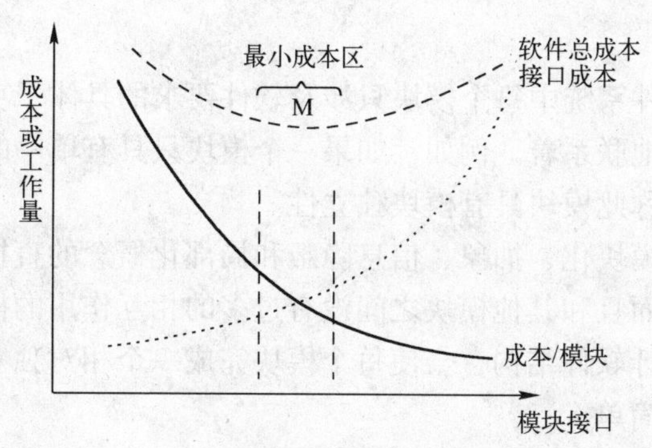

图 3-1 模块化和软件成本或工作量的关系

虽然目前还不能精确地决定 M 的数值，但是在考虑模块化的时候，总成本曲线确实是有用的。

采用模块化原理可以使软件结构清晰，不仅容易实现设计，也使设计出的软件的可阅读性和可理解性大大增强。这是由于程序错误通常发生在有关的模块及它们之间的接口中，所以采用模块化技术会使软件容易测试和调试，进而有助于提高软件的可靠性。因为变动往往只涉及少数几个模块，所以模块化能够提高软件的可修改性。模块化也有助于软件开发工程的组织管理，一个复杂的大型程序可以由许多程序员分工编写不同的模块。

2. 抽象

抽象是一种思维方法，这种方法在认识事物时，忽略事物的细节，通过事物本质的共同特性来认识事物。例如，把男人、女人、老人、小孩的共同本质特性抽象出来之后，形成一个概念“人”，这个概念就是抽象的结果。在软件工程的每个阶段，抽象的层次逐步降低，在软件结构设计中的模块分层也是由抽象到具体的分析和构造出来的。

软件工程过程的每一步，都是对软件解法的抽象层次的一次细化。在可行性研究阶段，软件被看做是一个完整的系统部分；在需求分析阶段，用问题环境中熟悉的术语来描述软件的解法；由总体设计阶段转入详细设计阶段时，抽象的程度进一步减少；最后，当源程序写出来时，也就达到了抽象的最底层。

3. 信息隐蔽

信息隐蔽是指在设计和确定模块时，使得一个模块内包含的信息（过程或数据）对于不需要这些信息的其他模块来说是不能访问的，或者说是“不可见”的。在软件设计中，模块的划分也要采取措施使它实现信息隐蔽。

信息隐蔽对于软件的测试与维护都有很大的好处。因为对于软件的其他部分来说，绝大多数数据和过程都是隐蔽的，这样，在修改期间，由于疏忽而引入的错误所造成的影响就可以局限在一个或几个模块内部，不至波及到软件的其他部分。

局部化的概念和信息隐蔽概念是密切相关的。所谓局部化是指把一些关系密切的软件元素物理地放得彼此靠近，在模块中使用局部数据元素是局部化的一个例子。

如果在测试期间和以后的软件维护期间需要修改软件，那么使用信息隐蔽作为模块化系统设计的标准就会带来极大好处。因为绝大多数数据和过程对于软件的其他部分而言是隐蔽的，也就是看不见的，在修改期间由于疏忽而引入的错误就不太可能传播到软件的其他部分。

4. **模块独立性**

模块独立性是指软件系统中每个模块只涉及软件要求的具体子功能，而和软件系统中其他的模块通过接口简单地联系着。例如，如果一个模块只具有单一的功能，并且与其他的模块没有太多的联系，则称此模块具有模块独立性。

模块独立的概念是模块化、抽象、信息隐蔽和局部化概念的直接结果。

开发具有独立功能而且和其他模块之间没有过多的相互作用的模块，就可以做到模块独立。换句话说，这样设计软件结构，会使每个模块完成一个相对独立的特定子功能，并且和其他模块之间的关系很简单。

模块的独立程度可由两个定性标准度量，这两个标准分别称为耦合和内聚。耦合衡量不同模块彼此间互相依赖（连接）的紧密程度；内聚衡量一个模块内部各个元素彼此结合的紧密程度。

5. **模块的耦合**

耦合是对一个软件结构内各个模块之间互连程度的度量。耦合强弱取决于模块间接口的复杂程度、调用模块的方式以及通过接口的信息。

在软件设计中应该尽可能采用松散耦合的系统。在这样的系统中可以分析、设计、测试或维护任何一个模块，而不需要对系统的其他模块有很多了解和影响。此外，由于模块间联系简单，发生在一处的错误传播到整个系统的可能性就很小。因此，模块间的耦合程度影响系统的可理解性、可测试性、可靠性和可维护性。

具体区分模块间耦合程度强弱的标准如下。

（1）非直接耦合

如果两个模块中的每一个都能独立地工作而不需要另一个模块的存在，那么它们彼此完全独立，这表明模块间无任何连接，耦合程度最低。但是，在一个软件系统中不可能所有模块之间都没有任何连接，它们之间的联系完全通过对模块的控制和调用来实现。

（2）数据耦合

如果两个模块彼此间通过参数交换信息，而且交换的信息仅仅是数据，那么这种耦合称为数据耦合。数据耦合是低耦合，系统中至少必须存在这种耦合，因为只有当某些模块的输出数据作为另一些模块的输入数据时，系统才能完成有价值的功能。一般说来，一个系统内可以只包含数据耦合。

（3）控制耦合

如果传递的信息中有控制信息，则这种耦合称为控制耦合，如图 3–2 所示。控制信息可以看做是一个开关量，它传递了一个控制信息或状态的标志。控制信息不同于数据信息，数据信息一般通过处理过程处理被处理的数据，而控制信息则是控制处理过程中的某些参数。

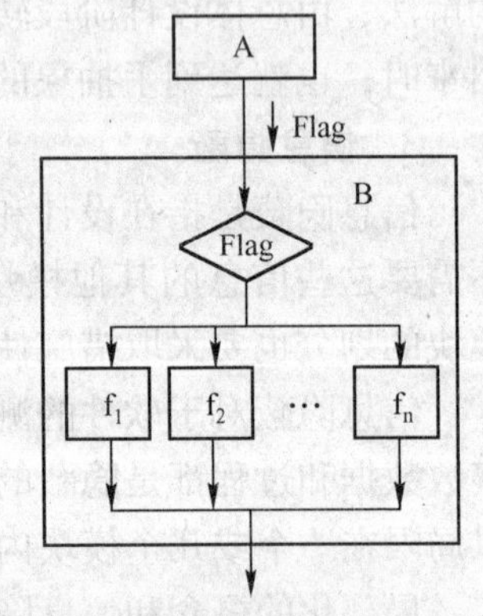

图 3–2　控制耦合

控制耦合是中等程度的耦合，它增加了系统的复杂程度。控制耦合往往是多余的，在把模块适当分解之后通常可以用数据耦合代替它。

（4）公共环境耦合

当两个或多个模块通过一个公共数据环境相互作用时，它们之间的耦合称为公共环境耦合，公共环境可以是全程变量、共享的通信区、内存的公共覆盖区、任何存储介质上的文件、物理设备等。

公共环境耦合的复杂程度随耦合的模块个数而变化，当耦合的模块个数增加时复杂程度显著增加。如果只有两个模块有公共环境，那么这种耦合有下述两种可能，如图3-3所示。

- 一个模块往公共环境送数据，另一个模块从公共环境取数据。这是数据耦合的一种比较松散的耦合形式。
- 两个模块都既往公共环境送数据又从里面取数据，这种耦合比较紧密，介于数据耦合和控制耦合之间。

如果两个模块共享的数据很多，都通过参数传递可能很不方便，这时可以利用公共环境耦合。

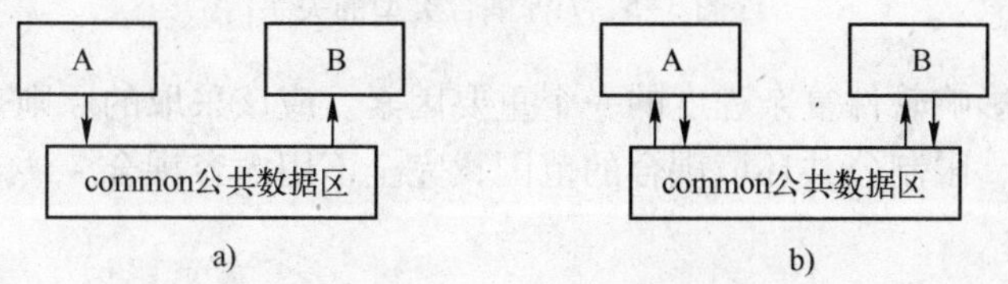

图3-3　公共环境耦合

a）松散的公共耦耦合　b）紧密的公共耦合

公共环境耦合是一种不良的连接关系，它给模块的维护和修改带来困难。如公共数据要作修改，很难判定有多少模块应用了该公共数据，故在模块设计时，一般不允许有公共连接关系的模块存在。

(5) 内容耦合

如果一个模块和另一个模块的内部属性（即运行程序和内部数据）有关，则称为内部耦合。

如果出现下列情况之一（如图3-4），两个模块间就发生了内容耦合。

- 一个模块访问另一个模块的内部数据。
- 一个模块不通过正常入口而转到另一个模块的内部。
- 两个模块有一部分程序代码重叠（只可能出现在汇编程序中）。
- 一个模块有多个入口（这表明一个模块有几种功能）。

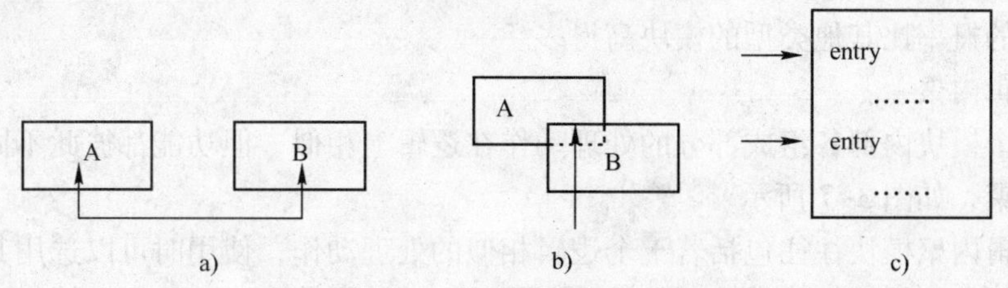

图3-4　内容耦合

a）进入另一模块内部　b）模块代码重叠　c）多入口模块

坚决避免使用内容耦合。事实上许多高级程序设计语言已经设计成不允许在程序中出现任何形式的内容耦合。

（6）标记耦合

如果一组模块通过参数表传递记录信息，也就是说，这组模块共享了这个记录，这就是标记耦合。在设计中应尽量避免这种耦合。

（7）外部耦合

一组模块都访问同一全局简单变量而不是同一全局数据结构，而且不是通过参数表传递该变量的信息，则称为外部耦合。

一般模块之间的连接有7种，构成的耦合也有7种类型，如图3-5所示。

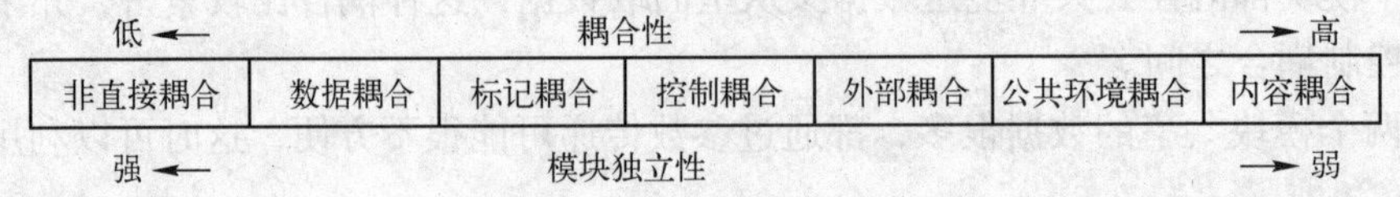

图3-5　7种耦合类型的关系

总之，耦合是影响软件复杂程度的一个重要因素。应该采取的原则是：尽量使用数据耦合，少用控制耦合，限制公共环境耦合的范围，完全不用内容耦合。

6. 模块的内聚

模块的内聚是标志一个模块内各个元素彼此结合的紧凑程度，它是信息隐蔽和局部化概念的自然扩展。

设计时应该力求做到高内聚，通常中等程度也是可以采用的，而且效果和高内聚相差不多，但是低内聚不要使用。

内聚和耦合是密切相关的，模块内的高内聚往往意味着模块间的松耦合。内聚和耦合都是进行模块化设计的有力工具，但是实践表明内聚更重要，应该把更多注意力集中到提高模块的内聚程度上。

（1）偶然内聚

如果一个模块完成一组任务，各个任务之间没有实质性联系，即使这些任务彼此间有关系，其关系也是很松散的，就叫做偶然内聚，如图3-6所示。有时在写完一个程序之后，发现一组语句在两处或多处出现，于是把这些语句作为一个模块以节省内存，这样出现了偶然内聚的模块。

在偶然内聚的模块中各种元素之间没有实质性联系，很可能在一种应用场合需要修改这个模块，在另一种应用场合又不允许这种修改，从而陷入困境。事实上，偶然内聚的模块出现修改错误的概率比其他类型的模块高得多。

（2）逻辑内聚

如果一个模块内部各组成部分的处理动作在逻辑上相似，但功能都彼此不同或无关，则称为逻辑内聚，如图3-7所示。

一个逻辑内聚模块往往包括若干个逻辑相似的处理动作，使用时可以选用其中的一个或几个功能。例如，把编辑各种输入数据的功能放在一个模块中。

在逻辑内聚的模块中，不同功能的部分混在一起，合用部分程序代码，即使局部功能的修改有时也会影响全局。因此，这类模块的修改也比较困难。

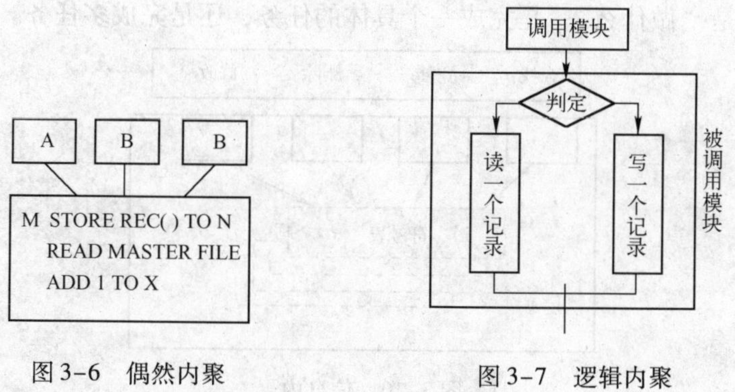

图 3-6　偶然内聚　　　图 3-7　逻辑内聚

（3）时间内聚

如果一个模块内的各组成部分的处理动作和时间相关，则称为时间内聚。时间内聚模块的处理动作必须在特定的时间内完成。例如，程序设计中的初始化模块。

时间关系在一定程度上反映了程序的某些实质，所以时间内聚比逻辑内聚好一些。

（4）过程内聚

如果一个模块内部的各个组成部分的处理动作各不相同，彼此也没有联系，但它们都受同一个控制流支配，并由这个控制流决定他们的执行次序，则为过程内聚。

使用程序流程图作为工具设计软件时，常常通过研究流程图确定模块的划分，这样得到的往往是过程内聚的模块。如图 3-8 所示，通过循环体，计算两种累积数。

（5）通信内聚

如果模块中所有元素都使用同一个输入数据和（或）产生同一个输出数据，则称为通信内聚，图 3-9 所示的是通信内聚模块的示意图。例如，要完成两个工作，这两个处理动作都使用相同的输入数据。

1）按“配件编号”查询数据存储，获得“单价”。

2）按“配件编号”查询数据存储，获得“库存量”。

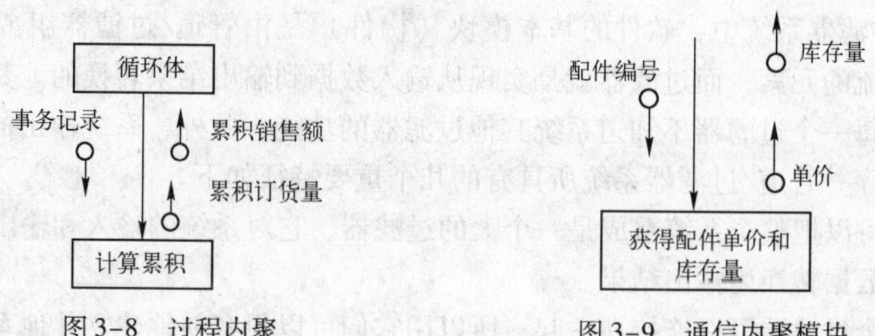

图 3-8　过程内聚　　　图 3-9　通信内聚模块

（6）信息内聚

信息内聚模块具有多种功能，能完成多种任务。各个功能都在同一数据结构上操作，每一项功能只有一个唯一的入口点，例如图 3-10 所示的有 4 个功能，即这个模块将根据不同的要求，确定该执行哪一功能。但这个模块都基于同一数据结构，即符号表。

（7）功能内聚

如果一个模块内部的各组成部分的处理动作全都为执行同一个功能而存在，并且只执行一个功能，则称为功能内聚。功能内聚是最高程度的内聚。判断一个模块是不是功能内聚，只要看这个模块是“做什么”，是完成一个具体的任务，还是完成多任务。

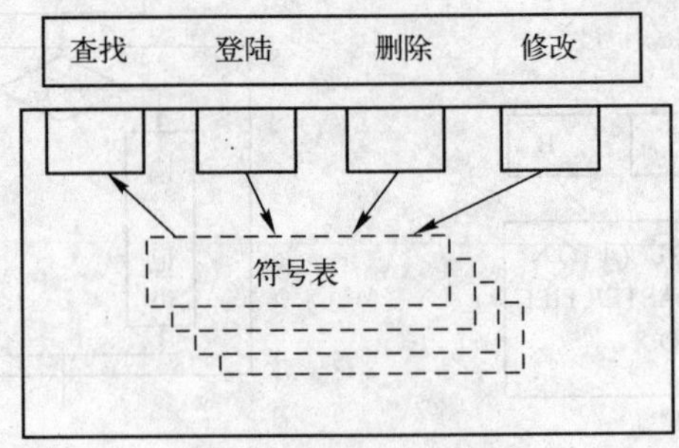

图 3-10　信息内聚

内聚的 7 种类型如图 3-11 所示。

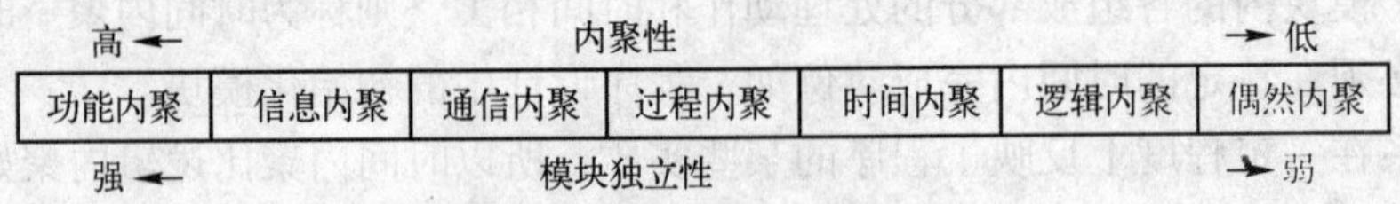

图 3-11　内聚的 7 种类型

事实上，没有必要精确确定内聚的级别。重要的是设计时力争做到高内聚，并且能够辨认出低内聚的模块，努力通过修改设计提高模块的内聚程度，同时降低模块间的耦合程度，从而获得较高的模块独立性。

3.2.3　结构设计

软件结构也可以描述为管道和过滤器式的、面向对象的、隐式请求的、层次化的、过程控制式的等形式。了解各种软件结构的风格特征，有助于读者确定对于一个给定的系统使用哪一种风格才是最适合的。

1. 管道和过滤器

在管道/过滤器系统中，软件的基本模块（构件）是由管道/过滤器组成的。所谓管道就是传送数据流的元素，而过滤器就是实现从输入数据到输出结果转换的。其中，各个过滤器是独立的，每一个过滤器不知道系统其他过滤器的功能。此外，系统输出的正确性不依赖于过滤器的顺序。管道/过滤器系统所具有的几个重要特征如下。

- 设计者可以把整个系统看成是一个大的过滤器，它对系统的输入和输出产生影响，导致输入数据转换为输出结果。
- 任意两个过滤器可以连接在一起，所以用它们可以很容易地建立其他系统。
- 系统发展演变很容易，因为新的过滤器可以很容易地加进来，而旧的过滤器也可以很容易地删除。
- 允许过滤器并行执行。

然而，管道/过滤器也有一些缺点。首先，它更适合进行批量处理，而不适合交互处理；其次，当两个数据流相关时，系统必须维持它们之间的通信；第三，过滤器的独立性意味着一些过滤器必须具备一些准备功能，可能与其他过滤器的功能重复，这样会降低性能，并使代码变得十分复杂。

2. 面向对象

需求可以通过对象以及它们的抽象类型组织起来。这种设计也可以围绕抽象的数据类型来建立系统的模块（组件）。基于对象的设计必须具备两个重要特征：对象必须保持数据表示的完整性；数据表示对于其他对象是隐藏的。

与管道/过滤器系统不同的是，一个对象必须能识别其他对象，以便于它们之间的通信，而过滤器是完全独立的。

3. 隐式请求

隐式请求的设计模型是事件驱动的。它是基于广播的概念，不同于直接调用一个过程；它是由一个组件宣布一个或多个事件要发生了，然后，其他组件将一个过程与这些事件联系起来（称这样的过程为注册过程），这些注册过程是由系统调用的。在这种系统中，数据交换是通过储存库中的共享数据完成的。这种类型的设计经常用于数据库中以保持信息的一致性。

这种风格的设计有利于组件复用，因为任何组件都可以注册到一个事件中，并且独立于其他组件。同样，当系统更新或升级时，老的组件可以很容易被删除，新的组件也可以很容易被加进来。这种设计风格的不利之处是缺乏组件响应事件的保证机制。

4. 层次化

将系统按层次划分，每一层都为上一层提供服务，同时每一层是下一层的一个客户。图3-12描绘了一个提供文件安全保障的系统。

最顶层提供身份验证。这一层管理一个密码文件，这个文件以加密形式存储，并且要求用户输入用户名和密码。第二层是密钥管理层。它根据上层传递的用户名和密码，计算出一个散列码作为访问文件的密钥。第三层是文件级的接口。根据用户的访问要求操作一个文件。最内层是加密解密层。对具体的文件实现加密和解密操作，在这层上实现系统最基本的加密解密策略。在设计中，用户可以访问系统的不同层次，这完全依赖于需求说明表中的要求。比如，如果用户不需要知道有关加密解密策略的问题，那么他只需访问最外层，提供用户名和密码即可。

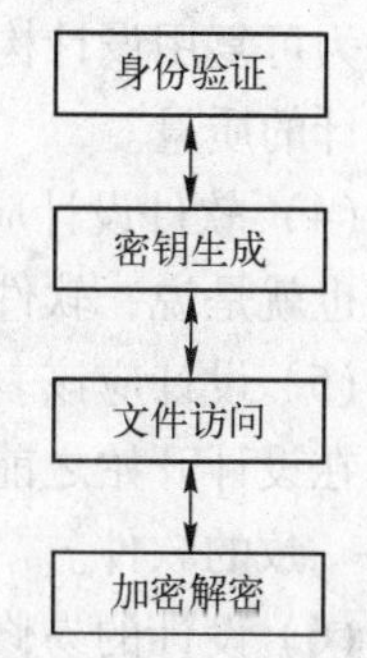

图 3-12 文件安全保障系统的层次结构

这种层次化结构的最大好处就是具有抽象的概念。每个层次都被认为是一个可扩展的抽象级，设计者可以将一个问题分解成一系列抽象的层次。当需求改变的时候，可能需要增加或修改一个层次，通常，这样的改变只影响到相邻的两个层次。同样，复用一个层次也比较简单，只需要在相邻层次间做一些改变。

5. 过程控制

过程控制系统的目标就是将过程输出维持在某个指定值的范围之内。大部分基于软件的控制系统都涉及两种形式的闭环——反馈和前馈。一个反馈系统测量出一个控制变量，如温度，然后调整过程使控制变量值在设定点附近。前馈循环中，系统通过测量其他过程变量值来对控制变量施加更多的影响。

在进行软件结构设计时，选择设计风格的一个重要因素是分析该软件应用的范围，每种设计风格各有所长，设计者应该根据具体的应用进行选择。

3.3 设计准则

总体设计既是过程又是模型。设计过程是一系列迭代的步骤，它们使设计者能够描述要构造的软件系统的特征。总体设计与其他所有设计活动一样，是受创造者的技能、以往的设计经验和良好的设计灵感，以及对质量的深刻理解等一些关键因素影响的。

总体设计模型和建筑师的房屋设计类似，它首先表示出要构造的事务整体，例如，先设计房屋的整体结构，然后再细化局部，提供构造每个细节的指南。同样，软件设计模型提供了软件元素的组织框架图。Davis 曾经提出了一系列软件设计的原则，这些设计原则可以作为软件设计人员设计软件的一个基本准则。

（1）多样化设计

一名好的设计师应该考虑设计的替代方案，通常应该提供多种可供评审和选择的设计方案。

（2）设计对于分析模型应该是可跟踪的

因为设计模型中的一个软件元素可能会涉及到多个需求，也可能一个需求由多个软件元素实现。为了使得设计出的软件满足需求，要求设计模型一定要具有可回溯性。

（3）设计不应该从头做起

软件系统是使用一系列设计模式构造的，很多模式可能在以前就遇到过，这些模式通常被称为可复用设计构件。应该尽可能使用已有的设计构件，减少设计的工作量，并且可以保证设计的质量。

（4）软件设计应该尽可能缩短软件和现实世界的距离

也就是说，软件设计的结构应该尽可能模拟问题域的结构。

（5）设计应该表现出一致性和规范性

在设计开始之前，设计小组应该定义设计风格和设计规范，保证不同的设计人员设计出风格一致的软件。

（6）设计的易修改性

软件开发的整个过程中都存在着变化，变化是永恒的。因此，设计软件时必须要考虑到设计的易修改性。

（7）容错性设计

不管多么完善的软件，都可能存在问题，所以设计人员应该为软件进行容错性设计，当遇到异常数据、事件或操作时，软件不至于彻底崩溃。

（8）设计的粒度要适当

即使在详细设计阶段，设计模型的抽象级别也比源代码要高。详细设计是设计实现的算法和具体的数据结构。

（9）在设计时就要开始评估软件的质量

在设计阶段就应考虑如何保障软件产品的质量，而且在设计过程中要不断评价软件质量，不要等全部设计结束之后再考虑。

（10）要复审设计，减少设计引入的错误。

目前已经有许多总体设计方法，每种设计方法都引入了独特的启发规则和符号体系。然而，这些方法具有以下一些共同的特征。

- 具有将分析模型转变为设计模型的机制。
- 具有描述软件功能性构件和接口的符号体系。
- 设计优化和结构求精的启发规则。
- 质量评价的指南。

不管使用什么设计方法，软件设计师都应该在数据、体系结构、接口和过程设计方面遵循上述的基本原则。另外，软件设计师要了解有哪些因素影响设计活动，并且在设计时尽量排除不良因素的影响。下面是影响软件设计的因素。

（1）共同设计

大部分项目是由一组人员共同进行设计的，每个人被分配完成整个系统设计工作的一部分。共同设计时，一个主要的问题就是设计人员的个人经验、理解力和喜好的差别。引起设计失败的原因主要有3类：缺乏设计经验，缺乏知识，设计者与使用者之间缺少沟通。

（2）用户界面

设计用户界面的目标就是帮助用户方便、快捷地获得需要的信息。用户界面设计是设计中的关键问题，用户界面包含各种各样的技术——超文本、声音、二维画面、视频和虚拟世界。为了设计出舒适、高效的界面，设计者必须考虑两个主要问题：文化和喜好。

（3）文化问题

在设计软件时，还必须考虑使用者的信仰、价值观、传统和其他方面的问题。有些界面的设计者已经在菜单、图标或数字中为用户提供了语言选项。然而，语言的转换不等于保证文化也转换了，有些用户是有多种文化背景的人。因此，用户的文化背景又加大了设计出优秀的用户界面的难度。为了使系统具有多种文化的特性，在设计用户界面时，先排除一些特有的文化特点，使系统的界面标准化。然后再根据具体用户的要求，对设计进行加工，使其符合用户的文化背景。例如，图标使用的颜色、图标形状等问题。还有一点要记住，文化不仅仅是由民族决定的，还受地区、性别、年龄、职业等多种因素的影响。因此，最好由可能使用这个系统的用户对界面进行测试。

（4）并发性

很多系统的行为都是并发的，不是按顺序发生的。处理并发系统必须有更复杂的设计，并发系统中一个最大的问题就是要保证共享数据的一致性。处理这类系统通常采用同步和互斥技术，同步是协调多个并发活动的技术，互斥是保证共享数据的一致性的技术。如果两个操作影响一个共享对象的状态，那么应该用互斥的策略来执行它们。

3.4 总体设计的常用方法及工具

3.4.1 面向数据流的设计方法

运用面向数据流的方法进行软件体系结构的设计时，应该首先对需求分析阶段得到的数据流图进行复查，必要时进行修改和精化；接着在仔细分析系统数据流图的基础上，确定数据流图的类型，并按照相应的设计步骤将数据流图转化为软件结构；最后还要根据体系结构设计的原则对得到的软件结构进行优化和改进。面向数据流方法的设计过程如图3-13所示。

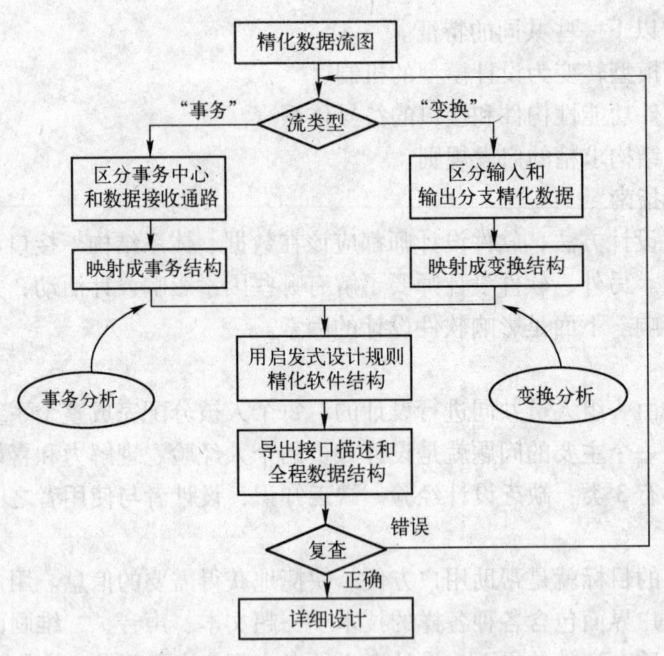

图 3-13 面向数据流方法的设计过程

一般来说，大多数系统的加工问题被表示为变换型，可采用变换分析方法建立系统的软件结构，但当数据流图具有明显的事务特点时，则应采用事务分析技术进行处理。变换分析方法与事务分析方法类似，都遵循图 3-13 所示的设计过程，主要差别仅在于由数据流图向软件结构的映射方法不同。对于一个复杂的系统，数据流图可能既存在变换流又存在事务流，这时应当根据数据流图的主要处理功能，选择一个面向全局的、涉及整个软件系统的总体类型，映射得到系统的整体软件结构。此外，再对局部范围内的数据流图进行具体研究，确定它们各自的类型并分别处理，得到系统的局部软件结构。

1. 变换流

如图 3-14 所示，信息沿输入通路进入系统，同时由外部形式变换成内部形式，进入系统的信息通过变换中心，经过加工处理以后再沿输出通路变换成外部形式离开软件系统。当数据流具有这些特征时，这种信息流被称为变换流。

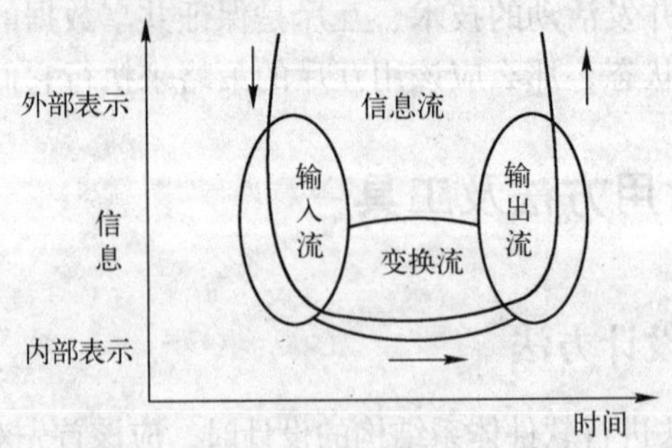

图 3-14 变换流

2. 事物流

数据沿输入通路到达一个处理 T，这个处理根据输入数据的类型在若干个动作序列中选出一个来执行。这种“以事务为中心的”的数据流，称为“事务流”。

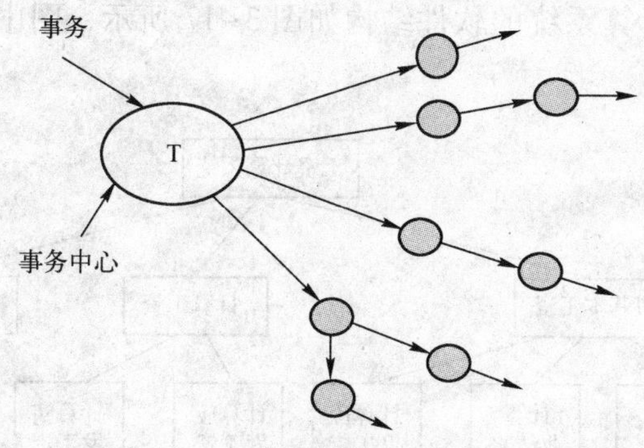

图 3-15　事务流

3. 变换分析

对于变换型的数据流图，应按照变换分析的方法建立系统的结构图。

（1）划分边界，区分系统的输入、变换中心和输出部分

变换中心在图中往往是多股数据流汇集的地方，经验丰富的设计人员通常可根据其特征直接确定系统的变换中心。另外，下述方法可帮助设计人员确定系统的输入和输出：从数据流图的物理输入端出发，沿着数据流方向逐步向系统内部移动，直至遇到不能被看做是系统输入的数据流为止，则此数据流之前的部分就是系统的输入；同理，由数据流图的物理输出端出发，逆着数据流方向逐步向系统内部移动，直至遇到不能被看做是系统输出的数据流为止，则该数据流之后的部分即为系统的输出；在输入和输出之间的部分就是系统的变换中心。

（2）完成第一级分解，设计系统的上层模块

这一步主要确定软件结构的顶层和第一层。任何系统的顶层都只含一个用于控制的主模块。变换型数据流图对应的软件结构的第一层一般由输入、变换和输出 3 种模块组成。系统中的每个逻辑输入对应一个输入模块，完成为主模块提供数据的功能；相应的每一个逻辑输出对应一个输出模块，完成为主模块输出数据的功能；变换中心对应一个变换模块，完成将系统的逻辑输入转换为逻辑输出的功能。例如，工资计算系统的一级分解结果如图 3-16 所示。

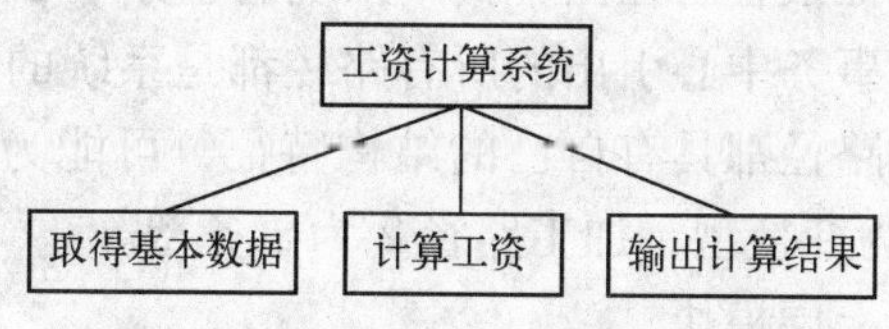

图 3-16　工资计算系统的一级分解

（3）完成第二级分解，设计输入、变换中心和输出部分的中、下层模块

这一步主要是对上一步确定的软件结构进行逐层细化，为每一个输入、输出模块及变换模块设计下属模块。通常，一个输入模块应包括用于接收数据和转换数据（将接收的数据转换成下级模块所需的形式）的两个下属模块，一个输出模块应包括用于转换数据（将上级模块的处理结果转换成输出所需的形式）和传输数据的两个下属模块；变换模块的分解

没有固定的方法，一般根据变换中心的组成情况及模块分解的原则来确定下属模块。完成二级分解后，上述的工资计算系统的软件结构如图 3-17 所示，图中省略了模块调用传递的信息。

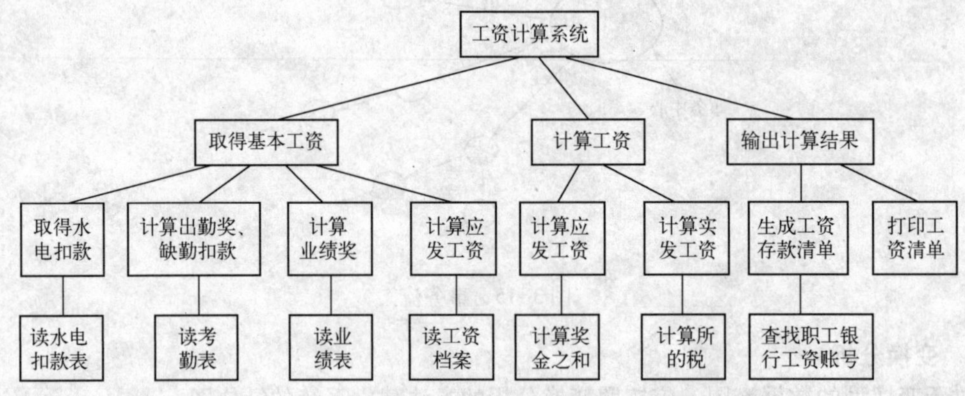

图 3-17　完成二级分解后的工资计算系统软件结构

4. 事务分析

事务分析设计方法也是从分析数据流图出发，通过自顶向下的逐步分解来建立系统软件结构。下面以图 3-18 所示的事务型数据流图为例，介绍事务分析设计方法生成软件结构的具体步骤。

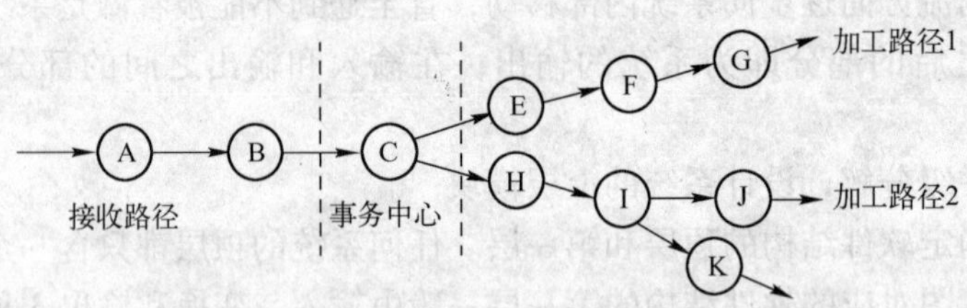

图 3-18　进行了边界划分的事务型数据流图

（1）划分边界，明确数据流图中的接收路径、事务中心和加工路径

事务中心在数据流图中位于多条加工路径的起点，经过事务中心的数据流被分解为多个发散的数据流，根据这个特征很容易在图中找到系统的事务中心。向事务中心提供数据的路径是系统的接收路径，而从事务中心引出的所有路径都是系统的加工路径，如图 3-18 中对数据流图的划分。每条加工路径都具有自己的结构特征，可能为变换型，也可能为事务型。如图 3-18 中，加工路径 1 为变换型，加工路径 2 为事务型。

（2）建立事务型结构的上层模块

事务型数据流图对应的软件结构的顶层只有一个由事务中心映射得到的总控模块：总控模块有两个下级模块，分别是由接收路径映射得到的接收模块和由全部加工路径映射得到的调度模块。接收模块负责接收系统处理所需的数据，调度模块负责控制下层的所有加工模块。两个模块共同构成了事务型软件结构的第一层。图 3-18 中，事务型数据流图映射得到的上层软件结构如

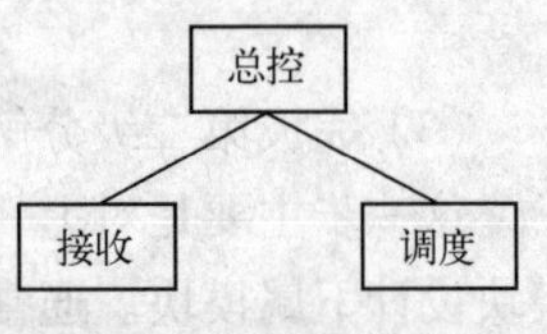

图 3-19　事务型系统的上层软件结构

图 3-19 所示。

(3) 分解、细化接收路径和加工路径，得到事务型结构的下层模块

接收路径通常都具有变换型的特性，因此对事务型结构接收模块的分解方法与对变换型结构输入模块的分解方法相同。对加工路径的分解应按照每一条路径本身的结构特征，分别采用变换分析或事务分析方法进行分解。经过分解后得到的完整的事务型软件结构如图 3-20 所示。

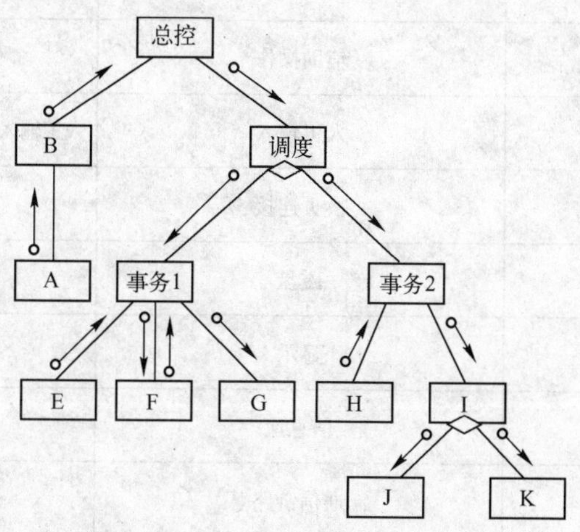

图 3-20　完整的事务型软件结构

5. 软件模块结构的改进

为了使最终生成的软件系统具有良好的风格及较高的效率，应在软件的早期设计阶段尽量对软件结构进行优化。因此在建立软件结构后，软件设计人员需要按照体系结构设计的基本原则对其进行必要的改进和调整。软件结构的优化应该在保证模块划分合理的前提下，力求减少模块的数量、提高模块的内聚性及降低模块的耦合性，设计出具有良好特性的软件结构。

3.4.2　总体设计中的工具

1. 系统流程图

(1) 系统流程图的符号

系统流程图的图形元素比较简单，也较容易理解。一个图形符号代表一种物理部件，这些部件可以是程序、文件、数据、表格、人工过程等。

系统流程图的基本符号见表 3-1。

表 3-1　系统流程图基本符号

符　号	名　称	说　明
	处理	加工、部件程序、处理机等
	人工操作	人工完成的处理
	输入/输出	信息的输入/输出

（续）

符　号	名　称	说　明
	文档	单个的文档
	多文档	多个文档
	连接	一页内的连接
	辅助操作	使用设备进行的脱机操作
	人工输入	人工输入数据的脱机处理，例如，填写表格
	换页连接	不同页的连接
	磁盘	磁盘存储器
	显示	显示设备
←	信息流	信息的流向
	通信链路	远程通信线路传送数据

在系统流程图的绘制过程中，要注意以下几个方面。

1）物理部件的名称应写在图形符号内，用以说明该部件的含义。

2）系统流程中不应该出现信息加工控制的符号。

3）用以表示信息流的箭头符号无须标注名称。

（2）系统流程图举例

如运动会系统，该系统由人工操作，分为报名处理（处理报名、生成报名表、运动项目册）、成绩处理（成绩录入、分类、统计、计算）、成绩发布与奖励（发布所有运动员比赛成绩、给破纪录运动员以及成绩前三名颁奖）3 个部分。

根据运动会委员会的要求，建立计算机管理的运动会信息系统，分析员经过仔细研究，推荐了一个新的系统方案，该系统方案如图 3-21 所示。在系统流程图的每一个部件上标注了名称，部件之间用信息流向线表示出信息流动的方向。

（3）分层

对复杂系统进行处理的一个比较好的方法是分层次地描绘这个系统。首先用一张高层次的系统流程图描绘系统总体概括，表明系统的关键功能；然后分别把每个关键功能扩展到适当的详细程度，画在单独的一页纸上。这种分层次的描绘方法便于阅读者按从抽象到具体的过程逐步深入地了解一个复杂的系统。

2. HIPO 图

HIPO（Hierarchy Plus Input/Processing/Output）图是美国 IBM 公司 20 世纪 70 年代发展起来的表示软件系统结构的工具。它既可以描述软件总的模块层次结构——H 图（层次图），又可以描述每个模块输入/输出数据、处理功能及模块调用的详细情况——IPO 图。HIPO 图是以模块分解的层次性以及模块内部输入、处理、输出 3 部分为基础建立的。

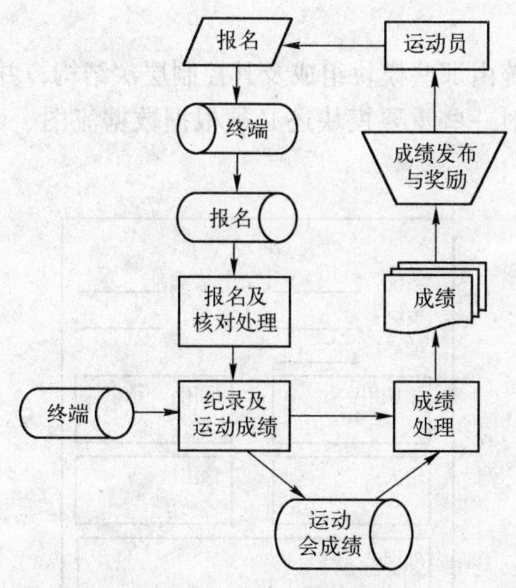

图 3-21　运动会系统流程图

(1) HIPO 图的 H 图

H 图（即层次图）用于描述软件的层次结构。在 H 图中用矩形框表示一个模块，矩形框之间的直线表示模块之间的调用关系，同结构图一样未指明调用顺序。如图 3-22 所示为销售管理系统的层次图。

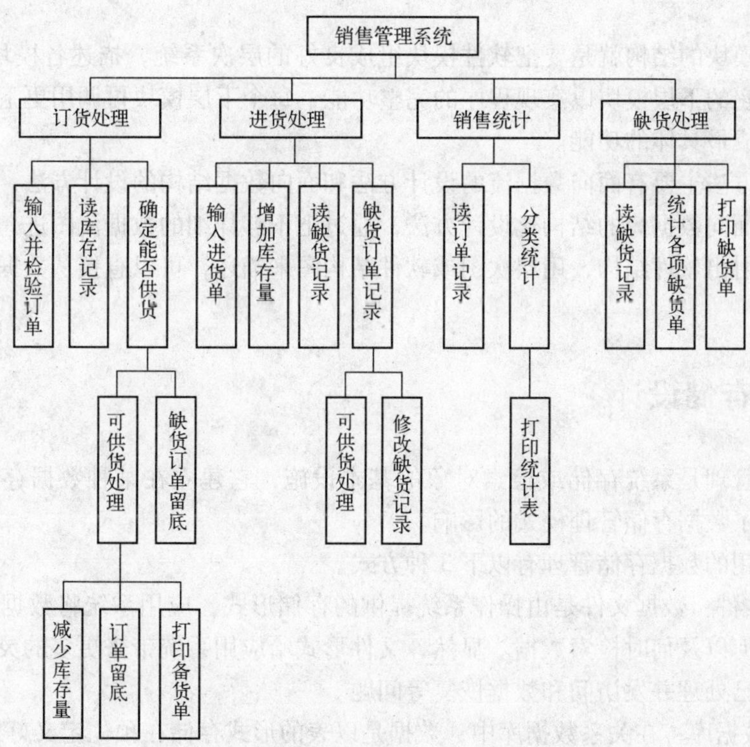

图 3-22　销售管理系统的 HI 图

（2）IPO 图

H 图只说明了软件系统由那些模块组成及其控制层次结构，并未说明模块间的信息传递及模块内部的处理。因此对一些重要模块还必须根据数据流图、数据字典及 H 图绘制具体的 IPO 图，如图 3-23。

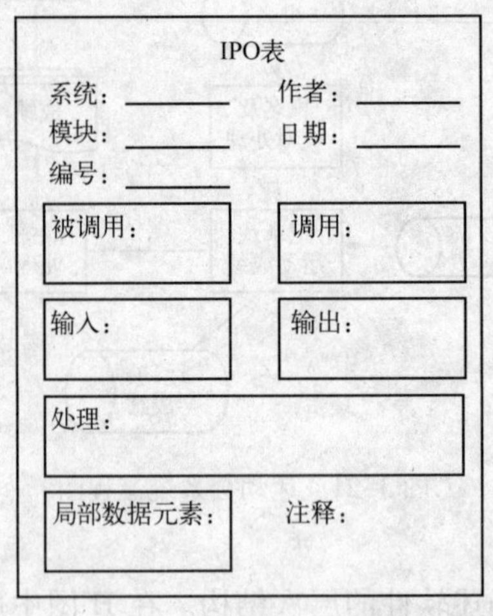

图 3-23　IPO 图的组成

3.5　模块结构设计

设计软件模块的结构就是要把软件模块组成良好的层次系统，描述各模块之间的关系。顶层模块调用它的下层模块以实现程序的完整功能，每个下层模块再调用更下层的模块，最下层的模块完成最具体的功能。

软件设计方法主要有面向数据流的设计方法和面向数据结构的设计方法，在总体设计阶段，主要采用面向数据流的结构化设计方法，通过把不够详细的数据流图进一步细化至适当层次，从而映射出软件结构，用层次图或软件结构图来描述，可以直接从数据流程图映射出软件结构。

3.6　数据存储设计

数据存储管理是系统存储或检索对象的基本设施，它建立在某种数据存储管理系统之上，并且隔离了数据存储管理模式的影响。

目前，常用的数据存储管理有以下 3 种方式。

1）数据文件：数据文件是由操作系统提供的存储形式，应用系统将数据按字节顺序存储，并定义如何以及何时检索数据。显然，文件形式给应用系统带来更多的灵活性，但是应用系统需要自己处理并发访问和数据恢复等问题。

2）关系数据库：在关系数据库中，数据是以表的形式存储在预先定义好的成为 Schema 的类型中。表的每一列表示一个属性，每一行将一个数据项表示成一个属性值的元组。关系数据库是一种成熟的技术，使用费用较高而且会产生性能上的瓶颈。

3）面向对象数据库：与关系数据库不同的是，面向对象数据库将对象和关系作为数据一起存储。它提供了继承和抽象数据类型，但其查询速度要比关系数据库慢。

3.7 模型－视图－控制器框架

3.7.1 MVC 模式

模型－视图－控制器（Model－View－Controller，MVC），是一种用来使用户界面层和系统的其他部分分离的结构化模式。MVC 不仅有助于增强用户界面层的内聚，而且有助于降低用户界面层与系统其余部分以及 用户接口（User Interface，UI）本身各部分之间的耦合。

MVC 模式使系统的功能层（模型）同用户界面的两个方面分离：视图（View）和控制器（ControLLer）。如图 3-24 所示。尽管这 3 个构件通常都是类的实例，但使用构件图来强调构件也可以是独立的线程或进程。

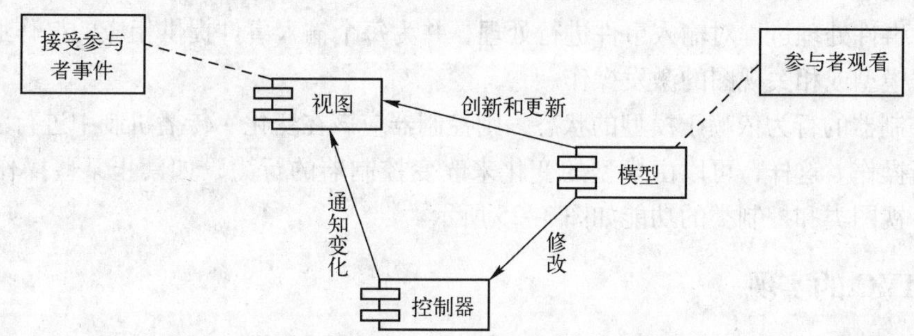

图 3-24　用户界面的模型—视图—控制器（MVC）结构化模式

模型包括最基本的类，这些类的实例可以查看和操作。

视图包括一些对象，这些对象使模型中的数据在用户界面显示出来。视图还显示用户可以交互的各种控件。

控制器包括一些对象，这些对象控制和处理用户与视图及模型的交互。当用户在域中输入信息或用鼠标单击控件时，控制器含有响应的逻辑。

模型不知道何种视图或控制器与其相连。通常使用观察者（Observer）设计模式将模型和视图分离。因此 MVC 结构化模式体现了层内聚，是特殊的多层结构化模式。

3.7.2 MVC 中的模型类、视图类和控制类

（1）模型类

在模型中，包含应用问题的核心数据、逻辑关系和计算功能，封装所需的数据，还提供了完成问题处理的操作过程。为了视图获取显示数据，模型还提供了访问其数据的操作。这种机制称为变化－传播机制，体现在各个相互依赖部件之间的注册关系上，这种变化－传播机制会被模型数据和状态的变化所激发，它是模型、视图和控制器之间的纽带。

（2）视图类

视图通过显示把信息传达给用户。不同的视图通过不同的显示来表达模型的数据和状

态信息。每个视图的一个更新操作可以被变化－传播机制所激活。当调用更新操作时，视图获得来自模型的数据值更新显示。在初始化时，通过与变化－传播机制的注册关系建立起所有视图与模型间的关联。视图与控制器之间具有一一对应的关系，一个视图创建一个相应的控制器。控制器处理显示的操作由视图提供。因此，控制器可以获得主动激发界面更新的能力。

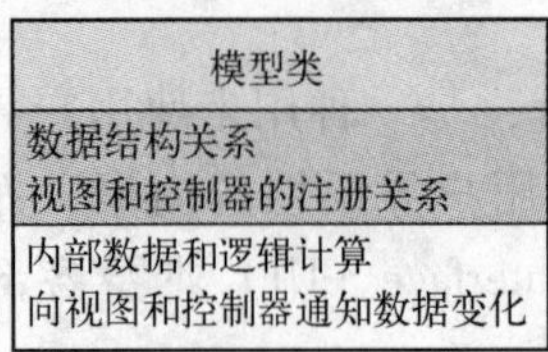

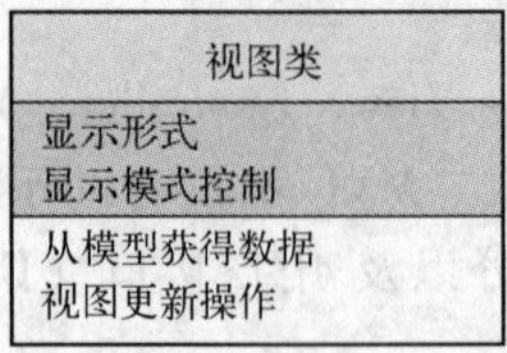

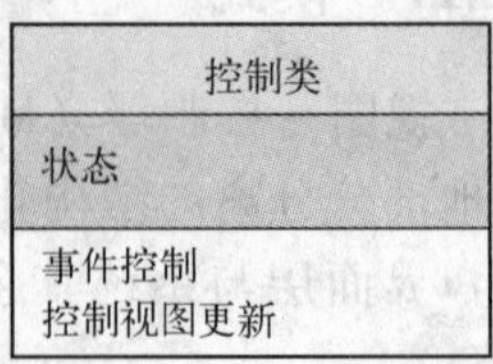

图 3-25　MVC 中的模型类、视图类和控制类

（3）控制类

控制器通过时间触发来接收用户的输入。控制器获得事件的方法依赖于界面的运行平台。控制器通过事件处理过程对输入事件进行处理，并为每个输入事件提供相应的操作服务，把事件转化成对模型或相关视图的激发操作。

如果控制器的行为依赖于模型的状态，则控制器应该在变化－传播机制中进行注册，并提供一个更新操作。这样，可以由模型的变化来改变控制器的行为，如禁止某些操作。MVC 中的模型类、视图类和控制类的功能如图 3-25 所示。

3.7.3　MVC 的实现

MVC 的实现需要完成以下工作，如图 3－26 所示。

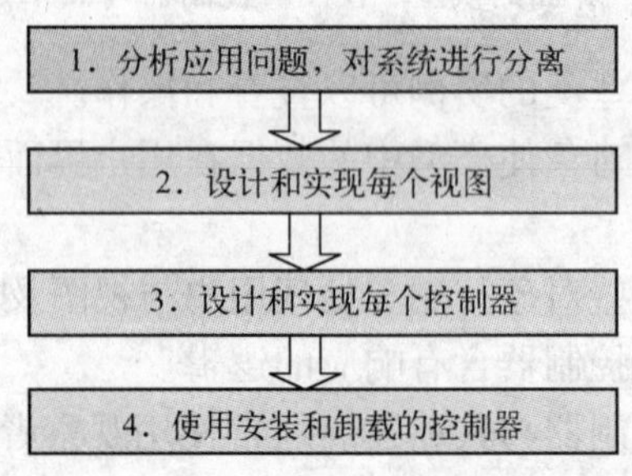

图 3-26　MVC 的实现

（1）分析应用问题，对系统进行分离

分析应用问题，将系统的内核功能、功能的控制输入、系统的输出行为分离出来。设计模型部件使其封装内核数据和计算功能，并且提供访问显示数据的操作、控制内部行为的操作以及其他必要的操作接口。以上可形成模型类的数据构成和计算关系。这部分的构成与具体的应用问题紧密相关。

（2）设计和实现每个视图

设计每个视图的显示形式，从模型中获取数据，将数据显示在屏幕上。

（3）设计和实现每个控制器

对于每个视图，指定对用户操作的响应时间和行为。在模型状态的影响下，控制器使用特定的方法接收和解释这些事件。控制器的初始化建立起于模型和视图的联系，并且启动事件处理机制。事件处理机制的具体实现方法依赖于界面的工作平台。

（4）使用可安装和卸载的控制器

控制器的可安装性和可卸载性使其自由度更高，并且帮助形成高度灵活性的应用。控制器与视图的分离，提高了视图与不同控制器结合的灵活性，进而实现不同的操作模式，例如，对普通用户、专业用户或不使用控制器建立的只读视图。这种分离还为在应用中集成新的I/O设备提供了途径。

3.8 总体设计说明书编写规范

1 引言

1.1 编写目的

1.2 范围

说明：

a. 待开发的软件系统的名称。

b. 列出本项目任务的提出者、用户以及将运行该项软件的单位。

1.3 定义

1.4 参考资料

引出要用到的参考资料，如：

a. 本项目的经核准的计划任务书或合同、上级机关的批文。

b. 属于本项目的其他已发表的文件。

c. 本文件中参考引用的文件、资料，包括所要用到的软件开发标准。

列出这些文件的标题、文件编号、发表日期和出版单位，说明能够得到这些文件资料的来源。

2 总体设计

2.1 需求规定

说明对本系统的主要的输入输出项目、处理的功能性能要求，详细的说明可参见《需求分析说明书》

2.2 运行环境

简要地说明对本系统运行环境（包括硬件环境和支持环境）的规定，详细说明参见《需求分析说明书》。

2.3 基本设计概念和处理流程

尽量使用图表的形式说明本系统的基本设计概念和处理流程。

2.4 结构

用一览表及框图的形式说明本系统系统元素（各层模块、子程序、公用程序等）的划分，扼要说明每个系统元素的标识符和功能，分层次地给出各元素之间的控制与被控制关系。

2.5 功能需求与程序的关系

用如表3-2所示的矩阵说明实现各项功能需求和各模块程序的分配关系。

表 3-2　功能需求的实现同各块程序的分配关系

	程序 1	程序 2	……	程序 m
功能需求 1	√			
功能需求 2		√		
……				
功能需求 n		√		√

2.6　人工处理过程

说明在本软件系统的工作过程中必须包含的人工处理过程（如果有的话）。

2.7　尚未解决的问题

说明在概要设计过程中尚未解决，而设计者认为在系统完成之前必须解决的各个问题。

3　接口设计

3.1　用户接口

说明将向用户提供的命令和它们的语法结构，以及软件的回答信息。

3.2　外部接口

说明本系统同外界的所有接口的安排，包括软件与硬件之间的接口。本系统与各个支持软件之间的接口关系。

3.3　内部接口

4　运行设计

4.1　运行模块组合

说明对系统施加不同的外界运行控制时所引起的各种不同的运行模块组合，说明每种运行所需要的内部模块和支持软件。

4.2　运行控制

说明每一种外界的运行控制的方式方法和操作步骤。

4.3　运行时间

说明每种运行模块组合将占用各种资源的时间。

5　系统数据结构设计

5.1　逻辑结构设计要点

给出本系统内所使用的每个数据结构的名称、标识符，以及它们之中每个数据项、记录、文卷和系的标识、定义、长度及它们之间层次的或表格的相互关系。

5.2　物理结构设计要点

给出本系统内所使用的每个数据结构中的每个数据项的存储要求、访问方法、存储单位、存取的物理关系（索引、设备、存储区域）、设计考虑和保密条件。

5.3　数据结构与程序的关系

数据结构与程序的关系如表 3-3 所示。

表 3-3　数据结构与程序的关系

程序 1	程序 2	……	程序 m	
数据结构 1	√			
数据结构 2		√		
……				
数据结构 n		√		√

6. **系统出错处理设计**

6.1 出错信息

用一览表的方式说明每种可能的错误或故障情况出现时，系统输出信息的形式、含义及处理方法。

6.2 补救措施

说明故障出现后可能采取的变通措施。

1）后备技术：说明准备采用的后备技术，当原始系统数据丢失时启用副本的建立和启动的技术。例如，周期性地把磁盘信息记录到磁带上去，就是对于磁盘媒体的一种后备技术。

2）降效技术：说明准备采用的后备技术，使用另一个效率稍低的系统或方法来求得所需结果的某些部分。例如，一个自动系统的降效技术可以是手工操作和数据的人工记录。

3）恢复及再启动技术：说明将使用的恢复再启动技术，使软件从故障点恢复执行或使软件从头开始重新运行的方法。

6.3 系统维护设计

说明为了系统维护的方便而在程序内部设计中作出的安排，包括在程序中专门安排用于系统的检查与维护的检测点和专用模块。

3.9 详细设计阶段的任务

1. **算法设计**

用图形、表格、语言等工具将每个模块处理过程的详细算法描述出来。

2. **数据结构设计**

对需求分析、概要设计确定的概念性的数据类型进行确切定义。

3. **物理设计**

对数据库进行物理设计，即确定数据库的物理结构。

4. **其他设计**

根据软件系统的类型，还可能要进行如下设计。

1）代码设计：为了提高数据的输入、分类、存储及检索等操作的效率，以及节约内存空间，对数据库中的某些数据项的值要进行代码设计。

2）输入/输出格式设计。

3）人机对话设计：对于一个实时系统，由于用户与计算机频繁对话，因此要进行对话方式、内容及格式的具体设计。

5. **编写详细设计说明书**

详细设计说明书有下列主要内容。

1）引言：包括编写目的、背景、定义、参考资料。

2）程序系统的组织结构。

3）程序1（标识符）设计说明：包括功能、性能、输入、输出、算法、流程逻辑、接口。

4）程序2（标识符）设计说明。

5）程序 n（标识符）设计说明。

6. 评审

对处理过程的算法和数据库的物理结构都要进行评审。

3.10 结构化详细设计的原则

为了得到高质量的软件系统，在结构化程序的详细设计阶段必须遵循一些基本原则。

详细设计为程序员编写代码提供依据，因而要求做到：

1）模块的逻辑描述要清晰易读、正确可靠。

2）采用结构化设计方法，改善控制结构，降低程序复杂程度，提高程序的可读性、可测试性和可维护性。

在高级语言中取消 goto 语句及用顺序、选择、循环 3 种结构可构造任何程序结构，并能实现单入口单出口的程序结构，据此，IBM 公司提出了程序结构应该坚持单入口单出口的原则，同时对结构化程序设计的逐步求精、抽象分解作了总体概括，形成了下列结构化程序设计的基本方法与原则。

- 在编程过程中尽量少用 goto 语句，确保程序的独立性。
- 用单入口单出口的控制结构，以使程序的静态结构与动态执行情况相一致，确保程序易于理解。
- 程序的结构一般采用顺序、选择、循环 3 种结构来构成，保证其结构简单。
- 程序设计来用自顶向下逐步求精的方法。

结构化程序设计的缺点是存储容量和运行时间会增加 10% ~20%，优点是可读性和可维护性好。

3）选择适当的描述工具来描述模块的算法。

3.11 结构化详细设计的方法和工具

3.11.1 详细设计的方法

处理过程设计中采用的典型方法是结构化程序设计（SP）方法，最早是由E. W. Dijkstra 在 20 世纪 60 年代中期提出的。详细设计并不是具体地编写程序，而是细化成很容易从中产生程序的图纸，因此，详细设计的结果基本决定了最终程序的质量。为了提高软件的质量，延长软件的生存周期，软件的可测试性、可维护性是重要保障。软件的可测试性、可维护性与程序的易读性有很大关系。详细设计的目标不仅是逻辑上正确地实现每个模块的功能，还应使设计出的处理过程清晰易读。结构化程序设计是实现该目标的关键技术之一，它指导人们用良好的思想方法开发易于理解、易于验证的程序。结构化程序详细设计方法有以下几个基本要点。

1. 采用自顶向下、逐步求精的程序设计方法

在需求分析、总体设计中，都采用了自顶向下、逐层细化的方法。使用“抽象”方法，对上层问题抽象、对模块抽象和对数据抽象，下层则进一步分解，进入另一个抽象层次。在详细设计中，虽然处于“具体”设计阶段，但在设计某个模块内部处理过程中，仍可以逐步求精，降低处理细节的复杂度。

2. 使用3种基本控制结构构造程序

任何程序都可由顺序、选择及循环3种基本控制结构构造。这3种基本结构的共同点是单入口、单出口。它不仅能有效地限制使用goto语句，而且还创立了一种新的程序设计思想、方法和风格，同时为自顶向下、逐步求精的设计方法提供了具体的实施手段。如对一个模块处理过程细化时，开始是模糊的，可以用下面3种方式对模糊过程进行分解。

1）用顺序方式对过程分解，确定各部分的执行顺序。

2）用选择方式对过程分解，确定某个部分的执行条件。

3）用循环方式对过程分解，确定某个部分进行重复的开始和结束的条件。

对处理过程仍然模糊的部分反复使用以上分解方法，最终可将所有细节确定下来。

3. 主程序员的组织形式

主程序员的组织形式指开发程序的人员应以一个主程序员（负责全部技术活动）、一个后备程序员（协调、支持主程序员）和一个程序管理员（负责事务性工作，如收集、记录数据，文档资料管理等）为核心，再加上一些专家（如通信专家、数据库专家）、其他技术人员组成小组。

这种组织形式突出了主程序员的领导作用，设计责任集中在少数人身上，不仅有利于提高软件质量，而且能有效地提高软件生产率。这种组织形式最先由IBM公司实施，随后其他软件公司也纷纷采用主程序员制的工作方式。

因此，结构化程序设计方法是综合应用这些手段来构造高质量程序的思想方法。

3.11.2 详细设计的工具

详细设计阶段的工具可分为图形、表格和语言3类，具体包括程序流程图、盒图、PAD图、判定表、判定树、PDL语言等。

1. 程序流程图

程序流程图又称为程序框图，它是历史最悠久、使用最广泛的一种描述程序逻辑结构的工具，程序流程图常用符号及基本控制结构来描述，如图3-27和图3-28所示，可以看到，在程序流程图中有一些符号与系统流程图是相同或类似的。

程序流程图的优点是直观清晰、易于使用，是开发者普遍采用的工具，但是它有如下缺点。

1）可以随心所欲地画控制流程线的流向，容易造成非结构化的程序结构，编码时势必不加限制地使用goto语句，导致基本控制块产生多入口、多出口，这样会使软件质量受到影响，与软件设计的原则相违背。

2）流程图不能反映逐步求精的过程，往往反映的是最后的结果。

3）不易表示数据结构。

4）描述过于琐碎，不利于理解大型程序。

为了克服流程图的缺陷，要求流程图都应由3种基本控制结构顺序组合和完整嵌套而成，不能有相互交叉的情况，这样的流程图是结构化的流程图。

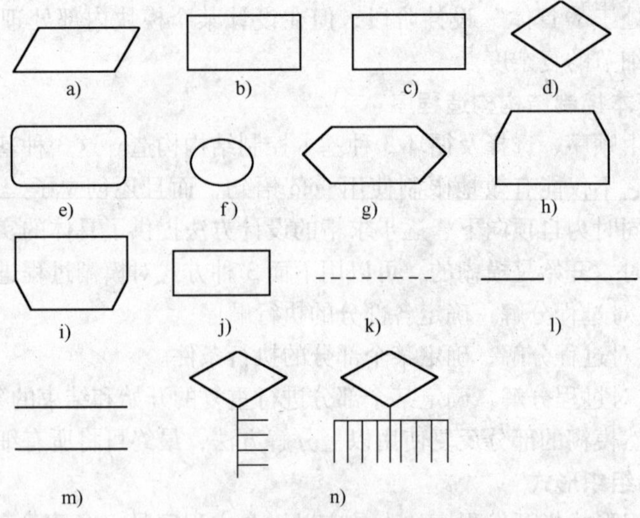

图 3-27　程序流程图的常用符号

a）数据　b）处理　c）特殊处理　d）判断　e）端点　f）连续符　g）准备　h）循环　i）循环下界　j）注解符　k）虚线　l）省略　m）并行方式　n）多分支

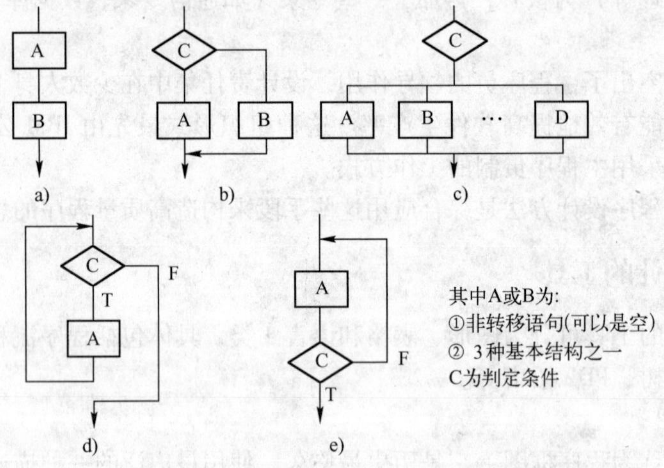

图 3-28　程序流程图的基本控制结构

a）顺序　b）选择　c）多支选择　d）"当型"循环　e）"直到型"循环

2. 盒图（Nassi-Shneiderman 图）

盒图也称为 N-S 图，是由 Nassi 和 Shneiderman 按照结构化的程序设计要求提出的一种图形算法描述工具。盒图的基本符号如图 3-29 所示。

与程序流程图相比，N-S 图的最大特点就在于没有带箭头的流程线，并以基本结构作为图形的基本符号，所以用它描述的算法必定是结构化的。用 N-S 图表示算法，思路清晰，结构良好，容易设计，也容易阅读，可以十分放心地进行结构化程序设计，从而有效地提高了详细设计的质量和效率。但是，当需要对设计进行修改时，盒图的修改工作量太大。

3. PAD 图

PAD（Problem Analysis Diagram）是问题分析图，1973 年日本日立公司提出以来，已得到一定程度的推广，它用二维树形结构的图来表示程序的控制流。这种图翻译成程序代码比较容易，图 3-30 给出了 PAD 图的基本控制结构。

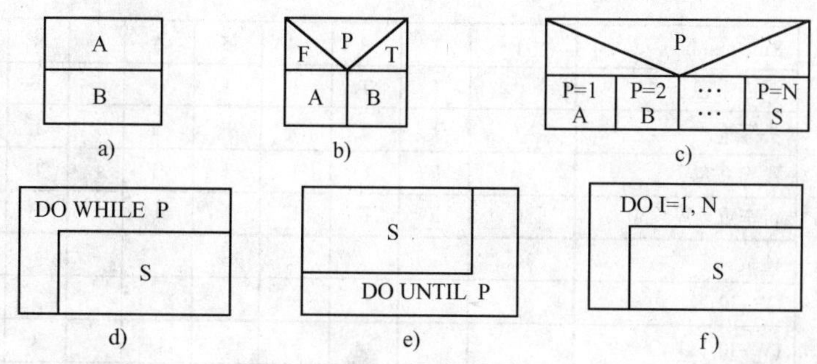

图 3-29 盒图的基本符号

a）顺序 b）选择 c）多选择 d）当型循环 e）直到型循环 f）固定次数循环

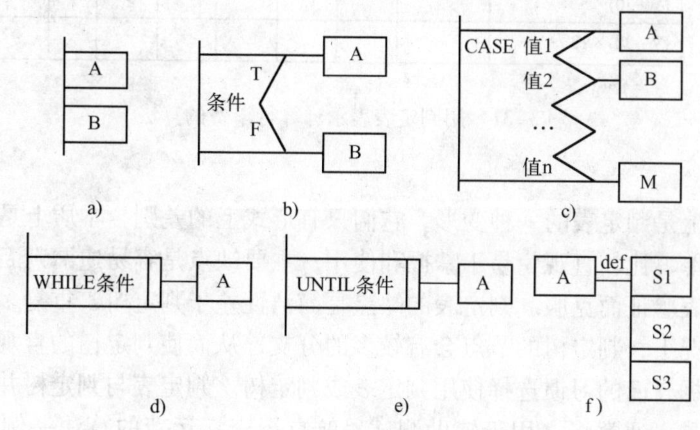

图 3-30 PAD 图的基本控制结构

a）顺序 b）选择 c）多支选择 d）“当型”循环 e）“直到型”循环 f）定义 A（对 A 细化）

PAD 图的优点如下。

1）支持结构化的程序设计原理。

2）支持逐步求精的设计方法，左边层次中的内容可以抽象，然后由左到右逐步细化。

3）清晰地反映了程序的层次结构。图中的竖线为程序的层次线，最左边竖线是程序的主线，其后一层一层展开，层次关系一目了然。

4）易读易写，使用方便。

5）可自动生成程序。PAD 图有对照 Fortran、Pascal、C 等高级语言的标准图式。

4. 判定表

当模块中包含复杂的条件组合，并要根据这些条件选择动作时，流程图、盒图都有一定的缺陷，只有判定表能清晰地表示出复杂的条件组合与各种动作之间的对应关系。

一张判定表由 4 部分组成。左上部列出所有条件，左下部是所有可能做的动作，右上部是表示各种条件组合的一个矩阵，右下部是和每种条件组合相对应的动作。

判定表的每一列实质上是一条规则，规定了与特定的条件组合相对应的动作。

例：航空行李托运费的算法如图 3-31 所示。

按规定：行李重量不超过 30 公斤的行李可免费托运。重量超过 30 公斤时，对超运部分，头等舱国内乘客收 4 元/公斤；其他舱位国内乘客收 6 元/公斤；外国乘客收费为国内乘客的 2 倍；残疾乘客的收费为正常乘客的 1/2。

	Rule numbers	1	2	3	4	5	6	7	8	9
条件	国内乘客		T	T	T	T	F	F	F	F
	头等舱		T	F	T	F	T	F	T	F
	残疾乘客		F	F	T	T	F	F	T	T
	行李重量W≤30	T	F	F	F	F	F	F	F	F
动作	免费	×								
	(W-30)×2				×					
	(W-30)×3					×			×	
	(W-30)×4		×							×
	(W-30)×6			×						
	(W-30)×8						×			
	(W-30)×12							×		

图 3-31　用判定表表示计算行李费的算法

5. 判定树

判定树实质上是判定表的一种变形，它们只有形式上的差别，本质上是一样的。判定树的优点是形式简单、比较直观、易于掌握和使用；主要缺点是容易遗漏判断条件，这个缺点可以通过用判定表验证而克服。判定表的缺点是简洁性差于判定树，重复多。另外，在组合条件很复杂的情况下，判定树的节点会有较多的分支，从而使判定树的直观性和易读性有所下降。用户可根据自己的习惯选择使用判定表或判定树。判定表与判定树并不适用于作为一种通用的设计工具，通常将之用于辅助测试。航空行李托运费的算法一例用判定树表示如图 3-32 所示。

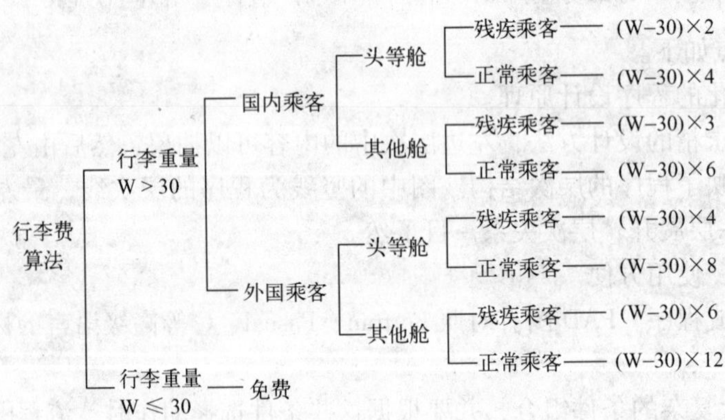

图 3-32　用判定树表示计算行李费的算法

6. PDL 语言

过程设计语言（Process Design Language，PDL），也称为伪码，它是一种用正文形式表示数据和处理过程的工具，用严格的关键字和外部语法来定义控制结构和数据结构。它包含了各种程序设计语言的控制结构和其他一些元素的速记符号，可以自由插入注释，并且可用常用词来替换表达式。一般来说，伪码的语法规则分为“外语法”和“内语法”。外语法应当符合一般程序设计语言常用语句的语法规则，而内语法是没有定义的，可以用英语（或汉语）中一些简洁的短语和通用的数学符号来描述程序应执行的功能。

PDL 是详细设计工具中较为方便、应用较普遍的一种。已有完善的自动化工具支持它的设计过程，能自动向编码转换。

（1）PDL 语句类型

PDL 是在较通用的结构化编程语言（如 ALGOL，PL/1，Pascal，ADA）的基础上设计的。可采用这类语言的若干简单的关键字和一定的语法结构，并辅以自然语言来描述程序。因此，它可以形式化地描述处理过程和数据结构，并以自然语言说明达到详细解释的目的。基本的 PDL 包括 3 种语句类型：数据说明（描述）、处理过程描述、输入输出描述。

1）数据说明语句。

PDL 能够描述过程使用的数据及数据结构。这种描述包含数据项的名字和数据项的目的。PDL 中的数据说明语句有以下几种。

- SCALA 汉语句。

用于定义标量的名字和用途。语句格式为：SCALARI| 名字，目的；| 名字，目的

- ARRAY 语句。

用于定义数组的名字和用途。语句格式为：ARRAYE| 名字，目的；| 名字，目的

- CHAR 语句。

用于定义字符串的名字和用途。语句格式为：CHARE| 名字，目的；| 名字，目的

- LIST 语句。

用于定义表的名字和用途。语句格式为：LIST| 名字，目的；| 名字，目的

- STRUCTURE 语句。

用于定义数据结构的名字和用途。语句格式为：STRUCTURE| 名字，目的；| 名字，目的

2）处理过程描述语句。

PDL 的处理过程描述可使用嵌套的基本结构，其主要语句有以下几种。

- 顺序语句。

顺序语句由一个或多个自然语言中的句子、计算公式或完整的 PDL 语句序列构成。为了说明较复杂的语句，PDL 采用块结构来描述一个或多个顺序语句。用块名可以对该块进行调用。块边界的定义如下。

```
BEGIN <块名>
      <PDL 语句>
END
```

- IF 语句。

IF 语句的格式如下。

```
IF（条件）
THEN <块或 PDL 语句>
ELSE <块或 PDL 语句>
ENDIF
```

该语句允许在两种情况之间进行选择。另外，在块或 PDL 语句中也可以含另一个 IF 语

句，从而实现 IF 语句的嵌套。

- DO WHILE 语句。

该语句当条件为真时才重复执行某些操作，直至条件为假时停止。其格式如下。

```
DO WHILE <条件>
    (块或 PDL 语句)
END DO
```

- REPEAT 语句。

REPEAT 语句的格式如下。

```
REPEAT
    <块或 PDL 语句>
UNTIL (条件)
```

该语句用于重复执行某些操作，直到条件为真时停止。REPEAT 语句与 DO WHILE 语句的区别在于：REPEAT 语句中的操作至少要执行一次；而 DO WHILE 语句中的操作，若条件一开始就为假，则一次也不执行。

- CASE 语句。

该语句可根据情况条件的取值，选择相应的一些操作。其格式如下。

```
CASE OF <情况变量名>
    WHEN <情况条件 1 >SELECT <块或 PDL 语句>
    WHEN <情况条件 2 >SELECT <块或 PDL 语句>
    ...
    WHEN <情况条件 n >  SELECT <块或 PDL 语句>
END CASE
```

3）输入输出语句。

输入输出语句随着选用的编程语言的不同，差别较大。典型的有如下几种。

- READ FROM <设备>LIST <表>。

这种语句表示从外部<设备>上读入数据到<表>中。

- WRITE TO <设备> LIST <表>。

这种语句表示将<表>中的数据写到外部<设备>。

另外，还有 ASK <询问> 和 ANSWER <响应>，这类语句主要用于交互式应答。

（2）PDL 的特点

从上面的介绍可以知道。PDL 与结构化语言有一定的区别。其特点体现如下。

- 描述处理过程的说明性语言没有严格的语法。
- 具有模块定义和调用机制，开发人员应根据系统编程所用的语种，说明 PDL 表示有关程序结构。
- 具有数据说明机制，包括简单与复杂的数据说明。
- 所有关键字都有固定语法，以便提供结构化控制结构、数据说明和模块的特征。

（3）PDL 的程序结构

现在的高级程序设计语言，通常采用 PDL 语言描述。PDL 语言的语法包括：子程序的定义、接口描述、数据说明、块构造技术、条件构造和 I/O 构造。用 PDL 表示的程序结构一般有下列几种结构。

1）顺序结构。

采用自然语言描述顺序结构，表示如下。

```
处理 Sl
处理 S2
...
处理 Sn
```

2）选择结构。

- IF-ELSE 结构。

```
IF 条件                          IF 条件
    处理 S1               或        处理 S1
ELSE                             ENDIF
    处理 S2
ENDIF
```

- IF-ORIF-ELSE 结构。

```
IF 条件 1
    处理 S1
OR IF 条件 2
    ...
    ELSE 处理 Sn
ENDIF
```

- CASE 结构。

```
CASE
    CASE（1）
        处理 S1
    CASE（2）
        处理 S2
        ...
    ELSE 处理 Sn
ENDCASE
```

3）重复结构。

- FOR 结构。

```
FOR i = 1 TO n
    循环体
END FOR
```

- WHILE 结构。

```
WHILE 条件
    循环体
ENDWHILE
```

- UNTIL 结构。

```
REPEAT
    循环体
UNTIL 条件
```

4）出口结构。

- ESCAPE 结构（退出本层结构）。

```
WHILE 条件
    处理 S1
ESCAPE L IF 条件
    处理 S2
ENDWHILE
L: ...
```

- CYCLE 结构（循环内部进入循环的下一次）。

```
L: WHILE 条件
    处理 S1
CYCLE L IF 条件
    处理 S2
ENDWHILE
```

5）扩充结构。

- 模块定义。

```
PROCEDURE 模块名（参数）
    ...
    RETURN
END
```

- 模块调用。

```
CALL 模块名（参数）
```

- 数据定义。

```
DECLARE 属性 变量名，...
```

属性有：字符、整型、实型、双精度、指针、数组及结构等类型。

- 输入输出。

```
GET（输入变量表）
PUT（输出变量表）
```

（4）PDL 的优点

PDL 用于描述过程时的总体结构与一般程序完全相同，外语法同相应程序语言一致。内语法使用自然语言，这样可以使过程的描述易于编写，易于理解，也很容易转换成源程序。除此之外，PDL 还有以下优点。

- 可在源程序中作为程序的文档，并可同高级程序设计语言一样进行编辑、修改，有利于软件的维护。
- 提供的机制较图形全面，为保证详细设计与编码的质量创造了有利条件。
- 有关资料表明，目前已有 PDL 多种版本为自动生成相应代码提供了便利条件，可以利用 PDL 自动生成程序代码，提高软件生产率。

3.11.3 详细设计工具的选择

衡量一个设计工具好坏的一般准则是看其所产生的过程描述是否易于理解、复审和维护，进而过程描述能否自然地转换为代码并保证设计与代码完全一致。

按此准则要求设计工具具有下列属性。

- 模块化（Modularity）：支持模块化软件的开发并提供描述接口的机制（例如，直接表示小程序和块结构）。
- 整体简洁性（Overall Simplicity）：设计表示相对易学、易用、易读。
- 便于编辑（Ease of Editing）：支持后续设计、测试乃至维护阶段对设计进行的修改。
- 机器可读性（Machine Readability）：计算机辅助软件工程（CASE）环境已被广泛接受，一种设计表示法若能直接输入并被 CASE 工具识别将带来极大便利。
- 可维护性（Maintainability）：过程设计表示应支持各种软件配置项的维护。
- 强制结构化（Structure Enforcement）：过程设计工具应能强制设计人员采用结构化构件，有助于产生好的设计。
- 自动产生报告（Automatic Processing）：设计人员通过分析详细设计的结果往往能突发灵感，改进设计。若存在自动处理器，能产生有关设计的分析报告，必将增强设计人员在这方面的能力。
- 数据表示（Data Representation）：详细设计应具备表示局部与全局数据的能力。
- 逻辑验证（Logic Verification）：能自动验证设计逻辑的正确性是软件测试追求的最高目标，设计表示易于逻辑验证，其可测试性愈强。
- 可编码能力（“Code to”Ability）：一种设计表示，若能自然地转换为代码，则能减少开发费用，降低出错率。

对照上述属性，到底哪一种过程设计工具最好呢？回答将因人而异。一般认为，PDL 较好地组合了这组特性。PDL 还可直接嵌在源代码中作为设计文档和注释，减少维护的困难；PDL 描述可用一般正文编译器或字处理软件编辑；PDL 自动处理器已经面世，并有可能开发出“代码自动产生器”。然而，这并不意味着其他的设计工具一定弱于 PDL，例如，流程图和盒图能直观地表示控制流程；判定表因为能精确地描述组合条件与动作之间的对应关系，特别适用于表格驱动类软件的开发；其他一些设计工具也自有独到之处。具体选择过程设计工具时，人的因素可能比技术因素更具有影响力。

3.12 详细设计规格说明与复审

3.12.1 详细设计说明

建立设计文档的目的是为了把设计师的思想告诉其他的有关人员。程序是由计算机执行的，但可读性提高便于维护。详细设计阶段的文档是详细设计说明书，是程序运行过程的描述。详细设计说明书的内容主要包括表示软件结构的图表；对逐个模块的程序描述（算法和逻辑流程）。

一个典型的详细设计说明书的框架如下所示。

1. 引言

1.1 编写的目的

说明编写详细说明书的目的，并指明所面向的读者对象。

1.2 项目背景

包括项目的来源和主管部门等。

1.3 定义

列出文档中所用的专门术语的定义和缩写词的原意。

1.4 参考资料

列出有关资料的作者、标题、编号、发表日期、出版单位或资料来源。可包括项目计划任务书、合同或批文、项目开发计划、需求规格说明书、总体设计说明书、测试计划、用户操作手册、文档中所引用的其他资料、软件开发标准或规范。

2. 总体设计

2.1 需求概述

2.2 软件结构

给出软件系统的结构图。

3. 程序描述

对每个模块给出以下说明。

3.1 功能

3.2 性能

3.3 输入项目

3.4 输出项目

3.5 算法

模块所选用的算法。

3.6 程序逻辑

详细描述模块实现的算法。

3.7 接口

3.8 存储分配

3.9 限制条件

3.10 测试要点

给出测试模块的主要测试要求。

3.12.2 设计复审

设计复审是指对设计文档的复审。

1. **复审的指导原则**

- 详细设计复审一般不邀请用户和其他领域的代表。
- 复审应持积极的态度，接受他人提出的建议或批评，坦然面对设计显露出来的不足。全体参加者都应为设计文档的修正创造和谐气氛，防止产生质询或辩论等场面。
- 复审中提出的问题应详细记录，但不要求当场解决。
- 复审结束前作出本次复审能否通过的结论。

2. **复审的主要内容**

详细设计复审的重点应该放在各个模块的具体设计上，例如，模块的设计能否满足其功能与性能要求，选择的算法与数据结构是否合理，是否符合编码语言的特点，设计描述是否简单、清晰等。

3. **复审的方式**

复审分为正式与非正式两种方式。非正式复审的特点是参加人数少，且均为软件人员，带有同行讨论的性质，因而方便灵活，十分适合于详细设计复审。有一种称为“走查”的非正式复审，进行时由一名设计人员逐行宣读设计资料，由到会的同行跟随他指出的次序一行行地往下审查。当发现有问题或错误时应做好记录，然后根据多数参加者的意见，决定通过该设计资料或退回原设计人进行纠正。正式复审除软件开发人员外，还邀请用户代表和领域专家参加，通常采用答辩方式，与会者要提前审阅文档资料，设计人员对设计方案详细说明之后，回答与会者的问题并记录各种重要的评审意见。

3.13 面向数据结构的结构化设计方法

C. A. R. Hoare 在“Notes on Data Structuring”（数据结构札记）一文中，充分论证了算法和数据结构的关系，指出算法的结构和选择在很大程度上依赖于作为基础的数据结构，从而揭示了面向数据结构的设计方法的实质。实际上，如果一个数据结构具有重复性质，那就一定会用循环控制结构来处理；如果一个数据结构具有选择性质，那就一定会用条件选择来处理；如果一个数据结构是层次组织，那么软件控制结构也一定是分层次的。所以，数据结构的特征充分揭示了软件结构的特征，面向数据结构的设计方法就是定义了一组以数据结构为基础的转换过程。因此，M. A. Jackson 提出了一组数据结构转换成软件结构及其过程，即通常所说的 Jackson 方法。J. D. Warnier 提出的程序逻辑构造方法（Logical Construction of Mction of Programs，LCP），简称为 LCP 法。

3.14 Jackson 程序设计方法

JSP（Jackson Structured Programming）方法定义了一组以数据结构为指导的映射过程，它是根据输入、输出的数据结构，按一定的规则映射成软件结构的过程描述，即程序结构。JSP 方法有别于软件的体系结构，因此该方法适用于详细设计阶段。

3.14.1 Jackson 方法的基本思想

在充分理解问题的输入/输出数据的基础上，找出输入/输出数据的层次结构对应关系，根据数据结构的层次关系映射为软件控制层次结构，然后给出问题详尽、准确的对外求解描述。

3.14.2 Jackson 结构图

Jackson 方法面向数据结构设计提供了自己的工具——Jackson 结构图。Jackson 指出，无论数据结构还是程序结构，都限于 3 种基本结构及它们的组合，因此，他给出了 3 种基本结构的表示，即顺序结构、选择结构和重复结构，如图 3-33 所示。

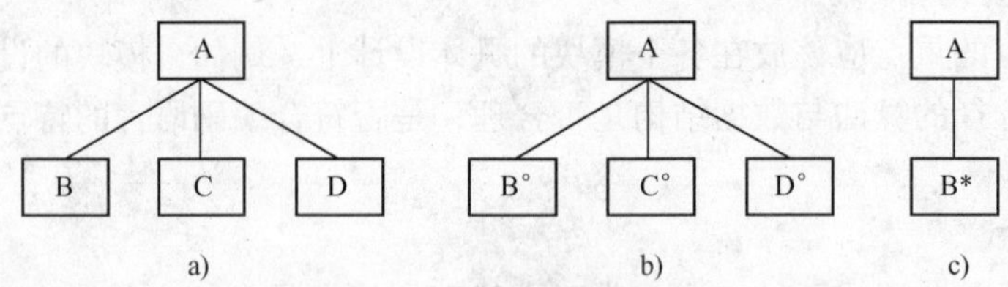

图 3-33　3 种基本数据结构

a）顺序结构　b）选择结构　c）重复结构

3.14.3 Jackson 方法的设计技术

Jackson 方法以数据结构为基础来决定程序结构，使用时以结构化程序设计的概念作为基本考虑方法。其基本过程是在充分理解输入、输出数据的基础上，将数据用一些基本结构表示为层次关系的数据结构，然后按照一定的原则来细化软件层次，最后给出过程性的描述。其设计方法分以下几个步骤。

1）分析并确定输入/输出数据的逻辑结构。

2）找出输入/输出数据结构中有对应关系的数据单元。

3）从描述数据结构的 Jackson 图导出描述程序结构的 Jackson 图。

4）列出所有的操作和条件，并把它们分配到程序结构图中去。

Jackson 图可以清晰地表示数据的层次结构，形象、直观、易读，既可表示数据结构，也可表示程序结构。

3.15 Warnier 程序设计方法

Warnier 程序设计方法是由法国人 J. D. Warnier 提出的另一种面向数据结构的程序设计方法，又称为逻辑构造程序的方法，这种方法直接从数据结构导出程序设计。

Warnier 程序设计方法的目标是导出对程序处理过程的详细描述，主要依据输入数据结构导出程序结构。

3.15.1 Warnier 方法的基本思想

Warnier 方法与 Jackson 方法十分相似，它们都从分析数据结构出发，经过映射得出程序结构，最终导出程序的过程性描述。但它们之间仍存在许多差别，总体上看，Warnier 方法的中间转换步骤比 Jackson 方法更细致，过程也更加严格。

3.15.2 Warnier 方法的设计技术

Warnier 设计方法基本由以下步骤组成。

1）分析和确定输入数据和输出数据的逻辑结构，并用 Warnier 图描绘这些数据结构。

2）依据输入数据结构导出程序结构，并用 Warnier 图描绘程序的处理层次。

3）画出程序流程图，并自上而下地依次给每个处理框编排序号。

4）分类写出伪码指令。

Warnier 定义了下列 5 类指令。

- 输入和输出准备。
- 分支和分支准备。
- 计算。

3.16 基于组件的设计方法

基于组件的程序设计方法对于保证软件开发的协调性提供了很大方便。由于大多数软件可以共享一些公共的元素，因此，软件开发人员可以很容易地利用经过彻底测试并已被证明是有效的软件组件来组装应用程序。另外，软件开发人员也可以针对特定的应用来设计和编写相应的软件组件，以加速大型软件系统的组装过程。

传统的软件方法学是从面向机器、面向数据、面向过程、面向功能、面向数据流等观点反映问题的本质；面向对象方法的出现使软件方法学迈进了一大步，但是，它还没有解决高层次上复用、分布式异构互操作等难点。基于组件的软件设计方法学在软件方法学上为解决这个难题提供了机会，它把应用逻辑和实现分离，提供标准接口和框架，使软件开发变成组件的组合，基于组件的软件方法学以接口为中心、面向行为、基于体系结构设计，它要求对组件要有明确的定义；用组件描述技术和规范如 UML、JavaBean、EJB、Servlet 等描述组件；开发应用系统要按组件来裁剪、划分组织与分配角色；使用支持检验组件特性和生成文档的工具，确保组件规范的实现和质量测试。应用基于组件的软件设计方法学可以更有效地支持复用技术，改善软件质量，减少软件设计和开发的工作量，降低软件开发的费用和提高生产力。

近年来对基于组件的软件开发方法的研究已经取得了不少成果，在国内外许多大规模分布式应用系统中得到应用和实践。在组件和组件库的标准化方面，在美国军方和政府资助的项目中，已经建立了若干组件库系统，如 CARDS、ASSET、DSRS 等。由 DARPA 发起，由美国军方、SEI 和 MITRE 支持的 STARS 项目考虑了开放体系结构的组件库之间共享资源和无缝互操作等问题，提交了 ALOAF 的组件库框架。可复用库互操作组织 RIG 致力于开发可互操作性的解决方案，其成果包括 BIDM 和 UDM，定义了实现互操作、复用库交换组件时所需的数据模型。北大西洋组织 NATO 制定了一组关于软件组件复用的标准，包括“可复用组件开发标准”、“可复用软件组件库管理标准”等。在组件的实现、组合技术方面，CORBA、J2EE、.NET 等各种规范和技术对基于组件的软件开发提供了有力的支持。

在基于组件的软件方法方面，研究内容包括基于组件的软件开发方法、模型和过程，重点研究组件库技术、组件组合、组件的测试和质量保证、基于 COTS 的开发等理论和技术，建立一套方法和支持工具，提供一个方便组件的选择、创建、组装、集成和维护的开放体系结构，为大规模的分布式软件系统的开发和实现打下坚实的基础。

3.17 界面设计

3.17.1 用户界面设计的一般原则和步骤

在使用计算机的过程当中，人和计算机是以人机界面为媒介传递信息的。用户通过接口向计算机提供各种数据和命令，让计算机完成指定的任务。同时计算机将处理结果、出错信息，通过接口反馈给用户。可见，人机交互活动大量存在于计算机运行的整个过程当中。目前的应用软件都采用图形界面用以交互，图形界面的研究也成为了许多软件开发机构的课题，目的是高速方便地生成图形界面元素。

Windows 操作系统提供了多达 600 个图形函数，以 API 形式供设计者调用。由于 API 的参数复杂，开发难度较大，于是许多厂商推出了另外一些图形函数库，例如，Boland C ++ 的 Object Windows、VC ++ 的 MFC，基于这些类库开发可以大大降低图形界面的开发难度。

界面是否亲切、友好、美观舒适是用户选择计算机软件重要参考。作为软件系统的门面，人机界面是计算机系统的重要组成部分。如图 3-34 所示为 Windows 用户界面。

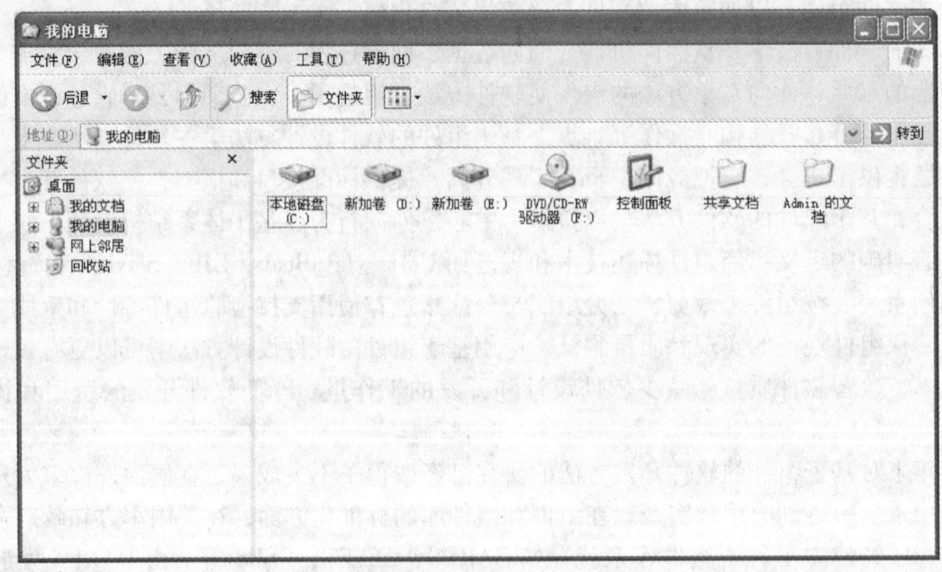

图 3-34 Windows 用户界面

1. 可使用性

用户界面设计最重要的目标是可使用性。

(1) 简单

要求用户界面能够很方便地处理各种基本的对话。例如，用户可以十分容易地理解问题的输入格式，并且附加的信息量少。指定磁性媒体上的信息数据能被直接处理，自动化程度高；操作简便；所见即所得，按用户要求输出表格或图形、反馈计算结果到用户指定的媒体上。

（2）术语标准化和一致化

要求使用标准化的专业术语，技术用语符合软件工程规范；选择合适的应用领域术语，并且在输入/输出说明中，同一术语涵义应保持一致。

（3）拥有完善的帮助功能

系统的帮助文档应提供该系统的所有规格说明及命令说明，帮助文档可以在线更新。帮助信息包括综述性信息以及与所在位置上下文有关的针对性信息。

（4）系统响应快和系统成本低

好的界面应在较多硬件设备和其他软件系统链接时，仍具有较快的响应速度和较小的系统开销。

（5）容错能力

具备诊断错误的功能。能检查错误并提供清楚、易理解的报错信息，包括出错位置、出错原因、修改错误的提示或建议等；具备出错保护，防止用户得到不想要的结果。

2. 灵活性

（1）算法可隐可观

应根据用户不同的特点、能力和知识水平，在不影响完成任务的前提下，向不同的用户提供不同的界面接口，用户的任务只与用户的目标有关，而与用户界面无关。

（2）高维护性

界面方式可由用户动态制定和修改，如此便可以有较高的维护性。

（3）响应信息

按照用户的希望和需要，系统提供了不同详细程度的系统响应信息，如反馈信息，提示信息、帮助信息、出错信息等。

（4）界面标准化

与其他软件系统相似，用户对操作方式不会感到陌生。

灵活性的提高对系统的设计要求提高了，并有可能降低软件系统的运行效率。

3. 复杂性和可靠性

（1）复杂性

复杂性是指用户界面的规模和组织的复杂程度。在完成预定功能的前提下，用户界面越简单越好。应当把系统的功能按相关性质和重要程度进行逻辑划分，组织成树形结构，同一分支上包含着相关的命令。

（2）可靠性

无故障使用的间隔时间越长，该用户界面的可靠性就越高。用户界面应能保证用户正确、可靠地使用系统，保证相关程序和数据的安全性。

4. 用户界面设计存在的问题

过去，用户界面设计被视为软件的一大模块，这样就割断了用户界面设计和应用程序设计的联系。用户界面设计涉及的范围很广，除了人的因素，还有工程心理，认知工程学和认知科学等领域的问题。因此需要人机工程专家和计算机专家合作来进行设计开发。

用户界面的开发有别于一般软件，无固定结构，其目的是与用户的真正需求相适应。但是用户的意图有时并不容易明确表达出来，唯有通过探索或进一步咨询的方法来完成。而目前在一部分软件设计者的心目中，存在一些心理障碍，容易妨碍友好界面的设计。

部分软件人员没有从用户的角度去考虑界面设计，没有重视界面的美观和方便。设计人员习惯单一的抽象思维，希望能自主控制软件的运行，忽略了人机交互。有些开发人员则是懒于设计界面的健壮性，害怕用户的干预导致程序运行的瘫痪。

软件人员和用户在知识结构上存在差异。程序员不乐于学习用户工作领域的专业知识，忽视软件的专业性，导致所生成的软件不适合用户的习惯。

总之，用户界面的好坏取决于设计人员的综合素质及对多方面知识的驾驭能力，一定要从用户的角度出发，虚心学习用户领域的专业知识，了解用户对界面的需求和习惯，才能设计出良好的用户界面。

3.17.2 字符界面设计

文本命令行是交互式计算机系统最早的用户界面，至今仍然具有不可替代的作用。作为人机通信的命令语言，应该具有严格的语法和语义。但是命令语言毕竟不是计算机程序设计语言，它与程序设计语言的区别在于命令语言的语法更加简洁、语义便于记忆。从设计角度考虑，系统应该提供一个命令解释器，它等待接受命令输入，并对命令进行解释执行。

命令语言的功能是由命令名称和语法结构来实现的，因此，每个功能只提供一个命令。语言的复杂度应该与用户水平相适应。一般情况下，只有熟练的用户才能够具备完整的命令语言语法，用户只有花费大量的时间来学习，才可以利用循序渐进的方式来适应语言的复杂性。

命令的规格说明包括指定命令词典和语法、错误信息表、帮助系统。命令语言的设计包括解析命令的语法分析器、词法分析器、错误信息解释器和运行时的系统。命令语言的设计原则如下。

1. 一致性

命令名称、变量顺序等的一致性可以保证最短的任务时间、最少的求助请求以及最少的差错。同一个功能只能有一个命令，如果已使用 EXIT 作为退出命令，在系统的其他部分就不要用 QUIT 作为退出命令。

2. 选择有意义的、独特的命令名

命令名的选取要容易识别和记忆，含义要有特色。一定要避免使用俚语和诙谐的词语。

3. 降低复杂性

随着词汇的增多，语法规则也会越来越多，语言就会变得更加难学，用户出错的可能性就会增加。因此，必须减少命令数量，删去同义词和重复的规则。

4. 缩写要一致

缩写有许多策略。应采用同一种命令缩写策略及冲突解决策略来设计同一种命令语言，即使用统一的缩写策略。

5. 命令语法结构一致

命令的各组成部分在命令中的出现位置应相同。如命令名应出现在命令串的第一个位置，其后应是选项位，最后是命令的变量。此外，命令定义功能应该采用最小的单词组合。命令命名和语法序列应该是人们所熟悉而且自然的。

6. 采用提示帮助临时用户

为帮助临时用户学习使用一种命令语言，应考虑提示。例如，如果用户需要将一个文件移动到另一个目录下，但又没有记住移动目录命令的语法和结构，那么可以输入移动命令MOVE，软件界面就会给出提示 Filename：，然后用户输入文件名 Online. Txt，系统提示MOVETO：，用户再输入目的地目录 HOME。但如果是专业人员，可直接输入命令：Move Online. Txt Home。

7. 允许对一个命令串进行重现和修改

错误的输入命令，应能够重新显示，并让用户修改，而不需要用户重新输入。

8. 用命令菜单帮助临时用户

菜单式的命令语言对临时用户来说更容易学习，具备命令菜单的系统也更有吸引力。

总之，命令语言需要用户学习和记住语言的语法。对新手而言，命令语言不是一种合适的与系统进行交互的方式。事实上，命令语言的出错率往往也相当高，命令语言交互方式在为专业用户设计的界面中才使用。

3.17.3 菜单设计

精心设计的菜单是交互式用户界面的一个常用技术。它是在显示输出屏幕上提供一组可选的项目，使用者可以通过键盘、鼠标、图形输入板、触笔等输入设备选择其中某项。各种控制命令及参数均可以通过菜单方式显示和选择确定。菜单技术的优点是用户不必记忆许多繁杂的命令和参数，比较适合于终端用户和初学者。菜单设计考虑的问题包括菜单系统的结构设计，屏幕布局、引导帮助功能、菜单切换及对话响应时间。

菜单设计的首要任务是根据用户需求建立一个实用、易于理解、便于记忆、操作方便的语义组织。菜单的实现技术根据其显示方式可以分为正文菜单和图形菜单。正文菜单是由若干正文项组成的列表。用户可以通过输入选择字符或者鼠标点击来选择菜单项。正文菜单很早就在各种计算机系统的字符终端上广泛使用，它无需图形处理能力支持，实现简单。

常见的正文菜单项选择方式：一是要求用户输入规定的字符或者数字；二是采用光标键移动，当光标移至某选择项时通过反馈形式（如字符高亮）确认后输入选取信号（如回车键）。菜单项目在一个屏幕上不宜过多（一般不超过 10 项）。项目较多时，可以采用菜单滚动技术或者多页显示。对于复杂系统，可以采用多级菜单组织，但菜单层次以不超过 2 ~ 3 层为宜。当菜单层次较多时应该设置快速返回主菜单或者退出系统的操作方式。

图形菜单基于符号、图符（Icon）、色彩或者图画来描述菜单项。图符是菜单项的形象标识，含义明确、直观、便于理解识别。图形菜单直观形象、易于接受、菜单项选取通常采用鼠标等指示输入设备，同时辅助以键盘输入。Apple 公司生产的 Macintosh 是最早采用图形菜单的计算机系统，随着计算机图形技术的发展，图形菜单的使用越来越普遍，图符的设计和选用已经成为软件版权的一部分。

根据菜单在屏幕上的出现方式和位置，菜单又可以分为固定菜单和活动菜单。固定菜单是在屏幕的固定位置显示菜单项列表。固定菜单的位置通常在屏幕的上方、下方或者两侧。屏幕中央周围显示输出工作区。固定菜单需要占用屏幕空间位置，因此固定菜单中给出的应该是常用的菜单项。整个固定菜单占用的屏幕区域应该不超过整个屏幕的 25%。活动菜单是在需要选择时才出现的菜单。在当前光标所在的任一位置均可出现和消失的菜单称为

"弹出式"（Pop-Up）菜单；在固定菜单项被选中后展开的该项下层菜单选择项列表，这种活动菜单通常称为"下拉式"（Pull-Down）菜单。活动菜单不占用显示工作空间，可以根据用户当前所处的操作状态和要求动态出现，因此在图形用户界面中广泛使用；活动菜单要求在消失后恢复原来显示的内容。实现多级活动菜单显示的技术较复杂，通常要求窗口重叠技术支持。

3.17.4 对话框设计

对话框是系统实现人机会话的重要界面之一。对话框就是显示于屏幕上的一个固定或者活动矩形区域的图形和正文信息，在该框内通常还要求用户输入实现指定操作的正文或者选项信息。实际应用中，对话通常是用户选取菜单或者图标时的后续辅助操作。对话框在屏幕上的出现方式与弹出式菜单类似。即对话框弹出时覆盖该框区域的原屏幕图像内容，当对话结束时原屏幕图像内容立即恢复。在应用系统设计中通常考虑以下两种对话方式。

（1）必须回答方式

当对话框弹出后，用户必须回答有关信息或者撤销当前会话。否则对话框不会消失，系统也不执行其他操作。

（2）无须回答方式

这类对话框通常仅为用户提供当前操作或者系统环境的参考信息。不需要用户回答信息，用户可以不理睬它，继续原来的工作。Windows 电源监视对话框属于该类型，如图 3-35 所示。

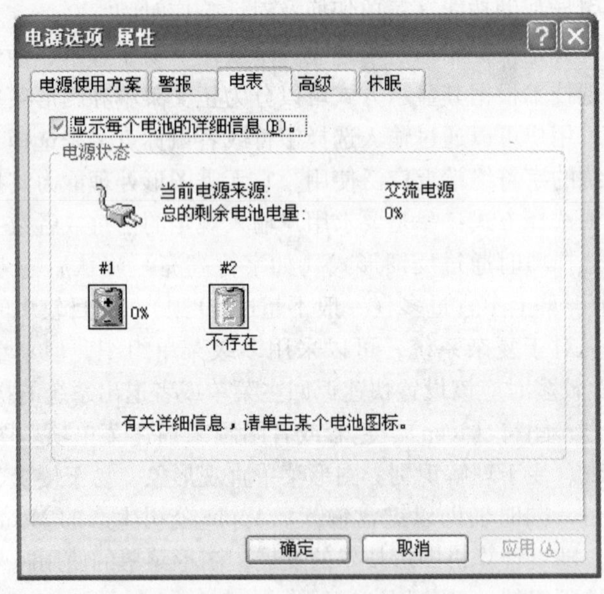

图 3-35 Windows 电源监视对话框

实现对话框通常有两种方式：一种是程序员自己设计一个或者一批标准对话框，以函数或者过程方式提供本系统的所有模块调用，当对话框被激活后，其显示格式，用户回答/选择栏都是预先设置好的，具有统一的风格；另一种是系统为不同类型对话设置的对话数据结构以及对应该数据结构的一组操作（即对话框对象）。程序员可以根据自己的需要定做对话，即自行设计对话框标题，提问信息，用户响应/选择栏。

3.17.5 多窗口界面设计

目前，窗口技术是图形用户界面主要实现方式，Microsoft Windows 系统是现代多任务窗口技术的代表。窗口是在显示屏幕上表示一个任务执行状态或者操作选项的视域（View-Port）。在多任务系统中，每个窗口可以看做一个独立的逻辑屏幕（虚拟屏幕）。通常，窗口显示的是用户当前执行任务的一个局部，通过滚动技术，窗口形式的内容可以在整个任务空间滑动。一个屏幕中可以同时打开多个窗口，好像多个屏幕在同时显示，各窗口之间还可以相互通信。典型的窗口组成如图 3-36 所示。

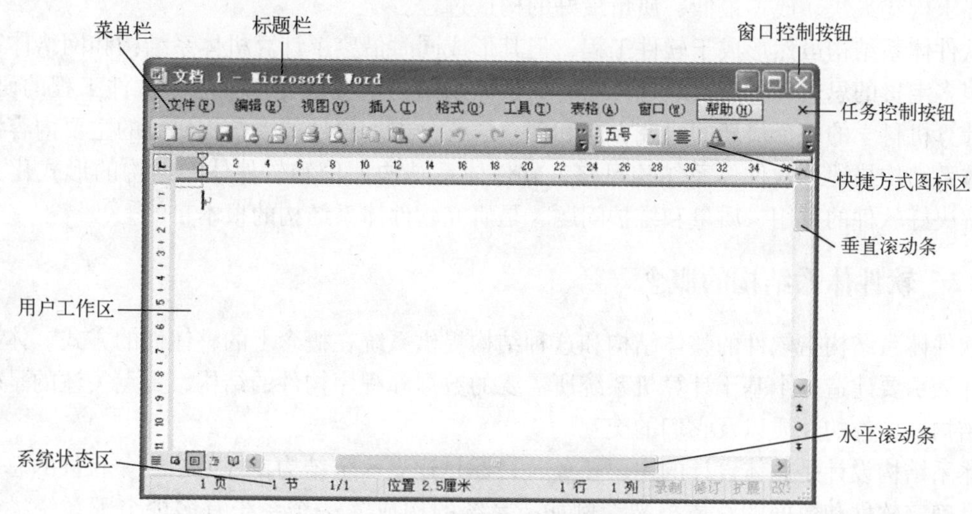

图 3-36　Word 窗口的组成

3.18 软件体系结构

3.18.1 软件体系结构的兴起

20 世纪 60 年代的软件危机使得人们开始重视软件工程的研究。起初，人们把软件设计的重点放在数据结构和算法的选择上，随着软件系统规模越来越大、越来越复杂，整个系统的结构和规格说明显得越来越重要。软件危机日益加剧，现有的软件工程方法对此显得力不从心。对于大规模的复杂软件系统来说，对总体的系统结构设计和规格说明比对软件系统的算法和数据结构的选择明显重要得多。在此种背景下，人们认识到软件体系结构的重要性，并认为对软件体系结构的系统深入的研究，将会成为提高软件生产率和解决软件维护问题的新的最有希望的途径。

软件系统被分成许多模块，并且模块之间有相互作用，组合起来具有整体的属性，就具有了体系结构。好的开发者常常会使用一些体系结构模式作为软件系统结构设计策略，但他们并没有规范地、明确地表达出来，这样就无法将他们的知识与别人交流。软件体系结构是设计抽象的进一步发展，能帮助用户更好地理解软件系统，更方便开发更大、更复杂的软件系统。

事实上，软件总是有体系结构的，不存在没有体系结构的软件。体系结构（Architecture）一词在英文里就是“建筑”的意思。把软件比做一座楼房，从整体上讲，是因为它有基础、主体和装饰，即操作系统之上的基础设施软件、实现计算逻辑的主体应用程序、方便使用的用户界面程序。从细节上来看每一个程序也是有结构的。早期的结构化程序就是以语句组成模块，模块的聚集和嵌套形成层层调用的程序结构，也就是体系结构。结构化程序的程序（表达）结构和（计算的）逻辑结构的一致性及自顶向下开发方法自然而然地形成了体系结构。由于结构化程序设计时代程序规模不大，通过强调结构化程序设计方法学，自顶向下、逐步求精，并注意模块的耦合性就可以得到相对良好的结构。

软件从传统的软件工程进入到现代面向对象的软件工程，研究整个软件系统的体系结构，寻求构建最快、成本最低、质量最好的构造过程。

软件体系结构虽然形成于软件工程，但其形成同时借鉴了计算机体系结构和网络体系结构中很多宝贵的思想和方法。最近几年，软件体系结构研究已完全独立于软件工程的研究，成为计算机科学的一个最新的研究方向和独立学科分支。软件体系结构研究的主要内容涉及软件体系结构描述、软件体系结构风格、软件体系结构评价和软件体系结构的形式化方法等。解决好软件的重用、质量和维护问题，是研究软件体系结构的根本目的。

3.18.2 软件体系结构的概念

软件体系结构指软件的整体结构和这种结构提供系统在概念上的整体性的方式。体系结构设计表示要建造一个基于计算机系统所需要的数据和程序构件的结构，重点关注的是软件构件结构、构件的性质以及它们的交互。

体系结构设计是总体设计的主要任务，目标是建立一个结构良好的系统。软件的总体设计就是确定软件和数据的总体框架。例如，系统的构成（一个系统有多少个子系统，或者子系统由多少个模块组成)，以及各个构成元素之间的相互关系。

软件体系结构设计过程实际上是在高层次上定义软件的组织。软件人员用某一种方法把系统分解为若干单元，并且定义这些单元之间的相互作用。

不同的设计方法构建体系结构的过程也可能不同。

1. 系统结构化

将系统分解成一系列基本子系统（每一个子系统都是一个独立的软件单元)，并且识别出子系统之间的通信。

2. 控制建模

建立系统各个部分之间控制关系的构成模型，重点关注系统如何分解成子系统。作为一个整体，子系统必须得到有效的控制。

3. 模块分解

把子系统进一步分解成模块。这时，软件结构设计就需要确定模块的类型以及模块之间的关联。

子系统和模块的区别主要体现在以下方面。

1）通常，子系统由模块组成，一个子系统独立构成系统，它不依赖其他子系统提供的服务，但是，要定义与其他子系统之间的接口。

2）一个模块通常是一个能提供一个或者多个服务的系统组件（构件），它能利用其他模块提供的服务。一般不会把模块视为一个独立的系统。模块可以由许多其他更简单的构件组成。

一般地，最简单的体系结构形式是程序构件（模块）的层次结构、构件之间的关系以及构件使用的数据结构。也就是说，体系结构是一种表示，它包含了系统的构件和这些构件性质以及构件之间的关系。

软件的构件可以是简单的程序模块，然而，构件可以在更广泛的意义上理解，构件也可以推广到代表主要的系统元素和它们的交互，例如，包括数据库和"中间件"。构件之间的关系可以是简单的从一个模块到另一个模块的过程调用，也可以是复杂的数据库访问协议等。

3.18.3 软件体系结构的现状及发展方向

近年来，分布式系统使用越来越广泛。通常，大型计算机系统都是分布式系统。分布式系统的信息处理分布在许多计算机上，系统软件运行在网络相连的一组松散的集成在一起的处理机上。例如，银行的 ATM 系统、预订票系统等。分布式系统具有几个很重要的特征，例如，资源共享性、开放性、并发性、可伸缩性（可扩充性）、容错性、透明性、复杂性、保密性、管理有效性（互操作性）和不可预见性等。

分布式系统体系结构一般有如下几类。

1. 客户机/服务器体系结构

这类系统被看成是提供一组服务供客户机使用，客户机和服务器被分别对待，数据以及加工过程在多个处理机之间分配。客户机/服务器体系结构模型的一般形式如图 3-37 所示。

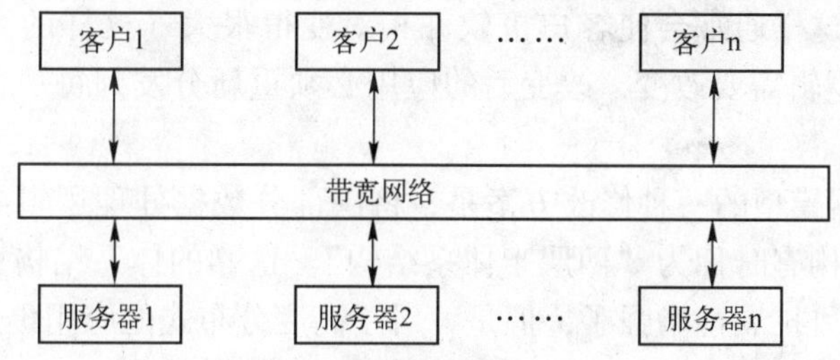

图 3-37 客户机/服务器体系结构

这种模型的主要组成元素如下。

1）一组提供服务的单机服务器。

2）一组向服务器请求服务的客户机。

3）一个连接服务器与客户机的网络。

在 Internet/Intranet 领域，目前"浏览器—Web 服务器—数据库服务器"结构是一种非常流行的客户机/服务器结构，如图 3-38 所示。这种结构最大的优点是：客户机统一采用浏览器，这不仅让用户使用方便，而且使得客户机端不存在维护的问题。当然，软件开发和维护的工作不是自动消失了，而是转移到了 Web 服务器端。在 Web 服务器端，程序员要用脚本语言编写响应页面。例如，用 Microsoft 公司的 ASP 语言查询数据库服务器，将结果保存在 Web 页面中，再由浏览器显示出来。

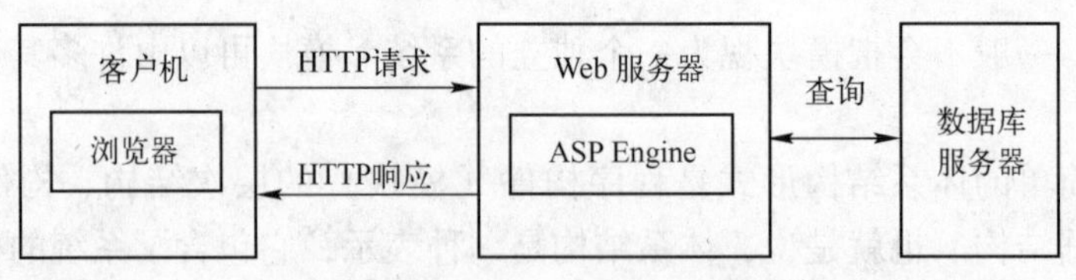

图 3-38　“浏览器—Web、服务器—数据库服务器”结构

2. 分布式对象体系结构

这类系统不再区别客户机和服务器，系统被看成是交互的一组对象。它们的位置是无关紧要的，服务提供者和服务消费者之间没有界限，提供服务者就是服务器，接受服务者就是客户机。

系统的基本组件是对象，它提供一组服务，并且对外给出这些服务的接口，其他对象可以调用这些服务。对象可能分布在网络的多台计算机上，它们可以通过中间件相互通信。中间件就是提供一组服务，允许对象之间通信以及在系统中添加或者移走对象，这个中间件又称为对象请求代理。

3. 三层 C/S 软件体系结构

在客户机/服务器体系结构中，数据存储在集群式管理的服务器中，服务器则负责数据处理和用户界面的表示，客户机直接与它们所需要的服务器连接。客户机/服务器方式非常适合于用户数目较少，可以估计和管理，并且可以相应地进行资源分配的情况。但是，如果用户数目无法估计或者非常多的时候，两层结构通常就不能胜任了。这是因为每一台客户机都直接与服务器相连，而可获得的数据连接的数目会限制用户数目的规模可扩展性。由于客户机都受限于特定的数据库格式，因此复用的机会也就相应地受到限制。由于客户机软件包括了数据处理逻辑，这样通常会使客户机软件相对变得很大（这样的客户机有时称为胖客户）。如果数据处理逻辑需要改变，改变后的应用必须重新分发到每一台客户机上，从而带来一定的困难。

对客户机/服务器模型的一种修改方案是，将一部分数据处理逻辑或者商务逻辑移到服务器上。这种体系结构有时称为“两层半体系结构”。这样的体系结构克服了两层体系结构的一些缺点，如规模可扩展性增强了，但是，对于高度分布式的应用仍然不能满足可扩展性的要求。另外，这种体系结构仍然不能很好地支持复用。

应用体系结构是关于软件系统组织的一些重要决策，它是软件系统结构的一个概念性表示。这些决策包括以下内容。

- 选择组成系统的结构元素和接口。
- 由这些元素之间的协作决定系统的行为。
- 将这些结构元素和行为元素组合成更大的子系统。
- 指导系统组织的体系结构模式。

应用体系结构的定义包括的范围是很广的，也就是说，有多种多样的应用体系结构。下面介绍一种软件开发中很流行的三层应用体系结构模型，简称三层模型。这样的应用体系结构中有明显不同的 3 个层次：用户层、商务层（中间层）和数据层。各层中又包含相应的代码：用户层包含表示代码，商务层包含商务规则处理代码，数据层包含数据处理代码和数据存储代码。值得注意的是，三层模型表示逻辑关系，而不表示物理关系。

三层模型可以明显地改善系统的可扩展性和可复用能力。三层体系结构有时也称为多层或N层体系结构，这是因为三层中的每一层（尤其是商务层）可能进一步划分成若干子层。三层模型中的用户层、商务层和数据层是一种逻辑划分，图3-39表示出了这三层之间的逻辑关系。其中，用户层又可以划分为用户接口和用户服务两个子层，数据层又可以划分为数据存取服务和数据存储两个子层。下面分别介绍三层模型中各个层次的基本功能。

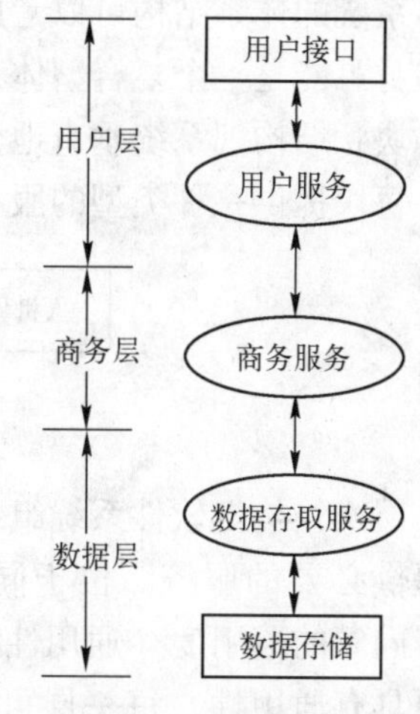

图3-39　三层应用体系结构模型

（1）用户层

用户层用于向用户显示系统中的数据并允许用户输入和编辑数据。用户层通常可以分为两个子层，即用户接口子层和用户服务子层。基于PC机的应用系统有两类主要的用户接口：本机用户接口和基于Web的用户接口。本机用户接口使用本机操作系统提供的服务，而基于Web的用户接口基于HTML或XML，它们可以由任何平台上的Web浏览器执行。用户服务子层负责与商务层逻辑打交道，并且为具体的用户界面服务。

（2）商务层

商务层通常可以根据具体问题划分为若干子层，用于执行商务和数据规则，为用户层提供服务。但是，商务层不与任何特定的客户捆绑在一起，而是面向所有的应用。商务规则是指一些商务算法、商务政策、法律政策等。商务规则通常以单独的代码模块的形式实现，而且通常存储在一个集中的“地方”以便所有需要使用它们的应用能够使用它们。这种代码隔离是基于组件的软件开发和软件管理原理具体实现的。数据规则用来保证存储数据的合法性，有时也用来表示存储数据的完整性。

（3）数据层

数据层通常可以进一步划分为数据存取服务子层和数据存储子层。商务层不应该知道它所操纵的数据是如何存储或者存储在哪里的，相反，商务层依赖于数据层的数据存取服务完成实际的数据存取操作。数据存取服务通常也以单独的代码模块的形式实现，数据存取服务封装了底层的数据存储的信息。在数据层中，数据存储子层通常就是某个或某些数据库管理系统，用来对数据库进行实质性的存储、检索、更新等操作。当然，如果系统或系统的一部分不是以数据库形式实现而是以文件或其他形式实现，则数据存储子层用来对文件等进行实质性的存储、检索、更新等操作。

3.18.4　软件体系结构的描述方法

软件设计的目标之一是导出系统的体系结构透视图，通常，可以用结构图描述。把结构图作为一个框架，它是详细设计的基础。

体系结构可以设计为具有重用性的。在一个面向对象的系统中，实现类被组织在子系统中，软件体系结构定义了软件组织的静态结构（子系统之间通过接口相互联接），并在一定程度上定义节点之间的相互作用。

1. 系统的层次结构与块状结构

系统的体系结构可以考虑两种主要组织结构，即层次组织结构与块状组织结构。但是系统本身可能是一个复合型体系结构。

块状结构把系统垂直地分解成若干个相对独立的低耦合的子系统，一个子系统相当于一块，每块提供一种类型的服务，所以称为块状组织形式。系统的块状结构如图 3-40 所示。

图 3-40　系统的块状结构

层次结构把软件系统组织成一个层次结构的形式，上层在下层的基础上建立，下层为上层提供必要的服务。位于同一层的多个软件或者子系统，具有同等的通用度（通用性程度），低层的软件比高层的软件更具有通用性，每一层可以视为同等通用档次的一组子系统。系统层次结构如图 3-41 所示。

图 3-41　系统层次结构

第一层，最高层应该是应用系统层，可包括多个应用系统。每一个应用系统向用户提供一组服务，系统之间可通过接口实现互操作，也可以通过低层软件提供的服务或者对象间接地进行交互操作。

第二层，次高层是构件系统层，同理，也可以包括多个构件系统。应用系统建立在构件系统之上，构件系统向应用工程师提供可重用的构件，用于开发应用系统。

第三层，中间层，它为构件系统提供实用软件，这些实用软件通常不依赖平台。例如，与数据库管理系统的接口、对象连接与嵌入（OLE）构件、对象请求代理（ORB）构件等。其中，对象请求代理是使一个驻留在客户端的对象可以发送消息到封装驻留在服务器上的另一对象的方法。对象请求代理标准（CORA）得到广泛的应用。应用工程师和构件工程师利用这些构件可以对系统进行构筑。

第四层，系统软件层，例如，一般操作系统、网络操作系统、硬件接口等。

第五层，硬件系统层，也称为硬件平台。

2. 基于构件系统的分层体系及引用关系

为了确保分层系统的管理，规定在一个系统内，高层可以重用低层的构件，低层不能重用高层的构件。分层系统及引用关系如图 3-42 所示。

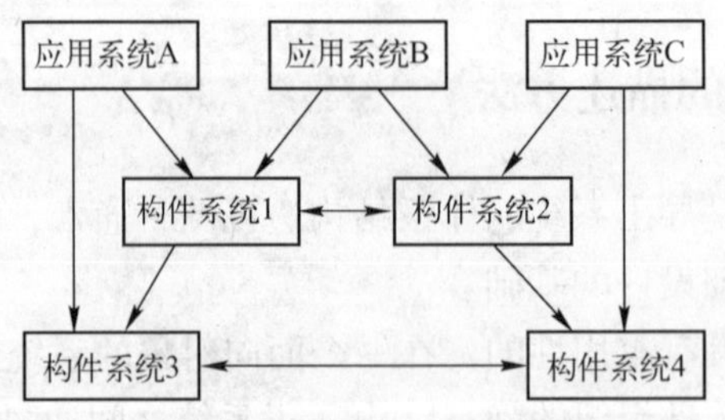

图 3-42　分层系统及引用关系

3. 创建者、支持者与重用者

为了实施软件的重用，软件开发单位往往要考虑 3 个子系统，即创建者子系统、支持者子系统与重用者子系统。基于重用性控制系统如图 3-43 所示。

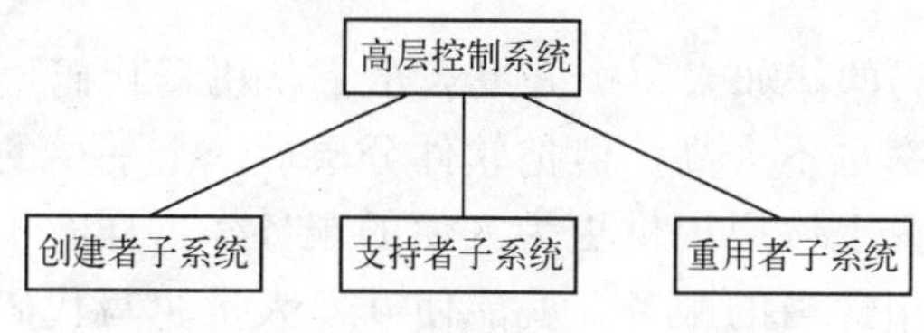

图 3-43　基于重用性控制系统

3.19　软件体系结构与操作系统

3.19.1　分层结构

操作系统是计算机及相关专业的必修课，对于很多计算机用户来说，也不陌生。即使是一般人不清楚操作系统这个词，但也都该听说过微软公司的视窗（Windows）系列产品。有了操作系统，用户才可以使用计算机的基本功能，否则计算机只是一个裸机，没有办法使用。

对于开发人员来说，操作系统代表了一个平台。有了这个平台，软件的开发可以方便很多，因为操作系统本身提供了很多的服务调用功能。除了极个别的软件（如多媒体软件），一般软件和底层的硬件是通过操作系统分割开来的，这就意味着一般软件的开发和运行是在一个平台之上的。

平台的原意是指像火车站台、海上石油钻井台等高出地面或海面的一块平地，在计算机界被借用来指代类似的能够提供方便的、高水准的基础软件或者开发工具。图 3-44 是信息系统分层平台示意图。

应用系统层次
中间件(数据库管理系统、应用服务器等)
操作系统平台
硬件和网络平台

图 3-44　信息系统分层平台示意图

最基本的计算机平台是硬件平台，主要是指中央处理器（CPU）及其相应的总线结构，在其之上是软件平台。传统上，软件只有一层基本运行平台，也就是操作系统平台，一般的应用软件就直接地运行在操作系统之上。

随着技术的发展和软件应用数量的增加，中间件开始兴起了。所谓的中间件是指在适合于某一类应用（横向的）或功能（纵向的）的一个运行平台。典型的中间件有数据库系统、网络应用服务器等。前者是针对数据管理的系统，而后者则是针对网络型的应用系统。比如，网络应用中有很多基础性的部分可以在绝大多数的网络应用之间共享，把它们归纳集中在一起成为一个平台，就可以很好地提升软件的开发效率。

对于软件平台来说，运行平台的概念逐步地推广，由此产生了开发平台的概念。比如说 Java 提供了一套比较完整的编程接口，因此也称为 Java 平台。有的软件工具，比如微软公司的 Visual Studio. Net 本身可以进一步地扩展，增加功能，因而也称为一个开发工具平台。

不管是运行平台还是开发平台，分层平台反映了服务的思想。下层的平台对上层提供一些服务，越往上服务的粒度越大，越接近于应用领域，所用的平台层次越高，应用的开发越容易。

1. 为什么软件要分层

(1) 层次提升

机器是只认机器代码的。如果每个开发人员都从机器代码层次设计和编写代码，不仅会把人累死，而且效率也不会高。但把软件分层后，上一层的软件使用下一层提供的服务。在此基础之上为更上一层提供更为方便的服务。这样有了多层次的提升，在写应用程序的时候，只要调用适当的服务，就能使开发人员少写代码，提高开发效率和软件质量。

(2) 隐藏细节

此概念在英文中也称为透明性（Transparency），即里面的细节从外面一览无余。

能够知道细节，从表面上看是件好事，但真的知道了却不一定是好事。举例来说，一般的开发人员在存取文件的时候，只要进行系统调用就可以了。但在这个系统调用的背后却发生了很多的事情，比如要存取文件分区表，确定文件在哪个磁盘分区上，然后又要调动磁盘控制系统从盘中读取数据等，操作非常繁琐。这些对于一般开发人员来说，都是不必要的细节，最好不要知道。所以通过一个适当的接口把细节隐藏在背后，免得操心和分心，利于提高效率。

(3) 标准互换

每层的服务是基于接口服务的。只要在服务接口不变的情况下，每层的具体代码及其相应的算法等是可以替换的。举个简单的例子来说，Java 平台向上提供的服务遵从 Java 的接口标准，所以用 IBM 公司的 Java 平台来代替 Sun 公司的 Java 平台是易如反掌的事，反过来也是一样。再比如，在 Linux 操作系统上可以运行 Windows 应用，因为有一层仿真层的存在，它对于下面的操作系统而言是个应用，但对 Windows 应用来说是个平台，仿佛是在 Windows 平台上，如图 3-45 所示。

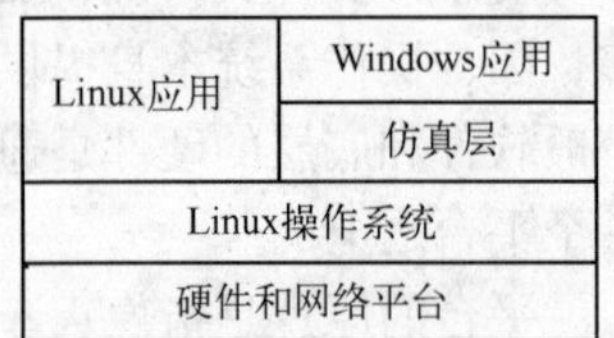

图 3-45　虚拟仿真平台示意

2. 分层的原则

以上介绍的平台是软件从大的范围来分的层次结构，具体到每个软件的设计当中，不一定会有那么严格的平台划分。但分层设计作为一个设计的理念方法，应该在一般的软件设计中使用，特别是在大型软件的研制开发项目中。即使是个中小型软件的开发，也是要有针对性地划分适当的层次，把服务接口一步步地建立起来，下面介绍在设计软件层次时要遵循的 3 个原则。

(1) 实现和接口分离原则

这是对所有模块接口的一个通用原则。不同的层次实际上是不同的模块，只不过这些模块在逻辑关系上有上下依赖关系。在这个分离原则之下，层次之间的互换性就可以得到保证。

在众多的操作系统出现以后，软件的可移植性就成为一个大问题，针对每个不同的系统都更新一遍代码，显然是一种浪费。其实每种操作系统要解决的问题、提供的服务和系统调用都是大同小异的，标准化操作系统的服务接口就成为一个自然的选择。这种努力的成果就是 POSIX，有了标准的接口定义后，同样一套 C 程序代码，经过不同的编译器就产生了针对不同平台的应用，这是在 Java 出现之前的一个解决移植件的老办法。

对于一般的软件设计来说，没有那样复杂。最常见的是抽象层，也就是说把应用部分与一些具体的实现分离开来。

（2）单向性原则

软件的分层应该是单向的，也就是说只能上面的调用下面的，反过来一般是不行。因为上层调用下层，结果是上层离不开下层，但下层可以独立地存在。如果同时下层调用上层，上下层就紧密地联合在一起，谁也离不开谁，形成了软件中的“共生”现象。模块的互换性就得不到保证。

（3）服务接口的粒度提升原则

每层的存在应该是为了完成一定的使命，从软件设计和编程的角度来讲，应该向上一层提供更加方便快捷的服务接口。简单地重复下一层的功能不能解释其存在的意义。

对很多应用软件来说，在与数据库直接打交道的地方有个数据抽象层，这样把上层的应用同具体的数据引擎分离开来。在此之上，建立商业对象层（Business Object），把具体的商务逻辑反映到该层次来。再往上才是交互的用户界面等。

3.19.2 微内核结构

1. 微内核结构概述

早期操作系统很少考虑结构，实现时采用过程调用的方式，系统缺乏结构性，过于庞大，如 OS/360 由 5000 个程序员做了 5 年，有 100 万行源程序；Multics 则包括 2000 万行源程序。

模块化程序设计技术被引进来解决大型软件的开发，于是出现了分层操作系统结构，操作系统被划分为进程管理、存储管理、设备管理、文件管理等层次，它们一般都处于操作系统内核，很少分布在用户模式下。但是由于层与层之间是按功能划分的，互相之间关系密切，因此操作系统的扩充和裁减变得十分困难；并且由于许多交互卡在相邻层之间进行，还影响到系统的安全性。

微内核基本思想是：内核中仅存放那些最基本的核心操作系统功能。其他服务和应用则建立在微内核之外，在用户模式下运行。尽管哪些功能应该放在内核内实现，哪些服务应该放在内核外实现，在不同的操作系统设计中未必一样，但事实上过去在操作系统内核中的许多服务，现在已经成为了与内核交互或相互之间交互的外部子系统，这些服务主要包括设备驱动程序、文件系统、虚存管理器、窗口系统和安全服务。

如图 3-46 所示，分层结构操作系统的内核很大，互相之间调用关系复杂。微内核结构则把大量的操作系统功能放到内核外实现，这些外部的操作系统构件是作为服务过程来实现的，它们之间的信息交互均借助微内核提供的消息传送机制实现。这样，微内核具有消息交换功能，包括验证消息、在构件之间传送消息、授权存取硬件。例如，当一个应用程序要打开一个文件，就会传送一个消息给文件系统服务器；当它希望建立一个进程或线程，就会送一个消息给进程服务器；每个服务器都可以传送消息给另外的服务器，或者调用在内核中的原语功能。这是一种可以运行在单计算机中的 C/S 结构。

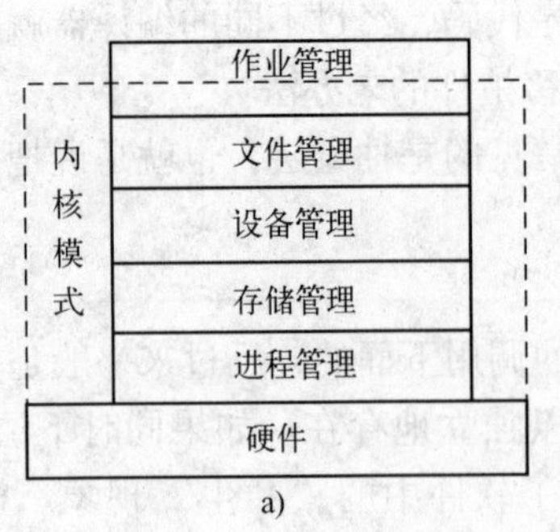

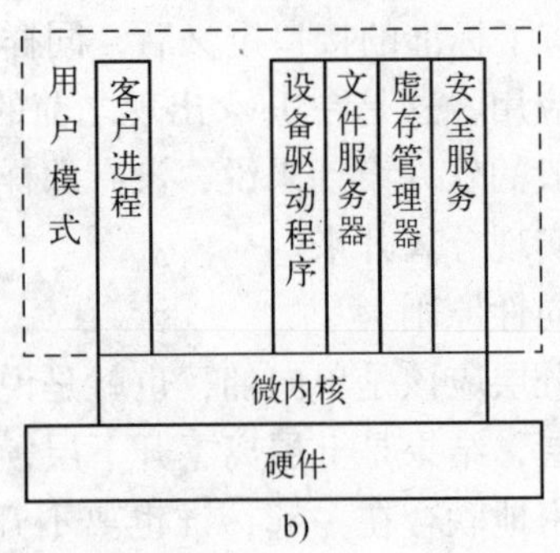

图 3-46　分层结构内核和微内核结构对比

a）分层结构内核　b）微内核

举例来说，为了获取某项服务，比如读文件中的一块，用户进程（也称客户进程，Client Process）将此请求发送给文件服务器进程（Server Process），服务器进程随后完成此操作并将回答信息送回，如图 3-47 所示。

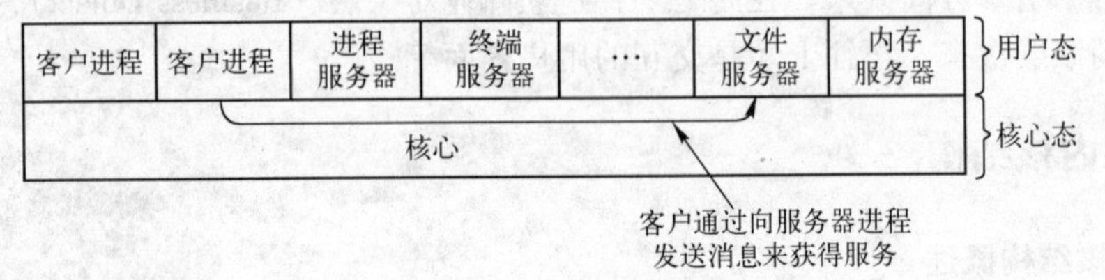

图 3-47　客户/服务器模型

该模型核心的全部工作是处理客户与服务器间的通信。操作系统被分割成许多部分，每一部分只处理一方面的功能，如文件服务、进程服务、终端服务或存储器服务。这样每一部分变得更小、更易于管理。而且，由于所有服务器以用户进程的形式运行，而不是运行在核心态，所以它们不直接访问硬件。这样处理的结果是：假如在文件服务器中发生错误，文件服务器可能崩溃，但不会导致整个系统的崩溃。

2. 微内核结构的优点

微内核结构主要有以下优点。

（1）一致性接口

微内核结构对进程的请求提供了一致性接口（Uniform Interface），进程不必区别内核级服务或用户级服务，因为所有这些服务均借助消息传送机制提供。

- 可扩充性。任何操作系统都要增加目前设计中没有的功能，如开发的新硬件设备和新软件技术。微内核结构具有可扩充性，它允许增加新服务，以及在相同功能范围中提供多种可选服务。例如，对磁盘上的多种文件组织方法，每一种可以作为一个用户级进程来实现，而并不是在内核中实现多种文件服务。因而，用户可以从多种文件服务中选出一种最适合其需要的服务。每次修改时，新的或修改过的服务的影响被限制在系统的子集内。修改并不需要建立一个新的内核。
- 适用性。与可扩充性相关的是适用性，采用微内核技术时，不仅可以把新特性加入操作系统，而且可以把已有的特性抽象成一个较小的、更有效的实现。微内核操作系统并不是一个小的系统，事实上这种结构允许它扩充广泛的特性。并不是每一种特性都是需要的，如高安全性保障或分布式计算。如果实质的功能可以被任选，基本产品将能适合于广泛的用户。

- 可移植性。随着各种各样的硬件平台的出现，可移植性称为操作系统的一个有吸引力的特性。在微内核结构中，所有与特定 CPU 有关的代码均在内核中，因而把系统移植到一个新 CPU 上所作修改较小。
- 可靠性。大型软件产品的最大的困难是确保它的可靠性，虽然模块化设计对可靠性有益，但从微内核结构中可以得到更多的好处。微内核化代码容易进行测试，小的 API 接口的使用提高了给内核之外的操作系统服务生成高质量代码的机会。

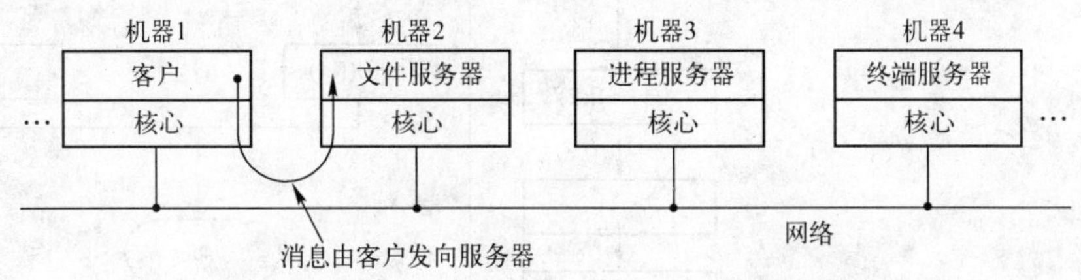

图 3-48　在一个分布式系统中的客户/服务器模型

（2）支持分布式系统

微内核提供了对分布式系统的支撑，包括通过分布操作提供的 Cluster 控制，如图 3-48 所示。当消息从一个客户机发送给服务器进程时，消息必须包含一个请求服务的标识，如果配置了一个分布式系统（即一个 Cluster），所有进程和服务均有唯一标识，并且在微内核级存在一个单一的系统映象。进程可以传送一个消息，而不必知道目标服务进程驻留在哪台机器上。

（3）支持面向对象的操作系统（OOOS）

微内核结构能在一个 OOOS 环境中工作得很好，OO 方法能为设计微内核以及模块化的扩充操作系统提供指导。许多微内核设计时采用了 OO 技术，其中，有一种方法是使用构件。另外一些系统，如 NT 操作系统，并不完全依赖于面向对象的技术，但在微内核设计时结合了 OO 原理。

3. 微内核的性能

性能问题是微内核一个潜在缺点，发送消息和建立消息需要花费一定的时间，同直接调用单个服务相比，接收消息和生成回答都要多花费时间。

性能与微内核的大小和功能直接有关。一种可行的方法是扩充微内核的功能，减少用户—内核模式切换的次数和进程地址空间切换的次数，但这直接提高了微内核的设计代价，损失了微内核在小型接口定义和适应性方面的优点；另一解决方法是把微内核做得更小，通过合理的设计，让一个非常小的微内核提高性能、灵活性及可靠性。典型的第一代微内核结构大小约有 300 KB 的代码和 140 个系统调用接口。一个小的二代微内核的例子是 L4。它有 12 KB 代码和 7 个系统调用。对这些系统的试验表明它们的工作性能要优于采用传统分层结构的 UNIX。

3.20　经典例题讲解

例题 1（1994 年软件设计师试题）

阅读下列说明和流程图，如图 3-49 所示，回答问题 1 和问题 2，把解答写在答案的对应栏里。

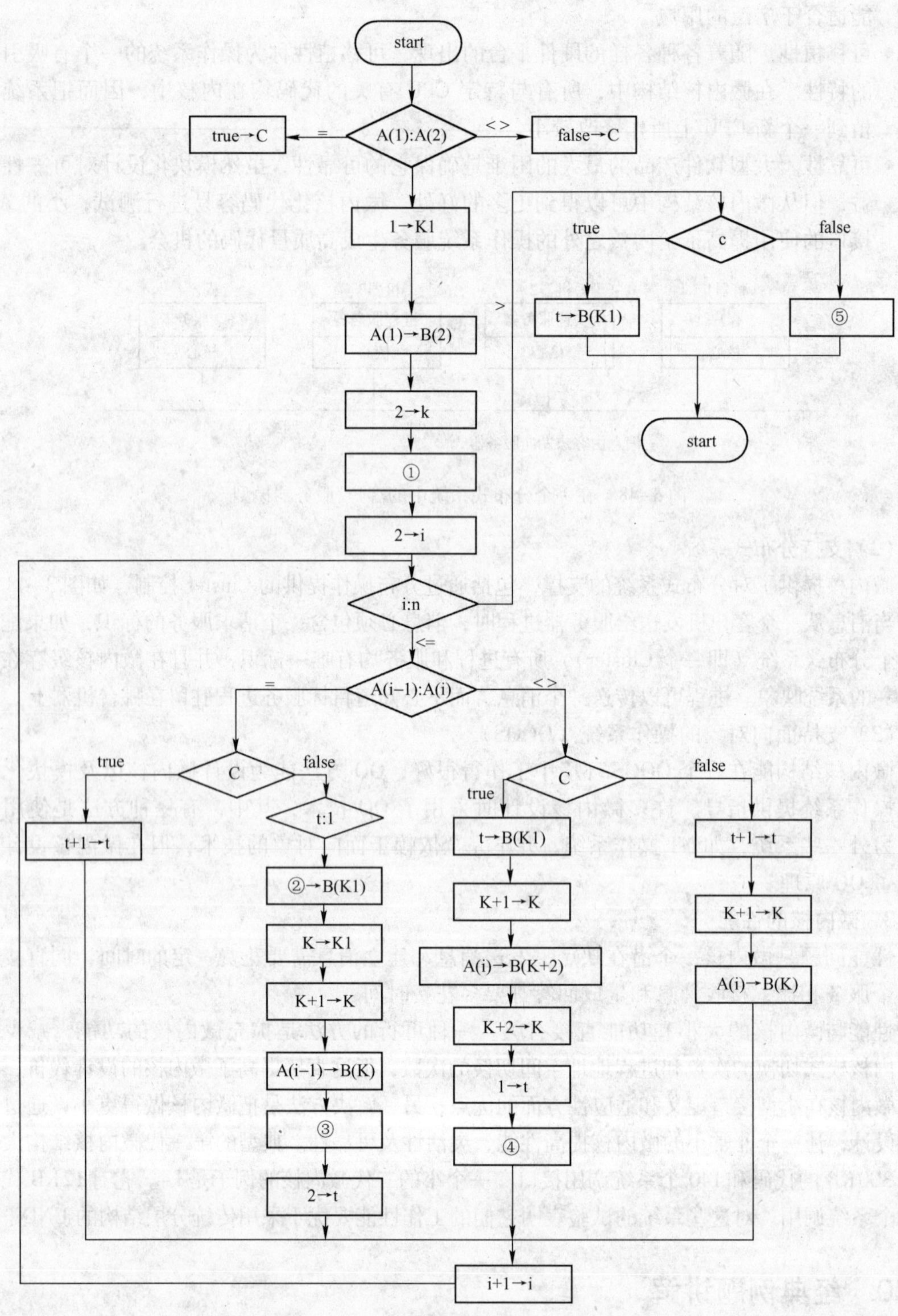

图 3–49　例题 1 流程图

说明：流程图 3-49 用来将数组 A 中的 n（n≥2）个数经变换后存储到数组 B 中。变换规则如下。

1）若 A 中有连续 t 个相同的元素（t>1），则在 B 存入 t 和该元素的值。

2）若 A 中有连续 t 个元素（t≥1），其中每个元素都与相邻的元素不相同，则在 B 中存入 -t 和这 t 个元素的值。

例如：

A = {3，3，3，3，5，5，7，6，3，6，2，2，2，2，1，2}

则变换后

B = {4，3，2，5，-4，7，6，3，6，4，2，-2，1，2}

流程图中，逻辑变量 C 用来区分正在进行连续相同元素的计数还是连续不等元素的计数，Ki 用来记录数组 B 存放 t 或 -t 的元素的下标。

【问题 1】

填充流程图中的①~⑤，使之成为完整的流程图。

【问题 2】

如果删除流程图中的判断框 t∶1，那么，当数组 A = {5,5,4,4} 时，经改变后的流程图的变换，数组 B 将会有什么样的元素值？

分析：首先应仔细地阅读说明部分，了解程序实现什么样的功能。程序实际上是完成一个数组的变换。

例如：

A = {3，3，3，3，5，5，7，6，3，6，2，2，2，1，2}

则变换后：

B = {4，3，2，5，-4，7，6，3，6，4，2，-2，1，2}

也就是说，A 中有 4 个“3”，所以在 B 中写入“3”的个数 t（即 4），再写入该元素值（即 3），A 中接下来是两个“5”，所以在 B 中添加数据“2，5”；再下来是 4 个相邻但不同的数“7，6，3，6”，所以在 B 中写入 -t（即 -4），再写入 t 个元素值（即 7，6，3，6），后面的依次类推。

通过上面的分析，我们已经了解了程序要实现的功能，现在开始分析程序流程。

从整体上看，此程序的分支比较多，用到的变量也比较多。这种情况下，最好是自己手动地把数据代到程序中去，手动地模拟程序运行。这样，能最快地了解到程序的算法结构。题目中其实已经为考生提供了相当便利的条件，有一个实例，可以用提供的实例来手动运算。所以，A(1) - A(2) = 3 C =“true” K1 = 1 B(2) = A(1)，这一句是把 A(1) 赋值给 B(2)，当 A 的前 t 个元素相等时，B(1) 保存 t 的值，B(2) 保存该元素，元素值为 A(1)，当 A 中连续 t(t≥1) 个元素都与其相邻的元素不相同时，则在 B(1) 中存入 -t，B(2) 保存这 t 个元素中的第 1 个元素即 A(1)。所以不管什么情况，B(2) 都应该等于 A(1)。接着看下一步，2→K，暂时不管空①，继续往下看，2→i，因为 i≤n，所以，A(i-1) = A(i)(C 值为“true”)，再接着执行 t = t + 1，i = i + 1……

当 i = 5 时，A(i-1) <> A(i)，又因为 C 值为“true”，所以 t→B(K1)。因为 K1 = 1，B(K1) 是存储连续相同数字的个数的，按实例，现在的 t 应等于 4，再往前推算，可以知道 t 应有初值 1，所以空①应填 1→t。再往下走，K1 = K + 1，此时的 K1 = 3，为下一次记录 t 或

是 - t 做准备，A(i)→B(K1 +1)。与前面的 B(2) = A(1)类似，为下一轮的解析做准备。K = K + 2t = 1，到此，空④其实不用去搞复杂的分析和推敲，细心一点儿就能一下写出来。因为这里必须填“true”→C，如果不填这句，程序的两大分支将永远不能执行。同理可得空③应填“false”→C。空②所在的分支是当有 n 个连续不等数后接有相同的两个数时才执行的分支。前面已经说过 B(K1)是用来存储 t 或 - t 的，但这里应该注意一点，t 是否符合题目的要求。当判断 A(i - 1) = A(i)成立时，t 计数到了第 i - 1 个元素，但按题目的要求，A(i - 1)不能计入 n 个不同的数中，所以空②应填 1 - t。

空⑤是直接从 i: n 的判断分支出去的一部分，如果 i > n 则执行那一部分分支。其实可以不看底下的大段程序，只要 n = 1（当然，这个题出题时考虑不够周全，没有考虑到 n = 1 时会产生数组溢出，正确的做法应是把这种情况归到 A(1) <> A(2)这个分支，但我们做题时可以这么考虑），又因为当 C 为“true”时 B(K1) = t，所以 C 为“false”时应填：B(K1) = - t。

问题 2，前面已经把所有的空都填好了，所以此题只需把数组，代入到删除了的程序中手动运行即可得到答案：B = {2,5,0,2,4}。

参考答案：

【问题 1】

① 1→t

② 1 - t

③“true” →c

④“false” →c

⑤ - t→B(K1)

【问题 2】

B = {2, 5, 0, 2, 4}

例题 2（1993 年软件设计师试题）

阅读下列说明和流程图，如图 3-50 所示，回答问题 1 至问题 3，把解答写在答卷的对应栏内。

说明：

本流程图的功能是对预处理后的正文文件进行排版输出。

假定预处理后的正文文件存放在字符串 S 中，S 由连续的单词组成，单词由连续的英文字母组成。在预处理过程已产生以下信息：变量 NW 存放正文中单词的个数，数组元素 SL (I) 存放正文中第 I 个单词在 S 中的字符位置，SN (1) 存放正文中第 1 个单词的长度。规定 S 中的字符位置从 1 开始计数，每个字符占一个位置。字符串 S 中的某个单词可用如下的子串形式来存取：S（单词起始位置：单词终止位置）并规定在对字符串（或子串）赋值时，赋值号两端的字符串（或子串）长度必须相等。

排版输出的要求如下。

1）每行输出 80 个字符。

2）一个单词不能输出在两行中。

3）除最后一行外，所有输出行既要左对齐又要右对齐。即每行的第一个字符必须是某个单词的第一个字母，最后一个字符必须是某个单词的最后一个字母。

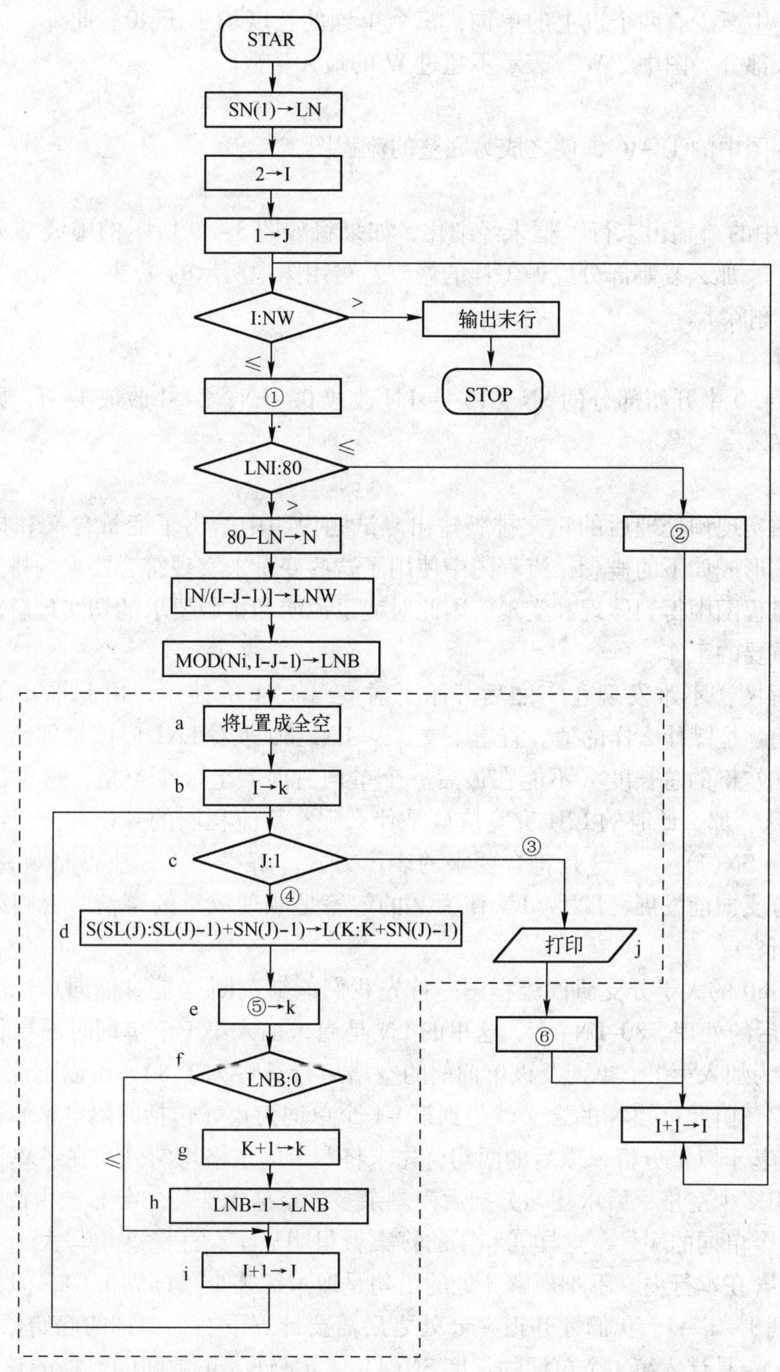

图 3-50　例题 2 流程图

4）单词之间必须有一个或一个以上的空格。

5）最后一行只须左对齐，且单词之间均只有一个空格。

6）使空格尽可能均匀地分布在单词之间，即同一行中相邻的单词的空格数量最多相差 1。

假定正文中至少有两个以上的单词，每个单词的长度均小于40。此外，流程图中省略了数据的输入部分。图中“W”表示不超过W的最大整数。

【问题1】

填充流程图中的①~⑥，使之成为完整的流程图。

【问题2】

图3-50中的“输出末行”框未经细化，如果将如图3-49所示的虚线部分复制到“输出末行”框上，那么复制部分应做怎样的修改？可用图中所示的a，b，…，j来回答，例如a改成1→I：删除b。

【问题3】

如将图3-50中开始部分的SN（1）→LN改成0→LN；2→I改成1→I，则修改后的流程图是否正确。

分析：

本流程图实现预处理后的正文排版输出。试题说明中给出了变量含义和排版的各种要求，我们应该形成如下的概念：流程图中使用了这些变量来实现符合要求的排版输出，各种要求都会在流程图中得到体现和实现，因此对变量说明和排版要求的切实理解就成为解答题目之前极为重要的工作。

阅读流程图，不难发现在①之后开始了对变量LN1的使用，由此推知①的作用是为LN1赋值，问题是赋什么样的值。查看下文，从LN1:80来看LN1应该是到此为止已经算在行中的单词和空格的总长度（不能在最后一个单词后面缀上一个空格，这可以由试题说明的（3）推知）。那么此时的LN1究竟应该是什么呢？从流程图的开始部分仔细读下来，显然应该是LN+SN(I)+1，这是符合要求的表示方式。解答了①，让思路顺着判断LN1:80小于等于的分支向前发展，LN1→LN作为②的解答是顺理成章的事情，否则第二次运行到①处如何进行？

沿着LN:80的大于分支研读流程图。首先我们能够判断这是对单词总长度加间隔空格长度大于80后的处理。80-LN→N，这里的LN是尚未加入第I个单词时的行长度（包括间隔空格），因为加入第I个单词及该单词前的空格后行长将大于80，所以不能将第I个单词包括在本行内。由此可知N的含义就是到第I-1个单词为止（包括间隔空格）本行剩余的位置（空格）。基于以上分析，以后的两句，先求将剩余的空格均匀分布在各单词的间隙里时每个间隙分担多少空格，后求均匀分担后尚剩余多少空格无法均匀分布。由此我们可以推断I是本行第一个单词的序号，这样③和④的答案就很明显了，注意③填写大于等于是因为第I个单词不包含在本行内。不难理解d处的语句是取本行某个单词到L中，但⑤应该给k赋什么值？读到J+1→J，我们才知道在d处之后需要计算下一个单词的起始位置。这里有3项工作要做，一是计入第J个单词的长度SN(J)，二是计入正常间隔空格的长度L，三是计入每两个单词之间需要分担的均匀分布的空格数LNW。现在这3项工作都需要在⑤中完成，所以⑤的答案应用是K+SN(J)+1+LNW。

现在看⑥，打印完一行后理所当然要打印下一行。在流程图的开始部分有SN(1)→LN，所以这里的解答与之相似，应该是SN(I)→LN，以便开始新一行的处理，否则，LN的值将停留在上一次LN1→LN时。注意这里的LN是上一行的最后一个单词，即第I-1个单词的长度，如果将该值带入下一行的处理，将会得到错误的结果。

处理末行要考虑的问题显然要少许多。f 处、g 处与 h 处是可以删除的，因为这里已经不存在多余空格的均匀分布问题了，谈到这一点，⑤处应该改为 K + 1 + SN(J)。

如果按问题中的方案修改流程图，结合①的解答，这将导致在统计第一行第一个单词时多加了一个 1，程序执行的结果当然也就是错误的。如果怀疑是在解答①时出错，那么可以试一试，这样的修改要改动多少地方才能实现试题说明所提出的各种要求。

参考答案：

【问题 1】

① LN + 1 + SN(1)→LN1

② LN1→LN

③ ≥

④ <

⑤ K + 1 + LNW + SN(j)

⑥ SN(1)→LN

【问题 2】

册去 f、g、h 框，将 e 改成 K + 1 + SN(J)→K。

【问题 3】

不能。

例题 3（2003 年软件设计师试题）

阅读下列算法说明和流程图，如图 3-50 所示，回答问题 1 至问题 3，将解答填入答题纸的对应栏内。

【算法说明】

某旅馆共有 N 间房间，每间客房的房间号、房间等级、床位数及占用状态分别存放在数组 ROOM、RANK、NBED 和 STATUS 中。房间等级值分为 1、2 或 3。房间的状态值为 0（空闲）或 1（占用）。客房是以房间（不是床位）为单位出租的。

本算法根据几个散客的要求预定一间空房。程序的输入为：人数 M，房间等级要求 R（R = 0 表示任意等级都可以）。程序的输出为：所有可选择的房间号。

流程图如图 3-51 所示，描述了该算法。

假设当前该旅馆各个房间的情况如表 3-4 所示。

表 3-4　旅馆情况表

序号 i	ROOM	RANK	NBED	STATUS
1	101	3	4	0
2	102	3	4	1
3	201	2	3	0
4	202	2	4	1
5	301	1	6	0

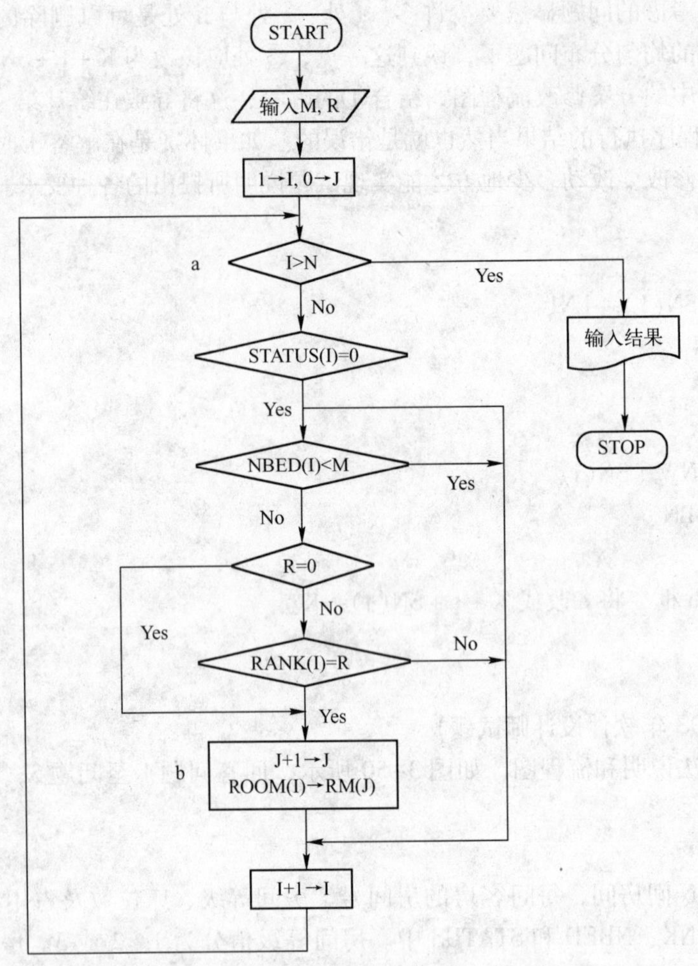

图 3-51　例题 3 流程图

【问题 1】

当输入 M＝4，R＝0 时，该算法的输出是什么?

【问题 2】

如果等级为 R 的房间每人每天的住宿费为 RATE（R），RATE 为数组。为使该算法在输出每个候选的房间号 RM（J）后，再输出这批散客每天所需的总住宿费 DAYRENT（J）如图 3-51 所示的流程图的 b 所指框中的最后处理处应增加什么处理?

【问题 3】

如果限制该算法最多输出 K 个可供选择的房间号，则在如图 3-51 所示的流程图 a 所指的判断框应改成什么处理?

分析：

【问题 1】

结合题干可知：M＝4，R＝0 的意思是有 4 个人想订一间任意等级的房间。在上表查找符合条件的房间，102、202 号房已经订出，不合要求，201 号房只能住 3 个人，不符合条件，所以可选房间为 101 和 301，算法输出为 101，301。

【问题2】

应试 RATE（RANK（I））×M→DAYRENT（J）。

BANK（I）用于取出房间等级数。RATE（RANK（I））按房间等级算出每人每天的住宿费，M 是散客的人数。

【问题3】

为 I > N OR J = K，其中，I > N 也可以写成 I = N + 1；J = K 也可以写成 J > = K。

也就是说，只要是已经有 K 个满足条件的房间，不管后面的房间是不是满足条件就直接退出程序。

参考答案：

【问题1】算法输出为 101，301。

【问题2】RATE（RANK（I））×M→DAYRENT（J）。

【问题3】为 I > N OR J = K，其中，I > N 也可以写成 I = N + 1；J = K 也可以写成 J >= K。

例题 4（2000 年软件设计师试题）

阅读下列说明和数据流图，如图 3-52 所示，回答问题 1 至问题 4，将解答写在答卷的对应栏内。

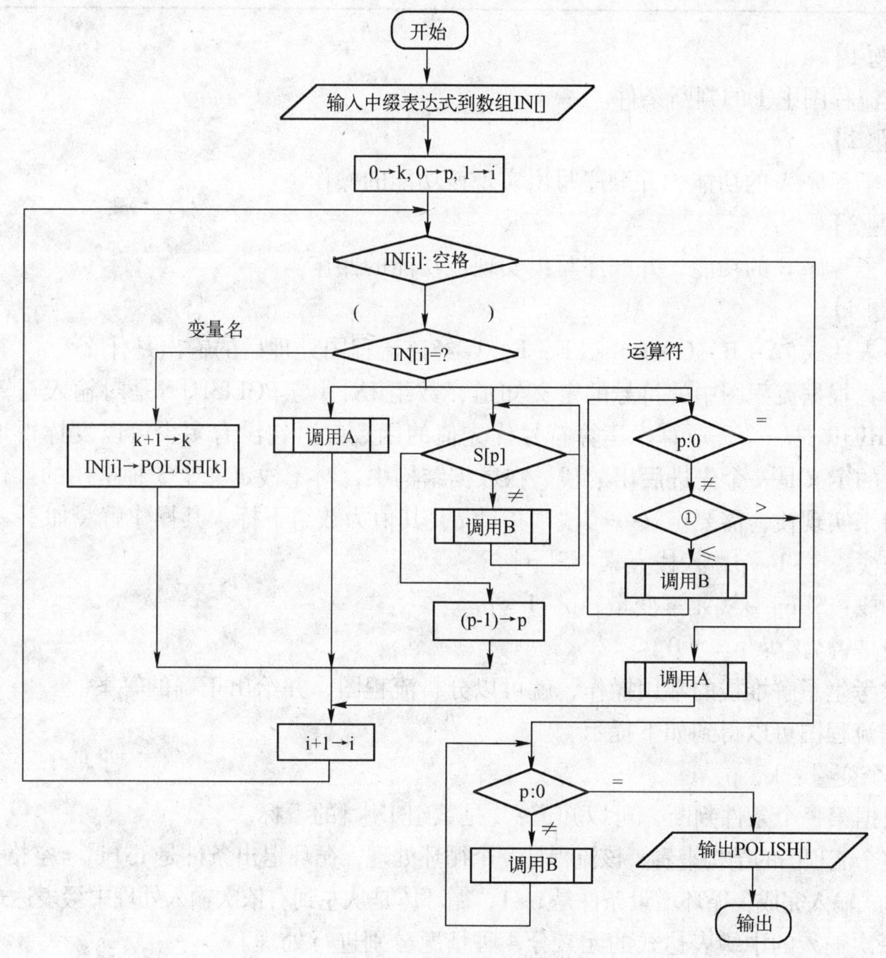

图 3-52　例题 4 流程图

说明：本流程图（如图3-52所示）是将中缀表示算术表达式转换成后缀表示，如中缀表达式（A-(B×C+D)×E)/(F+G)的后缀表示为ABC×D+E×-FG+/。

为了方便，假定变量名为单个英文字母，运算符只有“+”、“-”、“×”和“/”（均为双目运算符，左结合），并假定所提供的算术表达式非空且语法是正确的。另外，中缀表示形式中无空格符，但整个算术表达式以空格符结束。流程图中使用的符号的意义如下。

- 数组IN[ ]存储中缀表达式。
- 数组POLISH[ ]存储其后缀表示。
- 数组S[ ]是一个后进先出栈；

函数PRIOR(CHAR)返回符号CHAR的优先级，各符号的优先级见表3-5。

表3-5 各符号的优先级

CHAR	PRIOR(CHAR)
×、/	4
+、-	3
(	2
)	1

【问题1】

填充流程图中①的判断条件。

【问题2】

写出子程序A的功能，并顺序写出实现该功能的操作。

【问题3】

写出子程序B的功能，并顺序写出实现该功能的操作。

【问题4】

中缀表达式(A+B-C*D)*(E-F)/G经该流程图处理后的输出是什么？

分析：根据流程图中的符号的定义知道，数组IN[ ]与POLISH[ ]是对输入与输出的存储；而PRIOR是一个提取算术运算符号优先值的函数，语句没有多少可以发挥得地方；对数组S[ ]的定义是一个先进后出的栈。在数据结构中，对于栈定义了3种常用的操作，如果采用数组来实现栈，需要定义一个栈顶指针p，其值为数组下标，其操作解释如下。

- 入栈：p+1→p；入栈元素→S[p]。
- 出栈：S[p]→栈元素变量；p-1→p。
- 栈是否为空：p=？0。

如果考生了解堆栈的常用操作，就可以分析流程图，并给出正确的答案。

根据流程图可以得到如下提示。

- 3个变量：k，p，i。
- 根据第一个条件判断，可以知道：i是数组IN[ ]的下标。

从整个流程图的结构来看，该流程是一个循环处理，循环退出条件是IN[i]=空格，也就是中缀表达式输入完成，循环增量条件是i+1，循环体是从左到右依次输入处理中缀表达式。

对每次输入的中缀表达式的元素分4种情况分别进行处理。

1）如果是变量，则将变量保存到输入数组中。

2）如果是“（”，则进行A处理，A处理未知。

3）如果是“)”，则进行一个循环处理，循环退出条件是栈顶IN[p]=“（”循环体是B，B处理未知。且B处理在整个流程图中出现3次。

但从循环退出条件可以分析出：

A处理一定要将“（”进行入栈操作，因为“（”与“)”必须成对出现，而在处理“)”时，IN栈已经有“（”，所以A处理一定包含“（”元素的入栈操作。

因循环判断条件是IN[p]=“(”所以可以分析该条件要随着循环的进行而变化，否则有可能进入死循环。而栈的常用操作是入栈、出栈操作，这里很明显应该是出栈操作，所以只可能是p值得改变，也就是B处理中需要栈顶的值的改变。另外，栈顶的值又怎样处理，这里需要结合流程中的其他任务进一步分析。

在退出循环后，直接丢掉栈顶的“)”值，再取下一输入值。

那么目前输入的“)”要进行怎样的处理呢？这里根据考题给定的例题，可以知道，将一个中缀表达式转换成后缀表达式后，“（”、“)”均不出现在后缀表达式中，因此可以判断，输入的“)”在处理过程中是要找到匹配的“(”，对中缀表达式“(”、“)”之间的符号进行处理，而对“)”不进行任何处理。

4）如果输入的是运算符“＊”、“/”、“+”、“-”，则可能出现两个分支。

第一个分支：p是否为0，也就是栈是否为空，如果为空，则进行A处理，如不为空则进入第二个分支判断处理。

第二个分支：分支条件待确定，根据所给定的信息，可以确定是两个值比较大小，如果是大于则进行A处理，否则是小于等于则进行B处理，然后转入分支1的顶部，进入循环处理。

通过对循环体的分析可以得出如下的信息：

A处理：含有入栈操作。

B处理：含有出栈操作，栈顶值是丢弃还是进行其他处理待定。

判断条件①：为两个值大小的判断，如果是小于等于，则进行出栈，如果大于等于则进行入栈。

再分析循环退出后的处理流程。

再次进入一个循环，循环条件为栈顶是否为空，如果不为空则进行B处理，也就是出栈操作，将栈中的元素按照后进先出的顺序进行退栈处理，从这里也很难确定B的其他信息。

流程分析完成后，再次分析题目给定的信息。在考题给定的信息中，还有一个优先表在流程中没有使用到，那么这个优先表只可能在流程图中的A、B处理或判断条件①中使用。优先表中的优先关系是运算符的优先关系，且用数值表示，而判断条件①已经分析出是两个值比较大小，因此可以假设判断条件①为判断两个运算符号的优先值。

情况一：中缀表达式的当前元素与后继元素的比较。这种情况的可能性比较小，在流程图中后续元素影响出栈是不合乎逻辑的。

情况二：后缀表达式的当前元素与后续元素的比较。这种情况的可能性比较小，因为当前元素影响写入的情况也不合乎逻辑。

情况三：中缀表达式的当前元素与栈顶元素比较。这种情况的可能性比较大。

情况四：后缀表达式的当前元素与栈顶元素比较。这种情况的可能性也比较大。

情况五：栈顶元素与其下面在栈元素的比较。这种情况的可能性比较小，比栈内其他元素比较以决定是否出栈是不合乎逻辑的。

根据上面的分析，结合考题给出的例题再次分析，确定假设。

参考答案：

【问题1】

PRIOR(IN[i]);PRIOR(S[p])

【问题2】

功能：将当前符号IN[i]入栈

操作：p+1→p

IN[i]→S[p]

【问题3】

功能：出栈（将栈顶元素送往数组POLISH[]）

操作：k+1→k

S[p]→POLISH[k]

p-1→p

【问题4】

AB+CD*-EF-*G/

小结

本章前半部分介绍了软件总体设计的概念、任务与目标，以及与总体设计有关的基础知识，如软件结构、结构图、软件模块的概念与特征、模块独立性的衡量准则与软件总体设计好坏的度量标准，并介绍了两种具体的总体设计方法：面向数据流的设计方法和基于组件的设计方法。还给出了软件总体设计文档的书写规范。

后半部分从多方面介绍了软件详细设计的同时，也比较详细地介绍了数据输入/输出、界面设计、软件体系结构等方面的知识，并给出了软件详细设计文档的书写规范。

习题

一、选择题（可有多个答案）

1. 总体设计的组成阶段有________。（　）

A. 系统设计　　B. 人-机界面设计

C. 详细设计　　D. 结构设计

2. 在面向数据流的软件设计方法中，一般将信息流分为________。（　）

A. 变换流和事务流　　B. 变换流和控制流

C. 事务流和控制流　　D. 数据流和控制流

3. 软件结构是软件模块间关系的表示，下列术语中________不属于对模块间关系的描述。（　）

A. 调用关系　　B. 从属关系

C. 嵌套关系　　D. 主次关系

4. 采用模块化技术的好处有________。（　）

A. 使软件容易测试和调试　　B. 有助于提高软件的可靠性
C. 提高软件的可修改性　　D. 有助于软件开发工程的组织管理

5. 软件设计将涉及软件的构造、过程和模块的设计，其中软件过程是指________。（　）

A. 模块间的关系　　B. 模块的操作细节
C. 软件层次结构　　D. 软件开发过程

6. 模块独立性是软件模块化所提出的要求，衡量模块独立性的度量标准则是模块的________。（　）

A. 抽象和信息隐蔽　　B. 局部化和封装化
C. 内聚性和耦合性　　D. 激活机制和控制方法

7. 模块的独立性是由内聚性和耦合性来度量的，其中内聚性是________。（　）

A. 模块间的联系程度　　B. 模块的功能强度
C. 信息隐蔽程度　　D. 接口的复杂程度

8. 具体区分模块间耦合程度强弱的有________。（　）

A. 非直接耦合　　B. 数据耦合
C. 控制耦合　　D. 公共环境耦合
E. 内容耦合　　F. 标记耦合

9. 软件设计中划分模块的一个准则是＿（1）＿。两个模块之间的耦合方式中，＿（2）＿耦合的耦合度最高，＿（3）＿耦合的耦合度最低。一个模块内部的内聚种类中＿（4）＿内聚的内聚度最高，＿（5）＿内聚的内聚度最低。

（1）A. 低内聚低耦合　B. 低内聚高耦合　C. 高内聚低耦合　D. 高内聚高耦合
（2）A. 数据　B. 非直接　C. 控制　D. 内容
（3）A. 数据　B. 非直接　C. 控制　D. 内容
（4）A. 偶然　B. 逻辑　C. 功能　D. 过程
（5）A. 偶然　B. 逻辑　C. 功能　D. 过程

10. 类之间的结构关系主要有________。（　）

A. 一般与特殊的结构关系　　B. 个体和总体的结构关系
C. 整体和部分的结构关系　　D. 子类和超类的结构关系

11. 20 世纪 60 年代后期，由 Dijkstra 提出的，用来增加程序设计的效率和质量的方法是________。（　）

A. 模块化程序设计　　B. 并行化程序设计
C. 标准化程序设计　　D. 结构化程序设计

12. PAD 图的控制执行流程为________。（　）

A. 自下而上、从左到右　　B. 自上而下、循环执行
C. 自上而下、从左到右　　D. 以上都不对

13. 详细设计的图形工具有________。（　）

A. 程序流程图　B. 盒图　C. PAD 图　D. 判定表

14. 用 PDL 表示的程序结构一般有________。（　）

A. 顺序结构　B. 选择结构　C. 重复结构　D. 出口结构

E. 扩充结构

15. 一个程序如果把它作为一个整体，它也是只有一个入口、一个出口的单个顺序结构，这是一种________。 ( )

A. 结构程序 B. 组合的过程 C. 自顶向下设计 D. 分解过程

16. 软件详细设计主要采用的方法是________。 ( )

A. 结构程序设计 B. 模型设计 C. 结构化设计 D. 流程图设计

17. PDL 是________。 ( )

A. 高级程序设计语言 B. 伪码式

C. 中级程序设计语言 D. 低级程序设计语言

18. 在下述情况下，从供选择的答案中，选出合适的________描述工具。当算法中需要用一个模块去计算多种条件的复杂组合，并根据这些条件完成适当的功能。 ( )

A. 程序流程图形 B. N-S 图 C. PDA 图或 PDL D. 判定表

19. Jackson 方法导出程序结构的根据是________。 ( )

A. 数据结构 B. 数据间的控制结构

C. 数据流图 D. IPO 图

20. 详细设计常用的 3 种工具是________。 ( )

A. 文档、表格、流程 B. 图形、表格、语言

C. 数据库、语言、图形 D. 文档、图形、表格

二、简答题

1. 总体设计的任务是什么?
2. 简述总体设计的过程。
3. 什么是软件层次结构? 为什么要把软件总体结构设计成层次结构?
4. 简述模块、内聚、耦合、类、对象的定义。
5. 模块的基本属性是什么?
6. 什么是模块独立性? 用什么来度量?
7. 模块间的耦合性有哪几种? 它们各表示什么含义?
8. 模块的内聚性有哪几种? 各表示什么含义?
9. 详细设计的基本任务和基本原则是什么?
10. 详细设计的工具有哪几类? 请比较它们的优缺点。
11. 衡量一个设计工具好坏的一般准则是什么? 此原则要求设计工具有哪些属性?
12. 结构化程序设计基本要点是什么?
13. 人机界面的设计应遵循什么原则?
14. 简述详细说明书的主要内容。怎样对它进行复审?
15. 实现对话框有哪两种形式?
16. 简述 Jackson 方法的基本思想。
17. 简述 Warnier 方法的基本思想。
18. 分布式系统体系结构有哪些?
19. 什么是中间件? 典型的中间件有哪些?
20. 为什么要对软件进行分层? 分层的原则有哪些?

第 4 章 编码及测试

本章要点

- 程序设计语言的发展、分类及选择的标准
- 程序设计风格
- 程序效率，包括代码效率，存储器效率以及输入输出效率
- 程序安全、程序复杂度及其度量方法
- 软件测试的基本概念
- 软件测试方法
- 软件测试步骤
- 测试设计和管理

4.1 程序设计语言

4.1.1 程序设计语言的发展及分类

从程序设计语言发展的历程看，程序设计语言经历了 5 代。

1. 第一代语言——机器语言

由机器指令代码组成的语言就是机器语言，它的每一条指令都代表相应的硬件操作，因此最初人们选择使用机器指令编写程序。程序是机器指令的序列。机器语言是二进制的，不易理解，难以掌握，而且因机器而异，程序移植性差。

2. 第二代语言——汇编语言

汇编语言将每条机器指令配上一个助记符。简单汇编语言中每条语句对应相应的机器指令。在宏汇编中，将简单汇编中的与机器相关部分分离出去，由系统完成。现在所说汇编语言，一般指宏汇编。汇编语言比机器语言直观，但仍很难掌握，而且因机器而异，程序不易移植。

机器语言和汇编语言都属于面向机器语言。这两种语言依赖于相应的机器结构，其语句和计算机硬件操作一一对应。由于不同的机器又对应不同的机器指令，这使得面向机器语言难学难用。从软件工程学观点来看，用这些语言编写的程序容易出错，维护困难。但面向机器语言易于实现系统接口，运行效率高。

一般在设计应用软件时，应当优先选择高级程序设计语言，只有下列 3 种情况选用面向机器语言进行编码。

1）软件系统对程序执行时间和使用空间都有严格限制。

2）系统硬件是特殊的微处理机，不能使用高级程序设计语言。

3）大型系统中某一部分，其执行时间非常关键，或直接依赖于硬件，这部分用面向机

器语言编写。

3. 第三代语言——高级程序设计语言

高级语言的出现大大提高了软件生产率。高级语言使用的概念和符号与人们通常使用的概念和符号比较接近，它的一个语句往往对应若干条机器指令，一般来说，高级语言的特性不依赖于实现这种语言的计算机，通用性强。对于高级语言还应该进一步分类，以加深对它们的了解。

(1) 按应用特点分类

从应用特点看，高级语言可以分为基础语言、通用结构化程序设计语言、面向对象程序设计语言和专用语言4类。

1) 基础语言，如Basic，Fortran，COBOL和ALGOL等，其特点是历史悠久、应用广泛、有大量的软件库。这些语言创始于20世纪50年代或60年代，部分性能已老化，但随着版本的更新与性能的改进，至今仍被广泛应用。

- Fortran：第一个高级程序设计语言，20世纪50年代由IBM公司发明，主要用于科学计算，现在仍在使用。
- COBOL：它具有极强的数据定义能力，程序说明与硬件环境说明分开，数据描述与算法描述分开，结构严谨，层次分明，主要用于数据处理，现在仍在大型数据库等应用中广泛使用。
- Basic：开始主要用于初级计算机教育，在微机发明后，得到了很大发展。
- ALGOL：建立在坚实理论基础上的程序设计语言，20世纪60年代曾被认为是最有前途的程序设计语言，现在已经很少有人使用了。

2) 通用结构化程序设计语言出现在20世纪60年代中期，其特点是可以直接提供结构化的控制结构，具有很强的过程能力和数据结构能力。

通用高级语言的典型代表是Pascal，C和Ada。

- Pascal具有很强的数据和过程结构化的能力，是第一个系统地体现结构化程序设计概念的现代高级语言。它的优点主要是模块清晰，控制结构完备，数据结构和数据类型丰富，程序结构严谨。用于描述结构化算法、科学计算和操作系统的编写。
- C语言最初是作为UNIX操作系统的主要语言开发的，目前已独立于UNIX，成为通用的程序设计语言，适用于多种微机与小型机系统。它具有结构化语言的公共特征，表达简洁，控制结构、数据结构完备，运行符和数据类型丰富，可移植性好，编译质量高。其改进型语言C++已成为面向对象的程序设计语言。
- Ada是目前最为完善的面向过程的现代语言。它主要用于嵌入式计算机系统，支持异常处理的中断处理，支持并发处理与过程间通信，支持由汇编语言实现的低级操作。Ada是第一个充分体现软件工程思想的语言，它不但可以做编码语言，而且可作为设计表达工具。

3) 面向对象程序设计语言直接支持类的定义、继承、封装和消息传递等概念，软件工程师能实现面向对象分析和面向对象设计所建立的分析和设计模型。现在使用较为广泛的面向对象程序语言有Smalltalk、C++、Objective C、Eiffel及Java等。

- Smalltalk：20世纪70年代早期开发的面向对象的程序设计语言，现在使用这种语言开发软件的很少。

- C ++：在 C 语言上增加了面向对象特性，是现在使用最广泛的程序设计语言之一。
- Java：最新的面向对象程序设计语言，面向 Internet，由 Sun 公司发明，可以一次编程，在各操作系统环境中均可运行。

4）专用语言的特点是具有为某种特殊应用设计的语言。通常具有自己特殊的语法形式，面对特定的问题，具有和该问题的密切相关的输入结构及词汇表，因而这类语言的应用范围比较窄。例如，APL 是为数组和向量运算设计的简洁而功能很强的语言，然而它几乎不提供结构化的控制结构和数据类型。BLISS 是为开发编译程序和操作系统设计的语言。FORTH 是为开发微处理机软件设计的语言，它的特点是以面向堆栈的方式执行用户定义的函数，因此能提高速度和节省存储。LISP 和 PROLOG 两种语言特别适用于人工智能领域的应用。LISP 是一种函数型语言，特别适用于组合问题中符号运算和表处理，用于定理证明、树的搜索和其他问题的求解；PROLOG 是一种逻辑型语言，它提供了支持知识表示的特性，每一个程序由一组表示事实、规则和推理的子句组成，比较接近于自然语言，符合人的思维方式。专用语言针对特殊用途设计，一般翻译过程简便、高效，但是与通用语言相比，可移植性和可维护性比较差。

（2）按语言内在特点分类

从语言的内在特点来看，高级语言可分为系统实现语言、静态高级语言、块结构高级语言和动态高级语言 4 类。

1）系统实现语言是为了克服汇编程序设计的困难，从汇编语言发展来的。这类语言提供控制语句和变量类型检验等功能，但是同时也允许程序员直接使用机器操作。例如，C 语言就是典型的系统实现语言。

2）静态高级语言给程序员提供某种控制语句和变量说明的机制，但是程序员不能直接控制由编译程序生成的机器操作。这类语言的特点是静态地分配存储。这种存储分配方法虽然方便了编译程序的设计和实现，但是对使用这类语言的程序员增加了较多限制。因为这类语言是第一批出现的高级语言，所以使用非常广泛。COBOL 和 Fortran 是这类语言最典型的例子。

3）块结构高级语言的特点是提供有限形式的动态存储分配，这种形式称为块结构。存储管理系统支持程序的运行，每当进入或退出程序块时，存储管理系统分配存储或释放存储。程序块是程序中界限分明的区域，每当进入一个程序块时就中断程序的执行，以便分配存储空间。ALGOL 和 Pascal 属于这类语言。

4）动态高级语言的特点是动态地完成所有存储管理，也就是说，执行个别语句也可能引起分配存储空间或释放存储空间。这类语言的结构和静态的或块结构的高级语言的结构不同。实际上，这类语言中任何两种语言的结构彼此间也很少类似。这类语言一般是为特殊应用而设计的，不属于通用语言。

4. 第四代语言

第四代语言（4GL）最早出现于 20 世纪 70 年代末期。其主要特征是用户界面极端友好，是声明式、交互式和非过程式的，有高效的程序代码，软件工程师可以直接使用许多已开发的功能，具备完善的数据库，且具备应用程序生成器。第四代语言大致可分为查询语言、程序生成器和其他 4GL。现在使用最广的第四代语言是数据库查询语言，用户可利用查询语言对预先定义在数据库中的信息进行较复杂的操作，如 FoxPro 和 Oracle 等。程序生成器是更为复杂的一类4GL，它以高级语言所书写的语句为输入，自动生成完整的第三代语言程序。另外，还有一些决策支持语言、原型语言、形式化规格说明语言等也属于第四代语言的范畴。随着计算机技术的发展，现在的第四代语言又加入了许多新技术，如事件驱动、分布式数据共享和多媒体技术等。用第四代语言开发的应用程序可适用于多种数据源，极大地提高了开发效率，降低了开发和维护费用。

5. 第五代语言

第五代语言大致是与第五代智能计算机同一时期提出的，目前，研究工作只是刚刚起步，其研究和实现将是一个长期的、艰巨的任务。

4.1.2 选择程序设计语言的标准

程序设计语言的选择将影响人们思考问题解决问题的方式，影响软件的可靠件、可读性和可维护性。因此，选择一种适当的程序设计语言进行编码非常重要。开发软件系统时，必须确定使用什么样的程序设计语言实现这个系统。恰当的程序设计语言对成功实现从软件设计到编码的转换，提高软件质量，改善软件的可测试性和可维护性是极为重要的。

为某个特定开发项目选择程序设计语言时，可以按照以下标准对程序语言进行比较选择。

（1）理想标准

1）所选择的高级语言应该有理想的模块化机制，以及可读性好的控制结构和数据结构，以使程序容易测试和维护，同时减少软件生存周期的总成本。

2）所选择的高级语言应该使编译程序能够尽可能多地发现程序中的错误，以便于调试和提高软件的可靠性。

3）所选择的高级语言应该有良好的独立编译机制，以降低软件开发和维护的成本。

上述这些要求是选择语言的理想标准，但是在实际选用语言时不能仅仅考虑理论上的标准，还必须同时考虑实用方面的各种限制。

（2）实用标准

1）从应用领域角度考虑，各种语言都有自己的适用领域，具有各自的特点和相对最为适合的应用领域。如在事务处理方面COBOL和Basic有较大优势；科学工程计算领域，由于需要大量的标准库函数，以便处理复杂的数值计算，所以常选择的语言有Fortran语言、Pascal语言、C语言等；在信息管理、数据库操作方面，可以选用COBOL、SQL、FoxPro、Oracle、Access或Delphi等语言；在系统软件开发方面C语言占优势，汇编语言也常被使用；在实时系统中或很特殊的复杂算法、代码优化要求高的领域，可选用汇编语言、Ada语言或C语言；在网络编程应用中，选择Java语言较为合适；在人工智能领域，如知识库系统、专家系统、决策支持系统、推理工程、语言识别、模式识别、机器人视角、自然语言处理等，应选择Prolog、Lisp语言。充分考虑软件的应用领域，并熟悉当前使用较为流行的语言的特点和功能，才能更好地发挥语言各自的功能优势，选择出最有利的语言工具。

2）系统用户的要求。如果所开发的系统由用户自己负责维护，通常应该选择用户熟悉的语言来编写程序。

3）软件运行环境。软件运行的软件、硬件环境也影响着语言的选择。良好的编程环境不但能有效地提高软件生产率，同时能减少错误，有效提高软件质量。

4）可得到的软件工具。如果某种语言有支持程序开发的软件工具可以利用，则目标系统的实现和验证都变得比较容易。

5）工程规模。如果软件开发的规模很庞大，已有的语言又不完全适用，那么就可能有必要设计并实现一种能够实现这个系统的程序设计语言。

6）软件可移植性要求。如果系统将在几台不同的计算机上运行，或者预期的使用寿命很长，那么选择一种标准化程度高、程序可移植性好的语言就很重要。

7）程序员的知识。在选择编程语言时，还应考虑到程序员对语言的熟练程度及实践经验。虽然对于有经验的程序员来说，学习一种新语言并不困难，但是要完全掌握一种新语言却需要实践。如果和其他标准不矛盾，那么应该选择一种已经为程序员所熟悉的语言。

4.2 程序设计风格

软件的质量不但与所选定语言的性能有关，而且与程序员的编程技巧、编程风格及编程的指导思想密切相关。程序设计风格或编程风格是指编程应遵循的原则，其主要作用是使无论是程序员本人还是其他人，都比较容易地阅读、理解及修改程序源代码。在软件生存周期中需要经常阅读程序，特别是在软件测试阶段和维护阶段，程序员和参与测试、维护的人员都要反复阅读程序。阅读程序是软件开发和维护过程的一个重要组成部分，阅读程序的时间往往比编写程序的时间还要多。因此，在编写程序时，应该使程序具有良好的风格，良好的编程风格可以减少编码的错误，减少读程序的时间，从而提高软件的开发效率。20 世纪 70 年代以来，编码的目标从强调效率转变为强调清晰。人们逐步意识到：良好的编码风格能在一定程度上弥补语言存在的缺陷，而如果不注意编码风格就很难写出可靠而又容易维护的程序。尤其当多个程序员合作编写一个很大的程序时，需要强调良好而一致的编码风格，以便相互通信，减少因不协调而引起的问题。总之，良好的编码风格在很大程度上决定着程序的质量。

程序设计风格一般表现在 4 个方面：源程序文档化、数据说明的方法、表达式和语句结构、输入和输出方法。

4.2.1 源程序文档化

编码阶段主要是产生源程序，但为了提高源程序的可维护性，需要对源代码进行文档化。所谓文档化就是在编写源程序中要注意以下几个方面：标识符、注释及源程序的布局等。

1. 标识符

标识符包括模块名、变量名、常量名、标号名、函数名、程序名、过程名、数据区名、缓冲区名等。在满足程序设计语言语法限制的前提下，含义清晰的标识符有助于对程序的理解。

2. 注释

在程序中的注释是程序员与程序读者之间通信的重要手段。正确的注释能够帮助读者理解程序，可为后续阶段进行测试和维护提供明确的指导。大多数程序设计语言允许使用自然语言来写注释，这给阅读程序带来很大的方便。

注释内容一定要正确，一般分为序言性注释和功能性注释。

序言性注释通常在每个模块的开始，它给出程序的整体说明，对于理解程序具有引导作用，主要有如下内容。

1）说明每个模块的用途、功能。

2）说明模块的接口：调用形式、参数描述及从属模块的清单。

3）数据描述：重要数据的名称、用途、限制、约束及其他信息。

4）开发历史：设计者、审阅者姓名及日期，修改说明及日期。

功能性注释插在源程序当中，它着重说明其后的语句或程序段的处理功能以及数据的状态。书写功能性注释，要注意以下几点。

1）用于描述一段程序，而不是每一个语句。

2）用缩进和空行，使程序与注释容易区别。

3）注释要正确。

4）有合适的，有助于记忆的标识符和恰当的注释，就能得到比较好的源程序内部的文档。

5）有关设计的说明，也可以作为注释，嵌入源程序体内。

3. 源程序的布局

源程序的布局即源程序的正文编排格式。层次清楚对于改善程序的可读性有重要作用。常用方法如下。

1）注释部分和程序部分之间，完成不同功能的程序段之间都可以用空行显式地隔开。

2）在注释部分周围加上边框。

3）用分层缩进的写法显示嵌套结构层次。

4）每行只写一条语句。

5）书写表达式时适当使用空格或圆括号作隔离符。

4.2.2 数据说明

在详细设计阶段就已经确定了软件系统所涉及的数据结构的组织和复杂程度，但对数据进行说明却是在编程时进行的。为了使数据说明便于理解和维护，必须注意下述几点。

1）数据说明的次序应规范。由于数据说明的次序与语法无关，所以其次序是任意的。但出于阅读、理解和维护的需要，最好使其规范化，使说明的先后次序固定。例如，按常量说明、简单变量类型说明、数组说明、公用数据块说明、所有的文件说明的顺序说明。在类型说明中还可进一步要求，例如，可按整型量说明、实型量说明、字符量说明、逻辑量说明顺序排列。

2）当用一个语句说明多个变量名时，应当对这些变量按字母顺序排列。

3）如果设计了一个复杂数据结构，应使用注释说明在实现时这个数据结构的特点。

4.2.3 表达式和语句结构

设计期间确定了软件的逻辑结构，然而语句的构造却是编写程序的一个主要任务。构造语句时应该遵循的原则是：每个语句都应该简单而直接，不能为了提高效率而使程序变得过分复杂。下述规则有助于使语句简单明了。

1. 首先应考虑程序的清晰性和可读性

不要刻意追求技巧性，若对效率没有特殊要求，在程序的清晰性和效率之间，首先考虑程序的清晰性。在编程时尽量一行只写一条语句；尽量采用简单明了的语句，避免过多的循环嵌套；同时注意，在条件结构或循环结构的嵌套中，分层次缩进，即逻辑上属于同一个层次的互相对齐，逻辑上属于内部层次的推到下一个对齐位置，这样可以使程序的逻辑结构更清晰；在使用表达式时，尽量采用其自然形式，如尽量减少使用逻辑运算中的“非”运算；在混合使用互相无关的运算符时，用加括号的方式排除二义性；将复杂的表达式分解成简单的、容易理解的形式；避免浮点数相等的比较等；程序中经常有一些诸如各种常数、数组的大小、字符位置、变换因子和程序中出现的其他以文字形式写出的数值，对于这些数值应命名合适的名字，有必要的话加以适当的注释，加强程序的可阅读性、理解性。

2. 尽可能使用库函数

尽量用公共过程或子程序去代替重复的功能代码段。要注意，这段代码应具有一个独立的功能，不要只因代码形式一样便将其抽出组成一个公共过程或子程序。

3. 注意 goto 语句的使用

1）goto 语句破坏了程序的结构化和可读性，应尽量避免使用 goto 语句，但并非完全禁止。

2）要避免 goto 语句不必要的转移和相互交叉。

3）程序应当简单，避免使用 goto 语句绕来绕去。

还需要注意的问题有：避免使用 else goto 和 else return 结构；避免过多的循环嵌套和条件嵌套；数据结构要有利于程序的简化；要模块化，使模块功能尽可能单一化，模块间的耦合能够清晰可见；利用信息隐蔽，确保每一个模块的独立性。

4.2.4 输入和输出

输入/输出的方式在需求分析和设计阶段就已经确定了，用户对系统直观的感受很大一部分来自于输入和输出的方式。输入/输出的方式和格式应当尽量做到对用户友好，尽可能方便用户的使用。一定要避免因设计不当而给用户带来麻烦。这就要求，源程序的输入/输出风格必须满足软件工程学的需要。

输入/输出风格随着人工干预程度的不同而有所不同。例如，对于批处理的输入/输出，总是希望它能按逻辑顺序要求组织输入数据，具有有效的输入/输出出错检查和出错恢复功能，并有合理的输出报告格式。而对于交互式的输入/输出来说，应具有简单而带提示的输入方式，完备的出错检查和出错恢复功能，以及通过人机对话指定输出格式和输入格式的一致性。

在设计和程序编码时都应考虑下列原则。

1）对所有输入数据进行检验，从而识别错误输入，以保证每个数据的有效性。

2）检查输入项的各种重要组合的合理性，必要时报告输入状态信息。

3）使输入的步骤和操作尽可能简单，并保持简单的输入格式。

4）输入数据时，应允许使用自由格式输入。

5）应允许默认值。

6）输入一批数据时，最好使用输入结束标志，而不要由用户指定输入数据数目。

7）在以交互方式进行输入时，要在屏幕上使用提示符明确提示交互输入请求，指明可使用选择项的种类和取值范围。同时，在数据输入的过程中和输入结束时，也应在屏幕上给出状态信息。

8）当程序语言对输入格式有严格要求时，应保持输入格式与输入语句要求的一致性。

9）给所有的输出加注解，并设计输出报表格式。

输入/输出风格还受许多其他因素的影响，如输入/输出设备（终端的类型、图形设备、数字化转换设备等）、用户的熟练程度及通信环境等。在交互式系统中，这些要求应成为软件需求的一部分，并通过设计和编码，在用户和系统之间建立良好的通信接口。

总之，要多进行程序编码的实践，并从实践中积累经验，培养和学习良好的程序设计风格，使编写出来的程序清晰易懂，易于测试和维护。

4.3 程序效率

程序效率是指程序的执行速度和程序占用的存储空间，即主要涉及处理时间和存储器容量两个方面。软件的“高效率”，即用尽可能短的时间及尽可能少的存储空间实现程序要求的所有功能，是程序设计追求的主要目标之一。一个程序效率的高低取决于多个方面，主要包括需求分析阶段模型的生成、设计阶段算法的选择和编码阶段语句的实现。正由于编码阶段在很大程度上影响着软件的效率，因此在进行编码时必须充分考虑程序生成后的效率。软件效率的高低是一个相对的概念，它与程序的简单性直接相关，不能因过分追求高效率而忽视了程序设计中的其他要求。一定要遵循“先使程序正确，再使程序有效率；先使程序清晰，再使程序有效率”的准则。软件效率的高低应以能满足用户的需要为主要依据。下面是3条基本准则。

1）效率是性能方面的需求，应当在需求分析阶段给出效率方面的要求。软件效率应以需求为准，不应以人力所及为准。

2）提高效率应依靠好的设计，而不仅仅是利用程序技巧。

3）程序的效率与程序的简单性相关。

下面从代码效率、存储器效率、输入/输出效率3个方面进一步讨论效率问题。

1. 代码效率

源代码的效率与详细设计阶段所确定的算法效率有直接关系。但是，编码风格也会影响运行速度和对内存的需要。

当把详细设计翻译为代码时，一般可以使用以下准则。

1）编码之前应先简化算术和逻辑表达式。

2）仔细研究嵌套的循环，以确定是否有语句可以从内层往外移。

3）尽量避免使用多维数组。

4）尽量避免使用指针和复杂的列表。

5）使用执行时间短的算术运算。

6）在表达式中尽量避免出现不同的数据类型。

7）尽量不用整数表达式和布尔表达式。

许多编译程序具有优化的特性，办法是使用折叠的重复表达式、循环求值、快速算术运算以及其他一些高效的算法，就可以自动生成高效的目标码。对于那些对效率要求特别高的应用系统，这种编译程序是不可缺少的编码工具。

2. 存储器效率

在大中型计算机系统中，存储器的容量对软件设计和编码的制约已不再是主要问题，对内存采取基于操作系统的分页功能的虚拟存储管理，也给软件提供了巨大的逻辑地址空间。这时的存储器效率与操作系统的分页功能直接相关，而并不是指让所使用的存储空间达到最少。采用结构化程序设计，将程序功能合理分块，使每个模块或一组密切相关模块的程序体积大小与每页的容量相匹配，可减少页面调度，减少内外存交换，提高存储器效率。

在微型计算机系统中，内存的限制仍是一个现实问题。因此要选择可生成较短目标代码且存储压缩性能优良的编译程序，必要时采用汇编语言编程。

3. 输入/输出效率

如果用户能够容易地向计算机提供输入信息和理解计算机的输出信息，那么人和计算机之间通信的效率就高。因此，简单和清晰同样是提高输入/输出效率的关键。

硬件之间的通信效率是很复杂的问题。但是，从编码的角度看，可以采用一些简单的，可以提高输入/输出效率的原则。

1）所有输入/输出都应有缓冲，以避免过多的通信次数。

2）对于辅存（如磁盘）应选用简单有效的访问方法。

3）与辅存有关的输入/输出应该以块为单位进行。

4）与终端和打印机有关的输入/输出，应当考虑设备的特性，以提高输入/输出的质量和速度。

5）有的输入/输出方式尽管很高效，但如果难以被人们理解，也不应当采用。

应当注意的是，以上提高输入/输出效率的原则不仅适用于编码阶段，同样也适用于设计阶段。

虽然在编码阶段通过遵循相应的规则可以在一定程度上提高软件的效率，但必须注意，提高软件效率的根本途径在于选择良好的设计方法、良好的数据结构和良好的算法，不能指望通过语句的改进来大幅度提高软件的效率。

4.4 编程安全

提高软件质量和可靠性的技术大致可分为两类，一类是避开错误技术，即在开发的过程中不让差错潜入软件；另一类是容错技术，即对某些无法避开的差错，使其影响减至最小。避开错误是进行质量管理，实现产品应有质量所不可少的技术，也就是软件工程中所讨论的先进的软件分析、开发技术和管理技术。但是，无论使用多么高明的避开错误技术，也无法做到完美无缺和绝无错误，这就需要采用容错技术。实现容错的主要手段是冗余和防错程序设计。

1. 冗余程序设计

冗余是改善系统可靠性的一种重要技术。在硬件系统中，采用冗余技术是指提供额外的元件或系统，使其与主系统并行工作。这时有两种情况：一种是让连接的所有元件都并行工作，当有一个元件出现故障时，它就退出系统，而由冗余元件继续它的工作，维护系统的运转，有时将这种结构称为自动重组结构；另一种情况是系统最初运行时，由原始元件工作，当该元件发生故障时，由检测线路（有时由人工完成）把备用元件接上（或把开关拨向备用元件），使系统继续运转。第一种情况称为并行冗余，也称热备用或主动冗余；第二种情况称为备用冗余，也称冷冗余或被动冗余。

在软件系统中，采用冗余技术是指要解决一个问题必须设计出两个不同的程序，包括采用不同的算法和设计，而且编程人员也应该不同。例如，求解一个二次方程的实数根，可以在第一个程序中使用二次求根公式，而在第二个程序中采用牛顿－拉非逊数值逼近法。如果两个程序的执行结果都在预定的“计算误差”之内，则可任取其中一个结果或者取两者的平均值作为正确答案。若两个程序的执行结果不一致，则可使用“错误检测系统”加以纠正。如果在同时解同一问题时采用3种或3种以上不同方法进行程序设计，则其运行结果的正确答案可采纳多数一致的那个答案，这种技术称为“多数逻辑”或“多数表决”。

采用冗余程序设计，表面看可使开发费用增加到单个程序设计的两倍，而实际上可能小于1.5倍。因为在程序设计中对于软件的描述、软件的设计和大多数测试以及文档编制的费用则由两个程序分担。冗余程序设计所带来的副作用是由于文本的增加而带来的存储空间的增加，以及运行时间的延长，解决的办法是采用海量存储设备和覆盖技术，并且只在关键部分采用冗余计算，以使附加费用减少到最低程度。

2. 防错程序设计

在编码亦即程序设计过程中，总会或多或少地产生一些错误，这些错误有些是属于设计阶段所隐藏下来的，有些则是在编码中产生的。为了避免和纠正这些错误，可在编码过程中有意识地在程序中加进一些错误检查的措施，这就是防错程序设计的基本思想。防错程序设计可分为主动式和被动式两种。

（1）主动式防错程序设计

主动式防错程序设计是指周期性地对整个程序或数据库进行搜查或在空闲时搜查异常情况。主动式程序设计既可在处理输入信息期间使用，也可在系统空闲或等待下一个输入时使用。以下所列出的检查均适合于主动式防错程序设计。

1）内存检查。如果在内存的某些块中存放了一些具有某种类型和范围的数据，则可对它们做经常性地检查。

2）标志检查。如果系统的状态是用某些标志指示的，可对这些标志做单独的检查。

3）反向检查。对于有些从一种代码翻译成另一种代码或从一种系统翻译成另一种系统的数据或变量值，可以采用反向检查，即利用反向翻译来检查原始值的翻译是否正确。

4）状态检查。对于某些具有多个操作状态的复杂系统，若用某些特定的存储值来表示这些状态，则可通过单独检查存储值来验证系统的操作状态。

5）连接检查。当使用链表结构时，可检查链表的连接情况。

6）时间检查。如果知道完成某项计算所需的最大时间，则可用定时器来监视这个时间。

7）其他检查。程序设计人员可经常仔细地对所使用的数据结构、操作序列和定时以及程序的功能加以考虑，从中得到要进行哪些检查的启发。

（2）被动式防错程序设计

被动式防错程序设计思想是指必须等到某个输入之后才能进行检查，也就是达到检查点时，才能对程序的某些部分进行检查。

在被动式防错程序设计中所要进行的检查项目如下。

1）来自外部设备的输入数据，包括范围、属性是否正确。

2）由其他程序所提供的数据是否正确。

3）数据库中的数据，包括数组、文件、结构、记录是否正确。

4）操作员的输入，包括输入的性质、顺序是否正确。

5）栈的深度是否正确。

6）数组界限是否正确。

7）表达式中是否出现零分母情况。

8）正在运行的程序版本是否是所期望的（包括最后系统重新组合的日期）。

9）通过其他程序或外部设备的输出数据是否正确。

在防错程序设计中究竟应采用哪种方法取决于具体情况。如在商业程序中，不管是人工记账，还是计算机记账，都可以采用交叉求和的方法，包括决算跟踪在内的其他技术也经常使用；在科学工程程序中，对所有解方程的程序，可以把获得的解代入原方程以检查该解是否正确。

4.5 结构化程序设计方法

1. 结构化程序设计

结构化程序设计的概念最早由 E. W. Dijkstra 提出，他在 1965 年召开的 IEIP（国际信息处理联合会）会议上指出："可以从高级语言中取消 goto 语句"，"程序的质量与程序中包含的 goto 语句的数量成反比"。1966 年 Bohm 和 Jacopini 证明了只用 3 种基本的控制结构就能实现任何单入口单出口的程序。这 3 种基本的控制结构是：顺序结构、选择结构、循环结构。1968 年，Dijkstra 再次建议从一切高级语言中取消 goto 语句，只使用 3 种基本控制结构编写程序。这种结构的着眼点在"固定功能的范围"，就是每一种结构有一个可控制的逻辑结构，上部为入口，下部为出口，使读者对过程流更容易理解。这种程序可以自顶向下阅读，而不必返回。他的建议具有很大的历史意义，不是简单地去掉一个 goto 语句的问题，而是创立一种新的程序设计思想、方法和风格，以提高软件的生产率、降低软件维护的代价；使人们认识到程序清晰易读的重要性，而不应一味追求效率而忽略了程序的清晰性。

1971 年，IBM 公司在纽约时报信息库管理系统的设计中成功地使用了结构化程序设计方法，该系统共 83000 行高级语言源代码，只用了 11 个人，22 个月完成交付使用。该项目开发中，还采用了主程序员组的人员组织形式。使用证明，该系统是高度可靠的。随后在美国宇航局空间实验室飞行模拟系统的设计中，再次获得成功，这个系统含有 400000 条源代码，而且在设计过程中又有过需求方面的 1200 个正式修改，也只用了两年的时间。结构化程序设计技术成功地经受了实践的检验。

现在在程序设计过程中所使用的模块化设计，自顶向下和自底向上设计，结构化程序设计以及数据流和数据结构设计等方法均属于传统的面向过程/数据的设计方法。这种方法把数据和过程作为相互独立的实体，数据用于表达实际问题中的信息，程序用于处理这些数据。程序员在编程时必须时刻考虑所要处理的数据格式，对于不同的数据格式即使要作同样的处理或者对于相同的数据格式但要做不同的处理，都必须编写不同的程序。尽管如此，这种方法还是在相当程度上解决了软件的可靠性、可生产性和可维护性等方面的问题，使软件危机得到了缓解。

2. 结构化程序设计的原则

结构化程序设计是一种设计程序的技术，它采用自顶向下、逐步细化的设计方法；使用"抽象"这个手段，上层对问题抽象、对模块抽象和对数据抽象，下层则进一步分解，进入另一个抽象层次；使用单入口、单出口的控制技术；并且只包含顺序、选择和循环 3 种结构。其主要包括以下原则。

1）使用语言中的顺序、选择、重复等有限的基本控制结构表示程序逻辑。

2）选用的控制结构只允许有一个入口和一个出口。

3）程序语句组成容易识别的块，每块只有一个入口和出口。

4）复杂结构应该用基本控制结构进行组合嵌套来实现。

5）语言中没有的控制结构，可用一段等价的程序段模拟。

6）严格控制 goto 语句，仅在下列情形才可使用。

- 用一个非结构化的程序设计语言来实现一个结构化的构造。
- 在某种可以改善而不是损害程序可读性的情况下。

结构化程序设计也有它的缺点，就是目标程序所需要的存储容量和运行时间都有一些增加。

3. 自顶向下、逐步细化的设计方法

在总体设计阶段采用自顶向下逐步细化的方法，可以把一个复杂问题的解分解和细化为一个由许多模块组成的层次结构的软件系统。在详细设计以及编码阶段采用自顶向下逐步细化的方法，可把一个模块的功能再逐步细化为一系列具体的处理步骤，进而翻译成一些可用某种程序设计语言写成的程序。

逐步细化的步骤可以归纳为如下的 3 步。

1）由粗到细地对程序进行逐步的细化，每一步可选择其中一条或数条将它们分解为更多或更详细的程序步骤。

2）在细化程序过程时，对数据的描述进行细化。

3）每步细化均使用相同的结构语言，最后一步一般直接用伪码来描述。

自顶向下、逐步求精方法的优点如下。

1）自顶向下、逐步求精方法符合人们解决复杂问题的普遍规律，可提高软件开发的成功率和生产率。

2）用先全局后局部、先整体后细节、先抽象后具体的逐步求精的过程开发出来的程序具有清晰的层次结构，因此程序容易阅读和理解。

3）程序自顶向下，逐步细化，分解成一个树形结构，在同一层的模块上做的细化工作相互独立。在任何一步发生错误，一般只影响它下层的模块，同一层其他模块不受影响。在以后的测试中，也可以先独立地一个一个模块地测试，最后再集成测试。

4）程序清晰和模块化，使得在修改和重新设计一个软件时，可复用的代码量最大。

5）每一步工作仅在上层模块的基础上做不多的设计扩展，便于检查。

6）有利于设计的分工和组织工作。

4. 主程序员的组织形式

主程序员的组织形式指开发程序的人员应采用以一个主程序员（负责全部技术活动）、一个后备程序员（协调、支持主程序员）和一个程序管理员（负责事务性工作，如收集、记录数据，文档资料管理等）3 人为核心，再加上一些专家（如通信专家、数据库专家）、其他技术人员组成小组。这种组织形式突出了主程序员的领导，设计责任集中在少数人身上，有利于提高软件质量，并且能有效地提高软件生产率。这种组织形式最先由 IBM 公司实施，随后其他软件公司也纷纷采用主程序员制的工作方式。

因此，结构化程序设计方法是综合应用这些手段来构造高质量程序的思想方法。

4.6 程序的复杂性及度量

程序复杂性主要指模块内程序的复杂性。它直接关系到软件开发费用的多少，开发周期的长短和软件内部潜藏错误的多少。同时它也是软件可理解性的另一种度量。减少程序复杂性，可提高软件的简单清晰性和可理解性，并使软件开发费用减少，开发周期缩短，软件内部潜藏错误减少。

为了度量程序复杂性，要求复杂性度量满足以下假设。

- 它可以用来计算任何一个程序的复杂性。
- 对于不合理的程序，例如，对于长度动态增长的程序，或者对于原则上无法排错的程序，不应当使用它进行复杂性计算。
- 如果程序中指令条数、附加存储量、计算时间增多，不会减少程序的复杂性。

4.6.1 代码行度量法

度量程序的复杂性，最简单的方法就是统计程序的源代码行数。此方法的基本考虑是统计一个程序的源代码行数，并以源代码行数作为程序复杂性的度量。

若设每行代码的出错率为每 100 行源程序中可能的错误数目，例如，每行代码的出错率为 1%，则是指每 100 行源程序中可能有一个错误。

Thayer 曾指出，程序出错率的估算范围是从 0.04% ~7% 之间，即每 100 行源程序中可能存在 0.04 ~7 个错误。他还指出，每行代码的出错率与源程序行数之间不存在简单的线性关系。Lipow 进一步指出，对于小程序，每行代码的出错率为 1.3% ~1.8%；对于大程序，每行代码的出错率增加到 2.7% ~3.2% 之间，但这只是考虑了程序的可执行部分，没有包括程序中的说明部分。Lipow 及其他研究者得出一个结论：对于少于 100 个语句的小程序，源代码行数与出错率是线性相关的。随着程序的增大，出错率以非线性方式增长。所以，代码行度量法只是一个简单的，估计得很粗糙的方法。

4.6.2 McCabe 度量法

McCabe 度量法是由 Thomas McCabe 提出的一种基于程序控制流的复杂性度量方法。McCabe 定义的程序复杂性度量值又称环路复杂度，它基于一个程序模块的程序图中环路的个数，因此计算它先要画出程序图。

程序图是简化的程序流程图，即将程序流程图中的每个处理符号用空心圆点代替而形成的有向图。

程序图仅描述程序内部的控制流程，完全不表现程序对数据的具体操作，以及分支和循环的判定条件。因此，它往往把一个简单的 if 语句与循环语句的复杂性看成是一样的，把嵌套的 if 语句与 case 语句的复杂性看成是一样的。

下面给出计算环路复杂性的方法。

根据图论，在一个强连通的有向图 G 中，环的个数由以下公式给出：

$$V(G)=m-n+p$$

其中，V(G)是有向图 G 中环路数，m 是图 G 中弧数，n 是图 G 中结点数，p 是图 G 中的强连通分量个数。

【例 1】 计算下面所给流程图（见图 4-1a））的 McCabe 复杂性度量。

在图 4-1b）所示的流程图中，n=6，m=8，依据 V(G)=m-n+p 知 V(G)=8-6+1=3，即该程序模块的程序复杂度为 3。

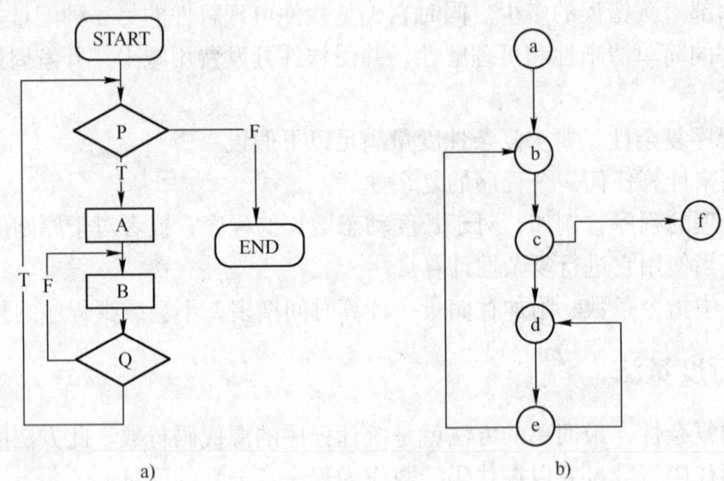

图 4-1

a）程序流程图 b）流图

Myers 建议，对于复合判定，例如(A=0)and(C=D)or(X='A')计做 3 个判定。

在一个程序中，从程序图的入口点总能到达图中任何一个结点，因此，程序总是连通的，但不是强连通的。为了使图成为强连通图，从图的入口到出口加一条用虚线表示的有向边，使图成为强连通图。这样可以使用上式计算环路复杂性。

利用 McCabe 环路复杂度度量时，有以下几点说明。

1）环路复杂度取决于程序控制结构的复杂度。当程序的分支数目或循环数目增加时其复杂度也增加。环路复杂度与程序中覆盖的路径条数有关。

2）环路复杂度是可加的。例如，模块 A 的复杂度为 3，模块 B 的复杂度为 4，则模块 A 与模块 B 的复杂度是 7。

3）McCabe 建议，对于复杂度超过 10 的程序，应分成几个小程序，以减少程序中的错误。Walsh 用实例证实了这个建议的正确性。他发现，在 276 个子程序中，有 23% 的子程序的复杂度大于10，而这些子程序中发现的错误占总错误的53%。而且复杂度大于10的子程序中，平均出错率比复杂度小于10的子程序高出21%。这说明在McCabe复杂度为10的附近，存在出错率的间断跃变。

4）这种度量的缺点：对于不同种类的控制流的复杂性不能区分；简单if语句与循环语句的复杂性应同等看待；嵌套if语句与简单case语句的复杂性是一样的；模块间接口当成一个简单分支处理；一个具有1000行的顺序程序与一行语句的复杂性相同。

尽管McCabe复杂度度量法有许多缺点，但容易使用，而且在选择方案和估计排错费用等方面都是很有效的。

4.6.3 Halstead度量法

Halstead度量法可以科学确定计算机软件开发中的一些定量规律，它采用以下一组基本的度量值，这些度量值通常在程序产生之后得出，或者在设计完成之后估算出。

（1）程序长度，即预测的Halstead长度

令 n_1 表示程序中不同运算符（包括保留字）的个数，令 n_2 表示程序中不同运算对象的个数，令H表示“程序长度”，则有：

$$H = n_1 \times \log_2 n_1 + n_2 \times \log_2 n_2$$

这里，H是程序长度的预测值，它不等于秩序中语句个数。

在定义中，运算符包括算术运算符、关系运算符、逻辑运算符、赋值符（=或:=）、数组操作符、分界符（，或；或:）、子程序调用符、括号运算符、循环操作符等。特别地，成对的运算符，例如“BEGIN…END”、“FOR…TO”、“REPEAT…UNTIL”、“WHILE…DO”、“IF…THEN…ELSE”、“（…）”等都当做单一运算符。

运算对象包括变量名和常数。

（2）实际的Halstead长度

设 N_1 为程序中实际出现的运算符总个数，N_2 为程序中实际出现的运算对象总个数，N为实际的Halstead长度，则有：

$$N = N_1 + N_2$$

（3）程序的词汇表

Halstead定义程序的词汇表为不同的运算符种类数和不同的运算对象种类数的总和。若令n为程序的词汇表，则有：

$$n = n_1 + n_2$$

（4）程序量

程序是可用下式算得。

$$V = N \times \log_2(n_1 + n_2)$$

它表明了程序在“词汇上的复杂性”。

（5）程序员工作量

程序员工作量可用下式算得

$$E = V/L \quad 或 \quad E = H \times \log_2(n_1 + n_2) \times [(n_1 \times N_2)/(2 \times n_2)]$$

（6）程序的潜在错误

Halstead度量可以用来预测程序中的错误。认为程序中可能存在的差错应与程序的容量

成正比。因而预测公式为：

$$B=[(N_1+N_2)\times\log_2(n_1+n_2)]/3000$$

其中，B 表示该程序的错误数。

（7）Halstead 的重要结论之一是：程序的实际 Halstead 长度 N 可以由词汇表 n 算出。即使程序还未编制完成，也能预先算出程序的实际 Halstead 长度 N，虽然它没有明确指出程序中到底有多少个语句。这个结论非常有用。经过多次验证，预测的 Halstead 长度与实际的 Halstead 长度是非常接近的。

Halstead 度量是目前最好的度量方法。但它也有以下缺点。

1）没有区别自己编的程序与别人编的程序。这是与实际经验相违背的。这时应将外部调用乘上一个大于 1 的常数 Kf（应在 1 ~ 5 之间，它与文档资料的清晰度有关）。

2）没有考虑非执行语句。补救办法：在统计 n_1，n_2，N_1，N_2 时，可以把非执行语句中出现的运算对象、运算符统计在内。

3）在允许混合运算的语言中，每种运算符必须与它的运算对象相关。如果一种语言有整型、实型、双精度型 3 种不同类型的运算对象，则任何一种基本算术运算符（+、-、×、/）实际上代表了 6 种运算符。如果语言中有 4 种不同类型的算术运算对象，那么每一种基本算术运算符实际上代表 12 种运算符。在计算时应考虑这种因数据类型而引起差异的情况。

4.7 软件测试基础

4.7.1 软件测试的意义

软件测试是软件开发过程的重要组成部分，是用来确认一个系统的品质或性能是否符合用户提出的要求的标准。软件测试就是在软件投入运行前，对软件需求规格说明、设计规格说明和编码的最终复审，是软件质量保证的关键过程。软件测试是为了发现错误而执行程序的过程。软件测试在软件生存周期中横跨两个阶段：通常在编写好每一个模块之后就做必要的测试（称为单元测试）。编码和单元测试属于软件生存周期中的同一个阶段。在结束这个阶段后对软件系统还要进行各种综合测试，这是软件生存周期的另一个独立阶段，即测试阶段。

4.7.2 基本概念

1. 软件测试的概念

不同时期关于软件测试的定义如下。

1）为了发现故障而执行程序的过程。

2）确信程序做了它应该做的事情。

3）确认程序正确实现了所要求的功能。

4）以评价程序或系统的属性、功能为目的的活动。

5）对软件质量的度量。

6）验证系统满足要求，或确定实际结果与预期结果之间的差别。

定义1）强调寻找故障是测试的目的，定义2）、3）侧重于用户满意程度，定义4）、5）强调评估软件质量，而定义6）则将重点放在预期结果上。这些对软件测试的定义，只描述了其中的一个或几个方面的内容，并没有全面地描述软件测试。

1983 年，IEEE（国际电子电气工程师协会）提出的软件工程标准术语中，给软件测试下的定义是：使用人工或自动手段来运行或测试某个系统的过程，其目的在于检验它是否满足规定的需求或是弄清预期结果与实际结果之间的差别。

该定义包含了两个方面的含义。

1）是否满足规定的需求。

2）是否有差别。

这一定义，明确地提出了软件测试以及检验软件是否满足需求为目标。该定义指出测试时需要明确给定预期结果，然后将它们与实际结果进行比较，这是测试的基础之一，确定预期输出是测试用例必不可少的一部分。

2. 关于软件测试的一些常用术语

（1）测试

1）测试是一种活动，在该活动中一个系统或系统的组成部分在特定条件下被运行，结果被观察或记录，并对该系统或组成部分的某些方面进行评估。测试有两个显著的目标，找出故障或演示软件执行正确。

2）测试是一个或多个测试用例的集合。

（2）测试用例

1）测试用例是为特定的目的而开发的一组测试输入、执行条件和预期结果。

2）测试用例是执行的最小实体。

（3）测试步骤

测试步骤详细说明了如何设置、执行和评估特定的测试用例。

图 4-2 给出测试的生命周期。从图 4-2 可以看出，前 3 个阶段（①②③）可能引入故障，或导致产生通过其他阶段的故障。而后 3 个阶段（⑤⑥⑦）则清除故障。第 7 个阶段“故障清除”有可能导致以前正确执行的软件出现了错误的行为，引入另一个新的故障。

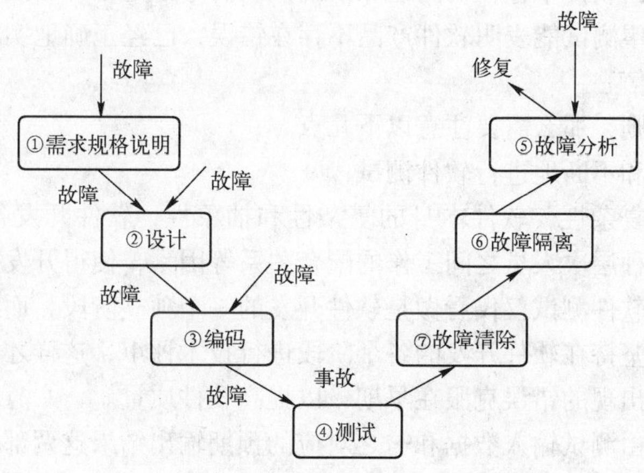

图 4-2　软件测试的生命周期

4.7.3 软件测试的目的、任务、原则和研究对象

1. 软件测试的目的

基于不同的立场，存在着两种完全不同的测试目的。从用户的角度出发，希望通过软件测试暴露软件中隐藏的错误和缺陷，以考虑是否可以接受该产品；从软件开发者的角度出发，则希望测试成为表明软件产品中不存在错误的过程。验证该软件已正确地实现了用户的要求，确立人们对软件质量的信心。因此，会选择那些导致程序失效概率小的测试用例，回避那些易于暴露程序错误的测试用例。显然，这样的测试对提高软件质量毫无价值。如果站在用户的角度，就应当把测试活动的目标对准揭露程序中存在的错误。在选取测试用例时，考虑那些易于发现程序错误的数据。

鉴于此，可以将软件测试的目的归纳为以下 3 点。

- 确认软件的质量，一方面是确认软件做了所期望的事情（Do the right thing）；另一方面是确认软件以正确的方式来做了这个事件（Do it right）。
- 提供信息，比如提供给开发人员或项目经理的反馈信息，为风险评估所准备的信息。
- 软件测试不仅是在测试软件产品本身，而且还包括软件开发的过程。如果一个软件产品开发完成之后发现了很多问题，这说明此软件开发过程很可能是有缺陷的。因此软件测试的第三个目的是保证整个软件开发过程是高质量的。总的目标是：确保软件的质量。

2. 软件测试的任务

测试人员在软件开发过程中的任务如下。

1）寻找 Bug。

2）避免软件开发过程中的缺陷。

3）衡量软件的品质。

4）关注用户的需求。

3. 软件测试的原则

软件测试从不同的角度出发会有两种不同的测试原则。从用户的角度出发，就是希望通过软件测试能充分暴露软件中存在的问题和缺陷，从而考虑是否可以接受该产品；从开发者的角度出发，就是希望测试能表明软件产品不存在错误，已经正确地实现了用户的需求，确立人们对软件质量的信心。

为了达到上述原则，那么需要注意以下几点。

（1）应当尽早地和不断地进行软件测试

由于原始问题的复杂性，软件本身的复杂性和抽象性，软件开发各个阶段工作的多样性，以及参加开发各种层次人员之间工作的配合关系等因素，使得开发的每个环节都可能产生错误。所以不应把软件测试仅仅看做是软件开发的一个独立阶段，而应当把它贯穿到软件开发的各个阶段中。坚持在软件开发的各个阶段进行技术评审，这样才能在开发过程中尽早发现和预防错误，把出现的错误克服在早期，以提高软件质量。

（2）测试用例应由测试输入数据和与之对应的预期输出结果这两部分组成

测试以前应当根据测试的要求选择测试用例（Test Case），以便在测试过程中使用。测试用例主要用来检验程序员编制的程序，因此不但需要测试输入的数据，而且需要针对这些

输入数据的预期输出结果，作为检验实测结果的标准。

(3) 程序员应避免检查自己的程序

程序员应尽可能避免测试自己编写的程序，程序开发小组也应尽可能避免测试本小组开发的程序。如果条件允许，最好建立独立的软件测试小组或测试机构。这是因为人们常由于各种原因具有一种不愿否定自己工作的心理，认为揭露自己程序中的问题总不是一件愉快的事。这一心理状态就成为测试自己程序的障碍。另外，程序员对软件规格说明理解错误而引入的错误则更难发现。但这并不是说程序员不能测试自己的程序，而是说由别人来测试可能会更客观、更有效，并更容易取得成功。

(4) 在设计测试用例时，应当包括有效的输入条件和无效的输入条件

所谓有效的输入条件是指能验证程序正确的输入条件，而无效的输入条件是指异常的、临界的、可能引起问题异变的输入条件。在测试程序时，人们常常倾向于过多地考虑有效的和期望的输入条件，以检查程序是否做了它应该做的事情而忽视了无效的和预想不到的输入条件。事实上，软件在投入运行以后，用户的使用往往不遵循事先的约定，使用了意外的输入，如果开发的软件遇到这种情况时不能做出适当的反应，就容易产生故障，轻则给出错误的结果，重则导致软件失效。因此，用无效的输入条件测试程序时，往往比用有效的输入条件进行测试能发现更多的错误。

(5) 充分注意测试中的群集现象

测试时不要被一开始发现的若干错误所迷惑，找到了几个错误就以为问题已经解决，不需要继续测试了。经实验表明，测试后程序中残存的错误数目与该程序的错误发现率成正比。如图 4-3 所示。根据这个规律，应当对错误群集的程序段进行重点测试。

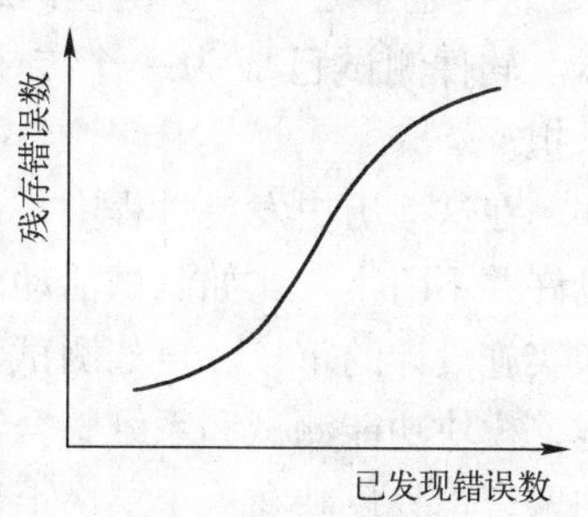

图 4-3　残存错误和已发现错误的关系

在被测程序段中，若发现错误数目多，则残存错误数目也比较多。这种错误群集性现象，已被许多程序的测试实践所证实。例如，美国 IBM 公司的 OS/370 操作系统中，47% 的错误仅与该系统的 4% 的程序模块有关。这种现象对测试很有用。

(6) 严格执行测试计划，排除测试的随意性

对于测试计划，要明确规定，不要随意解释。

(7) 应当对每一个测试结果做全面检查

有些错误在输出测试结果时已经明显地出现了，但是如果不仔细地、全面地检查测试结果，就会使这些错误被遗漏掉。所以必须对预期的输出结果明确定义，对实测的结果仔细分析检查，暴露错误。

(8) 妥善保存测试计划、测试用例、出错统计和最终分析报告，为维护提供方便

4. 软件测试中研究的对象

软件测试并不等于程序测试。软件测试应该贯穿软件定义与开发整个期间。因此需求分析、概要设计、详细设计以及程序编码等各阶段所得到的文档，包括需求规格说明、概要设计规格说明、详细设计规格说明以及源程序，都应该是软件测试的对象。

在对需求理解与表达的正确性、设计与表达的正确性、实现的正确性以及运行的正确性的验证中，任何一个环节发生了问题都可能在软件测试中表现出来。

4.7.4 软件测试的发展历史及趋势

Edward Kit 在他的书“Software Testing In The Real World：Improving The Process（1995，ISBN：0201877562）”中将整个软件测试历史分为3个阶段。

第一个阶段是20世纪60年代及其以前，那时软件规模都很小、复杂程度低，软件开发的过程随意。开发人员的Debug过程被认为是唯一的测试活动。其实这并不是现代意义上的软件测试，当然这一阶段还没有专门的测试人员出现。

第二个阶段是20世纪70年代，这个阶段开发的软件仍然不复杂，但人们已开始思考开发流程问题，并提出“软件工程Software Engineering”的概念。但是这一阶段人们对软件测试的理解仅限于基本的功能验证和Bug搜寻，而且测试活动仅出现在整个软件开发流程的后期，虽然测试由专门的测试人员来承担，但测试人员都是行业和软件专业的入门新手。

第三个阶段是20世纪80年代及其以后，软件和IT行业进入了大发展时期。软件趋向大型化。与之相应，人们为软件开发设计了各种复杂而精密的流程和管理方法（比如CMM和MSF），并将“质量”的概念融入其中。软件测试已有了行业标准（IEEE/ANSI），它再也不是一个一次性的，而且只是开发后期的活动，而是与整个开发流程融合成一体。软件测试已成为一个专业，需要运用专门的方法和手段，需要专门人才和专家来承担。

在这一历史发展过程中，最值得注意的是测试与开发流程融合的趋势。人们对这种融合也许并不陌生。比如测试活动的早期开展，让测试人员参与用户需求的验证，参加功能设计和实施设计的审核。再如测试人员与开发人员的密切合作，随着开发进展而逐步实施单元测试、模块功能测试和系统整合测试。的确，这些都是测试与开发融合的表现形式，而且初期的融合也只反映在这个层次上。20世纪90年代以后，软件的规模和复杂程度迅速提高，这种形式上的融合也迅速走向更深层次，更具实际意义。具体地说，这种融合就是整个软件开发活动对测试的依赖性。传统上认为，只有软件的质量控制依赖于测试，但是现代软件开发的实践证明，不仅软件的质量控制依赖于测试，开发本身离开测试也将无法推进，项目管理离开了测试也从根本上失去了依据。

4.8 软件测试的方法

4.8.1 静态测试和动态测试

从是否需要执行被测软件的角度，可分为静态测试和动态测试。

1. 静态测试

静态测试是指无须执行被测代码，而是借助专用的软件测试工具评审软件文档或程序，度量程序静态复杂度，检查软件是否符合编程标准，借以发现编写的程序的不足之处，减少错误出现的概率。静态测试在主机上完成，不需目标系统支持，测试的主要内容有编程标准验证、数据流分析技术、质量度量信息、代码结构可视化显示、测试外壳的创建。由此看出，静态测试只是对代码进行扫描分析，检测它的语法规则复杂度等是否符合要求，主要是为软件的质量保证提供依据，以提高软件的可靠性和易维护性。

2. **动态测试**

动态测试是在相对真实的环境下运行被测代码，从多角度观察程序运行时能体现的功能、逻辑、行为、结构等行为，以发现其中的错误现象。动态测试方法分为黑盒测试和白盒测试。黑盒测试是基于功能的测试，只关心软件的功能，而不考虑其内部结构，也叫功能测试；白盒测试只关心软件内部逻辑结构，测试覆盖率，是由逻辑驱动的测试。为了较快得到测试效果，通常先进行功能测试，达到所有功能后，为确定软件的可靠性进行必要的覆盖测试。

4.8.2 黑盒测试和白盒测试

从测试是否针对系统的内部结构和具体实现算法的角度来看，可分为黑盒测试和白盒测试。

1. **黑盒测试**

黑盒测试也称功能测试或数据驱动测试，它是在已知产品所应具有的功能上，通过测试来检测每个功能是否都能正常使用，在测试时，把程序看做一个不能打开的黑盒子，在完全不考虑程序内部结构和内部特性的情况下，测试者在程序接口进行测试，它只检查程序功能是否按照需求规格说明书的规定正常使用，程序是否能适当地接收输入数据而产生正确的输出信息，并且保持外部信息（如数据库或文件）的完整性。黑盒测试方法主要有等价类划分、边值分析、因果图、错误推测等，主要用于软件确认测试。黑盒测试着眼于程序外部结构、不考虑内部逻辑结构、针对软件界面和软件功能进行测试。黑盒测试是穷举输入测试，只有把所有可能的输入都作为测试情况使用，才能查出程序中所有的错误。实际上测试情况有无穷多个，人们不仅要测试所有有效的输入，而且还要对那些无效但是可能的输入进行测试。黑盒测试的测试用例设计方法如下。

（1）划分等价类

1）如果某个输入条件规定了取值范围或值的个数，则可确定一个有效的等价类（输入值或某个数值在此范围内）和两个无效等价类（输入值或某个数值小于这个范围的最小值或大于这个范围的最大值）。

2）如果规定了输入数据的一组值，而且程序对不同的输入值做不同的处理，则每个允许输入值是一个有效等价类，此处还有一个无效等价类（任何一个不允许的输入值）。

3）如果规定了输入数据必须遵循的规则，可确定一个有效等价类（符合规则）和若干个无效等价类（从各种不同角度违反规则）。

4）如果已划分的等价类中各元素在程序中的处理方式不同，则应将此等价类进一步划分为更小的等价类。

（2）确定测试用例

1）为每一个等价类编号。

2）设计一个测试用例，使其尽可能多地覆盖尚未覆盖过的有效等价类。重复这步，直到所有有效等价类被测试用例覆盖。

3）设计一个测试用例，使其只覆盖一个无效等价类。

例如，假设对某个列表测试删除操作，必须选择输入值以便执行操作之后的列表为充满状态，具有若干元素或为空（采用它的所有等价类的值进行测试）。

如果对象受状态控制（根据对象的状态产生不同的反应），应利用状态矩阵，如表 4-1 所示。

表 4-1 状态矩阵

激励 \ 状态	状态 1	状态 2	状态 3
S_1	成功	成功	成功
S_2	成功	失败	成功
S_3	成功	慢检查	成功
S_4	失败	失败	成功

用于测试的状态矩阵，可以在此矩阵的基础上测试激励和状态的所有组合。

(3) 边界值分析

使用边界值分析方法设计测试用例时一般与等价类划分结合起来，但它不是从一个等价类中任选一个例子作为代表，而是将测试边界情况作为重点目标，选取正好等于、刚刚大于或刚刚小于边界值的测试数据。

1）如果输入条件规定了值的范围，可以选择正好等于边界值的数据作为有效的测试用例，同时还要选择刚好越过边界值的数据作为无效的测试用例。如输入值的范围是［1，100］，可取 0，1，100，101 等值作为测试数据。

2）如果输入条件指出了输入数据的个数，则按最大个数、最小个数、比最小个数少 1、比最大个数多 1 等情况分别设计测试用例。如，一个输入文件可包括 1 ~ 255 个记录，则分别设计有 1 个记录、255 个记录，以及 0 个记录的输入文件的测试用例。

3）对每个输出条件分别按照以上原则 1）或 2）确定输出值的边界情况。如，一个学生成绩管理系统规定，只能查询 95 ~ 98 级大学生的各科成绩，可以设计测试用例，使得查询范围内的某一届或四届学生的学生成绩，还需设计查询 94 级、99 级学生成绩的测试用例（无效输出等价类）。

由于输出值的边界不与输入值的边界相对应，所以要检查输出值的边界不一定可能，要产生超出输出值之外的结果也不一定能做到，但必要时还需试一试。

4）如果程序的规格说明给出的输入或输出域是个有序集合（如顺序文件、线性表、链表等），则应选取集合的第一个元素和最后一个元素作为测试用例。

(4) 错误推测

在测试程序时，人们可能根据经验或直觉推测程序中可能存在的各种错误，从而有针对性地编写检查这些错误的测试用例，这就是错误推测法。

(5) 因果图

等价类划分和边界值分析方法都只是孤立地考虑各个输入数据的测试功能，而没有考虑多个输入数据的组合引起的错误。

因果图方法中用到了判定表。判定表（Decision Table）是分析和表达多逻辑条件下执行不同操作的情况下的工具。在程序设计发展的初期，判定表就已被当做编写程序的辅助工具。由于它可以把复杂的逻辑关系和多种条件组合的情况表达得既具体又明确。

（6）综合策略

每种方法都能设计出一组有用的例子，用这组例子容易发现某种类型的错误，但可能不易发现另一类型的错误。因此在实际测试中，联合使用各种测试方法，形成综合策略，通常先用黑盒测试设计基本的测试用例，再用白盒测试补充一些必要的测试用例。

黑盒测试的优点如下。

1）基本上不需人监控，如果程序停止运行，一般就是被测试程序弄崩溃了。

2）设计完测试用例之后，接下来的工作就很简单了。

黑盒测试的缺点如下。

1）结果取决于测试用例的设计，测试用例的设计部分来源于经验。

2）没有状态转换的概念，目前一些成功的例子基本上都是针对 PDU 的，还做不到针对被测试程序的状态转换。

3）就没有状态概念的测试来说，寻找和确定造成程序崩溃的测试用例很烦琐，必须把周围可能的测试用例单独确认。就有状态的测试来说，就更麻烦了，尤其不是一个单独的测试用例造成的问题。

2. 白盒测试

白盒测试也称结构测试或逻辑驱动测试，如图 4-4 所示，它是知道产品内部工作过程，可通过测试来检测产品内部动作是否按照规格说明书的规定正常进行，按照程序内部的结构测试程序，检验程序中的每条通路是否都能按预定要求正确工作，而不顾它的功能，白盒测试的主要方法有逻辑驱动、基本路径测试等，主要用于软件验证。

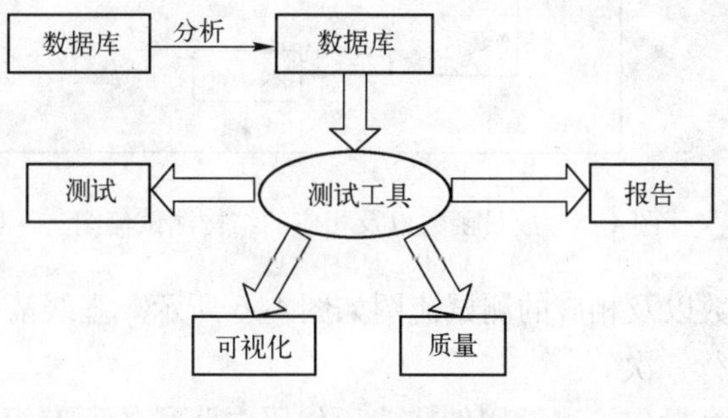

图 4-4　白盒测试

白盒测试是穷举路径测试。在使用这一方案时，测试者必须检查程序的内部结构，从检查程序的逻辑结构着手，得出测试数据。贯穿程序的独立路径数是非常庞大的，即使每条路径都测试了仍然可能有错误。第一，穷举路径测试不会查出程序违反了设计规范，即程序本身是个错误的程序；第二，穷举路径测试不可能查出程序因遗漏路径而产生的错误；第三，穷举路径测试可能发现不了一些与数据相关的错误。

理论上，应通过代码测试每一条可能的路径，在所有这些简单的单元内实现这样的目标是不切实际或几乎不可能的。

要达到这种程度的测试覆盖，建议在选择测试数据时应使每个判定都可以用每种可能的方法来评估。为达到上述目标，测试用例应确保。每个布尔表达式的求值结果为 True 和

False。例如，表达式（a <3）OR（b >4）的求值结果为 True/False 的 4 种组合，每一个无限循环至少要执行零次、一次和一次以上。可使用代码覆盖工具来确定白盒测试未测试到的代码。在进行白盒测试的同时应进行可靠性测试。

【例 4-2】 如图 4-5 所示，假设对类 Set of Integers 中的 member 函数执行结构测试，该测试在二进制搜索的帮助下，将检查该集合是否包含了某个指定的整数。

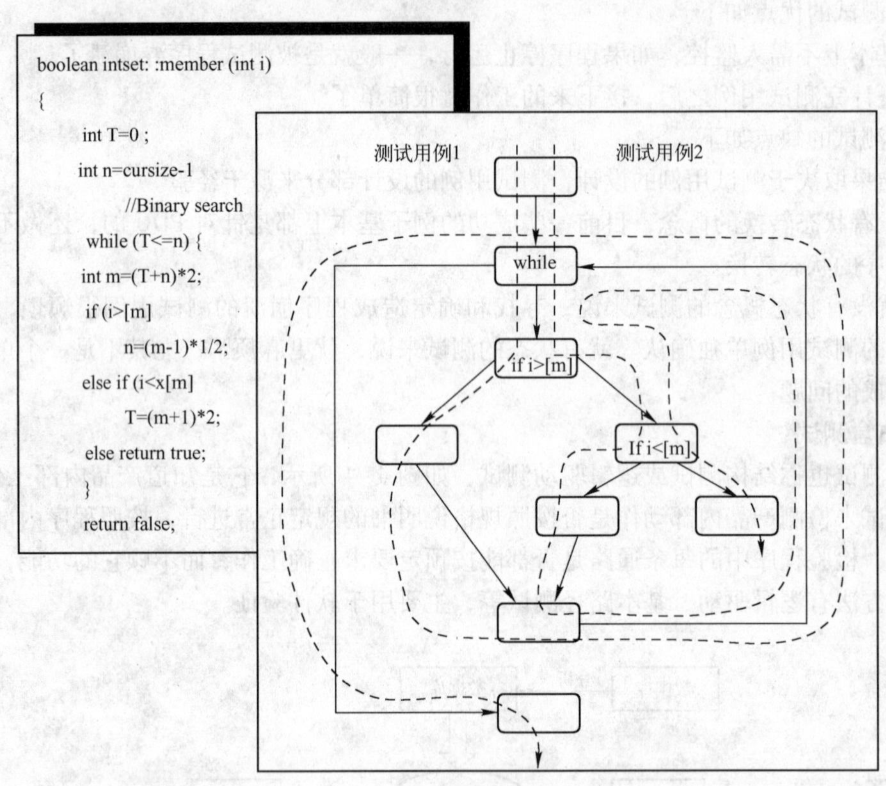

图 4-5　成员函数以及相应的结构测试流图

成员（member）函数以及相应的测试流图如图 4-6 所示。虚线箭头指示出采用两个测试用例将所有语句至少执行一次。

对于彻底测试的某个操作，测试用例应遍历代码内路径的所有组合情况。在 member 函数的 while-loop 中存在 3 个可选择的路径。测试用例可以多次遍历该循环，或是根本就不遍历。如果测试用例根本就没有遍历循环，则在代码中只能找到 1 条路径。如果遍历循环一次，将发现有 3 条路径。如果遍历两次，则将发现存在 6 条路径，如此类推。因而，路径的总数应该是：1 +3 +6 +12 +24 +48 +⋯，在实际情况中，这个路径组合总数根本无法处理，这就是为什么必须选择所有这些路径的子集的原因。本示例中，可以采用两个测试用例来执行所有的语句。其中一个测试用例，可以选择 Set of Integers = ｛1，5，7，8，11｝，且测试数据 t =3；在另一个测试用例中，可以选择 Set of Integers = ｛1，5，7，8，11｝，且 t =8。

6 种覆盖标准：语句覆盖、判定覆盖、条件覆盖、判定/条件覆盖、条件组合覆盖和路径覆盖发现错误的能力呈由弱至强的变化。

程序内部的逻辑覆盖程度，当程序中有循环时，覆盖每条路径是不可能的，要设计使覆盖程度较高的或覆盖最有代表性的路径的测试用例。下面根据图 4-6 所示的程序，分别讨论几种常用的覆盖技术。

（1）语句覆盖

为了提高发现错误的可能性，在测试时应该执行到程序中的每一个语句。语句覆盖是指设计足够的测试用例，使被测试程序中每个语句至少执行一次。

（2）判定覆盖

判定覆盖指设计足够的测试用例，使得被测程序中每个判定表达式至少获得一次“真”值和“假”值，从而使程序的每一个分支至少都通过一次，因此判定覆盖也称分支覆盖。

（3）条件覆盖

条件覆盖是指设计足够的测试用例，使得判定表达式中每个条件的各种可能的值至少出现一次。

（4）判定/条件覆盖

该覆盖标准指设计足够的测试用例，使得判定表达式的每个条件的所有可能取值至少出现一次，并使每个判定表达式所有可能的结果也至少出现一次。

（5）多条件覆盖

多条件覆盖也称条件组合覆盖，设计足够的测试用例，使得每个判定中条件的各种可能组合都至少出现一次。显然满足多条件覆盖的测试用例是一定满足判定覆盖、条件覆盖和条件判定组合覆盖的，条件组合覆盖是比较强的覆盖标准，它是指设计足够的测试用例，使得每个判定表达式中条件的各种可能的值的组合都至少出现一次。

（6）路径覆盖

路径覆盖是指设计足够的测试用例，覆盖被测程序中所有可能的路径。在实际的逻辑覆盖测试中，一般以条件组合覆盖为主设计测试用例，然后再补充部分用例，以达到路径覆盖测试标准。

（7）修正条件判定覆盖

修正条件判定覆盖是由欧美的航空航天制造厂商和使用单位联合制定的“航空运输和装备系统软件认证标准”，目前在国外的国防、航空航天领域应用广泛。这个覆盖度量需要足够的测试用例来确定各个条件能够影响到包含判定的结果。它要求满足两个条件：首先，每一个程序模块的入口和出口点都要考虑至少要被调用一次，每个程序的判定到所有可能的结果值要至少转换一次；其次，程序的判定被分解为通过逻辑操作符（and、or）连接的布尔条件，每个条件对于判定的结果值是独立的。

测试用例的设计见表 4-2。

下面是一段插入排序的程序，将 R[k+1]插入到 R[1],R[2],…,R[k]的适当位置，其程序流程图如图 4-6 所示。

```
{
  R[0] = R[k+1];
  j = k;
  while (R[j] > R[0])
    {
      R[j+1] = R[j];
```

```
            j--;
        }
    R[j+1] = R[0];
}
```

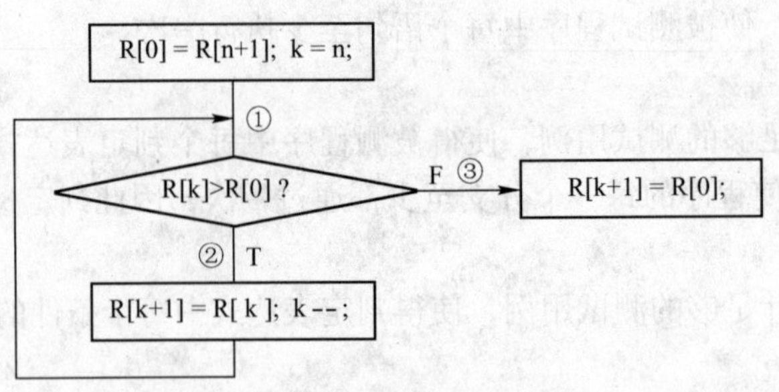

图 4-6　程序的流程图

表 4-2　测试用例设计

循环次数	输入数据					R[0]	预期结果					覆盖路径	
	k	R[n-2]	R[n-1]	R[n]	R[n+1]		k	R[n-2]	R[n-1]	R[n]	R[n+1]	约束	路径
0	n	–	–	1	2	2	n	–	–	1	2	<	①③
	n	–	–	1	1	1	n	–	–	1	1	=	①③
1	n	–	1	3	2	2	n-1	–	1	2	3	><	①②③
	n	–	2	3	2	2	n-1	–	1	2	3	>=	①②③
2	n	1	3	4	2	2	n-2	1	2	3	4	>><	①②②③
	n	2		4	2	2	n-2	2	2	3	4	>>=	①②②③

4.9　软件测试的步骤

测试过程按 5 个步骤进行，即单元测试、集成测试、确认测试和系统测试及验收测试。

开始是单元测试，集中对源代码实现的每一个程序单元进行测试，检查各个程序模块是否正确地实现了规定的功能。

集成测试把已测试过的模块组装起来，主要对与设计相关的软件体系结构的构造进行测试。

确认测试则是要检查已实现的软件是否满足了需求规格说明中确定了的各种需求，以及软件配置是否完全、正确。

系统测试把已经经过确认的软件纳入实际运行环境中，与其他系统成份组合在一起进行测试。

4.9.1　单元测试

1. 单元测试的基本方法

单元测试的对象是软件设计的最小单位模块。单元测试的依据是详细设计描述，单元测试应对模块内所有重要的控制路径设计测试用例，以便发现模块内部的错误。单元测试多采用白盒测试技术，可以对系统内多个模块并行地进行测试。

2. 单元测试任务

单元测试任务如下。

1）模块接口测试。

2）模块局部数据结构测试。

3）模块边界条件测试。

4）模块中所有独立执行通路测试。

5）模块的各条错误处理通路测试。

模块接口测试是单元测试的基础。只有在数据能正确流入、流出模块的前提下，其他测试才有意义。测试接口正确与否应该考虑下列因素。

1）输入的实际参数与形式参数的个数是否相同。

2）输入的实际参数与形式参数的属性是否匹配。

3）输入的实际参数与形式参数的量纲是否一致。

4）调用其他模块时所给实际参数的个数是否与被调模块的形参个数相同。

5）调用其他模块时所给实际参数的属性是否与被调模块的形参属性匹配。

6）调用其他模块时所给实际参数的量纲是否与被调模块的形参量纲一致。

7）调用预定义函数时所用参数的个数、属性和次序是否正确。

8）是否存在与当前入口点无关的参数引用。

9）是否修改了只读型参数。

10）对全局变量的定义各模块是否一致；是否把某些约束作为参数传递。

如果模块内包括外部输入输出，还应该考虑下列因素。

1）文件属性是否正确。

2）open/close 语句是否正确。

3）格式说明与输入输出语句是否匹配。

4）缓冲区大小与记录长度是否匹配。

5）文件使用前是否已经打开。

6）是否处理了文件尾。

7）是否处理了输入/输出错误。

8）输出信息中是否有文字性错误。

检查局部数据结构是为了保证临时存储在模块内的数据在程序执行过程中完整、正确。局部数据结构往往是错误的根源，应仔细设计测试用例，力求发现下面几类错误。

1）不合适或不相容的类型说明。

2）变量无初值。

3）变量初始化或默认值有错。

4）不正确的变量名（拼写错误或不正确地截断）。

5）出现上溢、下溢和地址异常。

除了局部数据结构外，如果可能，单元测试时还应该查清全局数据（如 Fortran 的公用区）对模块的影响。

设计测试用例是为了发现因错误计算、不正确的比较和不适当的控制流造成的错误。此时基本路径测试和循环测试是最常用且最有效的测试技术。计算中常见的错误如下。

1）误解或用错了运算符优先级。

2）混合类型运算。

3）变量初值错。

4）精度不够。

5）表达式符号错误。

比较判断与控制流常常紧密相关，测试用例还应致力于发现下列错误。

1）不同数据类型的对象之间进行比较。

2）错误地使用逻辑运算符或优先级。

3）因计算机表示的局限性，期望理论上相等而实际上不相等的两个量相等。

4）比较运算或变量出错。

5）循环终止条件或不可能出现。

6）迭代发散时不能退出。

7）错误地修改了循环变量。

一个好的设计应能预见各种出错条件，并预设各种出错处理通路，因而对出错处理通路同样需要认真测试，并着重检查下列问题。

1）输出的出错信息难以理解。

2）记录的错误与实际遇到的错误不相符。

3）在程序自定义的出错处理段运行之前，系统已介入。

4）异常处理不当。

5）错误陈述中未能提供足够的定位出错信息。

边界条件测试是单元测试中最后也是最重要的一项任务。众所周知，软件经常在边界上失效，采用边界值分析技术，针对边界值及边界值左、右的值设计测试用例，有可能发现新的错误。

3. 单元测试过程

单元测试应紧接在编码之后，当源程序编制完成并通过复审和编译检查，便可开始单元测试。测试用例的设计应与复审工作相结合，根据设计信息选取测试数据，将增大发现上述各类错误的可能性。在确定测试用例的同时，应给出期望结果。

应为测试模块开发一个驱动模块（Driver）和（或）若干个桩模块（Stub）。驱动模块在大多数场合称为“主程序”，它接收测试数据并将这些数据传递到被测试模块，被测试模块被调用后，“主程序”打印“进入——退出”消息。

驱动模块和桩模块是测试使用的软件，而不是软件产品的组成部分，但它需要一定的开发费用。若驱动和桩模块比较简单，实际开销相对低些。遗憾的是，仅用简单的驱动模块和桩模块不能完成某些模块的测试任务，这些模块的单元测试只能采用下面讨论的综合测试方法。

提高模块的内聚度可简化单元测试，如果每个模块只能完成一个，所需测试用例数目将显著减少，模块中的错误也更容易发现。

4. 单元测试工作内容

单元测试工作内容见表4-3。

表4-3　单元测试工作内容

活动	输入	输出	参与角色和职责
制订集成测试计划	设计模型 集成构建计划	集成测试计划	测试设计员负责制订集成测试计划
设计集成测试	集成测试计划 设计模型	集成测试用例 测试过程	测试设计员负责设计集成测试用例和测试过程
实施集成测试	集成测试用例 测试过程 工作版本	测试脚本（可选） 测试过程（更新）	测试设计员负责编制测试脚本（可选），更新测试过程
		驱动程序或稳定桩	设计员负责设计驱动程序和桩，实施员负责实施驱动程序和桩
执行集成测试	测试脚本（可选） 工作版本	测试结果	测试员负责执行测试并记录测试结果
评估集成测试	集成测试计划 测试结果	测试评估摘要	测试设计员负责会同集成员、编码员、设计员等有关人员（具体化）评估此次测试，并生成评估摘要

5. 单元测试的优点

（1）一种验证行为

程序中的每一项功能都是由测试来验证它的正确性。它为以后的开发提供支持。就算是开发后期，也可以轻松地增加功能或更改程序结构，而不用担心这个过程中会破坏重要的内容，而且为代码的重构提供了保障，这样程序员就可以更自由地对程序进行改进。

（2）一种设计行为

编写单元测试将使开发人员从调用者的角度观察、思考。特别是先写测试（Test-First），迫使开发人员把程序设计成易于调试和可测试的，即迫使开发人员解除软件中的耦合。

（3）一种编写文档的行为

单元测试是一种无价的文档，它是展示函数或类如何使用的最佳文档。这份文档是可编译、可运行的，并且它保持最新，永远与代码同步。

（4）具有回归性

自动化的单元测试避免了代码出现回归，编写完成之后，可以随时随地快速地运行测试。

6. 单元测试的范畴

下面介绍的4个问题，基本上可以说明单元测试的范畴，单元测试所要做的工作。

（1）行为和期望是否一致

这是单元测试最根本的目的，就是用单元测试的代码来证明它所做的就是所期望的。

（2）行为和期望是否始终一致

单元测试时如果只测试代码的一条正确路径，按正确路径走一次，并不算是真正的完成。软件开发是一项复杂的工程，在测试某段代码的行为是否和期望一致时，需要确认在任何情况下，这段代码是否都和期望一致；例如，参数可疑、硬盘没有剩余空间、缓冲区溢出、网络掉线等。

（3）是否可以依赖单元测试

不能依赖的代码是没有多大用处的。既然单元测试是用来保证代码的正确性，那么单元测试也一定要值得依赖。

（4）单元测试是否说明了意图

单元测试能够帮开发人员充分了解代码的用法，从效果上看，单元测试就像是能执行的文档，说明了在用各种条件调用代码时，所能期望这段代码完成的功能。

4.9.2 集成测试

集成测试（也叫组装测试，联合测试）是单元测试的逻辑扩展。最简单的形式是两个已经测试过的单元组合成一个组件，并且测试它们之间的接口。从这一层意义上讲，组件是指多个单元的集成聚合。在现实方案中，许多单元组合成组件，而这些组件又聚合成程序的更大部分。方法是测试片段的组合，并最终扩展进程，将模块与其他组的模块一起测试。最后，将构成进程的所有模块一起测试。此外，如果程序由多个进程组成，应该成对测试它们，而不是同时测试所有进程。

所有的软件单元按照概要设计规格说明的要求被组装成模块、子系统或系统，集成测试就是在单元测试的基础上，测试该组装过程中各部分工作是否达到或实现相应技术指标及要求。也就是说，在集成测试之前，单元测试应该已经完成，集成测试中所使用的对象应该是已经经过单元测试的软件单元。这一点很重要，因为如果不经过单元测试，那么集成测试的效果将会受到很大影响，并且会大幅增加软件单元代码纠错的代价。

集成测试是单元测试的逻辑扩展。在现实方案中，集成是指多个单元的聚合，许多单元组合成模块，而这些模块又聚合成程序的更大部分，如分系统或系统。集成测试采用的方法是测试软件单元的组合能否正常工作，以及与其他模块能否集成起来工作。最后，还要测试构成系统的所有模块组合能否正常工作。集成测试的标准是《软件概要设计规格说明》，任何不符合该说明的程序模块行为都应该加以记载并上报。

所有的软件项目都不能摆脱系统集成这个阶段。不管采用什么开发模式，具体的开发工作总得从一个一个的软件单元做起，软件单元只有经过集成才能形成一个有机的整体。具体的集成过程可能是显性的也可能是隐性的。只要有集成，总是会出现一些常见问题，工程实践中，几乎不存在软件单元组装过程中不出任何问题的情况。从图 4-7 可以看出，集成测试需要花费的时间远远超过单元测试，直接从单元测试过渡到系统测试是极不妥当的做法。

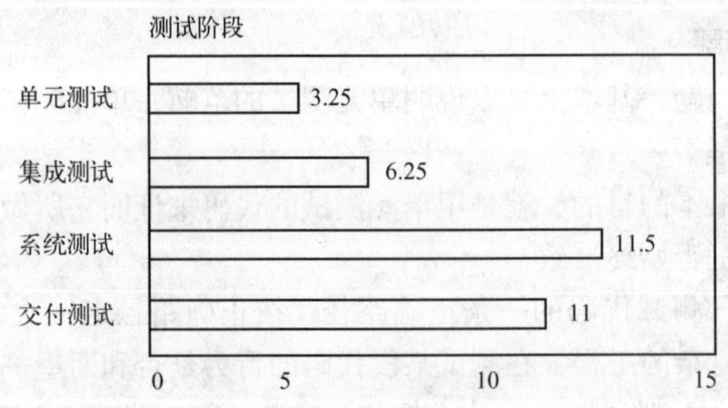

图 4-7　针对一个功能点的各类测试所花费的时间统计图

集成测试的必要性还在于一些模块虽然能够单独地工作，但并不能保证连接起来也能正常工作。程序在某些局部反映不出来的问题，有可能在全局上会暴露出来，影响功能的实现。此外，在某些开发模式中，如迭代式开发，设计和实现是迭代进行的。在这种情况下，集成测试的意义还在于它能间接地验证概要设计是否具有可行性。

集成测试的目的是确保各单元组合在一起后能够按既定意图协作运行，并确保增量的行为正确。它所测试的内容包括单元间的接口以及集成后的功能。使用黑盒测试方法测试集成的功能，并且对以前的集成进行回归测试。

(1) 集成测试过程

集成测试过程如图 4-8 所示。

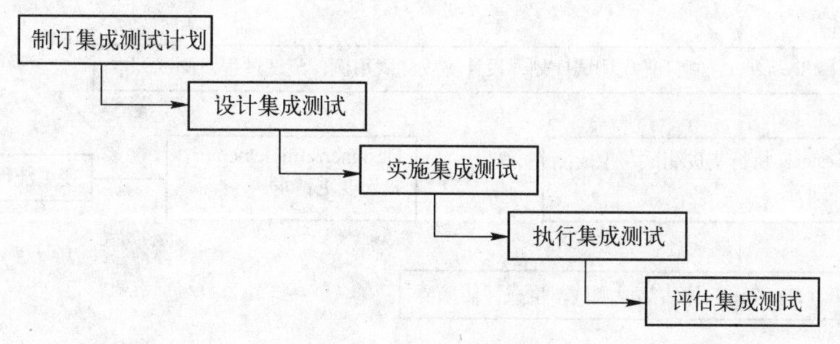

图 4-8 集成测试过程

(2) 集成测试需求获取

集成测试需求所确定的是对某一集成工作版本的测试的内容，即测试的具体对象。集成测试需求主要来源于设计模型（Design Model）和集成构件计划（Integration Build Plan）。集成测试着重于集成版本的外部接口的行为。因此，测试需求须具有可观测、可测评性。

1）集成工作版本应分析其类协作与消息序列，从而找出该工作版本的外部接口。

2）由集成工作版本的外部接口确定集成测试用例。

3）测试用例应覆盖工作版本每一外部接口的所有消息流序列。

注意：一个外部接口和测试用例的关系是多对多，部分集成工作版本的测试需求可映射到系统测试需求，因此对这些集成测试用例可采用重用系统测试用例技术。

(3) 集成测试工作内容及其工作流程：

集成测试工作内容及其工作流程如图 4-9 所示。

(4) 集成测试产生的工件清单

1）软件集成测试计划。

2）集成测试用例。

3）测试过程。

4）测试脚本。

5）测试日志。

6）测试评估摘要。

(5) 集成测试常用方案选项

集成测试的实施方案有很多种，如自底向上集成测试、自顶向下集成测试、Big-Bang 集成测试、三明治集成测试、核心集成测试、分层集成测试、基于使用的集成测试等。在此，将重点讨论其中一些经实践检验和一些被证实有效的集成测试方案。

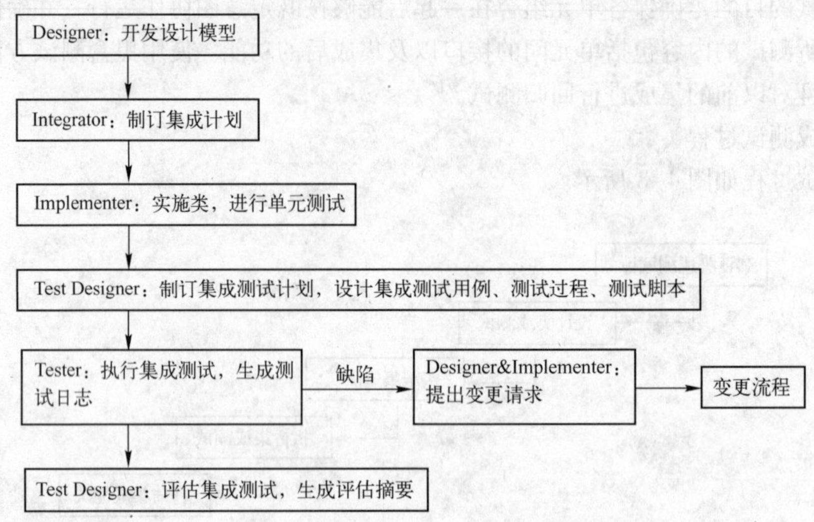

图 4-9　集成测试工作内容及工作流程图

1. 自底向上集成测试

自底向上的集成（Bottom-Up Integration）方式是最常使用的方法。其他集成方法都或多或少地继承、吸收了这种集成方式的思想。自底向上集成方式从程序模块结构中最底层的模块开始组装和测试。因为模块是自底向上进行组装的，对于一个给定层次的模块，它的子模块（包括子模块的所有下属模块）事前已经完成组装并经过测试，所以不再需要编制桩模块（一种能模拟真实模块，给待测模块提供调用接口或数据的测试用软件模块）。自底向上集成测试的步骤大致如下。

步骤一，按照概要设计规格说明，明确有哪些被测模块。在熟悉被测模块性质的基础上对被测模块进行分层，在同一层次上的测试可以并行进行，然后排出测试活动的先后关系，制定测试进度计划。图 4-10 给出了自底向上的集成测试过程中各测试活动的拓扑关系。利用图论的相关知识，可以排出各活动之间的时间序列关系，处于同一层次的测试活动可以同时进行，而不会相互影响。

步骤二，在步骤一的基础上，按时间顺序关系，将软件单元集成为模块，并测试在集成过程中出现的问题。这里，可能需要测试人员开发一些驱动模块来驱动集成活动中形成的被测模块。对于比较大的模块，可以先将其中的某几个软件单元集成为子模块，然后再集成为一个较大的模块。

步骤三，将各软件模块集成为子系统（或分系统）。检测各自子系统是否能正常工作。同样，可能需要测试人员开发少量的驱动模块来驱动被测子系统。

步骤四，将各子系统集成为最终用户系统，测试各分系统能否在最终用户系统中正常工作。

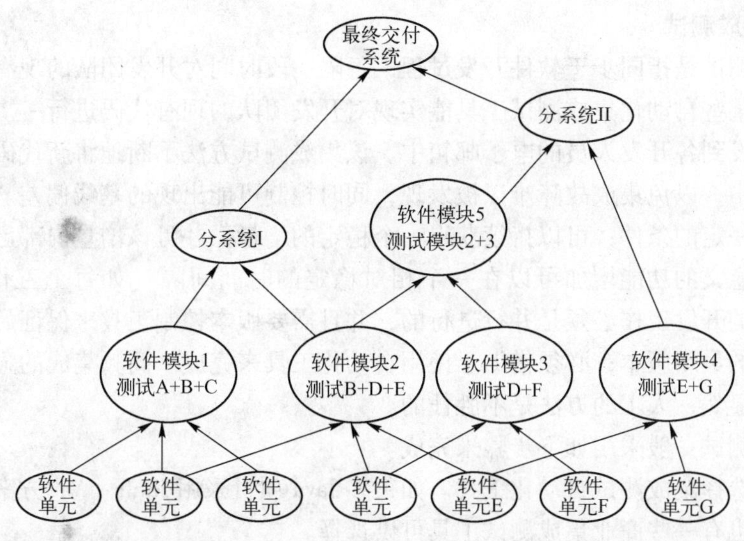

图 4–10　自底向上的集成测试过程

自底向上的集成测试方法是工程实践中最常用的测试方法。相关技术也较为成熟。它的优点很明显：管理方便、测试人员能较好地锁定软件故障所在位置。但它对于某些开发模式不适用，如使用 XP 开发方法，它会要求测试人员在全部软件单元实现之前完成核心软件部件的集成测试。尽管如此，自底向上的集成测试方法仍不失为一个可供参考的集成测试方案。

2. 核心系统先行集成测试

核心系统先行集成测试法的思想是先对核心软件部件进行集成测试，在测试通过的基础上再按各外围软件部件的重要程度逐个集成到核心系统中。每次加入一个外围软件部件都产生一个产品基线，直至最后形成稳定的软件产品。核心系统先行集成测试法对应的集成过程是一个逐渐趋于闭合的螺旋形曲线，代表产品逐步定型的过程。其步骤如下。

步骤一，对核心系统中的每个模块进行单独的、充分的测试，必要时使用驱动模块和桩模块。

步骤二，对于核心系统中的所有模块一次性集合到被测系统中，解决集成中出现的各类问题。在核心系统规模相对较大的情况下，也可以按照自底向上的步骤，集成核心系统的各组成模块。

步骤三，按照各外围软件部件的重要程度以及模块间的相互制约关系，拟定外围软件部件集成到核心系统中的顺序方案。方案经评审以后，即可进行外围软件部件的集成。

步骤四，在外围软件部件添加到核心系统以前，外围软件部件应先完成内部的模块及集成测试。

步骤五，按顺序不断加入外围软件部件，排除外围软件部件集成中出现的问题，形成最终的用户系统。

该集成测试方法对于快速软件开发很有效果，适合较复杂系统的集成测试，能保证一些重要的功能和服务的实现。缺点是采用此法的系统一般应能明确区分核心软件部件和外围软件部件，核心软件部件应具有较高的耦合度，外围软件部件内部也应具有较高的耦合度，但各外围软件部件之间应具有较低的耦合度。

3. 高频集成测试

高频集成测试是指同步于软件开发过程，每隔一段时间对开发团队的现有代码进行一次集成测试。如某些自动化集成测试工具能实现对开发团队的现有代码进行一次集成测试，然后将测试结果发到各开发人员的电子邮箱中。该集成测试方法不断地将新代码加入到一个已经稳定的基线中，以免集成故障难以被发现，同时控制可能出现的基线偏差。使用高频集成测试需要具备一定的条件：可以持续获得一个稳定的增量，并且该增量内部已被验证没有问题；大部分有意义的功能增加可以在一个相对稳定的时间间隔（如每个工作日）内获得；测试包和代码的开发工作必须是并行进行的，并且需要版本控制工具来保证始终维护的是测试脚本和代码的最新版本；必须借助于使用自动化工具来完成。高频集成的显著特点就是集成次数频繁，显然，人工的方法是不胜任的。

高频集成测试一般采用如下步骤来完成。

步骤一，选择集成测试自动化工具。如很多 Java 项目采用 Junit + Ant 方案来实现集成测试的自动化，也有一些商业集成测试工具可供选择。

步骤二，设置版本控制工具，以确保集成测试自动化工具所获得的版本是最新版本。如使用 CVS 进行版本控制。

步骤三，测试人员和开发人员负责编写对应程序代码的测试脚本。

步骤四，设置自动化集成测试工具，每隔一段时间对配置管理库的新添加的代码进行自动化的集成测试，并将测试报告汇报给开发人员和测试人员。

步骤五，测试人员监督代码开发人员及时关闭不合格项。

按照步骤三至步骤五进行循环，直至形成最终软件产品。

该测试方案能在开发过程中及时发现代码错误，能直观看到开发团队的有效工程进度。在此方案中，开发维护源代码与开发维护软件测试包被赋予了同等的重要性，这对有效防止错误、及时纠正错误都很有帮助。该方案的缺点在于测试包有时候可能不能暴露深层次的编码错误和图形界面错误。

以上介绍了几种常见的集成测试方案，一般来讲，在现代复杂软件项目集成测试过程中，通常采用核心系统先行集成测试和高频集成测试相结合的方式进行，自底向上的集成测试方案在采用传统瀑布式开发模式的软件项目集成过程中较为常见。应该结合项目的实际工程环境及各测试方案适用的范围进行合理的选型。

4.9.3 确认测试

确认测试又称有效性测试。任务是验证软件的功能和性能及其他特性是否与用户的要求一致。对软件的功能和性能要求在软件需求规格说明书中已经明确规定。它包含的信息就是软件确认测试的基础。

通过综合测试之后，软件已完全组装起来，接口方面的错误也已排除，软件测试的最后一步——确认测试即可开始。确认测试应检查软件能否按合同要求进行工作，即是否满足软件需求说明书中的确认标准。

（1）确认测试标准

实现软件确认要通过一系列黑盒测试。确认测试同样需要制订测试计划和过程，测试计划应规定测试的种类和测试进度，测试过程则定义一些特殊的测试用例，旨在说明软件与需求是否一致。无论是计划还是过程，都应该着重考虑软件是否满足合同规定的所有功能和性能，文档资料是否完整、确认人机界面和其他方面（例如，可移植性、兼容性、错误恢复能力和可维护性等）是否令用户满意。

确认测试的结果有两种可能，一种是功能和性能指标满足软件需求说明的要求，用户可以接受；另一种是软件不满足软件需求说明的要求，用户无法接受。项目进行到这个阶段才发现严重错误和偏差，一般很难在预定的工期内改正，因此必须与用户协商，寻求一个妥善解决问题的方法。

（2）配置复审

确认测试的另一个重要环节是配置复审。复审的目的在于保证软件配置齐全、分类有序，并且包括软件维护所必需的细节。

（3）α、β 测试

事实上，软件开发人员不可能完全预见用户实际使用程序的情况。例如，用户可能错误地理解命令，或提供一些奇怪的数据组合，也可能对设计者自认明了的输出信息迷惑不解，等等。因此，软件是否真正满足最终用户的要求，应由用户进行一系列“验收测试”。验收测试既可以是非正式的测试，也可以有计划、有系统的测试。有时，验收测试长达数周甚至数月，不断暴露错误，导致开发延期。一个软件产品，可能拥有众多用户，不可能由每个用户验收，此时多采用被称为 α、β 测试的过程，以期发现那些似乎只有最终用户才能发现的问题。

α 测试是指软件开发公司组织内部人员模拟各类用户对即将面市的软件产品（称为 α 版本）进行测试，试图发现错误并修正。α 测试的关键在于尽可能逼真地模拟实际运行环境和用户对软件产品的操作并尽最大努力涵盖所有可能的用户操作方式。经过 α 测试调整的软件产品称为 β 版本。紧随其后的 β 测试是指软件开发公司组织各方面的典型用户在日常工作中实际使用 β 版本，并要求用户报告异常情况、提出批评意见。然后软件开发公司再对 β 版本进行改错和完善。

4.9.4 系统测试

系统测试流程如图 4-11 所示。由于系统测试的目的是验证最终软件系统满足产品需求并且遵循系统设计，所以当产品需求和系统设计文档完成之后，系统测试小组就可以提前开始制定测试计划和设计测试用例，而不必等到“实现与测试”阶段结束。这样可以提高系统测试的效率。

系统测试过程中发现的所有缺陷必须用统一的缺陷管理工具来管理，开发人员应当及时消除缺陷（改错）。

（1）角色与职责

项目经理设法组建富有成效的系统测试小组。系统测试小组的成员主要来源如下。

- 机构独立的测试小组。
- 邀请其他项目的开发人员参与系统测试。
- 本项目的部分开发人员。
- 机构的质量保证人员。

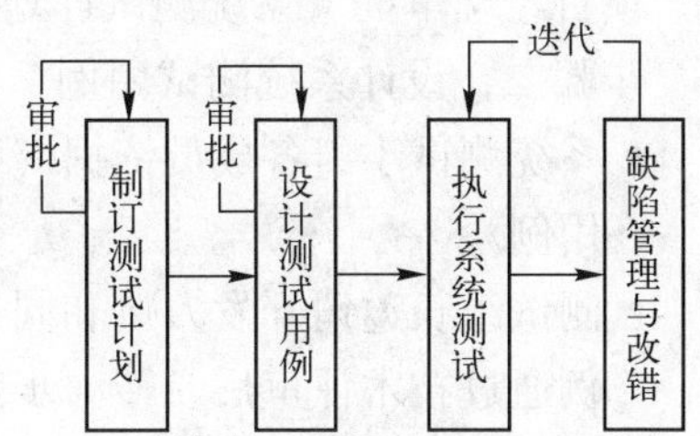

图 4-11　系统测试流程图

系统测试小组应当根据项目的特征确定测试内容。

一般地，系统测试的主要包括以下内容。

- 功能测试。即测试软件系统的功能是否正确，其依据是需求文档，如《产品需求规格说明书》。由于正确性是软件最重要的质量因素，所以功能测试必不可少。
- 健壮性测试。即测试软件系统在异常情况下能否正常运行的能力。健壮性有两层含义：一是容错能力，二是恢复能力。
- 性能测试。即测试软件系统处理事务的速度，一是为了检验性能是否符合需求，二是为了得到某些性能数据供人们参考（如用于宣传）。
- 用户界面测试。重点是测试软件系统的易用性和视觉效果等。
- 安全性（Security）测试。是指测试软件系统防止非法入侵的能力。“安全”是相对而言的，一般地，如果黑客为非法入侵花费的代价（考虑时间、费用、危险等因素）高于得到的好处，那么这样的系统可以认为是安全的。
- 安装与反安装测试。

系统测试过程域中产生的主要文档如下。

- 《系统测试计划》。
- 《系统测试用例》。
- 《系统测试报告》。
- 《缺陷管理报告》。

（2）启动准则

产品需求和系统设计文档完成之后。

（3）输入

产品需求和系统设计文档。

（4）主要步骤

步骤一，制订系统测试计划。

系统测试小组各成员共同协商测试计划。测试组长按照指定的模板起草《系统测试计划》。该计划主要包括以下内容。

- 测试范围（内容）。
- 测试方法。
- 测试环境与辅助工具。
- 测试完成准则。
- 人员与任务表。

项目经理审批《系统测试计划》。该计划被批准后，转向步骤二。

步骤二，设计系统测试用例。

- 系统测试小组各成员依据《系统测试计划》和指定的模板，设计（撰写）《系统测试用例》。
- 测试组长邀请开发人员和同行专家，对《系统测试用例》进行技术评审。该测试用例通过技术评审后，转向步骤三。

步骤三，执行系统测试。

- 系统测试小组各成员依据《系统测试计划》和《系统测试用例》执行系统测试。

- 将测试结果记录在《系统测试报告》中，用“缺陷管理工具”来管理所发现的缺陷，并及时通报给开发人员。

步骤四，缺陷管理与改错。

- 从步骤一至步骤三，任何人发现软件系统中的缺陷时都必须使用指定的“缺陷管理工具”。该工具将记录所有缺陷的状态信息，并可以自动产生《缺陷管理报告》。
- 开发人员及时消除已经发现的缺陷。
- 开发人员消除缺陷之后应当马上进行回归测试，以确保不会引入新的缺陷。

(5) 输出

- 消除了缺陷的最终软件系统。
- 系统测试用例。
- 系统测试报告。
- 缺陷管理报告。

(6) 结束准则

对于非严格系统可以采用“基于测试用例”的准则。

- 功能性测试用例通过率达到100%时。
- 非功能性测试用例通过率达到80%时。

对于严格系统，应当补充“基于缺陷密度”的规则。

- 相邻 n 个 CPU 每小时内“测试期缺陷密度”全部低于某个值 m。例如 n 大于 10，m 小于等于 1。
- 本规程所有文档已经完成。

(7) 度量

测试人员和开发人员统计测试和改错的工作量、文档的规模以及缺陷的个数与类型，并将此度量数据汇报给项目经理。

(8) 实施建议

对系统测试人员进行必要的培训，提高他们的测试效率。

项目经理和测试小组根据项目的资源、时间等限制因素，设法合理地减少测试的工作量，例如，减少“冗余或无效”的测试。

系统测试小组根据产品的特征，可以适当地修改本规范的各种文档模板。

对系统测试过程中产生的所有代码和有价值的文档进行配置管理。

为了调动测试者的积极性，建议企业或项目设立奖励机制，例如，根据缺陷的危害程度把奖金分等级，每个新缺陷对应一份奖金，把奖金发给第一个发现该缺陷的人。

(9) 系统测试的目标

- 确保系统测试的活动是按计划进行的。
- 验证软件产品是否与系统需求用例不相符或与之矛盾。
- 建立完善的系统测试缺陷记录跟踪库。
- 确保软件系统测试活动及其结果及时通知相关小组和个人。

(10) 系统测试的方针

- 为项目指定一个测试工程师负责贯彻和执行系统测试活动。
- 测试组向各事业部总经理/项目经理报告系统测试的执行状况。

- 系统测试活动遵循文档化的标准和过程。
- 向外部用户提供经系统测试验收通过的预部署及技术支持。
- 建立相应项目的缺陷（Bug）库，用于系统测试阶段项目不同生命周期的缺陷记录和缺陷状态跟踪。
- 定期对系统测试活动及结果进行评估，向各事业部经理/项目办总监/项目经理汇报提供项目的产品质量信息及数据。

（11）系统测试的过程

- 软件项目立项，软件项目负责人将项目启动情况通报给测试组长，测试组长指定测试工程师对该项目进行系统测试跟进和执行。
- 测试工程师首先参与前期的需求分析活动、前景评审、业务培训、SRS评审。目的是了解系统业务及范围、了解软件需求及范围，验证需求可测性。并将所有收集到的测试需求汇总并输出到《测试需求管理表》中。
- 测试工程师根据测试需求定义测试策略，并进行工作量估计。
- 测试工程师根据测试需求制定测试策略和方法；系统测试工程师参与项目计划和SDP评审，依据项目计划（或周计划），编制《系统测试计划》。
- 测试组长周期性地根据事业部项目的测试情况，进行总体测试工作量估计并进行测试任务分派。
- 测试工程师组织《系统测试计划》评审，测试组长根据评审意见审批《系统测试计划》。
- 测试工程师根据《系统测试计划》中的测试环境要求搭建测试环境。有特别技术要求的需要项目组及其他相关职能部门的配合。
- 测试工程师检查测试设计入口条件；根据《用例规约》、《补充规约》、《界面原型》、《词汇表》进行测试用例设计。
- 测试工程师组织《系统测试用例》评审，测试组长根据评审意见审批《系统测试用例》。
- 测试工程师定义系统测试用例执行过程，并更新《系统测试用例》。
- 测试工程师检查测试执行入口条件，从受控库获取测试版本，执行系统测试并记录测试结果。
- 系统测试进入产品稳定期，由测试工程师召开缺陷评审会议；测试工程师对整个系统测试过程进行总结和评价，形成《软件缺陷清单》、《系统测试评估摘要》、《系统测试总结报告》，并将系统测试过程的文档报送给项目组和测试组长。测试组长每月初（或事件驱动）汇总、整编上月的《产品质量简报》，报送给事业部总经理和项目办。
- 如果根据系统测试结果，产品得以批准通过，系统测试工程师卸载被测软件，进行环境初始化，系统测试结束，转入验收测试阶段；否则视批示意见进行。

4.9.5 验收测试

验收测试是软件开发结束后，软件产品投入实际应用以前进行的最后一次质量检验活动。它要回答开发的软件产品是否符合预期的各项要求，以及用户能否接受的问题。由于不只是检验软件某个方面的质量，而是要进行全面的质量检验，并且要决定软件是否合格，因此验收测试是一项严格的正式测试活动。需要根据事先制订的计划，进行软件配置评审、功能测试、性能测试等多方面检测。

用户验收测试可以分为软件配置审核和可执行程序测试两大部分，其大致顺序可分为文档审核、源代码审核、配置脚本审核、测试程序或脚本审核、可执行程序测试。

要注意的是，在开发方将软件提交用户方进行验收测试之前，必须保证开发方本身已经对软件的各方面进行了足够的正式测试（当然，这里的“足够”，本身是很难准确定量的）。

用户验收测试的每一个相对独立的部分，都应该有目标（本步骤的目的）、启动标准（着手本步骤必须满足的条件）、活动（构成本步骤的具体活动）、完成标准（完成本步骤要满足的条件）和度量（应该收集的产品与过程数据）。在实际验收测试过程中，收集度量数据，不是一件容易的事情。

1. 软件配置审核

对于一个外包的软件项目而言，软件承包方通常要提供如下相关的软件配置内容。

1）可执行程序、源程序、配置脚本、测试程序或脚本。

2）主要的开发类文档：《需求分析说明书》、《概要设计说明书》、《详细设计说明书》、《数据库设计说明书》、《测试计划》、《测试报告》、《程序维护手册》、《程序员开发手册》、《用户操作手册》、《项目总结报告》。

3）主要的管理类文档：《项目计划书》、《质量控制计划》、《配置管理计划》、《用户培训计划》、《质量总结报告》、《评审报告》、《会议记录》、《开发进度月报》。

在开发类文档中，容易被忽视的文档有《程序维护手册》和《程序员开发手册》。

《程序维护手册》的主要内容包括系统说明（包括程序说明）、操作环境、维护过程、源代码清单等，编写目的是为将来的维护、修改和再次开发等工作提供有用的技术信息。

《程序员开发手册》的主要内容包括系统目标、开发环境使用说明、测试环境使用说明、编码规范及相应的流程等，实际上就是程序员的培训手册。

不同大小的项目，都必须具备上述的文档内容，只是可以根据实际情况进行重新组织。

对上述的提交物，最好在合同中规定阶段提交的时机，以免发生纠纷。

通常，正式的审核过程分为 5 个步骤：计划、预备会议（可选）、准备阶段、审核会议和问题追踪。预备会议是对审核内容进行介绍并讨论。准备阶段就是各责任人事先审核并记录发现的问题。审核会议是最终确定工作产品中包含的错误和缺陷。

审核要达到的基本目标是：根据共同制定的审核表，尽可能地发现被审核内容中存在的问题，并最终得到解决。在根据相应的审核表进行文档审核和源代码审核时，还要注意文档与源代码的一致性。

在实际的验收测试执行过程中，常常会发现文档审核是最难的工作，一方面由于市场需求等方面的压力使这项工作常常被弱化或推迟，造成持续时间变长，加大文档审核的难度；另一方面，文档审核中不易把握的地方非常多，每个项目都有一些特别的地方，而且也很难找到可用的参考资料。

2. 可执行程序的测试

在文档审核、源代码审核、配置脚本审核、测试程序或脚本审核都顺利完成后，就可以进行验收测试的最后一个步骤——可执行程序的测试，它包括功能、性能等方面的测试，每种测试也都包括目标、启动标准、活动、完成标准和度量5部分。

要注意的是，不能直接使用开发方提供的可执行程序用于测试，而要按照开发方提供的编译步骤，从源代码重新生成可执行程序。

在真正进行用户验收测试之前一般应该已经完成了以下工作（也可以根据实际情况有选择地采用或增加）。

- 软件开发已经完成，并全部解决了已知的软件缺陷。
- 验收测试计划已经过评审并批准，并且置于文档控制之下。
- 对软件需求说明书的审查已经完成。
- 对概要设计、详细设计的审查已经完成。
- 对所有关键模块的代码审查已经完成。
- 对单元、集成、系统测试计划和报告的审查已经完成。
- 所有的测试脚本已完成，并至少执行过一次，且通过评审。
- 使用配置管理工具且代码置于配置控制之下。
- 软件问题处理流程已经就绪。
- 已经制定、评审并批准验收测试完成标准。

具体的测试内容通常可以包括安装（升级）、启动与关机、功能测试（正例、重要算法、边界、时序、反例、错误处理）、性能测试（正常的负载、容量变化）、压力测试（临界的负载、容量变化）、配置测试、平台测试、安全性测试、恢复测试（在出现断电、硬件故障或切换、网络故障等情况时，系统是否能够正常运行）、可靠性测试等。

性能测试和压力测试一般情况下在一起进行，通常还需要辅助工具的支持。在进行性能测试和压力测试时，测试范围必须限定在那些使用频度高的和时间要求苛刻的软件功能子集中。由于开发方已经事先进行过性能测试和压力测试，因此可以直接使用开发方的辅助工具。也可以通过购买或自己开发来获得辅助工具。具体的测试方法可以参考相关的软件工程书籍。

如果执行了所有的测试案例、测试程序或脚本，用户验收测试中发现的所有软件问题都已解决，而且所有的软件配置均已更新和审核，可以反映出软件在用户验收测试中所发生的变化，用户验收测试就完成了。验收测试工作流程如图4-12所示。

验收测试工作流程说明和注意事项如下。

- 验收测试业务洽谈。
- 双方就测试项目及合同进行洽谈。
- 签订测试合同。
- 委托方提交测试样品及相关资料。

委托方需提交的文档如下。

- 基本文档（验收测试必需的文档）。
- 用户手册。
- 安装手册维护手册。
- 软件样品（可刻录在光盘）。
- 特殊文档。
- 软件产品开发过程中的测试记录。

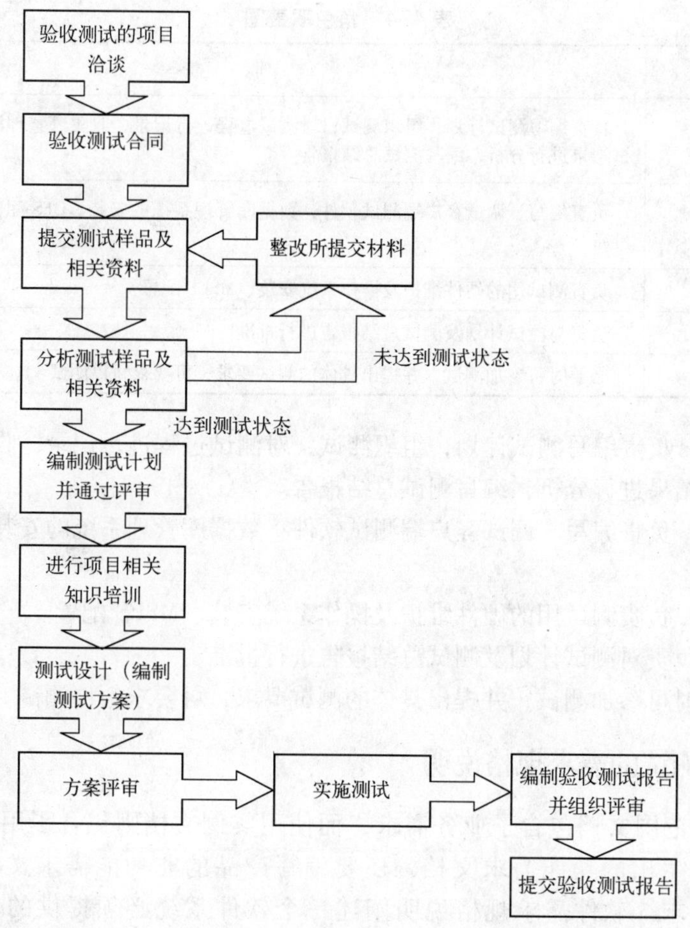

图 4-12　验收测试工作流程图

- 软件产品源代码。
- 编制测试计划并通过评审。
- 进行项目相关知识培训。
- 测试设计。评测中心编制测试方案和设计测试用例集。
- 方案评审。评测中心测试组成员、委托方代表一起对测试方案进行评审。
- 实施测试。评测中心对测试方案进行整改，并实施测试。在测试过程中每日提交测试事件报告给委托方。
- 编制验收测试报告并组织评审。评测中心编制验收测试报告，并组织内部评审。提交验收测试报告。评测中心提交验收测试报告。

4.10　软件测试

4.10.1　软件测试角色

软件测试角色的职责见表 4-4。

表 4-4　角色职责图

角　色	职　责
测试工程师	负责编写测试计划，组织测试，对测试过程进行记录，收集、整理测试记录数据，对测试结果进行分析，编写测试总结报告
软件工程师	负责编写、调试客户端测试软件；数据库管理系统的安装、OFS 配置及系统的本地数据准备
系统工程师	负责测试用的硬件维护及操作系统安装、MSCS 配置
总工程师	负责对测试计划及测试总结报告进行批准
用户	必要时可参加测试，并提出具体的测试要求，可要求暂停测试

测试工程师：负责编写测试计划，组织测试，对测试过程进行记录，收集、整理测试记录数据，对测试结果进行分析，编写测试总结报告。

软件工程师：负责编写、调试客户端测试软件；数据库管理系统的安装、OFS 配置及系统的本底数据准备。

系统工程师：负责测试用的硬件维护及操作系统安装、MSCS 配置。

总工程师：负责对测试计划及测试总结报告进行批准。

用户：必要时可参加测试，并提出具体的测试要求，可要求暂停测试。

4.10.2　软件测试的需求规格说明

项目视图和范围文档包含了业务需求，而使用实例文档则包含了用户需求。必须编写从使用实例派生出的功能需求文档，还要编写产品的非功能需求文档，包括质量属性和外部接口需求。软件需求规格说明阐述一个软件系统必须提供的功能和性能以及它所要考虑的限制条件，它不仅是系统测试和用户文档的基础，也是所有子系统项目规划、设计和编码的基础。它应该尽可能完整地描述系统预期的外部行为和用户可视化行为。除了设计和实现上的限制，软件需求规格说明不应该包括设计、构造、测试或工程管理的细节。

1. 采用软件需求规格说明模版

采用需求规格说明书模板，见表 4-5，在组织中要为编写软件需求文档定义一种标准模板。该模板为记录功能需求和各种其他与需求相关的重要信息提供了统一的结构。注意，其目的并非是创建一种全新的模板，而是采用一种已有的且可满足项目需要并适合项目特点的模板。许多组织一开始都采用 IEEE 标准 830 - 1998（IEEE 1998）描述的需求规格说明书模板。要相信模板是很有用的，但有时要根据项目特点进行适当的改动。

表 4-5　需求规格说明模板

	1	2	3	4	5	6
A 引言	目的	文档约定	预期的读者和阅读建议	产品的范围	参考文献	
B 综合描述	产品的前景	产品的功能	用户类和特征	运行环境	设计和实现上的限制	假设和依赖附录

（续）

	1	2	3	4	5	6
C 外部接口需求	用户界面	硬件接口	软件接口	通信接口		
D 系统特性	说明和优先级	激励/响应序列	功能需求			
E 其他非功能需求	性能需求	安全设施需求	安全性需求	软件质量属性	业务规则	用户文档
F 其他需求						
G 附件	词汇表	分析模型	待确定问题的列表			

1. 引言

引言提出了对软件需求规格说明的纵览，这有助于读者理解文档如何编写并且如何阅读和解释。

1.1 目的

对产品进行定义，在该文档中详尽说明了这个产品的软件需求，包括修正或发行版本号。如果这个软件需求规格说明只与整个系统的一部分有关系，那么就只定义文档中说明的部分或子系统。

1.2 文档约定

描述编写文档时所采用的标准或排版约定，包括正文风格、提示区或重要符号。

1.3 预期的读者和阅读建议

列举了软件需求规格说明所针对的不同读者，例如，开发人员、项目经理、营销人员、用户、测试人员或文档的编写人员。描述了文档中剩余部分的内容及其组织结构。提出了最适合于每一类型读者阅读文档的建议。

1.4 产品的范围

提供了对指定的软件及其目的的简短描述，包括利益和目标。把软件与企业目标或业务策略相联系。可以参考项目视图和范围文档而不是将其内容复制到这里。

1.5 参考文献

列举了编写软件需求规格说明时所参考的资料或其他资源。这可能包括用户界面风格指导、合同、标准、系统需求规格说明、使用实例文档，或相关产品的软件需求规格说明。

2. 综合描述

这一部分概述了正在定义的产品以及它所运行的环境、使用产品的用户和已知的限制、假设和依赖。

2.1 产品的前景

描述了软件需求规格说明中所定义的产品的背景和起源。说明了该产品是否是产品系列中的下一成员，是否是成熟产品所改进的下一代产品、是否是现有应用程序的替代品，或者是否是一个新型的、自含型产品。

2.2 产品的功能

概述了产品所具有的主要功能。很好地组织产品的功能，使每个读者都易于理解。

2.3　用户类和特征

确定可能使用该产品的不同用户类并描述他们相关的特征。有一些需求可能只与特定的用户类相关。

2.4　运行环境

描述了软件的运行环境，包括硬件平台、操作系统和版本，还有其他的软件组件或与其共存的应用程序。

2.5　设计和实现上的限制

确定影响开发人员自由选择的问题，并说明这些问题为什么成为一种限制。

2.6　假设和依赖

列举出在对软件需求规格说明中影响需求陈述的假设因素（与已知因素相对立）。这可能包括要用的商业组件或有关开发或运行环境的问题。可能一个读者认为产品将符合一个特殊的用户界面设计约定，但是另一个读者却可能不这样认为。如果这些假设不正确、不一致或被更改，就会使项目受到影响。

此外，确定项目对外部因素存在的依赖。例如，如果打算把其他项目开发的组件集成到系统中，那么就要依赖那个项目按时提供正确的操作组件。如果这些依赖已经记录到其他文档（如项目计划）中了，那么在此就可以参考其他文档。

3. 外部接口需求

确定可以保证新产品与外部组件正确连接的需求。关联图表示了高层抽象的外部接口。需要把接口数据和控制组件的详细描述写入数据字典中。如果产品的不同部分有不同的外部接口，那么应把这些外部接口的详细需求并入到这一部分的实例中。

3.1　用户界面

陈述所需要的用户界面的软件组件。描述每个用户界面的逻辑特征。而对于用户界面的细节，如特定对话框的布局，应该写入一个独立的用户界面规格说明中，而不能写入软件需求规格说明中。

3.2　硬件接口

描述系统中软件和硬件每一接口的特征。这种描述可能包括支持的硬件类型、软硬件之间交流的数据和控制信息的性质以及所使用的通信协议。

3.3　软件接口

描述该产品与其他外部组件（由名字和版本识别）的连接，包括数据库、操作系统、工具库和集成的商业组件。明确并描述在软件组件之间交换数据或消息的目的。描述所需要的服务以及内部组件通信的性质。确定将在组件之间共享的数据。

3.4　通信接口

描述与产品所使用的通信功能相关的需求，包括电子邮件、Web 浏览器、网络通信标准或协议及电子表格等。定义了相关的消息格式。规定通信安全或加密问题、数据传输速率和同步通信机制。

4. 系统特性

4.1　说明和优先级

提出了对该系统特性的简短说明并指出该特性的优先级是高、中还是低。或者还可以包括对特定优先级部分的评价，例如，利益、损失、费用和风险，其相对优先等级可以从 1

（低）到9（高）。

4.2　激励/响应序列

列出输入激励（用户动作、来自外部设备的信号或其他触发器）和定义这一特性行为的系统响应序列。这些序列将与使用实例相关的对话元素相对应。

4.3　功能需求

详细列出与该特性相关的详细功能需求。这些是必须提交给用户的软件功能，使用户可以使用所提供的特性执行服务或者使用所指定的使用实例执行任务。描述产品如何响应可预知的出错条件或者非法输入或动作。就像本章开头所描述的那样，必须唯一地标识每个需求。

5. 其他非功能需求

详细列举出所有非功能需求，如产品的易用程度如何，执行速度如何，可靠性如何，当发生异常情况时，系统如何处理，而不是外部接口需求和限制。

5.1　性能需求

阐述了不同的应用领域对产品性能的需求，并解释它们的原理以帮助开发人员做出合理的设计选择。确定相互合作的用户数或者所支持的操作、响应时间以及与实时系统的时间关系。还可以在这里定义容量需求，例如，存储器和磁盘空间的需求或者存储在数据库中表的最大行数。尽可能详细地确定性能需求。可能需要针对每个功能需求或特性分别陈述其性能需求，而不是把它们都集中在一起陈述。

5.2　安全设施需求

详尽陈述与产品使用过程中可能发生的损失、破坏或危害相关的需求。定义必须采取的安全保护或动作。明确产品必须遵从的安全标准、策略或规则。

5.3　安全性需求

详尽陈述与系统安全性、完整性或与私人问题相关的需求，这些问题将会影响到产品的使用和产品所创建或使用的数据的保护。定义用户身份确认或授权需求。明确产品必须满足的安全性或保密性策略。

5.4　软件质量属性

详尽陈述与客户或开发人员至关重要的其他产品质量特性。这些特性必须是确定、定量的并在可能时是可验证的。至少应指明不同属性的相对侧重点，例如，易用程度优于易学程度，或者可移植性优于有效性。

5.5　业务规则

列举出有关产品的所有操作规则，例如，什么人在特定环境下可以进行何种操作。这些本身不是功能需求，但它们可以暗示某些功能需求执行这些规则。

5.6　用户文档

列举出将与软件一同发行的用户文档部分，如用户手册、在线帮助和教程。明确所有已知的用户文档的交付格式或标准。

6. 其他需求

定义在软件需求规格说明的其他部分未出现的需求，例如，国际化需求或法律上的需求。还可以通过增加有关操作、管理和维护部分来完善产品安装、配置、启动和关闭、修复和容错，以及登录和监控操作等方面的需求。

编辑一张在软件需求规格说明中待确定问题的列表，其中每一表项都是编上号的，以便于跟踪调查。

2. 指明需求来源

指明需求的来源为了让所有项目风险承担者明白需求规格说明书中为何提供这些功能需求，要都能追溯每项需求的来源，这可能是一种使用实例或其他客户要求，也可能是某项更高层系统需求、业务规范、政府法规、标准或别的外部来源。

3. 为每项需求注上标号

为了满足软件需求规格说明的可跟踪性和可修改性的质量标准，必须唯一确定每个软件需求。为每项需求注上标号，制定一种惯例来为需求规格说明书中的每项需求提供一个独立的可识别的标号或记号。这种惯例应当很健全，允许增加、删除和修改。作了标号的需求能使需求被跟踪，记录需求变更并为需求状态和变更活动建立度量。需求标识方法有序列号；层次化编码；使用“待确定”（To be Determined，TBD ）符号等。

4. 记录业务规范

指关于产品的操作原则，比如谁能在什么情况下采取什么动作。将这些编写成需求规格说明书中的一个独立部分，或一独立的业务规范文档。某些业务规范将引出相应的功能需求；当然这些需求也应能追溯相应业务规范。

5. 创建需求跟踪能力矩阵

建立一个矩阵把每项需求与实现、测试它的设计和代码部分联系起来。这样的需求跟踪能力矩阵同时也把功能需求和高层的需求及其他相关需求联系起来了。在开发过程中建立这个矩阵，而不要等到最后才去补建。

这里还要介绍需求规格说明书中设计阶段，用到的图形模型——数据字典、数据流图、状态转换图、对话图和类图。

（1）数据字典

数据字典是一个定义应用程序中使用的所有数据元素和结构的含义、类型、数据大小、格式、度量单位、精度以及允许取值范围的共享仓库。数据字典的维护独立于软件需求规格说明，并且在产品的开发和维护的任何阶段，各个风险承担者都可以访问数据字典。它定义了原数据元素、组成结构体的复杂数据元素、重复的数据项、一个数据项的枚举值以及可选的数据项。

（2）数据流图

数据流图是结构化系统分析的基本工具。一个数据流图确定了系统的转化过程、系统所操纵的数据或物质的收集（存储），还有过程、存储、外部世界之间的数据流或物质流。数据流模型把层次分解方法运用到系统分析上，这种方法很适用于事务处理系统和其他功能密集型应用程序。

（3）状态转换图

实时系统和过程控制应用程序可以在任何给定的时间内以有限的状态存在。当满足所定义的标准时，状态就会发生改变，例如，在特定条件下，接收到一个特定的输入激励。这样的系统是有限状态机的例子。大多数软件系统需要一些状态建模或分析，就像大多数系统涉及到转换过程、数据实体和业务对象。

（4）对话图

在许多应用程序中，用户界面可以看做是一个有限状态机。在任何情况下仅有一个对话元素（例如，一个菜单，工作区，行提示符或对话框）对用户输入是可用的。在激活的输入区中，用户根据他所采取的活动，可以导航到有限个其他对话元素。因此，许多用户界面可以用状态转换图中的一种称为对话图来建模。对话图描绘了系统中的对话元素和它们之间的导航连接，但它没有揭示具体的屏幕设计。

（5）类图

面向对象的软件开发优于结构化分析和设计，并且它运用于许多项目的设计中，从而产生了面向对象分析、设计和编程的域。类图是用图形方式叙述面向对象分析所确定的类以及它们之间的关系。

4.10.3 软件测试设计说明

测试设计说明：详细描述测试方法，规定该设计及其有关测试所包括的特性，还规定完成测试所需的测试用例和测试规程，并规定特性的通过准则。

测试设计应遵守以下几个原则。

（1）对被测试程序的每一个（公共）功能，都需要有一个测试用例

对于一些显然不可能出错的地方，设计测试用例几乎没有意义。譬如窗口的关闭，一方面它们实现的功能非常直截了当；另一方面每个人测试时都在不断关闭窗口。当然，如果这些窗口关闭不是非常的直截了当，对它们的操作会触发其他一系列工作，例如，分情形打开不同的窗口等，可能需要为它设计测试用例。为这些简单、直接、繁琐的功能设计测试用例，不能提高软件质量，同样对增进测试也没有好处。相反，它可能使测试设计人员厌倦这样的测试设计，甚至失去测试的信心。

（2）测试任何可能出错的地方

XP 的测试原则之一是“测试任何可能出错的地方”。可能做到吗？更何况 80/20 规则表明 80% 的错误来自于 20% 的活动，为每一种行为的组合写上一个测试不但不可能，同时也是没有实际意义的。测试所有可能出错的地方也就是告诉人们不要测试不可能出错的地方，正如前面所说，不要测试非常简单的事情。

（3）测试边界条件

这些地方属于传统的测试角落。对于边界条件，必须保证考虑到了所有可能出错的地方。集合是否为空，第一个，最后一个，诸如此类的问题必须小心考虑。对于这些边界条件的确定和测试用例编写，如未初始化，程序的参数没有初始化，最好解决方法是要求程序员在定义每个参数都先赋予一个明显没有意义的错误的数据，如此在错误发生的时候，测试立刻可以判断出此处有错误，而不是一个似是而非的数据，例如，界面上显示数学成绩的结果为 w，读者立刻可以判断错误出现了，而看到结果为 65，但实际上应该 85，就很难判断了。对于该类问题的测试只能是认真详尽检查，同时要求测试设计时也得仔细设计能够让问题发生的用例。

Null：如果碰到空值，程序会如何处理。

最大值，最小值，第一个，最后一个这些情况下程序如何处理。

最大值 +1，最小值 -1 时怎么样处理。

循环的边界值，初始值是0 还是1。

循环次数是0，…，count－1 还是1，…，count。

数据库的边界值，空数据库等。

（4）测试设计前提

在进行一个测试设计的时候，必然需要对程序进行全面了解，所以，需要一份完整正确的软件详细设计说明，这份软件详细设计说明一定要详细，只要一看就知道每一部分如果被正确实现以后的样子应该是怎样，同时最好还要有全部按钮的名称、提示框的内容，然后才可以设计一个测试的方案出来。

（5）测试设计过程

1）分析应用程序工作流程。该步骤的目的在于确定并说明主角与系统交互时的操作和/或步骤。这些测试过程说明将进一步用于确定与描述测试应用程序所需的测试用例。

这些初期的测试过程说明应是较概括的说明，即对操作的说明应尽可能笼统，而不应具体引用实际数据。

2）确定系统的执行者。执行者是同系统交互的所有事物，例如，人、其他软件、硬件、数据库等。

（6）建议程序开发时预留测试点

如果发现用例在实际处理时有多个过程或多个状态或条件等组合在一起，程序设计时由于其中间过程无须用户关心，而在界面上没有办法观察或操作，目的是避免用户的误操作，同时减少用户操作和理解的难度。

可以建议程序在开发时预留其中间状态的测试点，通过该测试点——也许是一个额外的输入输出界面，最终发布程序时将隐藏掉，可以大大降低测试的难度，可以更加保证测试的充分性。

4.11 测试设计和管理

4.11.1 错误曲线

在软件开发的过程中，利用测试的统计数据，估算软件的可靠性，以控制软件的质量是至关重要的。

估算错误产生频度的一种方法是估算平均失效等待时间 MTTF（Mean Time To Failure）。MTTF 估算公式（Shooman 模型）是

$$MTTF = \frac{1}{K(E_Y/I_Y - E_G(t)/I_Y)}$$

其中，K 是一个经验常数，美国一些统计数字表明，K 的典型值是200；E_Y 是测试之前程序中原有的故障总数；I_Y 是程序长度（机器指令条数或简单汇编语句条数）；t 是测试（包括排错）的时间；E_G（t）是在0～t 期间内检出并排除的故障总数。

公式的基本假定是：单位（程序）长度中的故障数 E_Y/I_Y 近似为常数，它不因测试与排错而改变；故障检出率正比于程序中残留故障数，而 MTTF 与程序中残留故障数成正比；故障不可能完全检出，但一经检出立即得到改正。

下面对此问题作一分析。

设 E_G（t）是 0 ~ t 时间内检出并排除的故障总数，t 是测试时间（月），则在同一段时间 0 ~ t 内的单条指令累积规范化排除故障数曲线 $\varepsilon c(\tau)$ 为：$\varepsilon c(\tau) = EG(t) / I_Y$ 这条曲线在开始呈递增趋势，然后逐渐和缓，最后趋近于一水平的渐近线 E_Y / I_Y。利用公式的基本假定：故障检出率（排错率）正比于程序中残留故障数及残留故障数必须大于零，经过推导得：$\varepsilon_G(\tau) = \frac{E_Y}{I_Y}(1 - e^{-K_1\tau})$，这就是故障累积的 S 型曲线模型，如图 4-13 所示。

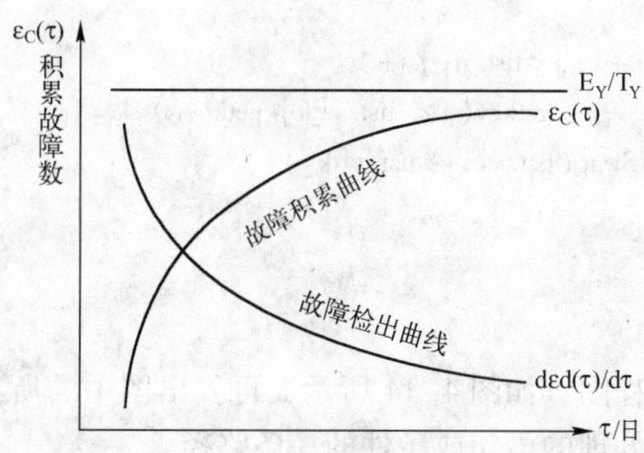

图 4-13　故障累积曲线与故障检出曲线

4.11.2　测试用例设计

测试用例可以写得很简单，也可以写得很复杂。最简单的测试用例是测试的纲要，仅仅指出要测试的内容，如探索性测试（Exploratory Testing）中的测试设计，仅会指出需要测试产品的哪些要素、需要达到的质量目标、需要使用的测试方法等。而最复杂的测试用例就像飞机维修人员使用的工作指令卡一样，会指定输入的每项数据，期待的结果及检验的方法，具体到界面元素的操作步骤，指定测试的方法和工具等。

测试用例写得过于复杂或过于详细，会带来两个问题，一个是效率问题；一个是维护成本问题。另外，测试用例设计得过于详细，留给测试执行人员的思考空间就比较少，容易限制测试人员的思维。

测试用例写得过于简单，则可能失去了测试用例意义。过于简单的测试用例设计其实并没有进行“设计”，只是把需要测试的功能模块记录下来而已，它的作用仅仅是在测试过程中作为一个简单的测试计划，提醒测试人员测试的主要功能包括哪些而已。测试用例设计的本质应该是在设计的过程中理解需求，检验需求，并把对软件系统的测试方法的思路记录下来，以便指导将来的测试。

大多数测试团队编写的测试用例的粒度介于两者之间。而如何把握好粒度是测试用例设计的关键，也将影响测试用例设计的效率和效果。我们应该根据项目的实际情况来决定设计出怎样粒度的测试用例。

1. 基本路径测试用例设计

路径测试是确定组件实现中错误的白盒测试技术，它假设通过至少一次代码的所有可能路径，大多数错误将引起故障。路径测试是在程序控制流图的基础上，分析控制构造的环路复杂性，导出基本可执行路径集合，由此设计测试用例，并保证在测试中，程序的每一个可执行语句至少要执行一次。

【例 4-3】 下面是选择排序的程序，其中 datalist 是数据表，它有两个数据成员，一是元素类型为 Element 的数组 v；另一个是数组大小 n。算法中用到两个操作，一是取某数组元素 v[i]的关键码操作 getKey()，一是交换两数组元素内容的操作 Swap()。

```
Void Selectsort( datalist & list) {
    for(int i = 0; i < list. n - 1; i ++ ) {
        int k = I;
        for(int j = i + 1; j < list. n; j ++ )
            if(list. v[j]. getkey() < list. v[k]. getkey())k = j;
        if(k!  = i)Swap(list. v[i], list. v[k]);
    }
}
```

设计测试用例。

首先画出该程序的流程图，如图 4-14 所示，再找出图中的所有独立路径，所谓独立路径是指包括一组以前没有处理的语句或条件的一条路径。

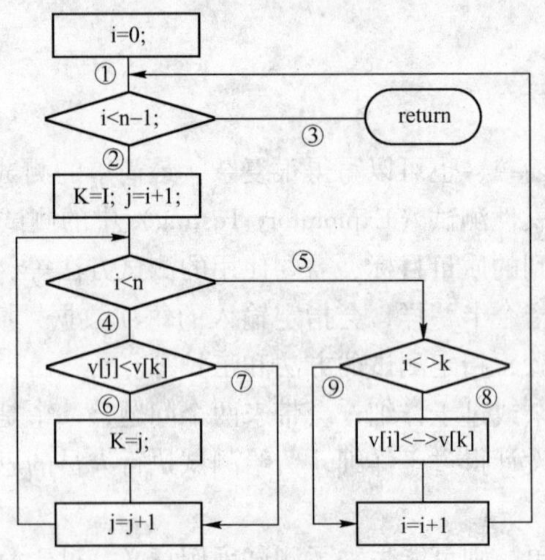

图 4-14　程序流程图

显然，该图有 5 条独立路径：

path1：1 -3

path2：1 -2 -5 -8 …

path3：1 -2 -5 -9 …

path4：1 -2 -4 -6 …

path5：1 -2 -4 -7 …

对该 5 条路径设计的测试用例见表 4-6。

表 4-6　上述每个路径设计测试用例

序　号	输　　入	期望输出	说　　明
1	n = 1	v 保持值不变	path1
2	n = 2	路径 5 - 8 - 3 不可到达	path2：路径 1 - 2 - 5 - 8 - 3
3	n = 2	路径 5 - 9 - 3 不可到达	path3：路径 1 - 2 - 5 - 9 - 3
4	n = 2，v[0] = 2，v[1] = 1	k = 1，v[0] = 1，v[1] = 2	路径 1 - 2 - 4 - 6 - 5 - 8 - 3
5	n = 2，v[0] = 2，v[1] = 1	k = 1，路径 9 - 3 不可到达	路径 1 - 2 - 4 - 6 - 5 - 9 - 3
6	n = 2，v[0] = 2，v[1] = 1	k = 0，路径 8 - 3 不可到达	路径 1 - 2 - 4 - 7 - 5 - 8 - 3
7	n = 2，v[0] = 2，v[1] = 1	k = 0，v[0] = 1，v[1] = 2	路径 1 - 2 - 4 - 7 - 5 - 9 - 3

2. 等价类划分边界值分析测试用例设计

【例 4-4】 请使用等价类划分和边界值分析的方法，如图 4-15 所示，设计 Date 类 decrease( )方法的测试用例。

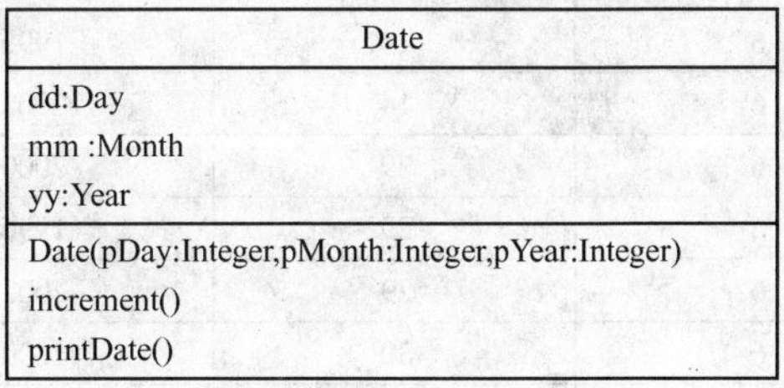

Date
dd:Day mm :Month yy:Year
Date(pDay:Integer,pMonth:Integer,pYear:Integer) increment() printDate()

图 4-15　类图

设计测试用例。

从等价类划分考虑，“年份”存在闰年和非闰年，“月份”存在 31 天月、30 天月和 2 月；从边界值考虑，一个月的最后一天和 12 月 31 日。

综合上述考虑，我们可以选择一种等价类划分。

D1 = {1≤date < 本月最后一天}

D2 – {本月最后一天}

D3 = {12 月 31 日}

M1 = {30 天月}

M2 = {31 天月}

M3 = {2 月}

Y1 = {2000}

Y2 = {闰年}

Y3 = {非闰年}

考虑有效等价类、无效等价类和边界值的情况，我们可以得到表 4-7 所示的测试用例。

表 4-7　测试用例

序　　号	输　　入			期望输出
	mm	dd	yy	
1	2	14	2000	2000 年 2 月 15 日
2	2	14	1996	1996 年 2 月 15 日

（续）

序　　号	输　　入			期望输出
	mm	dd	yy	
3	2	14	2002	2002 年 2 月 15 日
4	2	28	2000	2000 年 2 月 29 日
5	2	28	1996	1996 年 2 月 29 日
6	2	28	2002	2002 年 3 月 1 日
7	2	29	2000	2000 年 3 月 1 日
8	2	29	1996	1996 年 3 月 1 日
9	2	29	2002	无效的输入日期
10	2	30	2000	无效的输入日期
11	2	30	1996	无效的输入日期
12	2	30	2002	无效的输入日期
13	6	14	2000	2000 年 6 月 15 日
14	6	14	1996	1996 年 6 月 15 日
15	6	14	2002	2002 年 6 月 15 日
16	6	29	2000	2000 年 6 月 30 日
17	6	29	1996	1996 年 6 月 30 日
18	6	29	2002	2002 年 6 月 30 日
19	6	30	2000	2000 年 7 月 1 日
20	6	30	1996	1996 年 7 月 1 日
21	6	30	2002	2002 年 7 月 1 日
22	6	31	2000	无效的输入日期
23	6	31	1996	无效的输入日期
24	6	31	2002	无效的输入日期
25	8	14	2000	2000 年 8 月 15 日
26	8	14	1996	1996 年 8 月 15 日
27	8	14	2002	2002 年 8 月 15 日
28	8	29	2000	2000 年 8 月 30 日
29	8	29	1996	1996 年 8 月 30 日
30	8	29	2002	2002 年 8 月 30 日
31	8	30	2000	2000 年 8 月 31 日
32	8	30	1996	1996 年 8 月 31 日
33	8	30	2002	2002 年 8 月 31 日
34	8	31	2000	2000 年 9 月 1 日
35	8	31	1996	1996 年 9 月 1 日
36	8	31	2002	2002 年 9 月 1 日
37	12	31	2000	2001 年 1 月 1 日
38	12	31	1996	1997 年 1 月 1 日
39	12	31	2002	2003 年 1 月 1 日
40	13	14	2000	无效的输入日期
41	13	30	1996	无效的输入日期
42	13	31	2002	无效的输入日期
43	3	0	2000	无效的输入日期

（续）

序　号	输　入			期望输出
	mm	dd	yy	
44	3	32	1996	无效的输入日期
45	9	14	0	无效的输入日期
46	0	0	0	无效的输入日期
47	−1	14	2000	无效的输入日期
48	11	−1	2002	无效的输入日期

3. 灰盒测试

（1）测试用例

测试用例可根据系统工程算法、详细设计、软件要求或实际代码生成。这些资源的任何结合都可生成功能上或结构上的测试用例。

（2）产生基于测试用例的要求

灰盒测试法是专门为嵌入式软件研制的。嵌入式软件的关键算法通常是系统工程组制定的。在需求分析阶段，分配给软件的要求和算法，通常作为输入提供给软件工程组。系统要求算法常常是用 Fortran、C 语言作为编码语言在系统的软件模拟中制定和检验的。得到的软件要求在多数情况下是算法语句。不管要求是用可执行的需求规范语言说明还是嵌入在现行系统模拟中，这些需求信息总是可用来产生基于测试用例的要求。

（3）测试执行环境

产生基于测试用例的要求后，必须将受测软件放在模拟受测软件的环境中，提取实际的结果。灰盒测试工具具有足够的智能，生成要求的驱动器和插头。最后，得到的实际结果要根据基于测试用例产生的要求得到的期望结果进行检验。

受测软件必须在不同层次上进行检验。第一层是单元级。将受测软件放在能够提取模块规范并能产生调用受测单元的驱动器的环境中。被受测模块调用的所有模块，如果不存在，就会自动被打桩。灰盒测试法支持桩数据通过 MTIF 文件返回。灰盒测试法支持所有测试软件的自动代码生成（驱动器、桩模块、结果检验）。

（4）灰盒测试工具

美国 Cleanscape 公司在 2002 年研制出了灰盒测试软件工具，可进行白盒测试、黑盒测试、回归测试、判定测试和变异测试，方法非常简单。灰盒扫描源代码，自动生成输入表、输入值及期望的结果。然后，测试器将列表值和期望的结果存储起来。然后进行灰盒测试，将实际结果与期望的结果进行比较，给出分析结果。具体步骤如图 4-16 所示。

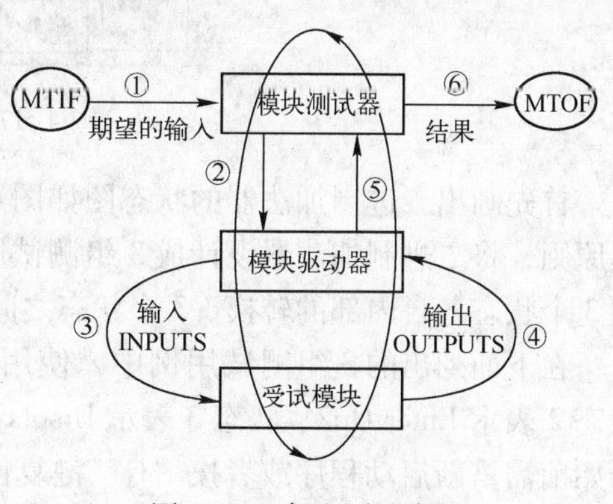

图 4-16　灰盒测试步骤

1）模块测试器从模块测试输入文件（MTIF）读出输入参数和期望值。

2）模块测试器将输入参数送给模块驱动器，执行测试用例。

3）模块驱动器调入受试模块（MUT），并传送输入值。

4）受测模块用提供的输入值完成其任务，产生结果。

5）模块驱动器将获得的输出送到模块测试器。

6）模块测试器将执行受测模块的实际结果与 MTIF 中规定的期望结果进行比较。将比较的结果存入模块测试输出文档（MTOF）中。

4. 基于状态的测试

基于状态的测试主要考虑面向对象系统，它根据系统的特定状态选择大量的测试输入，测试某个组件或系统，并将实际的输出与预期的结果相比较。在类环境中，类的 UML 状态图可以导出测试用例组成基于状态的测试。

用这种方法设计测试用例的原则如下。

1）测试每一状态的每一种内部转换，验证程序在正常状态转换下与设计需求的一致性。

2）测试每一状态中每一种内部转换的监护条件，考虑条件为真、为假以及条件参数处于极限值附近的情况。

3）测试每一状态中是否可能发生奇异的内部转换。

4）测试状态与状态之间每一条转换路径，验证程序在合法条件下行为的正确性。

5）测试状态与状态之间每一条转换路径的监护条件，考虑条件为真、为假以及条件参数处于极限值附近的情况。

6）分析状态与状态之间可能发生的异常转换，并设计测试用例。

7）将系统看做一个整体，针对系统的典型功能设计测试用例。

【例 4-5】 图 4-17 所示是一个 20 位的二进制加法器，它所实现的功能如下所述。

1）点击“C”键：清除结果。

2）点击“0”键：输出 0。

3）点击“1”键：输出 1。

4）点击“+”键：输出 +。

5）点击“=”键：显示计算结果。

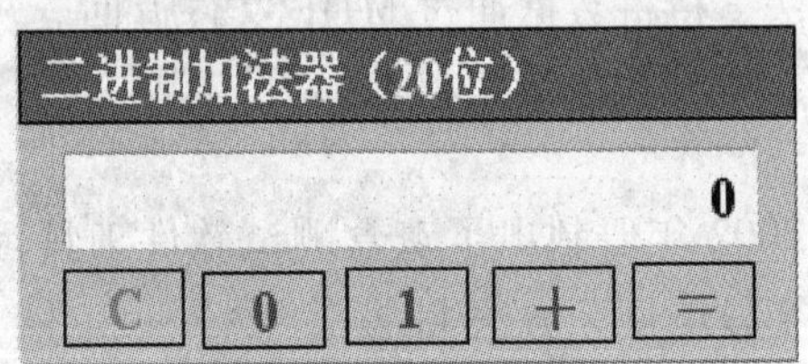

图 4-17　二进制加法器

首先画出二进制加法器的状态图如图 4-18 所示，再根据上述状态图设计测试用例的基本原则，将二进制加法器设计成 3 组测试用例，见表 4-8 ~ 表 4 ~ 10，分别用于测试状态图中 3 个状态各自内部的转换、3 个状态之间的转换以及加法算式的正确性。

在下面列出的 3 组测试用例中，使用状态 1 表示二进制加法器状态图中的 Enter Op1、状态 2 表示 Enter Op2、状态 3 表示 Display result；另外，所有测试用例的执行要求每次测试开始前需重新启动程序或者按“C”键复位，按照按键序列依次输入，并查看结果框中是否有期望的输出结果。

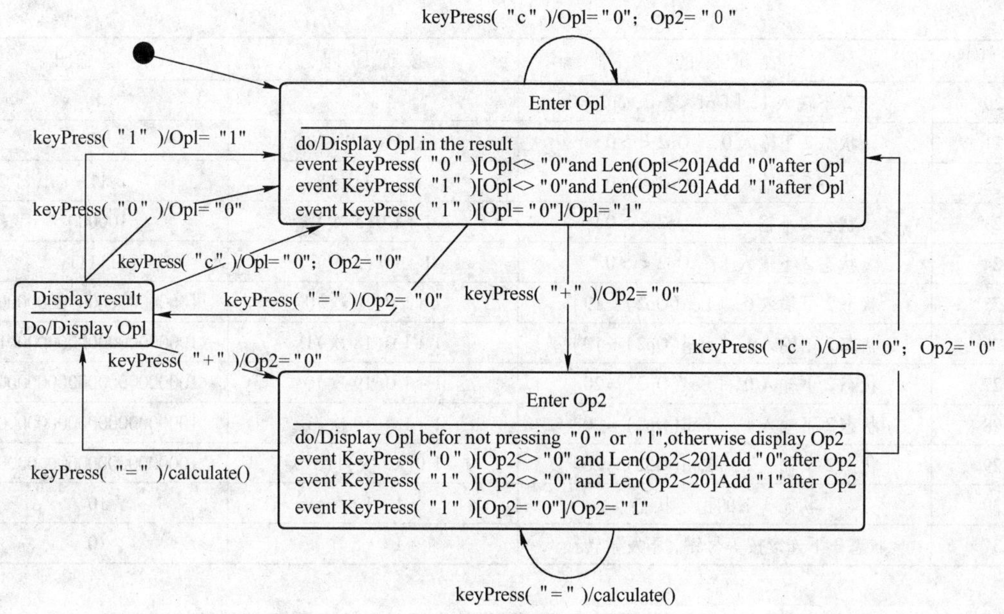

图 4-18 测试用例

表 4-8 第一组测试用例：用于测试状态图中 3 个状态各自内部的转换

序号	测试目的	按键序列	期望输出
1	启动程序后，状态 1 的稳定态	启动程序，不按任何键	0
2	状态 1 下输入 0，[Op1 = 0]	0	0
3	状态 1 下输入 0，[Op1 = 0]	0(5 次)	0
4	状态 1 下输入 1，[Op1 = 0]	1	1
5	状态 1 下输入 0，[Op1 < >0]	1 0	10
6	状态 1 下输入 1，[Op1 < >0]	1 1	11
7	状态 1 下输入 0，[Op1 < >0]	1(5 次)0	111110
8	状态 1 下输入 1，[Op1 < >0]	1(5 次)1	111111
9	状态 1 下输入 0，[Len(Op1) = 19]	1(19 次)0	11111111111111111110
10	状态 1 下输入 0，[Len(Op1) = 20]	1(20 次)0	11111111111111111111
11	状态 1 下输入 0，[Len(Op1) = 20]	1(20 次)0	11111111111111111111
12	状态 1 下输入 1，[Len(Op1) = 20]	1(20 次)1	11111111111111111111
13	状态 1 下输入 0，[Len(Op1) = 20]	1(20 次)0(5 次)	11111111111111111111
14	状态 1 下输入 1，[Len(Op1) = 20]	1(20 次)1(5 次)	11111111111111111111
15	状态 2 未发生输入的稳定态	+	0
16	状态 2 未发生输入的稳定态	1 +	1
17	状态 2 下输入 0，[Op1 < >0，op2 = 0]	+0	0
18	状态 2 下输入 0，[Op1 < >0，op2 = 0]	1 +0(5 次)	1
19	状态 2 下输入 1，[Op1 = 0，op2 = 0]	+1	1

（续）

序　号	测 试 目 的	按 键 序 列	期 望 输 出
20	状态 2 下输入 1，[Op1 < >0，op2 =0]	1 +1	1
21	状态 2 下输入 0，[Op2 < >0]	1 +1 0	10
22	状态 2 下输入 1，[Op2 < >0]	1 +1 1	11
23	状态 2 下输入 0，[Op2 < >0]	1 +1 0(5 次)	100000
24	状态 2 下输入 1，[Op2 < >0]	1 +1 1(5 次)	111111
25	状态 2 下输入 0，[Len(Op2) =19]	1 +1 0(18 次)0	10000000000000000000
26	状态 2 下输入 1，[Len(Op2) =19]	1 +1 0(18 次)1	10000000000000000001
27	状态 2 下输入 0，[Len(Op2) =20]	1 +1 0(19 次)0	10000000000000000000
28	状态 2 下输入 1，[Len(Op2) =20]	1 +1 0(19 次)1	10000000000000000000
29	状态 2 下输入 1，[Len(Op2) =20]	1 +1 0(19 次)1(5 次)	10000000000000000000
30	状态 3 下的稳定状态	1 +1 =	10
31	状态 3 下连续按等号键，不发生转换	1 +1 =(5 次)	10

表 4-9　第二组测试用例：用于测试状态图中 3 个状态之间的转换

序　号	测 试 目 的	按 键 序 列	期 望 输 出
1	状态 1 转换到自身	C	0
2	状态 1 转换到自身	1 C	0
3	状态 1 转换到自身	1 C(3 次)	0
4	状态 1 转换到自身	1 0(4 次)C	0
5	状态 1 转换到状态 2	+1 0 1 0	1010
6	状态 1 转换到状态 2	+ + +1 0 1 0	1010
7	状态 1 转换到状态 2	1 1 0 +1 0 1 0	1010
8	状态 2 转换到状态 1	+1 0 1 C	0
9	状态 2 转换到状态 1	+1 C C C	0
10	状态 2 转换到状态 1	1 +1 C 1	1
11	状态 2 转换到状态 1	1 +1 +	10
12	状态 2 转换到自身	1 +1 +1 + + +	10
13	状态 2 转换到自身	1 +1 +1 +1 +	11
14	状态 2 转换到自身	1 + + +1 +1 + + +	11
15	状态 2 转换到自身	1 1 +1 0 1 +1 0 0 +	1100
16	状态 2 转换到自身[累加和等于 20 位]	1 0(19 次) +1 +1 0(18 次) +	11000000000000000001
17	状态 2 转换到自身[累加和超过 20 位]	1 0(19 次) +1 +1 0(19 次) +	0
18	状态 2 转换到状态 3	1 +1 =	10
19	状态 2 转换到状态 3	1 +(3 次)1 =(3 次)	10
20	状态 2 转换到状态 3[结果等于 20 位]	1 0(18 次) +1 0(18 次) =	10000000000000000000
21	状态 2 转换到状态 3[结果超过 20 位]	1 0(19 次) +1 0(19 次) =	0
22	状态 3 转换到状态 2	1 +1 = +1	1

（续）

序　　号	测 试 目 的	按 键 序 列	期 望 输 出
23	状态 3 转换到状态 2 再转换到状态 3	1 + 1 = + 1 =	11
24	状态 1 转换到状态 3	=	0
25	状态 1 转换到状态 3	1 =	1
26	状态 3 转换到状态 1(复位操作)	1 + 1 = C	0
27	状态 3 转换到状态 1(复位操作)	1 + 1 = C(5 次)	0
28	状态 3 转换到状态 1(输入操作数)	1 + 1 = 0	0
29	状态 3 转换到状态 1(输入操作数)	1 + 1 = 1	1
30	状态 3 转换到状态 1(输入操作数)	1 + 1 = 1 1 0	110
31	状态 3 转换到状态 1(输入操作数)	1 + 1 = 0 0 1 1 0 0	1100

表 4-10　第三组测试用例：用于测试加法算式正确性

序号	测 试 目 的	按 键 序 列	期 望 输 出
1	第一个操作数位数比第二个操作数位数少	101 + 10101101	10110010
2	第一个操作数位数比第二个操作数位数多	10101101 + 101	10110010
3	不带进位的加法	1000 + 110	1110
4	带进位的加法	1101 + 101	10010
5	混合了进位及不进位加法的累加式	1100001 + 1010 + 100001 + 110	10010010
6	一个操作数为 0 的情况	1010 + 0	1010
7	两个操作数为 0 的情况	0 + 0	0
8	计算结果为 20 位	10000000000000000000 + 10000000000000000000	100000000000000000000
9	一个操作数位数为 20 位	100000000000000000000 + 1101	100000000000000001101
10	一个操作数位数为 20 位(溢出)	10000000000000000000 + 10000000000000000000	0

4.12　软件测试工具

4.12.1　自动软件测试的优点

测试对软件开发至关重要，在整个软件开发周期中，大约 40% 以上的人力和时间用于软件测试。即使这样，经过测试而交付使用的软件仍可能出错。为了减轻测试的工作量，提高测试的工作效率和质量，很有必要开发一些工具使测试过程趋于自动化。

通过自动化测试，可以使某些任务提高执行效率。除此之外，自动软件测试还有很多优点。

1）对程序的回归测试更方便。这是自动化测试最主要的优点，特别是在程序修改比较频繁时，效果是非常明显的。由于回归测试的动作和用例是完全设计好的，测试期望的结果也是完全可以预料的。将回归测试自动运行，可以极大提高测试效率，缩短回归测试时间。

2）可以运行更多、更繁琐的测试。自动化的一个明显的好处是可以在较少的时间内运行更多的测试。

3）可以执行一些手工测试困难或不可能进行的测试。比如，对于大量用户的测试，不可能同时让足够多的测试人员同时进行测试，但是却可以通过自动化测试模拟同时有许多用户，从而达到测试的目的。

4）更好地利用资源。将繁琐的任务自动化，可以提高准确性和测试人员的积极性，将测试技术人员解脱出来投入更多精力设计更好的测试用例。有些测试不适合于自动测试，仅适合于手工测试，将可自动测试的测试后，可以让测试人员专注于手工测试部分，提高手工测试的效率。

5）测试具有一致性和可重复性。由于测试是自动执行的，每次测试的结果和执行的内容的一致性是可以得到保障的，从而达到测试的可重复的效果。

6）测试的复用性。由于自动测试通常采用脚本技术，这样就有可能只需要做少量的甚至不做修改，实现在不同的测试过程中使用相同的用例。

7）可以让产品更快面向市场。自动化测试可以缩短测试时间，缩短产品开发周期。

8）增加软件信任度。由于测试是自动执行的，所以不存在执行过程中的疏忽和错误，完全取决于测试的设计质量。一旦软件通过了强有力的自动测试后，软件的信任度自然会增加。

总之，通过较少的开销获得更彻底的测试，提高软件质量，这是测试自动化的最终目的。

4.12.2 测试工具分类

不同的测试工具对于代码的覆盖能力也是不同的，通常能够支持修正条件判定覆盖的测试工具价格是极其昂贵的。

1. 黑盒测试（功能测试）工具

常用的黑盒测试工具有以下两种。

1）功能测试工具：用于检测被测程序能否达到预期的功能要求并正常运行。

2）性能测试工具：性能测试工具有助于确定软件和系统的性能。有些工具还可用于自动多客户/服务器加载测试和性能测量，用来生成、控制并分析客户/服务器应用的性能，即性能测试又分为客户端的测试和服务器端的测试。客户端的测试主要关注应用的业务逻辑、用户界面和功能测试等；服务器端的测试主要关注服务器的性能，衡量系统的响应时间，事务处理速度和其他时间等。

2. 白盒测试工具

白盒测试工具一般是针对被测源程序进行的测试，测试中发现的故障可以定位在代码级，根据测试工具的原理不同，又可分为静态测试工具和动态测试工具。

(1) 静态测试工具

静态测试是指在不执行程序的情况下，对软件特性进行分析。静态分析主要集中在需求文档、设计文档以及程序结构上，可以进行类型分析、接口分析、输入输出规格说明等。常用的静态分析工具有：McCabe &Associates 公司开发的 McCabe Visual Quality ToolSet 分析工具，ViewLog 公司开发的 LogiScope 分析工具，Software Research 公司开发的 TestWork/Advisor 分析工具及 Software Emancipation 公司开发的 Discover 分析工具等。

按照完成的职能不同，静态测试工具又有以下几种类型。

1）代码审查。代码审查工具能够帮助人们了解不太熟悉的代码，了解代码的相关性、跟踪程序逻辑、查看程序的图形表达，确认死代码，确定需要特别关照的区域，检查程序是否遵守了程序设计规则等。这类工具常称为代码审查器。

2）一致性检查。一致性检查即测试程序的各个单元是否使用了统一的记法或术语，这类工具通常用以检查是否遵循了设计规格说明。此类工具常称为一致性检查器。

3）错误检查。错误检查用以确定差别，分析错误的严重性和原因。

4）接口分析。接口分析即检查程序单元之间接口的一致性，以及是否遵循了预先确定的规则或原则。典型的接口分析包括检查传送给子程序的参数以及检查模块的完整性。此类工具称为接口检查器。

5）输入/输出规格说明分析。输入/输出规格说明分析的目标是借助于分析输入/输出规格说明生成测试输入数据。

6）数据流分析。数据流分析即检测数据的赋值与引用之间是否出现了不合理的现象，如引用未赋值的变量，对以前未曾引用变量的再次赋值等数据流异常现象。

7）类型分析。类型分析即检测命名的数据项和操作是否得到了正确的使用。通常类型分析用以检测某一实体的值域（或函数等）是否按正确并且一致的形式构成。

8）单元分析。单元分析即检测单元或构成实体的物理元件是否定义正确和使用一致。

9）复杂度分析。80% 的错误是由 20% 的代码引起的。复杂度分析有助于确定分析领域中的风险，帮助工程师精确地计划他们的测试活动。换言之，那些标明为较复杂的代码域是必须补充一些测试用例进一步进行审查的域，一般认为是软件测试成本/进度或程序中存在故障的指示器。

（2）动态测试工具

动态测试工具与静态测试工具不同，动态测试工具直接执行被测程序以提供测试支持。它所支持的测试范围十分广泛，包括功能确认与接口测试、覆盖率分析、性能分析、内存分析等。动态测试工具代表有 Compuware 公司开发的 DevPartner 软件、Rational 公司研制的 Purify 系列。

1）功能确认与接口测试。这部分的测试包括对各个模块功能、模块间的接口、局部数据结构、主要执行路径、错误处理等进行测试。

2）覆盖分析。一般来说，没有经过覆盖分析，软件在发行前仅有 50% 的源程序被测试过。在近一半源代码没有被测试的情况下，大量的故障随软件一起被发行出去。在这种情况下，软件的质量、性能和功能不可能得到保障。此外，什么时候停止测试，是否要对程序作进一步的测试，对于测试工程师和测试管理人员来说是不知道的。通过引进测试覆盖概念，这些问题可以得到解决。

覆盖分析可以对测试质量提供定量的分析。换言之，覆盖分析对所涉及的程序结构元素进行度量，以确定测试执行的充分性。这种测试覆盖分析工具对于所有软件测试机构来说都是必不可少的，它可以告诉被测试软件中哪些部分已经被测试过，哪些部分还没有被覆盖到，需要进一步测试。

覆盖分析工具用于单元测试中。例如，测试对安全性要求较高或与安全有关的系统时，要求达到主要路径覆盖。此外，覆盖分析工具还可以度量设计层次结构，如调用树结构的覆盖率。

3）性能分析。如果一个应用程序运行缓慢，开发人员很难发现哪里出了问题，程序的性能问题得不到解决，将极大地影响程序的质量，于是查找并修改性能瓶颈已经成为改善整个系统性能的关键。

4）内存分析。内存泄漏可能会导致系统运行崩溃。内存泄漏是指程序没有释放应该释放的内存单元块，这些内存块从可供分配给所有程序的内存中“漏”掉了。最后，这种故障将“吃”掉所有的内存，致使程序不能正常运行。如果这种故障出现在资源比较匮乏，应用非常广泛的系统中将可能导致无法预料的重大损失。通过分析内存使用情况，可以了解程序内存分配的真实情况，发现内存的不正常使用，在问题出现前发现征兆，在系统崩溃前发现内存泄露错误，发现内存分配错误，找出发生故障的原因。

4.12.3 自动测试的相关问题

随着软件复杂程度日益提高，软件测试过程中需要解决的问题也呈指数级上升。理想情况下，软件要采用所有可能的各种输入向量进行充分测试，且这些测试应尽可能少地占用资源，测试周期也要经济实用。品质保证专家正在努力定义系列测试事件，以尽可能覆盖所有源代码。通常测试采用手工方法完成，并将结果记录下来，但这时测试事件的实际覆盖情况却无法确切地知道，而且手工定义与执行测试序列需要花费大量的时间和人力。

使用自动测试可能会遇到许多问题。下面是普遍存在的问题。

1）不现实的期望。容易对新工具持乐观态度，期望这种工具可以解决目前遇到的所有问题。

2）缺乏测试实践经验。如果缺乏测试实践经验，测试发现故障的能力较差，在这种情况下采用自动测试工具并不是一个好办法。改进测试的有效性比改进测试的效率要好得多。

3）期望自动测试工具能取代手工测试。不可能也不能期望将所有测试都自动化。下列一些情况更适合进行手工测试。

- 测试很少运行。例如，一年只运行一次，这种情况下不值得将测试自动化。
- 软件不稳定。例如，如果软件从一个版本到另一个版本，在这期间用户界面和功能频繁变化，那么修改相应的自动化测试开销较大。
- 结果很容易由人来验证，但测试自动化实现很困难甚至是不可能的。例如，彩色模式的合适程度，屏幕轮廓的直观效果或选择指定的屏幕对象是否能播放正确的声音等。
- 涉及物理交互的测试，例如，在读卡机上划片，断开某些设备的连接，开关电源等。

4）期望自动测试发现新故障。不要期望自动测试能发现许多新的故障。测试在首次运行时最有可能发现故障，以后再运行相同的测试发现新故障的可能性很小。

测试执行工具是一种回归测试工具，用于重复已经执行过的测试，因此，不能用来发现大量新的故障，特别是运行在以前相同的硬件和软件环境中。发现新故障应该是手工测试的主要目的。

5）安全性错觉。没有发现任何故障并不意味软件没有故障，可能是测试不全面或测试本身就有故障。测试自动化工具只能判断实际结果和期望结果之间的差别。如果自动测试报告通过所有测试，实际上只能说明实际结果与期望结果匹配。

6）测试自动化不能提高有效性。自动化测试并不会比手工运行相同的测试更加有效，自动化只能提高测试的效率，即运行测试的开销和时间。

7）自动测试的维护性。软件修改后，经常需要修改部分或全部测试，以便可以重新正确地运行，自动测试也是如此。当修改测试的费用比手工重新测试更高时，测试自动化将被放弃。

8）测试自动化可能会制约软件开发。自动测试可能比手工测试更“脆弱”。软件部分改变有可能使自动测试软件崩溃。由于经济原因，对自动测试影响较大的软件修改可能受到限制。

9）组织问题。自动测试实施起来并不简单。自动化测试的推行，有很多阻力，比如机构是否重视，是否有这样的技术水平，由于测试脚本的维护工作量较大，是否值得维护等问题都必须考虑。

10）工具本身没有想象力。工具毕竟是工具，人感官方面的东西，比如界面的美观、声音的体验、易用性等，只有靠人来测试，自动测试工具是无能为力的。测试工具与其他软件的互操作性，也是一个严重的问题。此外，人工测试可以处理意外事件，例如，网络连接中断等。工具可以具有处理某些事件的能力，但毕竟不如人灵活。

测试自动化不仅仅与项目有关，在大型组织中，测试自动化很少根据一个项目进行评价，因为所有项目都可能面临许多问题而收效甚微。应有标准确保测试机构中使用工具的一致性，否则每个小组开发自己的测试自动化方法，这样在测试人员之间很难互通或共享自动测试。

4.13 经典例题讲解

例题 1

程序 TRIANGLE 读入 3 个整数值，这 3 个整数代表三角形三边的长度，程序根据这个值判断三角形属于不等边、等腰或等边三角形中的哪一种。

程序 TRIANGLE 的流程图和流图如图 4-19、图 4-20 所示。

本例将首先采用黑盒法设计测试用例，然后用白盒法进行检验和补充，综合使用边界值分析、等价划分和错误推测等技术，可以设计出下述情况。

1）正常的不等边三角形。

2）正常的等边三角形。

3）正常的等腰三角形，包括两条相等边的 3 种不同的排列方法。

4）两边之和等于第三边的退化三角形，包括两种不同的排列方法。

5）三条边不能构成三角形（即两边之和小于第三边），包括两种不同的排列方法。

6）一条边的长度为 0，包括 3 种不同的排列方法。

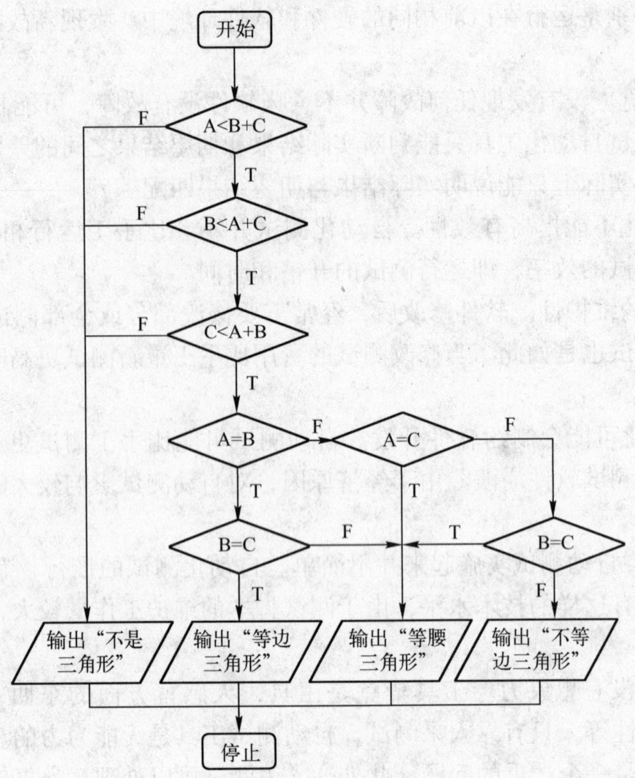

图 4-19　程序流程图

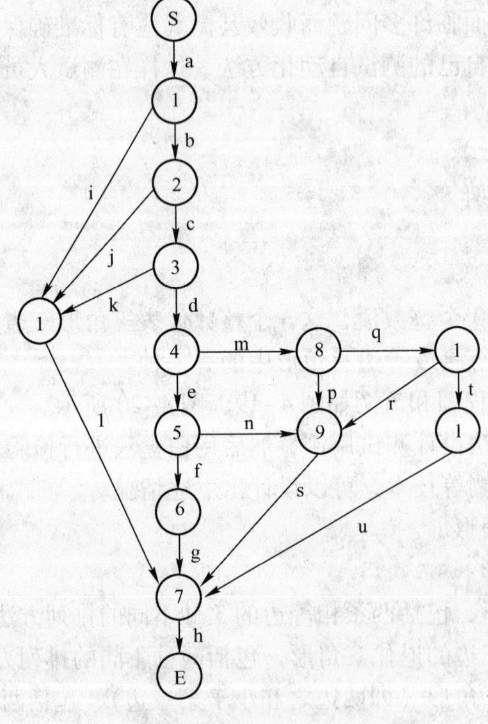

图 4-20　流图

7）两条边的长度为0，包括两种不同的排列方法。

8）二条边的长度均为0。

9）输入的数据中包含负整数。

10）输入数据不足3个。

11）输入数据中包含非正整数的数据。

为了测试上述11种情况，设计测试用例见表4-11。

表4-11　程序TRIANGLE的测试用例

测试功能	测试数据			期望结果
	排列1	排列2	排列3	
1. 等边	10，10，10	—，—，—	—，—，—	等边三角形
2. 等腰	10，10，17	10，17，10	17，10，10	等腰三角形
3. 不等边	8，10，12	8，12，10	10，12，8	不等边三角形
4. 非三角形	10，10，21	10，21，10	21，10，10	不是三角形
5. 退化情况	10，5，5	5，10，5	5，5，10	
6. 零数据	0，0，0	—，—，—	—，—，—	
	0，0，17	0，17，0	17，0，0	
	0，10，12	12，0，10	12，10，0	
7. 负数据	-10，-10，-10	—，—，—	—，—，—	
	-10，-10，17	-10，17，-10	17，-10，10	
	-8，10，17	17，-8，10	10，17，-8	
8. 遗漏数据	—，—，—	—，—，—	—，—，—	运行出错（类型不符）
	10，—，—	—，10，—	—，—，10	
	8，10，—	8，—，10	—，8，10	
9. 无效输入	A，B，C	—，—，—	—，—，—	
	=，+，*	—，—，—	—，—，—	
	8，10，A	8，A，10	A，10，8	
	7E3，10.5，A	10.5，7E3，A	A，10.5，7E3	

用白盒法检验产生的测试用例，经过检验表明，只需使用其中的8个测试用例，见表4-12，就可以实现对程序流程图的完全覆盖，也就是说，对这个例子而言，用黑盒测试的测试用例已经够用，不必再进行补充了。

表4-12　用白盒检验产生的测试用例

编　号	测试数据	覆盖的接点	覆盖的边
1	10，10，10	1，2，3，4，5，6，7	abcdefgh
2a	10，10，17	1，2，3，4，5，9，7	abcdensh
2b	10，17，10	1，2，3，4，8，9，7	abcdmpsh
2c	17，10，10	1，2，3，4，8，10，9，7	abcdmqrwh
3a	8，10，12	1，2，3，4，8，10，11，7	absdmqrwh
4a	10，10，21	1，2，3，12，7	abcklh
4b	10，21，10	1，2，12，7	abjlh
4c	21，10，10	1，12，7	aijh

例题2

“一个程序读入3个整数，它们分别代表一个三角形的3个边长。该程序判断所输入的整数是否构成一个三角形，以及该三角形是一般的、等腰的或等边的，并将结果打印出来。”要求：设三角形的3条边分别为A、B、C，其中的等价类见表4-13。

表4-13　等价类表

输入条件	有效等价类	无效等价类
是否构成一个三角形	(1)A>0且B>0且C>0且A+B>C且B+C>A且A+C>B	(2)A≤0或B≤0或C≤0(3)A+B≤C或A+C≤B或B+C≤A
是否等腰三角形	(4)A=B或A=C或B=C	(5)A≠B且A≠C且B≠C
是否等边三角形	(6)A=B且A=C且B=C	(7)A≠B或A≠C或B≠C

设计测试用例。

用例1：输入【3，4，5】覆盖等价类（1，2，3，4，5，6），输出结果为构成一般三角形。

用例2：三者取一

输入【0，1，2】覆盖等价类（2），输出结果为不构成三角形。

输入【1，0，2】覆盖等价类（2），输出结果为不构成三角形。

输入【1，2，0】覆盖等价类（2），输出结果为不构成三角形。

用例3：三者取一

输入【1，2，3】覆盖等价类（3），输出结果为不构成三角形。

输入【1，3，2】覆盖等价类（3），输出结果为不构成三角形。

输入【3，1，2】覆盖等价类（3），输出结果为不构成三角形。

用例4：三者取一

输入【3，3，4】覆盖等价类（1）（4），输出结果为等腰三角形。

输入【3，4，4】覆盖等价类（1）（4），输出结果为等腰三角形。

输入【3，4，3】覆盖等价类（1）（4），输出结果为等腰三角形。

用例5：输入【3，4，5】覆盖等价类（1）（5），输出结果为不是等腰三角形。

用例6：输入【3，3，3】覆盖等价类（1）（6），输出结果为等边三角形。

用例7：三者取一

输入【3，4，4】覆盖等价类（1）（4）（7），输出结果为不是等边三角形。

输入【3，4，3】覆盖等价类（1）（4）（7），输出结果为不是等边三角形。

输入【3，3，4】覆盖等价类（1）（4）（7），输出结果为不是等边三角形。

小结

编码，就是把软件设计的结构翻译成用某种程序设计语言书写的程序。程序的质量主要取决于软件设计的质量。但是，程序设计语言的特性和编码风格也将对程序的可靠性、可读件、可测试性、安全性和可维护性产生重要的影响。本章介绍了不同的程序设计语言及选择语言的标准；从4个方面阐述如何形成良好的程序设计风格；给出了提高程序效率的原则和方法；讨论了程序安全问题，并对维护程序可靠性提出了现有的一些方案；在程序设计方法中，对结构化和面向对象的程序设计方法分别进行了讨论；程序复杂性主要指模块内程序的复杂性，分别对 3 种度量方法进行了介绍。

软件测试自动化可以省去许多繁杂的工作，节省软件测试时间，提供比手工测试更好、更快的测试执行方式。但测试自动化的目的在于发现旧的软件故障，而手工测试的目的在于发现新故障。

测试自动化和测试工具能够通过较少的开销获得更彻底的测试，来提高软件产品的质量。但使用自动测试时，也会遇到许多问题，因为工具毕竟是工具，在处理一些意外事件时，不如人工灵活。

习题

一、选择题

1. 下面的叙述正确的是________。（ ）

① 在软件开发过程中，编程作业的代价最高

② 良好的程序设计风格应以缩小程序占用的存储空间和提高程序的运行速度为原则

③ 为了提高程序的运行速度，有时采用以存储空间换取运行速度的办法

④ 对同一算法，用高级语言编写的程序比用低级语言编写的程序运行速度快

⑤ COBOL 语言是一种非过程型语言

⑥ LISP 语言是一种逻辑型程序设计语言

A. ②③④　B. ①③⑤　C. ③　D. ④⑥

2. 下列选项中与选择程序设计语言无关的因素是________。（ ）

A. 程序设计风格　B. 软件执行的环境

C. 软件开发的方法　D. 项目的应用领域

3. 一个程序如果把它作为一个整体，它也是只有一个入口、一个出口的单个顺序结构，这是一种________。（ ）

A. 结构程序　B. 组合的过程　C. 自顶向下设计　D. 分解过程

4. 程序控制一般分为 3 种基本结构，即分支、循环和________。（ ）

A. 分块　B. 分支　C. 循环　D. 顺序

5. 为了提高易读性，源程序内部应加功能性注释，用于说明________。（ ）

A. 程序段或语句的功能　B. 模块总的功能

C. 模块参数的用途　D. 数据的用途

6. 序言性注释主要内容不包括________。（ ）

A. 模块的接口　B. 数据的状态　C. 模块的功能　D. 数据的描述

7. 符合数据说明顺序规范的是________。（ ）

A. 全程量说明、局部量说明、类型说明、常量说明

B. 全程量说明、局部量说明、常量说明、类型说明

C. 常量说明、类型说明、全程量说明、局部量说明

D. 类型说明、常量说明、全程量说明、局部量说明

8. 提高程序效率的根本途径并非在于________。 ( )

A. 选择良好的设计方法　　B. 选择良好的数据结构

C. 选择良好的算法　　D. 对程序语句做调整

9. 面向对象程序设计语言不同于其他语言的最主要的特点是________。 ( )

A. 继承性　　B. 分类性　　C. 对象唯一性　　D. 多态性

10. 利用 McCabe 环路复杂度度量时，下列说法错误的是________。 ( )

A. 对于复杂度超过 10 的程序，应分成几个小程序，以减少程序中的错误

B. 对于不同种类的控制流的复杂性不能区分

C. 嵌套 if 语句与简单 case 语句的复杂性是不一样的

D. 简单 if 语句与循环语句的复杂性同等看待

11. 黑盒测试是从________观点出发的测试，白盒测试是从________观点出发的测试。 ( )

A. 开发人员、管理人员　　B. 用户、管理人员

C. 用户、开发人员　　D. 开发人员、用户

12. 为了提高测试的效率应该________。 ( )

A. 随机地选取测试数据

B. 取一切可能的输入数据作为测试数据

C. 在完成编码以后制定软件的测试计划

D. 选择发现错误可能性大的数据作为测试数据

13. 在结构测试用例设计中，有语句覆盖、条件覆盖、判定覆盖等，其中________是强的覆盖准则。 ( )

A. 语句覆盖　　B. 条件覆盖　　C. 判定覆盖　　D. 路径覆盖

14. 使用白盒测试方法时，确定测试数据应根据________和指定的覆盖标准。 ( )

A. 程序的内部逻辑　　B. 程序的复杂结构

C. 使用说明书　　D. 程序的功能

15. 在程序设计过程中，要为程序调试做好准备，主要体现在________。 ( )

A. 采用模块化、结构化的设计方法设计程序

B. 编写程序时要为调试提供足够的灵活性

C. 根据程序调试的需要，选择并安排适当的中间结果输出和必要的断点

D. 以上全是

16. 软件测试可能发现软件中的________，但不能证明软件________。 ( )

A. 所有错误、没有错误　　B. 错误、没有错误

C. 逻辑错误、没有错误　　D. 设计错误、没有错误

17. 下列几种逻辑覆盖标准中，________能测试出被测程序中所有可能的路径。( )

A. 判定　　B. 条件　　C. 判定/条件　　D. 路径

18. 与设计软件测试用例无关的文档是________。 ( )

A. 需求规格说明书　　B. 详细设计说明书

C. 可行性研究报告　　D. 源程序

19. 软件生命周期的最后的一个阶段是________。 ( )

A. 书写软件文档　　B. 软件维护

C. 稳定性测试　　D. 书写详细用户说明

二、简答题

1. 程序设计风格是什么？
2. 举例说明各种程序设计语言的特点及适用范围。
3. 第4代语言（4GL）有哪些主要特征？
4. 数据说明有哪些指导原则？
5. 简述结构化程序设计中程序设计的自顶向下、逐步求精的方法的优点。
6. McCabe复杂性度量法有何缺点？
7. 通过黑盒测试主要发现哪些错误？
8. 软件测试的目的是什么？
9. 在软件测试中，应注意哪些原则？
10. 什么是静态测试？什么是动态测试？
11. 软件测试过程中需要哪些信息？
12. 软件测试要经过哪些步骤？这些测试与软件开发各阶段之间的关系是什么？
13. 应该由谁来进行确认测试？是软件开发者还是软件用户？为什么？
14. 单元测试有哪些内容？测试中采用什么方法？
15. 什么是集成测试？为什么要进行集成测试？
16. 什么是黑盒测试法？什么是白盒测试法？
17. 白盒测试有哪些覆盖标准？试对它们的检错能力进行比较。
18. 采用黑盒技术设计测试用例有哪几种方法？这些方法各有什么特点？

第5章　软件维护及软件再工程

5.1　软件维护的概念

5.1.1　软件维护的定义

软件系统支付之后对其实施更改的过程叫做软件维护。要从定义的角度研究软件维护，并讨论为什么需要软件维护。由于成本非常高，因此重视软件维护是很重要的。有很多问题，包括安全性和成本，都说明寻找减少或消除软件维护问题的方法是很紧迫的。

在过去的几十年里，软件系统一直在广泛的工作环境中发挥作用。在日常运营中使用软件系统的行业数不胜数，包括制造业、财务公司、信息服务公司、医疗服务机构和建筑业。人们越来越依赖软件系统，软件系统越来越重要，这些系统不仅要完成期望完成的工作，而且还要完成得很好。换句话说，系统的有用性是至关重要的。如果系统失去了有用性，就不能被用户接受，也就是不能被使用。

正确地使用软件系统，发挥系统的作用，是非常必要的。软件系统有用性中包含的一些要素是功能、灵活性及程序可正确操作。为了在系统生存周期内支持这些要素，通常需要进行更改。例如，为了满足性能改进、功能增强或处理系统中发现的错误的要求，可能需要进行一些更改。

软件工程师所面临的最大挑战是软件系统更改的管理和控制。交付软件系统之后使系统能够正常运行所花费的时间和工作，可以清晰地说明这一点。有关软件系统交付之后对系统实施更改的特点和成本调查结果说明，软件系统整个生存周期总成本的大约40% ~70%要用于软件维护，属于软件维护工作的活动不只是对软件中的错误进行修改，只要是因为以下的原因之一的活动都属于软件维护。

- 对软件中的错误进行修改。
- 因软件在使用过程中的软硬件环境发生变化。
- 用户要求增加新的功能，提高软件的性能等。
- 为适应新的工作要求而对软件部分或整体进行再工程（Reengineering）。

5.1.2　软件维护的分类

软件需要进行维护的原因很多，归结起来主要有以下3种。

（1）故障

故障是程序内部错误引起的。如无效输出结果、程序设计缺陷、性能差等。

（2）环境变化

由于在软件使用过程中可能发生环境变化，就需要维护人员去修改软件以适应这种变化。环境变化一般有两种类型，一种是数据环境的变化，例如，一个事件处理代码的改变；另一种是处理环境的变化，例如，安装了新的硬件或新的软件（比如操作系统的变化）等。

（3）用户和维护人员的要求

用户和维护人员本身也是维护的一个原因。例如，用户和数据处理人员在使用软件时常常会提出对功能改动或总体性能改善的要求。为了满足这些要求，就需要对软件进行修改，把这些要求添加到软件中去。

由这些原因引起的软件维护活动分为4类，每类维护活动的任务各不相同。

（1）改正性维护（Corrective Maintenance）

在软件交付使用后，由于开发时测试阶段的工作不彻底、不完善，必定会有一些错误隐藏在软件中，从而带到运行阶段来。这些隐藏下来的错误在某种特定的使用环境下就会显露出来。改正性维护是在软件运行中发生异常或故障时进行的，它的任务就是诊断和修改软件，以识别和纠正软件中存在的错误，去掉软件性能上的缺陷，排除实施过程中的误操作等。通常要生成完全可靠的软件并不一定合算，因为成本较高。但是，新技术的引入可以大大提高软件的可靠性，从而减少改正性维护的需要。这些新技术包括数据库管理系统、软件开发环境、程序自动生成系统、第四代程序设计语言等，利用这些技术方法可以产生可靠的程序代码。

（2）适应性维护（Adaptive Maintenance）

随着计算机的飞速发展，系统软件、硬件环境的变化或数据环境本身可能发生的一些变化，都可能使用户产生修改软件的需求。因此，适应性维护的任务就是对软件进行适当的修改，以便运行的软件能与变化了的环境相适应。

例如，为了适应操作系统从DOS环境到Windows环境的变化，对某个事件的编码进行修改；修改程序，使其能够适应新的接口等。

适应性维护是经常发生的，同时也是可以控制的。用户可以采用下面的方法，减少适应性维护的工作量。

1）在配置管理时，把硬件环境、操作系统和其他相关的环境等诸多因素的变化综合考虑。

2）可以把与环境变化有关的而又必须修改的程序放在某些程序模块中，从而便于进行适应性维护。例如，硬件、操作系统和其他相关的外围设备的驱动程序等。

3）使用内部的程序列表、外部文件以及处理的例行程序包等，可为软件维护时的程序修改提供方便。

4）使用面向对象的程序设计方法，也可以增加程序的稳定性。

（3）完善性维护（Preventive Maintenance）

在软件的使用过程中，用户往往会提出改进软件的功能与性能的要求。完善性维护的任务就是通过修改软件，扩充软件的功能，提高原有软件的性能，满足用户日益增长的需求。例如，缩短原有系统的应答时间，使其达到特定的要求；把现有程序的终端对话方式进行改造，使其具有用户满意的使用界面；为了使系统具有新的数据统计功能，而对程序进行修改等。前面给出的有利于改正性维护和适应性维护的手段，在完善性维护中仍然适用。特别是数据库管理技术、程序生成器、应用软件包等，也可以减少完善性维护的工作量。

（4）预防性维护（Prevertive Maintenance）

预防性维护是从维护的全过程考虑的。它是为提高软件的可维护性、可靠性等，对软件进行一些适当的改动，这种改动既不是修改错误也不是提高软件效率，而是为了今后进行的软件维护活动，为进一步改进软件打下良好的基础。

开发和维护管理部门在用户提出维护申请之前，可以选择程序进行预防性维护。

1）估计若干年以后仍将继续使用的程序。

2）目前正在成功地使用的程序。

3）估计不久的将来要进行大的修改或完善的程序。

在维护的不同阶段，各种维护的工作量在不断地发生变化。在维护阶段的开始时期，改正性维护占了大部分的工作量。随着错误的修正，错误的出现率急剧降低，软件的工作逐步趋向稳定，进入正常的使用时期。但同时由于适应性维护和完善性维护工作量的上升，又会引发大量新的错误，因而加重了维护的工作量。

改正性维护、适应性维护、完善性维护和预防性维护已成为维护类型的标准分类方法。其中预防性维护只占全部维护阶段工作量中很少的一部分，占有的比例为5%左右，其他3类维护分别占的比例为20%、25%和50%，如图5-1a）所示。完善性维护占了维护阶段工作量的一半以上，由此可见，大多数维护工作是用来对软件进行更改或加强，而不是纠错。软件维护活动所花费的工作量占整个软件生存期工作量的70%以上，如图5-1b）所示。

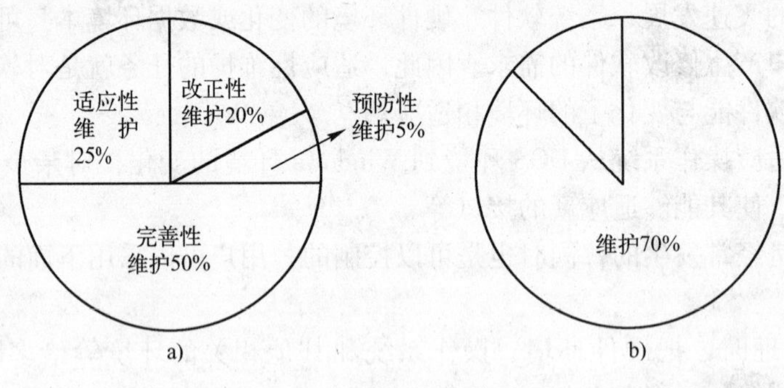

图5-1

a）四类维护在总维护工作量中的比例　b）维护工作量在软件生存期中所占的比例

5.1.3　软件维护成本

软件的维护成本体现为有形和无形两类。有形的软件维护成本是花费了多少钱，无形的成本是对其他方面的影响，可以是以下几种。

1）维护不及时和不能满足用户新的功能需求，使得客户不满意。

2）在维护时因为引入了新的错误，使软件整体质量下降，从而造成更大的维护活动。

3）当必须把软件人员抽调到维护工作中去时，影响正在进行的软件开发工作。

改进软件系统以适应不断变化着的用户需要的大部分要求，都会带来高昂的维护成本。不仅如此，还有一些其他因素会因为妨碍维护活动间接地提高维护成本。这些要素有用户需求、组织和操作环境、维护过程、软件产品和维护人员。表5-1详细列举了这些因素。

表 5-1 影响维护的因素

要 素	特 性
用户需求	要求额外的功能、错误修改和改进可维护性 要求与程序设计无关的支持
组织环境	政策更改 市场中的竞争
操作环境	硬件革新和软件革新
维护过程	获取需求 创新性和没有形成文档的假设 程序设计实现的变化 范例转换 活系统的死范例 错误决策与改正
软件产品	应用领域的成熟度与难度 文档质量 程序的可塑性 程序的复杂度 程序结构 内在质量
维护人员	员工流动性和专家领域

在过去的 20 年中，软件维护的费用不断上升。1970 年用于维护已有软件的费用只占软件总预算的35% ~40%，1980 年上升为40% ~60%，1990 年上升为70% ~80%。维护费用只不过是软件维护最明显的代价，其他一些现在还不明显的代价将来可能更为人们所关注。

因为可用的资源必须提供维护软件任务使用，以致耽误甚至丧失了开发的时机，这是软件维护的一个无形的代价。还有如下其他无形的代价。

1）看来合理的有关改错或修改的要求不能及时满足时将引起用户不满。

2）由于维护时的改动，在软件中引入了潜伏的故障，从而降低了软件的质量。

3）必须把软件工程师调去从事维护工作时，将在开发过程中造成混乱。

软件维护的最后一个代价是生产率的大幅度下降，这在维护旧程序时常常发生。用于维护工作的劳动可以分成生产性活动（例如，分析评价，修改设计和编写程序代码等）和非生产性活动（例如，理解程序代码的功能，解释数据结构，接口特点和性能限度等）。下述表达式给出维护工作量的一个模型。

$$M = P + K \times \exp(c - d)$$

其中，M 是维护用的总工作量，P 是生产性工作量，K 是经验常数，c 是复杂程度（非结构化设计和缺少文档都会增加软件的复杂程度），d 是维护人员对软件的熟悉程度。上面的模型表明，如果软件的开发途径不好（没有使用软件工程方法论），而且原来的开发人员不能参加维护工作，那么维护工作量和费用将成指数级增加。

5.2 软件维护的特点

了解了什么是软件维护以及软件维护的大致要求之后，下面着重要说明的是为什么需要进行软件维护以及软件维护的特点。软件维护有如下多种因素。

（1）为了提供服务的连续性

系统需要继续运转。例如，控制飞机飞行或火车信号系统的软件不允许遇到错误就停下来。软件的意外失效可能会威胁人员生命安全。日常生活中的很多方面现在都由计算机管理。系统失效会造成严重后果，例如，严重不便或重大经济影响。维护活动的目标就是，使系统保持运行，包括程序错误修改、失效恢复以及适应操作系统和硬件的更改。

（2）为了支持强制升级

这类更改是必要的，因为当出现像政府规定修改这样的情况时，例如，修改税法，税务机构所使用的软件就被迫需要修改。此外，保持关键产品的竞争优势也需要进行这类更改。

（3）为了支持用户改进要求

总体说来，系统越好，就会被越多地使用，更多用户就会提出功能增强要求。也会有提高性能和针对具体工作环境定制的要求。

（4）为了方便未来的维护工作

在软件开发阶段走捷径，从长远看代价很高，这一点短时间内就能发现。单纯为了使未来维护工作更容易而实施更改，从经济上和商业上看往往都是很值得的。这种更改可能包括代码和数据库结构的更新，以及文档更新。如果系统要被使用，就永远不会完成，因为系统永远需要改进，以满足系统所服务的不断变化着的世界的需要。

软件维护有结构化维护和非结构化维护，而且两者差别很大。

（1）结构化维护

如果有一个完整的软件配置存在，那么维护工作从评价设计文档开始，确定软件重要的结构特点、性能特点以及接口特点；估量要求的改动将带来的影响，并且计划实施途径，再修改设计并且对所做的修改进行仔细复查。接下来编写相应的源程序代码；使用在测试说明书中包含的信息进行回归测试；最后，把修改后的软件再次交付使用。结构化维护是在软件开发的早期应用软件工程方法学的结果。虽然有了软件的完整配置并不能保证维护中没有问题，但是确实能减少精力的浪费并且能提高维护的总体质量。

（2）非结构化维护

如果软件配置的唯一成分是程序代码，那么维护活动从艰苦地评价程序代码开始，而且常常由于程序内部文档不足而使评价更困难，对于软件结构、全程数据结构、系统接口、性能和设计约束等经常会产生误解，而且对程序代码所做的改动的后果也是难以估量的，因为没有测试方面的文档，所以不可能进行回归测试（即指为了保证所做的修改没有在以前可以正常使用的软件功能中引入错误而重复过去做过的测试）。非结构化维护需要付出很大代价（浪费精力并且遭受挫折），这种维护方式是没有使用良好定义的方法学开发出来的软件的必然结果。

5.3 软件维护过程

软件维护活动和软件开发一样，要有严格的规范，才能保证软件的质量。一般执行维护活动的流程如下。

1. 制定维护申请报告

应该以文档的方式提出所有软件维护申请。由申请维护的人员（用户、开发人员）填写，对于改正性的维护申请报告必须尽量完整地说明错误产生的情况，包括运行时的环境、输入数据、错误提示以及其他有关材料；但是要注意，由于设计的问题，对运行时的描述并不能一定再现该错误。对于适应性或完善性的维护要求，则要提交一份简要的维护要求说明。一切维护活动都应该是从维护申请报告开始。

对维护申请报告进行分折、评价后，在软件维护组织内部还要制定一份软件修改报告，该报告是维护阶段的另一种文档，用来指出如下问题。

1）为满足软件问题报告实际要求的工作量。

2）要求修改的类型。

3）请求修改的优先权。

4）关于修改的事后数据。

提出维护申请报告之后，由维护机构来评审维护请求。分析评价维护的类型，是改正性的还是改进性的，然后根据问题的严重性安排维护工作，开始具体的维护活动。

2. 维护过程

一个维护申请提出之后，经评审需要维护，则按下列过程实施维护。

1）首先确定要进行维护的类型。要确定维护的类型是改正性的还是改进性的。从用户的观点和维护小组的观点出发得到的结果不一定相同，要与用户协商解决这个问题。

2）对改正性维护从评价错误的严重性开始。如果存在一个严重的错误（如一个系统的重要功能不能执行），则由管理人员立即组织人员开始分析问题；如果错误不严重，则将改正性维护与软件其他维护任务一起进行，统一安排维护工作，甚至经过评审后发现申请是错误的，并不需要进行维护活动。

3）对适应性和完善软件维护。对问题进行评审、确定问题的优先级。如果优先级低，则看成是另一个开发工作，安排所要求的工作；若优先级高，需要立即开始分析问题，进入此项维护工作。

4）实施维护任务。不管维护类型如何，大体上要开展相同的技术工作，这些工作包括分析软件的需求、修改软件设计、修改源程序、单元测试、集成测试、确认测试以及复审，在每个阶段都要有详细的文档。但是，对不同的维护类型，工作的侧重点不一样。

5）“救火”维护。对于有的维护申请，需要立即进行修改维护，这时申请的维护称为“救火”维护。显然，如果软件开发机构经常“救火”，就必须要认真检查一下，该机构的管理和技术存在什么重大问题。

3. 维护的复审

在维护任务完成后，要对维护任务进行复审，进行复审时要回答下列问题。

1）评价维护的情况，即设计、代码和测试的哪些方面已经完成。

2）对软件开发工作有哪些改进要求。

3）对于维护工作，主要的、次要的障碍是什么。

复审对将来的维护工作能否顺利进行有重大影响，对一个软件机构来说也是正规、有效的管理工作的一部分。

4. 维护过程模型

人们意识到需要重视维护的模型已经有一段时间了，但当前的情况是，与软件开发模型相比，维护模型既没有被充分开发，也没有被充分理解。

过去，系统开发的问题是压倒性的，软件的改进工作作为维护工作的核心在很大程度上被忽略没有什么可奇怪的。试图在很好地理解开发过程之前考虑系统中的未来更改，就像是要把巫师使用的水晶球放到模型中。但是就像对开发过程的理解一样，对维护过程的理解已经发展，维护过程和生存周期模型已经出现。

举例说明，考虑在一座建筑物中增加一个房间。按原始设计建造房子时，房间 A 和 B 是并排排列的。若干年之后需要第三个房间。如果原来考虑到这种需要，本来应该建造 3 个较小的房间，如图 5-2 所示。

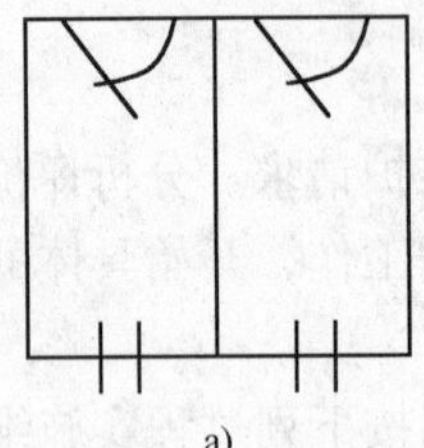
a)

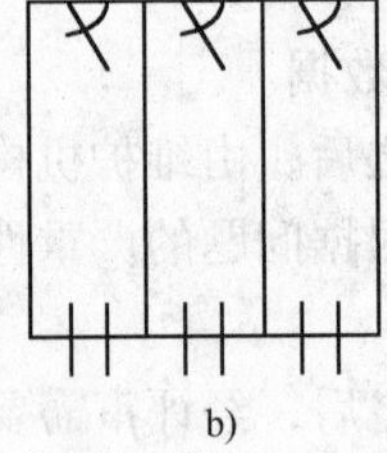
b)

图 5-2 开始和结束需求

a）开始的需求 b）后来的需求

在最初建造房子时，没有第三房间的需要。但是在这座建筑物投入使用一段时间之后，出现了第三个房间的需要。与开始就建造第三个房间相比，在现有房子基础上增加第三个房间是一项很难的任务。

这个例子可以与在软件系统中补充新需求类比。从开始就计划建造 3 个房间相对容易一些，特定功能的最初开发也是这样。在开始建造工作之前决定增加第三个房间稍微困难一些，需要修改计划。对等的情况是在软件设计工作开始之后，但是在实施之前提出需求更改。在建筑物已经完成并投入使用之后再提出增加一个房间，是很困难的事情，修改已经投入使用的软件也是这样。

- 必须拆除房间 A、B 之间的墙。
- 必须修改不同组件之间的软件接口。

这是已经投入使用的建筑物，因此必须考虑产生和清除成堆碎砖问题。所产生的灰尘对于原始建筑工地是很好处理的问题，但是现在却对敏感设备构成重大威胁。在最初建造房子时，施工垃圾可以留在工地中。在最初的开发中，有已分配了资源的专门测试阶段。重新引入已经修改过的软件，可能会有很紧张的时间底线和资源约束。

- 增加第二个房间会需要人员和材料出入，因此会影响最初建造建筑物时不用经过的房间部分。增加房间的工作会对环境产生影响。增加第三个房间，而不是在一开始就设计 3 个房间，会导致不同程度、对不同人、在不同地点上的破坏。所有这些都需要评估和解决。

类似地修改大型复杂软件系统也有影响软件其他部件的潜在可能，而如果最初就考虑到这些内容的话，本来是能够完全与这些软件部件分开的。正是有这种概念，使维护与最初的开发有很大不同，这种重视维护的模型必须考虑。

5.4 软件维护的步骤

软件维护的过程包括建立维护组织、编写维护报告和对维护进行评价。为此，对每种维护请求都应当规定正规处理过程，并建立复审的评价标准，保存和记录各项维护活动。

（1）建立维护组织

一个维护组织由主管人员（有批准修改权）、维护管理人员和系统管理员等组成。每一项维护请求由维护管理人员转交系统管理员进行评价，系统管理员通常由软件专业人员担任，它们对软件产品的某一部分非常熟悉。主管人员决定需要进行的维护活动，并为参与维护活动的各类人员确定职责范围。维护管理人员和主管人员可以是一个人，也可以是几个管理人员和高级技术人员组成的小组。

维护组织可根据任务的大小和难易程度来确定，但必须在活动开始之前明确分工，规定各自的职责，以避免发生不必要的争论。目前，国内单位一般没有建立正式的维护组织，因此更加需要强调由专人负责修改审核，并由专人执行维护。

（2）编写维护报告

所有维护请求必须按标准的方式提出。用户要求维护软件时，须填写维护申请表（又称为软件问题报告）。对于改正性维护，必须详细地描述导致出现错误的条件，包括输入数据、错误情况、源程序清单及其他配置（如文档资料等）。对于适应性或完善性维护的请求，则只需提出简明的需求说明即可。

维护申请表是一个来自外部的文件，它是安排维护活动的依据。软件开发机构根据用户的请求，制订出软件修改报告，内容包括为满足实现维护请求所需要的工作量，要求修改的性质，请求的优先次序及有关的修改数据。

在拟订详细的维护计划之前，需将软件修改报告提交主管人员审查批准。

（3）记录和保存软件维护

如果不重视软件维护活动的记录保存，或者根本不进行记录，就无法评价维护技术的有效性、判定软件产品的完全程度，甚至无法确定什么样的维护才真正有价值。

维护过程中应记录的信息有源程序的标识、源程序语句及指令的数目、选用的程序语言、程序安装日期、程序运行次数及与运行次数相关的故障处理次数、程序修改变化的次数和标识、程序修改的日期、软件工程师的标识、维护申请表的标识、维护类型、维护活动的起始日期、累计的人时耗费及维护所带来的纯利润等。

（4）维护活动的评价

在建立软件维护数据库的基础下，可以对软件维护活动进行度量和评价。

1）程序运行中处理故障的平均次数。

2）每一类维护所花费的总工作量。

3）每个程序、每种语句所修改的平均数和每种维护类型的平均数。

4）增删一个语句所花费的平均工作量。

5）一份维护申请表的平均处理时间。

6）各种维护请求类型的比例。

上述 6 项提供了一个定量评价维护工作的框架。据此可以积累经验，以便对开发技术、语言选择、维护工作量的估算、维护计划安排、资源和人力的分配等问题做出选择和决定，并对各种软件产品的维护活动做出评价。

5.5 软件的可维护性

软件可维护性是指软件被理解、改正、调整和改进的难易程度。可维护性是指导软件工程各个阶段的一条基本原则，也是软件工程追求的目标之一。

软件的可维护性受各种因素的影响。设计、编码和测试时漫不经心，软件配置不全，都会给维护带来困难。除了与开发方法有关的因素外，还有下列与开发环境有关的因素。

- 是否拥有一组训练有素的软件人员。
- 系统结构是否可理解。
- 是否使用标准的程序设计语言。
- 是否使用标准的操作系统。
- 文档的结构是否标准化。
- 测试用例是否合适。
- 是否已有嵌入系统的调试工具。
- 是否有一台计算机可用于维护。

除此之外，软件开发时的原班人马是否能参加维护也是一个值得考虑的因素。

5.5.1 影响软件可维护性的因素

软件维护中的要素

(1) 用户

这里所说的用户是指使用系统的个人，不管其是否参与系统开发或维护工作。用户须知道，在系统投入运行之后还有多种理由会要求修改系统。实施这类修改可能需要做如下工作。

1) 完善现有功能或引入新功能的“累进”工作。

2) 改善程序的结构、文档，使其更具有可理解性，并便于未来开发的“抗退化”工作。

不管系统的成功程度如何，都会有一种进化倾向（仍然能够运行)，用户有不断变化的需要。从本质上看，影响软件系统的环境包括操作环境和组织环境。这些环境中的典型环境要素包括业务规则、政府法规、工作模式、软件与硬件操作平台。

(2) 操作环境

操作环境要素有硬件和软件平台。

硬件革新：支持软件运行的硬件平台可能会在软件生存周期内发生变化。这种变化一般通过多种方式影响软件。例如，当处理器升级后，以前针对原处理器产生机器代码的编译器也可能需要修改。

软件平台革新：软件平台是用来构建与支撑应用软件的独立软件系统。它是开发与运行应用软件的基础，是任何一个应用软件得以实现与应用的必要条件。在所有的技术革新中，软件平台化是最有意义的，也是最有生命力的。

(3) 组织环境

组织环境要素的例子有政策因素以及市场和竞争。

1）政策变化。很多信息系统都有写入程序代码中的商务规则和税务政策。商务规则指机构在其日常运营中所使用的规程。商务规则或税务政策的变化，会要求对所影响的程序做相应的修改。例如，“增值税（VAT）”规则的改变要求必须修改在计算和使用了增值税规则的程序。

2）市场竞争。生产类似软件产品的机构通常相互竞争。从商品经济的角度看，机构都要努力（通过保护该产品的重要市场份额）获得超过其竞争对手的竞争优势。这意味着要进行实质性的修改，以维持通过客户满意水平反映出来的产品形象，或增加现有的“客户规模”。用户可能并不直接支付为了提高竞争优势变更组织环境所引起的维护成本。但是尽管没有来自用户的直接资金输入，仍然需要分配资源（机器和人员）。

（4）维护过程

维护过程本身也在软件维护框架中起重要作用。重要元素有更改需求获取、程序设计实践、“死”范例和错误检测。

1）更改需求获取。这个过程要找出所要求的更改到底是什么。这会引出很多问题。首先，本质上很难通过推理得到所有需求。只有当系统投入使用时需求和用户问题才会真正暴露出来。很多用户知道自己想要什么，但是没有能力使分析员和程序员能够理解的形式表达出来。这是由于存在前面已经定义过的“信息间隙”。

2）程序设计实践变化。这是指编写和维护程序所使用的方法的差别，包括会影响特定程序结构的功能或操作的使用。如果没有一致性，不同的个人和机构之间往往会存在这种差别。几十年来人们已经制定出良好的程序设计实践基本指南，目标是尽可能减少将来的困难。传统指南包括避免使用 goto 语句、使用有意义的标识符名称、逻辑划分程序、在程序中注释文档设计和实现原理。尽管不多，但是有心理学和经验证据说明，这些做法会影响对程序的理解，因此会影响实施更改所需的时间。

3）范例转变。这是指开发和维护软件方式的转变。尽管在程序设计语言的结构和可靠性上有很大进步，但是仍然有很多系统是采用不恰当软件工具开发的，采用低级程序设计语言开发和在结构化程序设计技术出现之前开发的很多系统仍然还在使用，有很多正在使用并且需要维护的系统，在开发时没有充分利用更先进或最近的开发技术开发。

这类程序具有以下几个特征。

- 没有采用诸如程序结构、数据抽象和功能抽象这样的通信基本功能的技术和方法进行设计。
- 用于编写代码的程序设计语言和技术没有使程序结构、数据结构与类型和系统函数可视化显而易见。
- 影响其设计的约束不再代表今天的问题。
- 代码有时使用使人困惑的非标准、非正统结构。

为了弥补这些弱点，并利用现代开发实践和最新程序设计语言的成果，现有程序会被重新调整结构或被完全重写。能够用于这种目的的技术和工具包括结构化程序设计，面向对象、层次程序分解，重新格式化和精细打印，自动代码升级。不过必须注意，即使是使用最新程序设计方法开发的程序，经过一系列没有计划的和临时确定的“快速修改”，也会逐渐丧失其良好结构。这种情况会持续下去，直到实施用来恢复程序原有结构的预防性维护。

“活”系统的“死”范例。很多“活系统”是由“死范例”开发的，也就是说，使用了“信息系统的固定点定律”。根据这条定律，在某个时间点上，参加系统开发的每个人都认为自己知道自己想要什么，并与其他人的想法一致。最后的系统只有在交付给用户时才是令人满意的。因此除了极少数例外情况，很难适应变化着的用户及其机构的需要。通过互操作性提供的额外灵活性改进可以在一定程度上缓解这个问题，但是不能完全解决。不过应该注意，为了能够开始构建系统，达成共识的需求是最基本的，但这与“最终”产品是什么达成共识并不相同。

5.5.2 软件可维护性度量

软件可维护性与软件质量和可靠性一样是难以量化的概念，然而借助维护活动中可以估量的属性，能间接地度量可维护性。

- 察觉到问题所耗的时间。
- 收集维护工具使用的时间。
- 分析问题所需时间。
- 形成修改说明书所用时间。
- 纠错（或修改）所用时间。
- 局部测试所用时间。
- 整体测试所用时间。
- 维护复审所用时间。
- 完全恢复所用时间。

上述每种度量都能方便地记录。作为管理者衡量新工具和新技术有效与否的依据，除了这些面向时间的度量外，有关设计结构和软件复杂性的度量也可间接说明软件的可维护性。

5.5.3 提高软件的可维护性方法

软件的可维护性决定了软件寿命的长短，因此必须提高软件的可维护性。为了提高软件的可维护性，需要从以下 5 个方面入手。

（1）软件的质量目标和优先级

对于每一种软件都应建立明确的质量目标。目前广泛使用 7 个质量特性来衡量程序的可维护性。对于不同类型的维护，它们的侧重不尽相同，表 5-2 描绘了各类维护中应侧重的质量特性。表中“ * ”表不需要的特性

表 5-2　各类维护中所侧重的质量特性

维护属性	改正性维护	适应性维护	完善性维护
可理解性	*		
可测试性	*		
可修改性	*	*	
可靠性	*		
可移植性		*	
可使用性		*	*
效率			*

每一种质量特性的相对重要性不但随着维护类型不同而不同，而且随着程序的用途和计算环境的不同而不同。所以，在提高质量目标的同时还必须规定它们的优先级。这样有助于提高软件的质量，减少软件生存周期的费用。

（2）提高软件质量的技术和工具

为了改善软件可维护性，应尽量使用能提高软件质量的技术和工具。

1）模块化技术。一个大而复杂的软件系统根据其功能分成许多较小的模块，降低系统复杂性，使系统易于维护。如需要改变某个功能，只需改变与其相关的模块，对其他模块影响很小；如需增加功能，只需增加能完成此功能的模块或模块层即可。此外还可使系统各部分能进行并行开发，提高软件开发效率。

2）结构化程序设计技术。采用这种技术可以得到良好的程序结构，因为它不仅使模块结构标准化，而且可以使模块间相互作用标准化。当对一个现行软件系统的某个模块修改时，用一个新的具有良好程序结构的模块替换整个模块，将有利于减少新的错误，并提供用结构化模块逐渐替换非结构化模块的机会。

3）自动重建结构和重新格式化的工具。Caine、Farber、以及 Gordon 的 Fortran 工具和 Catalysy 公司的 COBOL 工具等是目前已有的用于 Fortran 和 COBOL 程序的结构化工具。利用这些自动软件工具，可以把非结构化代码转换成良好的结构代码。另外，维护过程结构化是提高现有软件系统可维护性的保障。

（3）质量保证审查

要提高软件可维护性必须有质量保证审查。软件质量保证审查可分为以下 4 种类型。

1）审查检查点。在软件并发初期就应考虑质量要求，因此在开发过程的每一个阶段的终点都应设置检查点进行质量保证审查，以确保已开发的软件符合标准、满足质量要求。

不同的检查点，检查的侧重面不尽相同。例如，在设计阶段，检查重点在于软件的可理解性、可修改性、可测试性；在编码阶段，检查重点在于可理解性、可修改性、可移植性、有效性；测试阶段重点在于可靠性和有效性。

2）验收检查。验收检查是软件正式投入运行之前的最后一次检查，以确保软件的可维护性。验收检查必须遵循需求和规则标准、设计标准、源代码标准、文档标准 4 个方面的最小标准。

3）周期性的维护审查。对已有的软件应进行周期性的维护审查，每月一次或二月一次，以跟踪软件质量变化。这种周期性的维护审查实际上是开发阶段检查点复查的继续，可以同以前的检查点检查结果、验收检查结果相比较，如果有所变化则说明软件质量或其他类型的问题有所变化。

4）维护软件包。软件包是一种商品化的软件，它的专利权属于某一特定单位所有，这个单位有权将软件包卖给不同的用户使用。在使用过程中用户要对软件包进行维护，可利用卖方提供的测试用例或自己重新设计新的测试用例来检查软件包程序所执行的功能是否与用户的要求和条件相一致。

（4）程序设计语言

编码时所用的程序设计语言对软件的可维护性影响很大。程序设计语言发展到今天经历了 5 代，每一种语言对软件维护性的影响是不一样的，如图 5-3 所示。

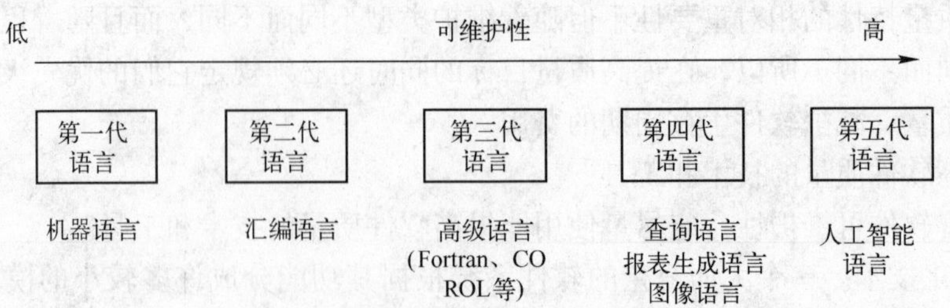

图 5-3　程序设计语言对软件维护的影响

(5) 软件文档

对维护人员来说，要想对程序编制人员的意向进行改动，并对改动后的情况进行正确估计。没有文档是不行的。文档是影响软件可维护性的决定性因素。具有好的文档的软件才具有高的可维护性。

软件系统的文档可分为用户文档和系统文档两类。

1）用户文档主要描述系统功能和使用方法，它包括功能描述、安装说明、使用说明、参考手册、操作指南等 5 方面的内容。它是用户了解软件系统的第一步，通过它用户可以获得对系统的准确的初步印象。

2）系统文档描述系统设计、实现和测试等各个方面的内容，包括从问题定义、需求分析到验收测试计划这样一系列与系统实现有关的文档。它将引导读者从对系统概况的了解到对系统每个方面每个特点的具体认识。

无论是用户文档还是系统文档都需要进行改进。事实上，某些维护请求可能并不要求修改设计或源程序代码，只是表明用户文档不清楚或不正确，因此只需对文档作必要的维护。

5.6 逆向工程和再工程

5.6.1 预防性维护

对于很早以前开发的程序，由于没有科学的软件工程做指导，开发出来的程序结构不好，可能一个模块就有上千条语句，又没有相应的文档。为了修改这类程序以适应用户新的或变更的需求，可以有以下几种选择。

1）通过反复地修改，以实现必要的变更。

2）尽可能多地掌握程序的内部工作细节，以便更有效地做出修改。

3）重新设计、重新编码和测试那些需要变更的软件部分，把软件工程方法应用于有修改的部分。

4）用 CASE 工具（逆向工程和再工程工具）对程序全部重新设计、重新编码和测试。

第一个选择比较盲目，通常人们选用后 3 种选择。选择哪一种，要看具体情况而定；但对于以下 3 种情况，常常作为预防性维护的对象。

1）预先选定多年留待使用的程序。

2）当初正在成功地使用的程序。

3）可能在最近的将来要做重大修改或增强的程序。

预防性维护方法是由 Miller 提出来的。他的想法是“结构化翻新”，并将这个概念定义为“把今天的方法学应用到昨天的系统，以支持明天的需求”。

支持再工程，而不是维护原有的程序的理由如下。

1）维护一行源代码的代价可能 14～40 倍于初始开发该行源代码的代价。

2）软件体系结构（程序及数据结构）的重新设计使用了现代设计概念维护可能有很大的帮助。

3）由于软件的原型已经存在，开发生产率应当大大高于平均水平。

4）现行用户具有较多有关该软件的经验，因此，新的变更需求和变更的范围能够容易搞清。

5）逆向工程和再工程的工具可以使一部分作业自动化。

6）软件配置将可以在完成预防性维护的基础上建立起来。

当软件开发组织将软件当做产品卖出去后，预防性维护的好处可在程序的“新发布”中为人们所理解。一个大型软件开发机构可能拥有 800～2000 个产品程序，这些程序可根据其重要性排一个优先次序，然后当做预防性维护的候选对象加以评估。

5.6.2 软件的逆向工程和再工程

逆向工程是从源代码中抽取出来的设计信息。作为逆向工程的评价，要求抽取出来的信息的抽象程度越高越好。下面是逆向工程中得到的信息抽象层次（从低到高）：软件过程的设计表示、程序和数据结构信息、数据和控制流模型和实体、关系模型。软件公司做逆向工程一般是自己的程序，有些是在多年以前开发出来的。这些程序没有规格说明，对它们的了解很模糊。因此，软件的逆向工程是分析程序，力图在比源代码更高抽象层次上建立程序表示的过程。再工程（Reengineering）不仅能从已存在的程序中重新获得设计信息，而且还能使用这些信息来改建或重构现有的系统，以改进它的综合质量。一般软件人员利用再工程重新实现已存在的程序，同时加进新的功能或改善它的性能。

每一个大的软件开发机构（或许多小的软件开发单位）有着上百万行的老代码。这些都是逆向工程或再工程的可能对象。但是由于某些程序并不频繁使用而且不需要改变，而且逆向工程和再工程的工具还处于摇篮时代，仅能对有限种类的应用执行逆向工程或再工程，代价又十分高昂，因此对其库中的每一个程序都做逆向工程或再工程是不现实的。

为了执行预防性维护，软件开发组织必须选择在将来可能变更的程序，做好变更它们的准备，逆向工程和再工程可用于执行这种维护任务。

5.6.3 软件再工程的过程

在许多有大量软件的组织机构中，维护这些系统是一个挑战。为了了解原因，可以来看看提供一种新型人身保险产品的保险公司。为了支持该产品，公司开发了软件来处理保险单、保单持有人信息、保险统计信息以及记账信息，这样的保单可能要维持数十年。有时不到最后一个保单持有人死亡并且每一项索赔都得到支付，是不可能报废软件的。因此，保险公司可能会用多种实现语言在不同平台上支持许多不同的应用程序。这种情况下，组织机构必然很难决定怎样才能使得系统更易于维护。其选择可能是扩充，或者用新技术替换，每种选择都希望在成本尽可能低的情况下保持或者增加软件质量。

软件再生面对这种维护挑战——试图增加当前系统的总体质量。它回顾系统的工作产品，试图得到更多的信息，或者将它们编排得更易于理解。软件再生要考虑如下几个方面。

- 库存目录分析。
- 文档重构。
- 逆向过程。
- 代码重构。
- 数据重构。
- 正向工程。

5.6.4 软件再工程的方法

再工程的方法有以下4类。

第一类为用户指导下的搜索与变换。此类方法用于导出实现级和结构级信息。它要求维护人员在数据库系统的支持下，运用查询语言，针对源代码或与之相近的表示形式，指定待查找的句型，根据搜索结果分析出所需信息或进行特殊变换。这类方法目前使用较广，亦较成功。采用此类方法一般都产生模块的概要表、流程图和交叉访问表。概要表列出软件中所有子程序以及每个子程序的名称、参数表、数据类型，甚至包括所用主要数据结构和前缀注释等信息；流程图可视为过程内部操作的一种压缩和直观表示，而模块交叉访问表能说明模块之间、模块与数据之间的调用关系，并指明数据定义与后续引用的位置。

第二类方法为变换式方法，除领域级外所有的抽象级别上的信息都可以用此类方法推导。变换式方法又细分为不需要维护人员过多干涉的自动分析法（如静态分析、调用图、校对流图等）和基于特定库的用户指导变换法两类。变换方法自动化程度越高，得到的设计信息越粗略，因为任何深层次的分析都不可避免地要借助人的智力。一般借助变换法得到程序的某种中间表示形式，通过进一步使用其他的变换将已获得的粗略设计信息精化为完整、一致的软件设计。

第三类方法是基于领域知识的方法，主要用于恢复功能级和领域级信息。领域知识一般用库表示，用已确定或假定的领域概念与代码之间对应关系推导进一步的假设，最后导出程序的功能。显然该方法的不确定性最大，因此目前成熟的工具原形系统还很少见。

最后一类方法称为铅板恢复法，这类方法仅适用于推导实现级和结构级信息。这些方法用于识别程序设计“铅板”或公共结构，“铅板”既可为一个简单算法（如两变量互换值），亦可为相对复杂的成分（如冒泡分类）。因铅板与程序之间可能存在多种形式，所以此类方法还包含大量的推理与决策。各类方法采用的输入形式、搜索策略和推理策略都不尽相同。后两类方法又称为基于知识的方法。

尽管每个软件组织都可能有数百万行代码可供重构，但由于缺乏时机和支持工具或者因为经济上得不偿失，往往只有那些决定移植，或重新设计，成为重用而需验证正确性的程序才被选择实施逆向工程。

小结

维护是软件生命周期的最后一个阶段，也是持续时间最长、代价最大的一个阶段。软件工程学的主要目的就是提高软件的可维护性，降低维护的代价。

软件维护通常包括 4 类活动。为了纠正在使用过程中暴露出来的错误而进行的改正性维护；为了适应外部环境的变化而进行的适应性维护；为了改进原有的软件而进行的完善性维护；为了改进将来的可维护性和可靠性而进行的预防性维护。

软件的可理解性、可测试性、可修改性、可移植性和可重用性，是决定可维护性的基本因素，软件重用技术是能从根本上提高软件可维护性的重用技术。

软件生命周期每个阶段的工作都和软件可维护性有密切关系。良好的设计，完整准确易读易理解的文档资料，以及一系列严格的复审和测试，使得一旦出现错误能比较容易诊断和纠正，当用户有新要求或外部环境变化时，软件能较容易地适应，并且能够减少维护引入的错误。因此，在软件生命周期的每个阶段都必须充分考虑维护问题，并且为软件维护做准备。

预防性维护实质上是软件再工程。典型的软件再工程过程模型定义了库存目录分析、文档重构、逆向工程、代码重构、数据重构和正向工程等 6 类活动。在某些情况下，以线性顺序完成这些活动，但也并不总是这样。上述模型是一个循环模型，这意味着每项活动都可能被重复，而且对于任意一个特定地循环来说，再工程过程可以在完成任意一个活动之后终止。

尽管软件维护和软件开发密切相关，但是两者是不同的。参与维护工作的人员理解这种差别是很重要的。

介绍了软件维护活动的基本概念，并做了范围很宽的概述之后，下一章将讨论软件工程的标准化和软件文档。

习题

一、选择题

1. 在软件维护工作中进行的最少的部分是________。（　　）

A. 校正性维护　　B. 适应性维护

C. 完善性维护　　D. 预防性维护

2. 软件维护工作中大部分的工作是由于________而引起的。（　　）

A. 程序的可靠性　　B. 适应新的硬件环境

C. 适应新的软件环境　　D. 用户的需求改变

3. 软件的可维护性变量可分解为对多种因素的度量，下述各种因素________是可维护度量的内容。（　　）

（1）可测试性　　（2）可理解性

（3）可修改性　　（4）可复用性

A. 全部　　B.（1）

C.（1）、（2）和（3）　　　　D.（1）、（2）

4. 软件维护是保证软件正常，有效运行的重要手段，而软件的下述特性：

（1）可测试性　　　　（2）可理解性

（3）可修改性　　　　（4）可移植性

________有利于软件维护。（　）

A. 只有（1）　　　　B.（2）和（3）

C.（1）、（2）和（3）　　　　D. 都有利

5. 在软件生命周期中，________阶段所占工作量最大，约占70%。（　）

A. 分析　　　　B. 维护

C. 编码　　　　D. 测试

6. 软件维护可分为4种类型，下列________不属于其中。（　）

A. 校正性　　　　B. 可靠性

C. 适应性　　　　D. 完善性

7. 软件维护指的是________。（　）

A. 对软件的改进、适应和完善　　　　B. 维护正常运行

C. 配置新软件　　　　D. 软件开发的一个阶段

8. 产生软件维护的副作用是指________。（　）

A. 开发软件时的错误　　　　B. 运行时的错误

C. 隐含的错误　　　　D. 因修改软件而造成的错误

9. 维护阶段用来指出修改工作量、性质、优先权和事后数据的文档是________。（　）

A. 软件问题报告　　　　B. 软件修改报告

C. 测试分析报告　　　　D. 维护申请报告

10. 软件维护工作的最主要部分是________。（　）

A. 校正性维护　　　　B. 适应性维护

C. 完善性维护　　　　D. 预防性维护

二、简答题

1. 什么是软件可维护性？可维护性度量的特性是什么？
2. 提高可维护性的方法有哪些？
3. 软件维护有哪些内容？
4. 软件维护困难的原因是什么？
5. 软件维护的流程是什么？
6. 维护技术有哪些？
7. 影响软件维护代价的元素有哪些？
8. 软件维护费用的度量模型是什么？
9. 为了保证软件的可维护性，需要做哪些质量保证检查，试述维护过程？
10. 维护的特点有哪些？
11. 好的文档的作用和意义是什么？

第6章　面向对象方法学

本章要点

- 面向对象方法学的要点
- 面向对象方法学的概念
- 面向对象建模
- 对象模型、动态模型及功能模型

6.1　面向对象方法学概述

面向对象方法学的出发点和基本原则，是尽可能模拟人类习惯的思维方式，使开发软件的方法与过程尽可能接近人类认识世界、解决问题的方法与过程，也就是使描述问题的问题空间与实现解法的解空间在结构上尽可能一致。

从本质上说，我们用计算机解决客观世界的问题，是借助于某种程序设计语言的规定，对计算机中的实体施加某种处理，并用处理结果去映射解。面向对象的核心概念就是“对象”，也就是此方法中最重要的数据，对象可以理解为与问题域有关的事物。一个系统可以看做是许多对象在一起完成一系列工作。就像一个团体，团体成员可以看做是一个个对象，它们在一起协作共同完成一系列任务。采用面向对象方法构造系统的核心就是构造对象集合，换句话说一个软件可以是对象的集合加对象间的协作。它的最大优点就是整个软件工程是一个不断完善和更新的过程，即使前一阶段出现问题也可以较为容易地修改，不像传统的方法，一旦前面出现问题就有可能会给后面的工作带来灾难性的后果。面向对象的软件工程过程中各阶段的界限并不明显。前后始终围绕对象集合的建模展开，后阶段总是对前一阶段的完善，只是各自重点不同。最重要的阶段是需求分析阶段，因为这一阶段的任务是要基本弄清楚问题所设计的对象都有哪些。

面向对象的软件工程是按照面向对象的方法学进行面向对象的分析、设计、实现、测试和管理的过程，这样的编写的程序易于理解和维护。

6.1.1　面向对象方法学的要点

面向对象方法具有下述4个要点。

1）认为客观世界是由各种对象组成的，任何事物都是对象，复杂的对象可以由比较简单的对象以某种方式组合而成。按照这种观点，可以认为整个世界就是一个最复杂的对象。因此，面向对象的软件系统是由对象组成的，软件中的任何元素都是对象，复杂的软件对象由比较简单的对象组合而成。

2）把所有的对象都划分成各种对象类，每个对象类都定义了一组数据和一组方法。数据用于表示对象的静态属性，是对象的状态信息。因此，每当建立该对象类的一个新实例时，就按照类中对数据的定义为这个新对象生成一组专用的数据，以便描述该对象独特的属性值。例如，荧光屏上不同位置显示的半径不同的几个圆，虽然都是 Circle 类的对象，但是，各自都有自己专用的数据，以便记录各自的圆心位置、半径等。

类中定义的方法，是允许施加于该类对象上的操作，是该类所有对象共享的，并不需要为每个对象都复制操作的代码。

3）按照子类与父类的关系，把若干个对象类组成一个层次结构的系统。在这种层次结构中，通常下层的派生类具有和上层的基类相同的特性，这种现象称为继承。但是，如果在派生类中对某些特性又做了重新描述，则在派生类中的这些特性将以新描述为准，也就是说，底层的特性将屏蔽高层的同名特性。

4）对象彼此之间仅能通过传递消息互相联系。

对象与传统的数据有本质区别，它不是被动地等待外界对它施加操作，相反，它是进行处理的主体，必须发消息请求执行它的某个操作，处理它的私有数据，而不能从外界直接对它的私有数据进行操作。也就是说，一切局部于该对象的私有信息，都被封装在该对象类的定义中，就好像装在一个不透明的黑盒子中一样，外界是看不见的，更不能直接使用，这就是“封装”。

综上所述，面向对象的方法学可以用下列方程来概括：

面向对象 = 对象 + 类 + 继承 + 通信

- 客观世界是由对象组成的，任何客观的事物或实体都是对象，复杂的对象可以由简单的对象组成。
- 具有相同数据和相同操作的对象可以归并为一个类，对象是对象类的一个实例。
- 类可以派生出子类，子类继承父类的全部特性（数据和操作），又可以有自己的新特性。子类与父类形成类的层次结构。
- 对象之间通过消息传递相互联系。类具有封装性，其数据和操作等对外界是不可见的，外界只能通过消息请求进行某些操作，提供所需要的服务。

如果仅使用对象和消息，则这种方法可以称为基于对象的方法，而不能称为面向对象的方法；如果进一步要求把所有对象都划分为类，则这种方法可称为基于类的方法，但仍然不是面向对象的方法。只有同时使用对象、类、继承和消息的方法，才是真正面向对象的方法。

6.1.2 面向对象方法学的优点

（1）系统稳定

传统的软件开发方法强调算法和数据流程，开发过程基于功能分析和功能分解。用传统方法所建立起来的软件系统的结构紧密依赖于系统所要完成的功能，功能需求的变动将导致软件结构的整体变动。然而，用户需求变化大部分是针对功能的，所以，这样的软件系统是不稳定的。面向对象方法基于构造问题领域的对象模型，以对象为中心构造软件系统。它的基本作法是用对象模拟问题领域中的实体，以对象间的联系刻画实体间的联系。面向对象的软件系统的结构是根据问题领域的模型建立起来的，而不是基于对系统应完成的功能的分解，所以，当对系统的功能需求变化时并不会引起软件结构的整体变化，往往仅需要作一些局部性的修改。例如，从已有类派生出一些新的子类以实现功能扩充或修改，增加或删除某些对象等。总之，由于现实世界中的实体是相对稳定的，因此，以对象为中心构造的软件系统也是比较稳定的。

(2) 更适宜开发大型软件产品

如何组织开发人员是大型软件开发中的关键问题。用面向对象方法学开发软件时，构成软件系统的每个对象都有自己的数据、操作、功能和用途，就像一个微型程序。因此，可以把一个大型软件产品分解成一系列本质上相互独立的小产品来处理，这就既降低了开发的技术难度，也使得对开发工作的管理简单。因此，这也是面向对象范型优于结构化范型的原因之一。

(3) 代码重用性好

传统的软件是利用标准函数库技术来实现重用的，该方法试图用标准函数库中的函数作为“预制件”来建造新的软件系统。但是，标准函数缺乏必要的“柔性”，不能适应不同应用场合的不同需要，并不是理想的可重用的软件成分。

在面向对象方法所使用的对象中，数据和操作是作为平等伙伴出现的。因此，对象具有很强的自含性。此外，对象固有的封装性和信息隐藏机制，使得对象的内部实现与外界隔离，具有较强的独立性。由此可见，对象是比较理想的模块和可重用的软件成分。

面向对象的软件技术在利用可重用的软件成分构造新的软件系统时，有很大的灵活性。以下两种方法可以重复使用一个对象类：一种方法是创建该类的实例，从而直接使用它；另一种方法是从它派生出一个满足当前需要的新类。继承性机制使得子类不仅可以重用其父类的数据结构和程序代码，而且可以在父类代码的基础上方便地修改和扩充，这种修改并不影响对原有类的使用。

(4) 与人类习惯的思维方式一致

面向对象的软件技术以对象为核心，用这种技术开发出的软件系统由对象组成。对象是对现实世界实体的正确抽象，它是由描述内部状态表示静态属性的数据，以及可以对这些数据施加的操作，封装在一起所构成的统一体，对象之间通过传递消息互相联系，以模拟现实世界中不同事物彼此之间的联系。

面向对象的设计方法的基本原理是，使用现实世界的概念抽象地思考问题从而自然地解决问题。它强调模拟现实世界中的概念而不强调算法，它鼓励开发者在软件开发的绝大部分过程中都用应用领域的概念去思考。在面向对象的设计方法中，计算机的观点是不重要的，现实世界的模型才是最重要的。面向对象的软件开发过程从始至终都围绕着建立问题领域的对象模型来进行。对问题领域进行自然分解，确定需要使用的对象和类，建立适当的类等级，在对象之间传递消息实现必要的联系，从而按照人们习惯的思维方式建立起问题领域的模型，模拟客观世界。在人的认识深化过程中，既包括了从一般到特殊的演绎思维过程，也包括了从特殊到一般的归纳思维过程。人在认识和解决复杂问题时使用的最强有力的思维工具是抽象，也就是在处理复杂对象时，为了达到某个分析目的集中研究对象的与此目的有关的实质，忽略该对象的那些与此目的无关的部分。

面向对象方法学的基本原则是按照人类习惯的思维方法建立问题域的模型，开发出尽可能直观、自然地表现求解方法的软件系统。面向对象的软件系统中广泛使用的对象，是对客观世界中实体的抽象。对象实际上是抽象数据类型的实例，提供了比较理想的数据抽象机制，同时又具有良好的过程抽象机制。面向对象的软件技术为开发者提供了随着对某个应用系统的认识逐步深入和具体化的过程，而逐步设计和实现该系统的可能性，可以先设计出由抽象类构成的系统框架，随着认识深入和具体化再逐步派生出更具体的派生类。这样的开发过程符合人们认识客观世界解决复杂问题时逐步深化的渐进过程。

(5) 方便维护

用传统方法和面向过程语言开发出来的软件很难维护，是长期困扰人们的一个严重问题，是软件危机的突出表现。采用面向对象方法，对软件实现模块化开发，对各个实体对象采用接口连接，减少了各实体属性间关系的冗余，使得软件的维护更加方便。

6.2 面向对象的概念

6.2.1 对象

在应用领域中有意义的、与所要解决的问题有关系的任何事物都可以称为对象，它既可以是具体的物理实体的抽象，也可以是人为的概念，或者是任何有明确边界和意义的东西。对象是对问题域中某个实体的抽象，设立某个对象就反映了软件系统具有保存有关它的信息并且与它进行交互的能力。由于客观世界中的实体通常既具有静态的属性，又具有动态的行为，因此，面向对象方法学中的对象是由描述该对象属性的数据以及可以对这些数据施加的所有操作封装在一起构成的统一体。对象可以作的操作表示它的动态行为，在面向对象分析和面向对象设计中，通常把对象的操作称为服务或方法。

1. 对象的形象表示

为有助于读者理解对象的概念，图 6-1 形象地描绘了具有 3 个操作的对象。

当在软件中使用一个对象的时候，只能通过对象与外界的界面来操作它。对象与外界的界面也就是该对象向公众开放的操作。假设一个对象是一台收音机，那使用对象向公众开放的操作就好像使用录音机的按键一样，只要知道该操作的名字（好像录音机的按键名）和所需要的参数（提供附加信息或设置状态，根本无需知道实现这些操作的方法。

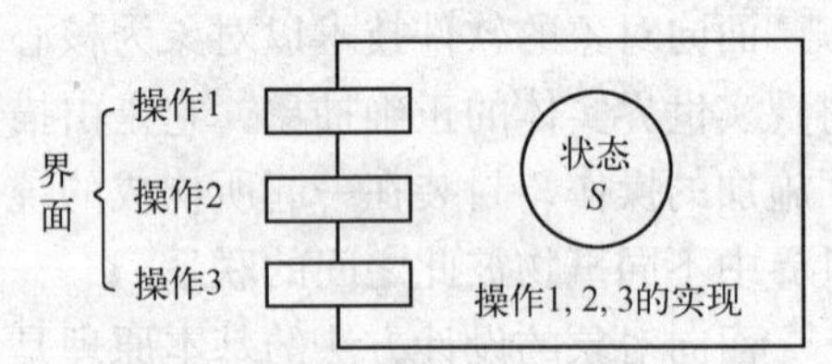

图 6-1 对象的形象表示

事实上，实现对象操作的代码和数据是隐藏在对象内部的，一个对象好像是一个黑盒子，表示它的内部状态的数据和实现各个操作的代码及局部数据，都被封装在这个黑盒子内部，在外面是看不见的，更不能从外面去访问或修改这些数据或代码。使用对象时只要知道它向外界提供的接口形式而无需知道它的内部实现算法，不仅使得对象的使用变得非常简单、方便，而且具有很高的安全性和可靠性。对象内部的数据只能通过对象的公有方法（如 C ++ 的公有成员函数）来访问或处理，这就保证了对这些数据的访问或处理，在任何时候都是使用统一的方法进行的，不会像使用传统的面向过程的程序设计语言那样，由于每个使用者各自编写自己的处理某个全局数据的过程而发生错误。当对象处于不同状态时，做同一个操作所得到的效果也是不同的。

2. 对象的定义

目前，对对象所下的定义并不完全统一，人们从不同角度给出对象的不同定义。这些定义虽然形式不同，但基本含义是相同的。下面给出对象的几个定义。

1）定义1：对象是具有相同状态的一组操作的集合。

这个定义主要是从面向对象程序设计的角度看“对象”。

2）定义2：对象是对问题域中某个事物的抽象，这种抽象反映了系统保存有关这个事物的信息或与它交互的能力。也就是说，对象是对属性值和操作的封装。

这个定义着重从信息模拟的角度看待“对象”。

3）定义3：对象::=〈ID，MS，DS，MI〉。其中，ID是对象的标识或名字，MS是对象中的操作集合，DS是对象的数据结构，MI是对象受理的消息名集合（即对外接口）。

这个定义是一个形式化的定义。

总之，对象是封装了数据结构及可以施加在这些数据结构上的操作的封装体，这个封装体有可以唯一地标识它的名字，而且向外界提供一组服务（即公有的操作）。对象中的数据表示对象的状态，一个对象的状态只能由该对象的操作来改变。每当需要改变对象的状态时，只能由其他对象向该对象发送消息。对象响应消息时，按照消息模式找出与之匹配的方法，并执行该方法。

从动态角度或对象的实现机制来看，对象是一台自动机。具有内部状态S，操作 $f_i(i=1,2,\cdots,n)$，且与操作 f_i 对应的状态转换函数为 $g_i(i=1,2,\cdots,n)$ 的一个对象，可以用图6-2所示的自动机来模拟。

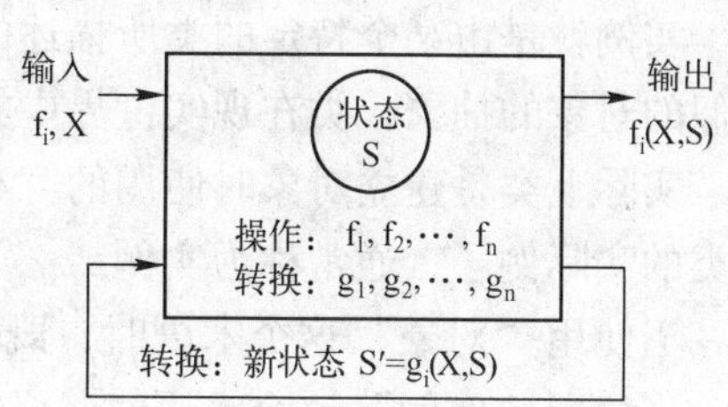

图6-2　用自动机模拟对象

3. 对象的特点

1）以数据为中心。操作围绕对其数据所需要做的处理来设置，不设置与这些数据无关的操作，而且操作的结果往往与当时所处的状态（数据的值）有关。

2）对象是主动的。它与传统的数据有本质不同，不是被动地等待对它进行处理，相反，它是进行处理的主体。为了完成某个操作，不能从外部直接加工它的私有数据，而是必须通过它的公有接口向对象发消息，请求它执行某个操作，处理私有数据。

3）实现了数据封装。对象好像是一只黑盒子，它的私有数据完全被封装在盒子内部，对外是隐藏的、不可见的，对私有数据的访问或处理只能通过公有的操作进行。为了使用对象内部的私有数据，只需知道数据的取值范围（值域）和可以对该数据施加的操作（即对象提供了哪些处理或访问数据的公有方法），根本无须知道数据的具体结构以及实现操作的算法。这也就是抽象数据类型的概念。因此，一个对象类型也可以看做是一种抽象数据类型。

4）本质上具有并行性。对象是描述其内部状态的数据及可以对这些数据施加的全部操作的集合。不同对象各自独立地处理自身的数据，彼此通过发消息传递信息完成通信。因此，本质上具有并行工作的属性。

5）模块独立性好。对象是面向对象的软件的基本模块，为了充分发挥模块化简化开发工作的优点，希望模块的独立性强。具体来说，也就是要求模块的内聚性强，耦合性弱。如前所述，对象是由数据及可以对这些数据施加的操作所组成的统一体，而且对象是以数据为中心的，操作围绕对其数据所需做的处理来设置，没有无关的操作。因此，对象内部各种元素彼此结合得很紧密，内聚性相当强。由于完成对象功能所需要的元素（数据和方法）基本上都被封装在对象内部，它与外界的联系自然就比较少，因此，对象之间的耦合通常比较松散。

6.2.2 其他概念

1. 类（Class）

类表示了一组相似的对象，是创建对象的有效模板，用它可以产生多个对象。类所代表的是一个抽象的概念或事物，在客观世界中实际存在的是类的实例，即对象。

类是具有相同属性和服务的一组对象的集合，它为属于该类的全部对象提供了统一的抽象描述，其内部包括属性和服务两个主要部分。

例如：在学校教学管理系统中，“学生”是一个类，其属性具有姓名、性别、年龄等，可以定义“入学注册”、“选课”等操作。一个具体的学生“王平”是一个对象，也是“学生”类的一个实例。

2. 实例（Instance）

实例就是由某个特定的类所描述的一个具体的对象。类是对具有相同属性和行为的一组相似的对象的抽象，类在现实世界中并不能真正存在。

实际上类是建立对象时使用的“样板”，按照这个样板所建立的一个个具体的对象，就是类的实际例子，通常称为实例。

当使用“对象”这个术语时，既可以指一个具体的对象，也可以泛指一般的对象，但是，当使用“实例”这个术语时，必然是指一个具体的对象。

3. 消息（Message）

消息就是要求某个对象执行在定义它的那个类中所定义的某个操作的规格说明。通常，一个消息由下述3部分组成。

1）接收消息的对象。

2）消息选择符（也称为消息名）。

3）零个或多个变元。

4. 方法（Method）

方法就是对象所能执行的操作，也就是类中所定义的服务。方法描述了对象执行操作的算法，响应消息的方法。在C++语言中把方法称为成员函数。

5. 属性（Attribute）

属性就是类中所定义的数据，它是对客观世界实体所具有的性质的抽象。类的每个实例都有自己特有的属性值。

在C++语言中把属性称为数据成员。

6. 封装（Encapsulation）

在面向对象的程序中，把数据和实现操作的代码集中起来放在对象内部。一个对象好像是一个不透明的黑盒子，表示对象状态的数据和实现操作的代码与局部数据，都被封装在黑盒子里面，从外面是看不见的，更不能从外面直接访问或修改这些数据和代码。

使用一个对象的时候，只需知道它向外界提供的接口形式，无须知道它的数据结构细节和实现操作的算法。

综上所述，对象具有封装性的条件如下。

1）有一个清晰的边界。所有私有数据和实现操作的代码都被封装在这个边界内，从外面看不见，更不能直接访问。

2）有确定的接口（即协议）。这些接口就是对象可以接收的消息，只能通过向对象发送消息来使用它。

3）受保护的内部实现。实现对象功能的细节（私有数据和代码）不能在定义该对象的类的范围外访问。

封装也就是信息隐藏，通过封装对外界隐藏了对象的实现细节。

对象类实质上是抽象数据类型。类把数据说明和操作说明与数据表达和操作实现分离开了，使用者只需知道它的说明（值域及可对数据施加的操作），就可以使用它。

7. 继承（Inheritance）

广义地说，继承是指能够直接获得已有的性质和特征，而不必重复定义它们。在面向对象的软件技术中，继承是子类自动地共享基类中定义的数据和方法的机制。面向对象软件技术的许多强有力的功能和突出的优点，都来源于把类组成一个层次结构的系统（类等级）。一个类的上层可以有父类，下层可以有子类。这种层次结构系统的一个重要性质是继承性，一个类直接继承其父类的全部描述（数据和操作）。为了更深入、具体地理解继承性的含义，图 6-3 描绘了实现继承机制的原理。

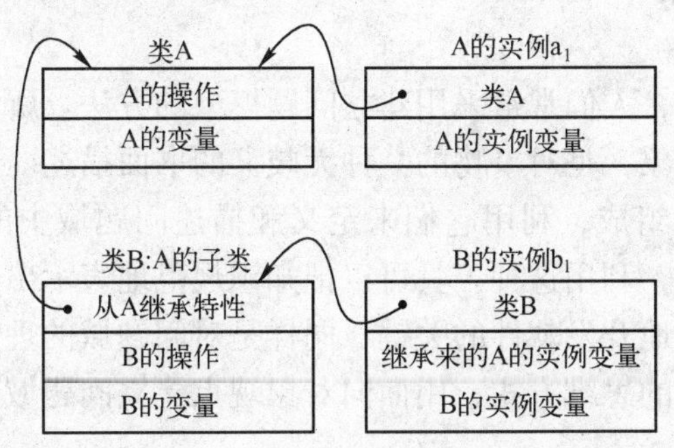

图 6-3　实现继承机制的原理

继承具有传递性。因此，一个类实际上继承了它所在的类等级中在它上层的全部基类的所有描述，也就是说，属于某类的对象除了具有该类所描述的性质外，还具有类等级中该类上层全部基类描述的一切性质。当一个类只允许有一个父类时，也就是说，当类等级为树形结构时，类的继承是单继承；当允许一个类有多个父类时，类的继承是多重继承。多重继承的类可以组合多个父类的性质构成所需要的性质，因此功能更强、使用更方便；但是，使用多重继承时要注意避免二义性。

继承性使得用户在开发新的应用系统时可以继承原有的相似系统的功能或者从类库中选取需要的类，再派生出新的类以实现所需要的功能。有了继承性以后，还可以用把已有的一般性的解加以具体化的办法，来达到软件重用的目的。首先，使用抽象的类开发出一般性问题的解，然后，在派生类中增加少量代码使一般性的解具体化，从而开发出符合特定应用需要的具体解。

8. 多态性（Polymorphism）

多态性一词来源于希腊语，意思是“有许多形态”。在面向对象的软件技术中，多态性是指子类对象可以像父类对象那样使用，同样的消息既可以发送给父类对象也可以发送给子类对象。也就是说，在类等级的不同层次中可以共享（公用）一个行为（方法）的名字，然而不同层次中的每个类却各自按自己的需要来实现这个行为。当对象接收到发送给它的消息时，根据该对象所属于的类动态选用在该类中定义的实现算法。在 C ++ 语言中，多态性是通过虚函数来实现的。在类等级不同层次中可以说明名字、参数特征和返回值类型都相同的虚拟成员函数，而不同层次的类中的虚函数实现算法各不相同。虚函数机制使得程序员能在一个类等级中使用相同函数的多个不同版本，在运行时才根据接收消息的对象所属于的类，决定到底执行哪个特定的版本，这称为动态联编，也叫滞后联编。

9. 重载（Overloading）

重载分为函数重载和运算符重载两种：函数重载是指在同一作用域内的若干个参数特征不同的函数可以使用相同的函数名字；运算符重载是指同一个运算符可以施加于不同类型的操作数上面。当然，当参数特征不同或被操作数的类型不同时，实现函数的算法或运算符的语义是不相同的。在 C ++ 语言中函数重载是通过静态联编（也叫先前联编）实现的，也就是在编译时根据函数变元的个数和类型，决定到底使用函数的哪个实现代码；对于重载的运算符，同样是在编译时根据被操作数的类型，决定使用该运算符的哪种语义。

6.3 面向对象建模

为了更好地理解问题，人们常常采用建立问题模型的方法。所谓模型，就是为了理解事物而对事物作出的一种抽象，是对事物的一种无歧义的书面描述。通常，模型由一组图形符号和组织这些符号的规则组成，利用它们来定义和描述问题域中的术语和概念。更进一步讲，模型是一种思考工具，利用这种工具可以把知识规范地表示出来。

用面向对象方法成功地开发软件的关键，同样是对问题域的理解。面向对象方法最基本的原则，是按照人们习惯的思维方式，用面向对象观点建立问题域的模型，开发出尽可能自然地表现求解方法的软件。

用面向对象方法开发软件，通常需要建立 3 种形式的模型，它们分别是描述系统数据结构的对象模型，描述系统控制结构的动态模型和描述系统功能的功能模型。这 3 种模型都涉及到数据、控制和操作等共同的概念，只不过每种模型描述的侧重点不同。这 3 种模型从 3 个不同但又密切相关的角度模拟目标系统，它们各自从不同侧面反映了系统的实质性内容，综合起来则全面地反映了对目标系统的需求。一个典型的软件系统组合了上述 3 方面内容，它使用数据结构（对象模型），执行操作（动态模型），并且完成数据值的变化（功能模型）。

为了全面地理解问题域，对任何大系统来说，上述 3 种模型都是必不可少的。当然，在不同的应用问题中，这 3 种模型的相对重要程度会有所不同，但是，用面向对象方法开发软件，在任何情况下，对象模型始终都是最重要、最基本、最核心的。在整个开发过程中，3 种模型一直都在发展、完善。在面向对象分析过程中，构造出完全独立于实现的应用域模型；在面向对象设计过程中，把求解域的结构逐渐加入到模型中；在实现阶段，把应用域和求解域的结构都编成程序代码并进行严格的测试验证。

6.4 对象模型

我们用静态的、结构化的系统的“数据”性质来表示对象模型。它是用来模拟客观世界实体的对象以及对象彼此间的关系的映射，描述了系统的静态结构。如6.1节所述，面向对象方法强调围绕对象而不是围绕功能来构造系统。需要从客观世界中提炼出对具体应用有价值的概念来构建对象模型。

为了建立对象模型，需要定义一组图形符号，并且规定一组组织这些符号以表示特定语义的规则。许多软件工程专家提出自己的对象模型的同时，也提出了自己的建模语言。但是，面向对象方法的用户并不了解不同建模语言的优缺点，因此，很难在实际工作中根据应用的特点选择合适的建模语言，而且不同建模语言之间存在的细微差别也极大地妨碍了用户之间的交流。面向对象方法的发展，要求在精心比较不同建模语言的优缺点和总结面向对象技术应用经验的基础上，把建模语言统一起来。

通常，使用统一建模语言UML提供的类图来建立对象模型。在UML中术语“类”的实际含义是，“一个类及属于该类的对象”。下面简要地介绍UML的类图。

6.4.1 类图的基本符号

类图是一种静态模型，我们用它来描述类及类与类之间的静态关系。它是创建其他UML图的基础。一个系统可以由多张类图来描述，一个类也可以出现在几张类图中。

1. 定义类

UML中类的图形符号为长方形，用两条横线把长方形分成上、中、下3个区域（下面两个区域可省略），3个区域分别放类的名字、属性和服务，如图6-4所示。

类名
属性
服务

图6-4 表示类的图形符号

类名是一类对象的名字。命名是否恰当对系统的可理解性影响相当大，因此，为类命名时应该遵守以下几条准则。

1）使用标准术语。应该使用在应用领域中人们习惯的标准术语作为类名，不要随意创造名字。例如，“交通信号灯”比“信号单元”这个名字好，“传送带”比“零件传送设备”好。

2）使用具有确切含义的名词。尽量使用能表示类的含义的日常用语作名字，不要使用空洞的或含义模糊的词作名字。例如，“库房”比“房屋”或“存物场所”更确切。

3）必要时用名词短语作名字。为使名字的含义更准确，必要时用形容词加名词或其他形式的名词短语作名字。例如，“最小的领土单元”、“储藏室”、“公司员工”等都是比较恰当的名字。

2. 定义属性

UML描述属性的语法格式如下。

可见性属性名:类型名=初值{性质串}

属性的可见性（即可访问性）通常有下述3种：公有的（Public）、私有的（Private）和保护的（Protected），分别用加号（+）、减号（-）和井号（#）表示。如果未声明可见性，则表示该属性的可见性尚未定义。注意，没有默认的可见性。

属性名和类型名之间用冒号（:）分隔。类型名表示该属性的数据类型，它可以是基本的数据类型，也可以是用户自定义的类型。

在创建类的实例时应给其属性赋值，如果给某个属性定义了初值，则该初值可作为创建实例时这个属性的默认值。类型名和初值之间用等号（=）隔开。

用花括号括起来的性质串明确地列出该属性所有可能的取值。枚举类型的属性往往用性质串列出可以选用的枚举值，不同枚举值之间用逗号分隔。也可以用性质串说明属性的其他性质，例如，约束说明｛只读｝表明该属性是只读属性。

3. 定义服务

服务也就是操作，UML 描述操作的语法格式如下。

可见性操作名（参数表）：返回值类型｛性质串｝

操作可见性的定义方法与属性相同。

参数表是用逗号分隔的形式参数的序列。描述一个参数的语法如下。

参数名：类型名 = 默认值

6.4.2 表示关系的符号

如前所述，类图由类及类与类之间的关系组成。定义了类之后就可以定义类与类之间的各种关系了。类与类之间通常有关联、泛化（继承）、依赖和细化等 4 种关系。

1. 关联

（1）普通关联

普通关联是最常见的关联关系，只要在类与类之间存在连接关系就可以用普通关联表示。普通关联的图示符号是连接两个类之间的直线，如图 6-5 所示。

图 6-5 普通关联示例

通常，关联是双向的，可在一个方向上为关联起一个名字，在另一个方向上起另一个名字（也可不起名字）。为避免混淆，在名字前面（或后面）加一个表示关联方向的黑三角。

在表示关联的直线两端可以写上重数（Multiplicity），它表示该类有多少个对象与对方的一个对象连接。重数的表示方法通常有如下几种。

0…1	表示 0 到 1 个对象
0…*或*	表示 0 到多个对象
1+或 1…*	表示 1 到多个对象
1…15	表示 1 到 15 个对象
3	表示 3 个对象

如果图中未明确标出关联的重数，则默认重数是 1。

（2）关联的角色

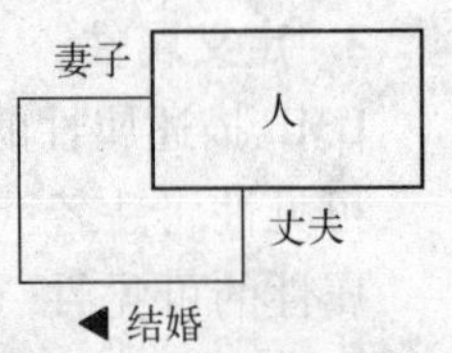

图 6-6 关联的角色

在任何关联中都会涉及到参与此关联的对象所扮演的角色（即起的作用），在某些情况下显式标明角色名有助于别人理解类图。例如，图 6-6 是一个递归关联（即一个类与它本身有关联关系）的例子。

一个人与另一个人结婚，必然一个人扮演丈夫的角色，另一个人扮演妻子的角色。如果没有显式标出角色名，则意味着用类名作为角色名。

(3) 限定关联

限定关联通常用在一对多或多对多的关联关系中，可以把模型中的重数从一对多变成一对一，或从多对多简化成多对一。在类图中把限定词放在关联关系末端的一个小方框内。

例如，某操作系统中一个目录下有许多文件，一个文件仅属于一个目录，在一个目录内文件名确定了唯一一个文件。图 6-7 利用限定词“文件名”表示了目录与文件之间的关系，可见，利用限定词把一对多关系简化成了一对一关系。

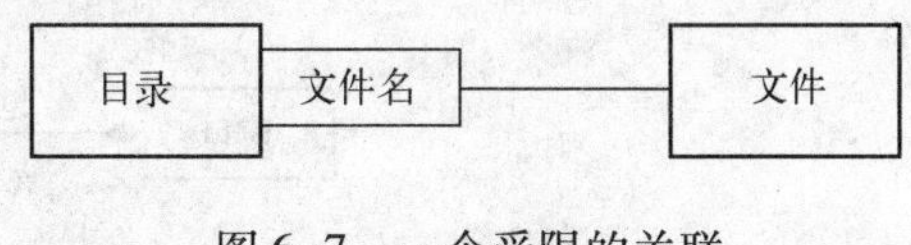

图 6-7 一个受限的关联

限定提高了语义精确性，增强了查询能力。在图 6-7 中，限定的语法表明，文件名在其目录内是唯一的。因此，查找一个文件的方法就是，首先定下目录，然后在该目录内查找指定的文件名。由于目录加文件名可唯一地确定一个文件，因此，限定词“文件名”应该放在靠近目录的那一端。

(4) 关联类

为了说明关联的性质可能需要一些附加信息。可以引入一个关联类来记录这些信息。关联中的每个连接与关联类的一个对象相联系。关联类通过一条虚线与关联连接。

例如，图 6-8 是一个电梯系统的类模型，队列就是电梯控制器类与电梯类的关联关系上的关联类。从图中可以看出，一个电梯控制器控制着 4 台电梯，这样，控制器和电梯之间的实际连接就有 4 个，每个连接都对应一个队列（对象），每个队列（对象）存储着来自控制器和电梯内部按钮的请求服务信息。电梯控制器通过读取队列信息，选择一个合适的电梯为乘客服务。关联类与一般的类一样，也有属性、操作和关联。

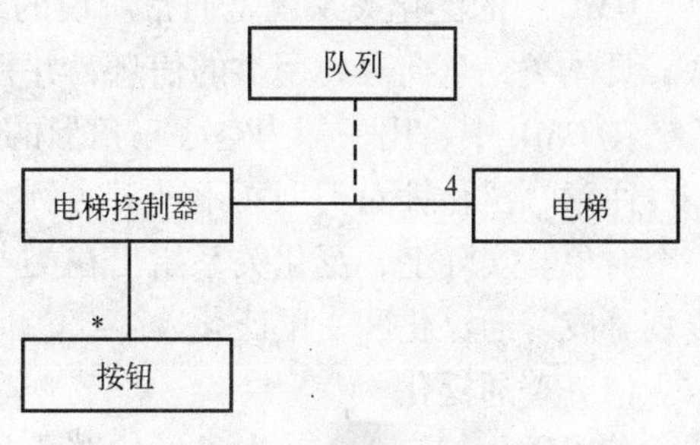

图 6-8 关联类示例

2. 聚集

聚集也称为聚合，是关联的特例。聚集表示类与类之间的关系是整体与部分的关系。在陈述需求时使用的“包含”、“组成”、“分为……部分”等字句，往往意味着存在聚集关系。除了一般聚集之外，还有两种特殊的聚集关系，分别是共享聚集和组合聚集。

(1) 共享聚集

如果在聚集关系中处于部分方的对象可同时参与多个处于整体方对象的构成，则该聚集称为共享聚集。例如，一个课题组包含许多成员，每个成员又可以是另一个课题组的成员，则课题组和成员之间是共享聚集关系，如图 6-9 所示。一般聚集和共享聚集的图示符号，都是在表示关联关系的直线末端紧挨着整体类的地方画一个空心菱形。

(2) 组合聚集

如果部分类完全隶属于整体类，部分与整体共存，整体不存在了部分也会随之消失(或失去存在价值了)，则该聚集称为组合聚集（简称为组成)。例如，在屏幕上打开一个窗口，它就由文本框、列表框、按钮和菜单组成，一旦关闭了窗口，各个组成部分也同时消失，窗口和它的组成部分之间存在着组合聚集关系。图 6-10 是窗口的组成，从图上可以看出，组成关系用实心菱形表示。

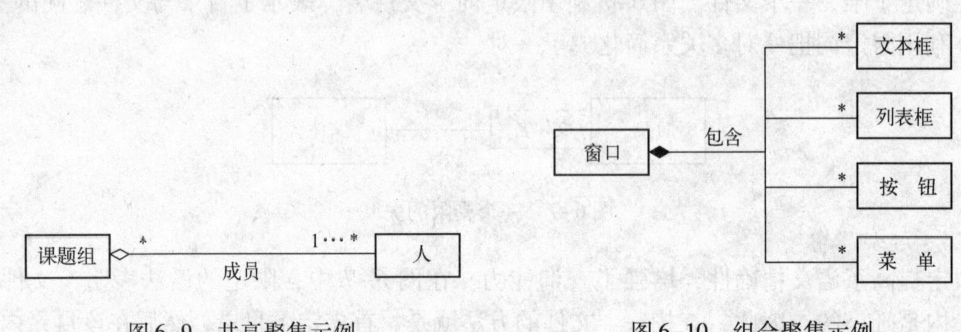

图 6-9 共享聚集示例

图 6-10 组合聚集示例

3. 泛化

UML 中的泛化关系就是通常所说的继承关系，它是通用类和具体类之间的一种分类关系。具体类完全拥有通用类的信息，并且还可以附加一些其他信息。

在 UML 中，用一端为空心三角形的连线表示泛化关系，三角形的顶角紧挨着通用元素。

注意，泛化针对类型而不针对实例，一个类可以继承另一个类，但一个对象不能继承另一个对象。实际上，泛化关系指出在类与类之间存在“一般——特殊”关系。泛化可进一步划分成普通泛化和受限泛化。

(1) 普通泛化

普通泛化与 6.2.2 节中讲过的继承基本相同，对普通泛化的概念此处不再赘述。

需要特别说明的是，没有具体对象的类称为抽象类。抽象类通常作为父类，用于描述其他类（子类）的公共属性和行为。图示抽象类时，在类名下方附加一个标记值 {abstract}，如图 6-11 所示。图下方的两个折角矩形是模型元素“笔记”的符号，其中的文字是注释，分别说明两个子类的操作 drive( ) 的功能。

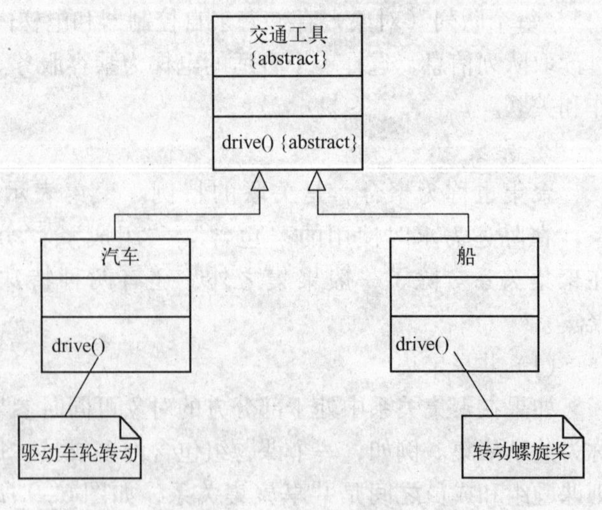

图 6-11 抽象类示例

抽象类通常都具有抽象操作。抽象操作仅用来指定该类的所有子类应具有哪些行为。抽象操作的图示方法与抽象类相似，在操作标记后面跟随一个性质串 {abstract}。与抽象类相反的类是具体类，具体类有自己的对象，并且该类的操作都有具体的实现方法。图 6-12 给出一个比较复杂的类图示例，这个例子综合应用了前面讲过的许多概念和图示符号。

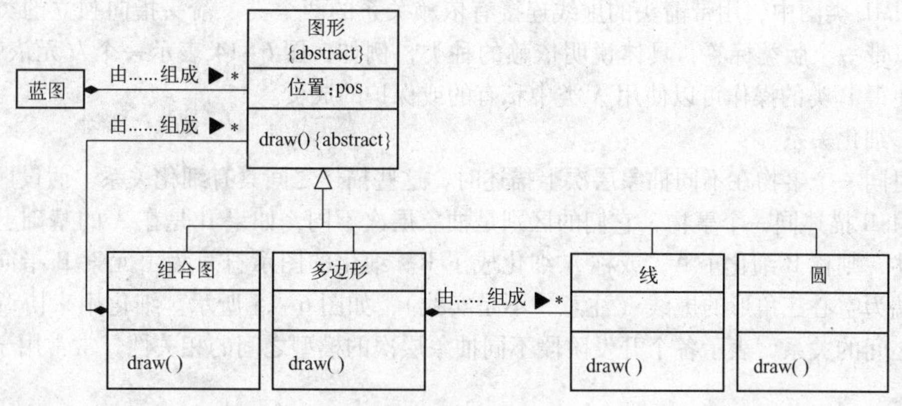

图 6-12　复杂类图示例

（2）受限泛化

可以给泛化关系附加约束条件，以进一步说明该泛化关系的使用方法或扩充方法，这样的泛化关系称为受限泛化。预定义的约束多重、不相交、完全和不完全有 4 种。这些约束都是语义约束。多重继承指的是，一个子类可以同时多次继承同一个上层基类，例如图 6-13 中的水陆两用类继承了两次交通工具类。与多重继承相反的是不相交继承，即一个子类不能多次继承同一个基类（这样的基类相当于 C ++ 语言中的虚基类）。如果图中没有指定｛多重｝约束，则是不相交继承，一般的继承都是不相交继承。

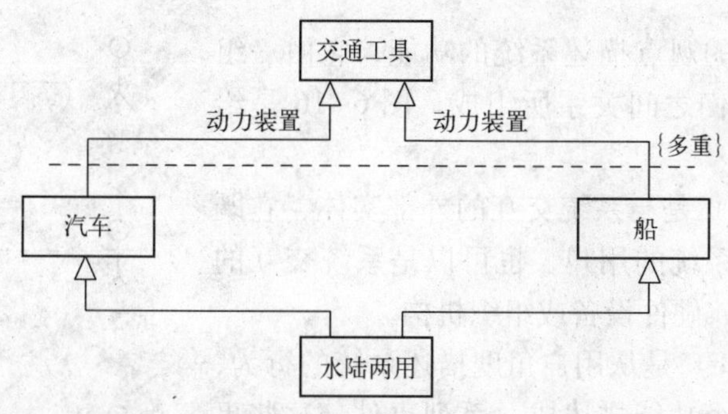

图 6-13　多重继承示例

完全继承指的是父类的所有子类都已在类图中穷举出来了，图示符号是指定｛完全｝约束。

不完全继承与完全继承恰好相反，父类的子类并没有都穷举出来，随着对问题理解的深入，可不断补充和维护，这为日后系统的扩充和维护带来很大方便。不完全继承是一般情况下默认的继承关系。

4. 依赖和细化

（1）依赖关系

依赖关系描述两个模型元素（类、用例等）之间的语义连接关系。其中一个模型元素是独立的，另一个模型元素不是独立的，它依赖于独立的模型元素，如果独立的模型元素改变了，将影响依赖于它的模型元素。

在UML类图中，用带箭头的虚线连接有依赖关系的两个类，箭头指向独立的类。在虚线上可以带一个版类标签，具体说明依赖的种类，例如，图6-14表示一个友元依赖关系，该关系使得B类的操作可以使用A类中私有的或保护的成员。

(2) 细化关系

当对同一个事物在不同抽象层次上描述时，这些描述之间具有细化关系。假设两个模型元素A和B描述同一个事物，它们的区别是抽象层次不同，如果B是在A的基础上的更详细的描述，则称B细化了A，或称A细化成了B。细化的图示符号为由元素B指向元素A的、一端为空心三角形的虚线（注意，不是实线），如图6-15所示。细化用来协调不同阶段模型之间的关系，表示各个开发阶段不同抽象层次的模型之间的相关性，常常用于跟踪模型的演变。

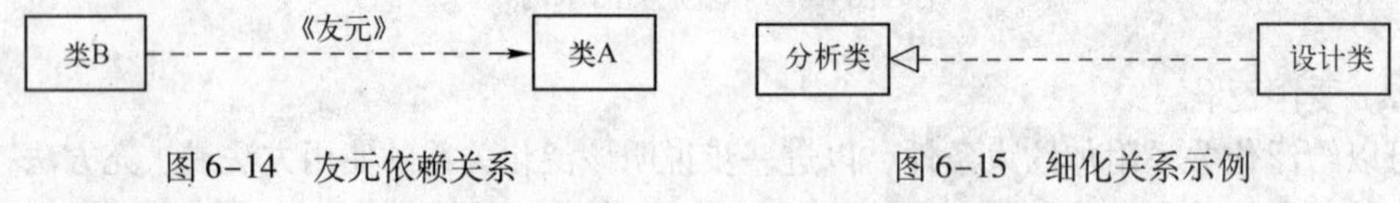

图6-14　友元依赖关系　　　图6-15　细化关系示例

6.5 功能模型

6.5.1 用例图

用例图是从用户的观点描述系统的功能，它由一组用例、参与者以及它们之间关系所组成。图6-16是给出的用例图例子。

- 参与者（Actor）是与系统交互的外部实体，它既可以是使用该系统的用户，也可以是系统交互的其他外部系统、硬件设备或组织机构。
- 用例（Use Case）是从用户角度描述系统的行为，它将系统的一个功能描述成一系列事件，这些事件最终对参与者产生有价值的可观测结果。

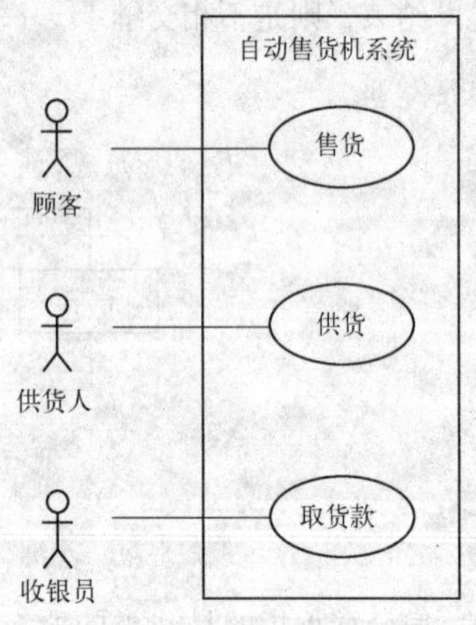

图6-16　自动售货机系统用例图

用例图的建模元素如下图所示，除了简单的参与者和用例之外，参与者之间还可以存在泛化的关系，用例之间也可以存在包含（Include）、扩展（Extend）和泛化（Generalization）等3种关系。

- 系统（System）系统被看作是一个提供用例的黑盒子，内部如何工作、用例如何实现，这些对于建立用例模型来说都是不重要的。代表系统的方框的边线表示系统的边界，用于划定系统的功能范围，定义了系统所具有的功能。描述该系统功能的用例置于方框内，代表外部实体的行为者置于方框外。

UML用例之间主要有扩展和使用两种关系，它们是泛化关系的两种不同形式。

(1) 扩展关系

向一个用例中添加一些动作后构成了另一个用例，这两个用例之间的关系就是扩展关系，后者继承前者的一些行为，通常把后者称为扩展用例。例如，在自动售货机系统中，“售货”是一个基本的用例，如果顾客购买罐装饮料，售货功能完成得很顺利，但是，如果顾客要购买用纸杯装的散装饮料，则不能执行该用例提供的常规动作，而要做些改动。

我们可以修改售货用例，使之既能提供销售罐装饮料的常规动作又能提供销售散装饮料的非常规动作，但是，这将把该用例与一些特殊的判断和逻辑混杂在一起，使正常的流程晦涩难懂。图 6-17 中把常规动作放在“售货”用例中，而把非常规动作放置于“销售散装饮料”用例中，这两个用例之间的关系就是扩展关系。在用例图中，用例之间的扩展关系图示为带版类《扩展》的泛化关系。

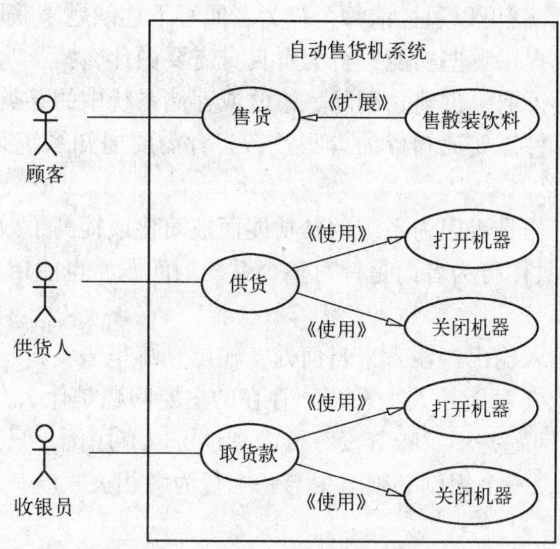

图 6-17　含扩展和使用关系的用例图

(2) 使用关系

当一个用例使用另一个用例时，这两个用例之间就构成了使用关系。一般来说，如果在若干个用例中有某些相同的动作，则可以把这些相同的动作提取出来单独构成一个用例(称为抽象用例)。这样，当某个用例使用该抽象用例时，就好像这个用例包含了抽象用例中的所有动作。在用例图中，用例之间的使用关系用带版类《使用》的泛化关系表示，如图 6-17 所示。

扩展与使用之间的异同：这两种关系都意味着从几个用例中抽取那些公共的行为并放入一个单独的用例中，而这个用例被其他用例使用或扩展，但是，使用和扩展的目的是不同的。通常在描述一般行为的变化时采用扩展关系；在两个或多个用例中出现重复描述又想避免这种重复时，可以采用使用关系。

6.5.2　用例建模

一个用例模型由若干幅用例图组成。创建用例模型的工作包括定义系统、寻找行为者和用例、描述用例、定义用例之间的关系、确认模型。其中，寻找行为者和用例是关键。

1. 寻找行为者

为获取用例首先要找出系统的行为者，可以通过请系统的用户回答一些问题的办法来发现行为者。下述问题有助于发现行为者。

1）谁将使用系统的主要功能（主行为者）？

2）谁需要借助系统的支持来完成日常工作？

3）谁来维护和管理系统（副行为者）？

4）系统控制哪些硬件设备？

5）系统需要与哪些其他系统交互？

6）哪些人或系统对本系统产生的结果（值）感兴趣？

2. 寻找用例

一旦找到了行为者，就可以通过请每个行为者回答下述问题来获取用例。

1）行为者需要系统提供哪些功能？行为者自身需要做什么？

2）行为者是否需要读取、创建、删除、修改或存储系统中的某类信息？

3）系统中发生的事件需要通知行为者吗？行为者需要通知系统某些事情吗？从功能观点看，这些事件能做什么？

4）行为者的日常工作是否因为系统的新功能而被简化或提高了效率？

还有一些不是针对具体行为者而是针对整个系统的问题，也能帮助建模者发现用例，具体如下。

1）系统需要哪些输入输出？输入来自何处？输出到哪里去？

2）当前使用的系统（可能是人工系统）存在的主要问题是什么？

注意，最后这两个问题并不意味着没有行为者也可以有用例，只是在获取用例时还不知道行为者是谁。事实上，一个用例必须至少与一个行为者相关联。

6.6 3种模型之间的关系

面向对象建模技术所建立的3种模型，分别从3个不同侧面描述了所要开发的系统。这3种模型相互补充、相互配合，使得我们对系统的认识更加全面。功能模型指明了系统应该“做什么”；动态模型明确规定了什么时候（即在何种状态下接收了什么事件的触发）做；对象模型则定义了做事情的实体。

在面向对象方法学中，对象模型是最基本最重要的，它为其他两种模型奠定了基础，我们依靠对象模型完成3种模型的集成。下面扼要地叙述3种模型之间的关系。

1）针对每个类建立的动态模型，描述了类实例的生命周期或运行周期。

2）状态转换驱使行为发生，这些行为在数据流图中被映射成处理，在用例图中被映射成用例，它们同时与类图中的服务相对应。

3）功能模型中的处理（或用例）对应于对象模型中的类所提供的服务。通常，复杂的处理（或用例）对应于复杂对象提供的服务，简单的处理（或用例）对应于更基本的对象提供的服务。有时一个处理（或用例）对应多个服务，也有一个服务对应多个处理（或用例）的时候。

4）数据流图中的数据存储，以及数据的源点/终点，通常是对象模型中的对象。

5）数据流图中的数据流，往往是对象模型中对象的属性值，也可能是整个对象。

6）用例图中的行为者，可能是对象模型中的对象。

7）功能模型中的处理（或用例）可能产生动态模型中的事件。

8）对象模型描述了数据流图中的数据流、数据存储以及数据源点/终点的结构。

6.7 经典例题讲解

例题1 （2004年软件设计师试题）

以下关于面向对象方法中继承的叙述中，错误的是________。

A. 继承是父类和子类之间共享数据和方法的机制

B. 继承定义了一种类与类之间的关系

C. 继承关系中的子类将拥有父类的全部属性和方法

D. 继承仅仅允许单重继承，即不允许一个子类有多个父类

分析：面向对象编程（OOP）语言的一个主要功能就是“继承”。继承是指这样一种能力：它可以使用现有类的所有功能，并在无需重新编写原来的类的情况下对这些功能进行扩展。通过继承创建的新类称为“子类”或“派生类”。被继承的类称为“基类”、“父类”或“超类”。继承的过程，就是从一般到特殊的过程。

要实现继承，可以通过“继承”（Inheritance）和“组合（Composition）”来实现。在某些OOP语言中，一个子类可以继承多个基类。但是一般情况下，一个子类只能有一个基类，要实现多重继承，可以通过多级继承来实现。

继承概念的实现方式有3类：实现继承、接口继承和可视继承。

1）实现继承是指使用基类的属性和方法而无需额外编码的能力。

2）接口继承是指仅使用属性和方法的名称、但是子类必须提供实现的能力。

3）可视继承是指子窗体（类）使用基窗体（类）的外观和实现代码的能力。

在考虑使用继承时，有一点需要注意，那就是两个类之间的关系应该是“属于”关系。例如，Employee是一个人，Manager也是一个人，因此这两个类都可以继承Person类。但是Leg类却不能继承Person类，因为腿并不是一个人。

抽象类仅定义将由子类创建的一般属性和方法，创建抽象类时，请使用关键字Interface而不是Class。

参考答案：D

例题2 （2004年软件设计师试题）

在面向对象技术中，类属是一种__（1）__机制。一个类属类是关于一组类的一个特性抽象，它强调的是这些类的成员特征中与__（2）__的那些部分，而用变元来表示与__（3）__的那些部分。

（1）A. 包含多态　B. 参数多态　C. 过载多态　D. 强制多态

（2）A. 具体对象无关　B. 具体类型无关　C. 具体对象相关　D. 具体类型相关

（3）A. 具体对象无关　B. 具体类型无关　C. 具体对象相关　D. 具体类型相关

分析：首先介绍多态系统的一些概念。

单态系统：值被认为只有一种类型，即所有的数据项必须具有唯一一种类型。

多态系统：一个值具有多于一种类型的能力。

多态系统支持技术如下。

1）强制：避免单态语言的严密性，提供了一种有限的多态形式。必须预先规定类型之间的映射关系。如 int 型与 float 型运算，其结果为 float 型。

2）重载：参数的类型化形式将用于选择合适的函数。加函数可对两个整数或两个实数进行运算，参数的类型化信息将被用于合适的函数。

3）参数化多态性：一个函数将一致地在某个范围类型中发挥作用。采用类模板来实现。

4）包含多态性：在一个父类上定义的函数可以操作任何子类型。采用继承关系来实现。前二者称为特定多态，无原则的形式且仅支持特定数目的类型；后二者称为通用多态性，有原则的方式，工作于一个无限的类型集合中。

此题考查类属类的基本概念，因为类属类是一组类的一个特性抽象，它强调的是这些类的成员特征中与具体类型无关的那些部分，而用变元表示与具体类型相关的部分。

参考答案：(1) B (2) B (3) D

例题 3 （2003 年软件设计师试题）

面向对象技术中，对象是类的实例。对象有 3 种成分：________、属性和方法。

A. 标识　　　　B. 规则

C. 封装　　　　D. 消息

分析：在面向对象技术中，对象是建立面向对象程序所依赖的基本单元。用专业的话来说，所谓对象就是一种代码的实例，这种代码执行特定的功能，具有自包含或者封装的性质。这种封装代码通常称为类。对象有 3 种成份：标识、属性和方法。

参考答案：A

小结

近年来，面向对象方法学日益受到人们的关注，特别是在用这种方法开发大型软件产品时，可以把该产品看做是由一系列本质上相互独立的小产品组成的，这不仅降低了开发工作的技术难度，而且也使得对开发工作的管理变得比较容易。因此，对于大型软件产品来说，面向对象范型明显优于结构化范型。面向对象方法学比较自然地模拟了人类认识客观世界的思维方式，它所追求的目标和遵循的基本原则，就是使描述问题的问题空间和在计算机中解决问题的解空间，在结构上尽可能一致。此外，使用面向对象范型能够开发出稳定性好、可重用性好和可维护性好的软件，这些都是面向对象方法学的突出优点。面向对象方法学认为，客观世界由对象组成。任何事物都是对象，每个对象都有自己的内部状态和运动规律，不同对象彼此间通过消息相互作用、相互联系，从而构成了我们所要分析和构造的系统。系统中每个对象都属于一个特定的对象类。类是对具有相同属性和行为的一组相似对象的定义。应该按照子类、父类的关系，把众多的类进一步组织成一个层次系统，这样做了之后，如果不加特殊描述，则处于下一层次上的类可以自动继承位于上一层次的类的属性和行为。通常，人们从 3 个互不相同，然而又密切相关的角度建立起 3 种不同的模型。它们分别是描述系统静态结构的对象模型、描述系统控制结构的动态模型以及描述系统计算结构的功能模型。其中，对象模型是最基本、最核心、最重要的。用面向对象观点建立系统的模型，能够促进和加深对系统的理解，有助于开发出更容易理解、更容易维护的软件。

本章所讲述的面向对象方法及定义的概念和表示符号，可以适用于整个软件开发过程。软件开发人员无须像用结构分析、设计技术那样，在开发过程的不同阶段转换概念和表示符号。实际上，用面向对象方法开发软件时，阶段的划分是十分模糊的，通常在分析、设计和实现等阶段间多次迭代。

习题

1. 什么是面向对象方法学？它有哪些优点？
2. 什么是“对象”？它与传统的数据有何异同？
3. 什么是“类”？
4. 什么是“继承”？
5. 什么是模型？开发软件为何要建模？
6. 什么是对象模型？建立对象模型时主要使用哪些图形符号？这些符号的含义是什么？
7. 什么是动态模型？建立动态模型时主要使用哪些图形符号？这些符号的含义是什么？
8. 什么是功能模型？建立功能模型时主要使用哪些图形符号？
9. 试用面向对象观点分析、研究本书第2章中给出的订货系统的例子。在这个例子中有哪些类？试建立订货系统的对象模型。
10. 建立订货系统的用例模型。

第7章　面向对象分析

本章要点

- 面向对象分析的基本过程
- 对象模型的建立
- 动态模型的建立
- 功能模型的建立

7.1　面向对象分析的基本过程

7.1.1　概述

面向对象分析（Object-Oriented Analysis，OOA），就是抽取和整理用户需求并建立精确的问题域模型的过程。面向对象分析的关键，是识别出问题域内的对象，并分析它们相互之间的关系，最终建立起问题域的简洁、精确、可理解的正确模型。

在面向对象分析阶段，开发人员应该首先理解在需求获取阶段产生的用例模型，找出描述问题域和系统责任所需的对象和类，将用例行为映射到对象上；进一步分析它们的内部构成和外部关系，从而建立面向对象分析模型；最后，开发人员和用户一起检查模型，保证模型的正确、一致、完整和可行性。面向对象分析建模过程如图7-1所示

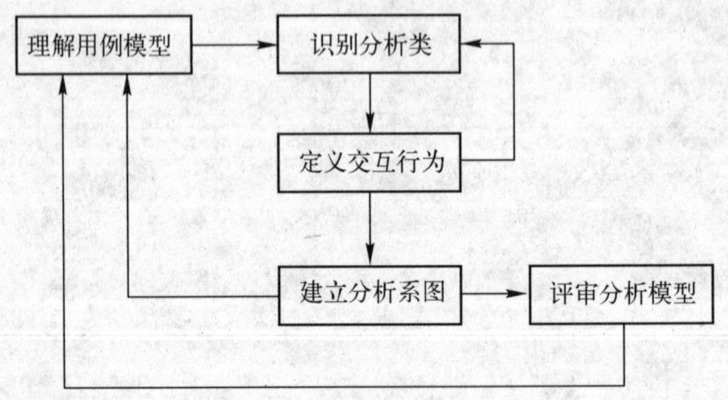

图7-1　面向对象分析建模过程

需要强调的是，分析过程是一个循环渐进的过程，识别分析类和细化分析模型不是一成不变的，需要多次地循环迭代才能实现。

7.1.2　三个子模型与五个层次

面向对象分析的过程中，面向对象的建模得到了对象模型、动态模型、功能模型三种子模型。这三种模型分别包含对象的三个要素，即静态结构、交互次序和数据变换。解决不同

问题时三者的重要程度也是不同的，对于任何一个问题的解决，都要抽象出有价值的对象模型。动态模型对于解决涉及交互作用和时序的问题时十分重要，而功能模型则对于解决运算量很大的问题很重要。在动态模型和功能模型中都包含了对象模型中的服务或方法。

在进行面向对象分析时，复杂问题的对象模型由五个层次组成，即主题层、对象层、结构层、属性层和服务层，如图 7–2 所示。

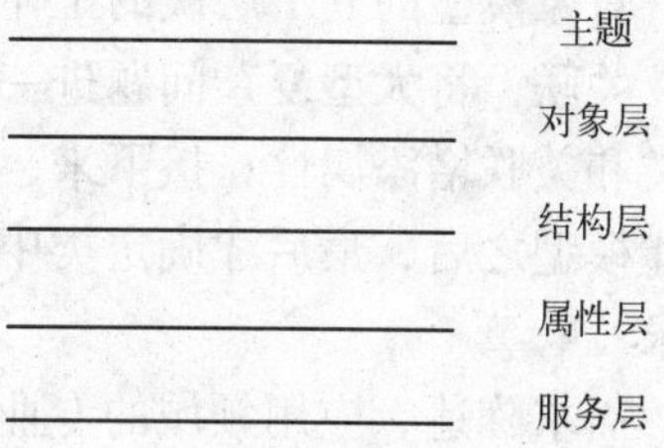

图 7–2　对象模型的五个层次

这五个层次一层比一层显现出对象模型的更多细节。这五个层次对应着在面向对象分析过程中建立对象模型的五项主要活动，即找出类与对象、识别结构、识别主题、定义属性、定义服务。必须强调的是，此处为“五项活动”，而没有说五个步骤。事实上，这五项工作完全没有必要按顺序完成，也无须在彻底完成一项工作以后再开始另外一项工作。虽然这五项活动的抽象层次不同，但是在进行面向对象分析时并不需要严格遵守自顶向下的原则。

面向对象分析大体上按照下列顺序进行：寻找类与对象，识别结构，识别主题定义属性，建立动态模型，建立功能模型，定义服务。但是，分析不可能严格地按照预定顺序进行，大型、复杂系统的模型需要反复构造才能建成。通常，先构造出模型的子集，然后再逐渐扩充，直到完全、充分地理解了整个问题，才能最终把模型建立起来。

7.2　需求陈述的书写

需求陈述的内容包括问题范围、功能需求、性能需求、应用环境及假设条件等。需求陈述应该描述用户的需求而不是提出解决问题的方法。应该指出哪些是系统必要的性质，哪些是任选的性质。为了不限制需求实现的灵活性，应该避免对设计策略施加过多的约束，也不要描述系统的内部结构。对系统性能及系统与外界环境交互协议的描述，是合适的需求。此外，对软件工程标准、模块构造准则、可能的扩充以及可维护性要求等方面的描述，也都是适当的需求。

在书写需求陈述过程当中，要尽力做到语法正确，慎重选用名词、动词、形容词和同义词。很多用户在书写需求陈述时，都把实际需求和设计决策混为一谈。系统分析员在进行需求分析的过程中必须把需求与实现策略区分开，这里的需求是一类伪需求，至少应该认识到它们不是问题域的本质。

书写需求陈述时，可能出现这样的问题：对人们熟悉的传统问题的陈述，可能相当详细；但是，对陌生领域项目的需求，开始时可能写不出具体细节。绝大多数需求陈述都是有二义性的、不完整的甚至不一致的。某些需求有明显错误，还有一些需求虽然表述得很准确，但它们对系统行为存在不良影响或者实现成本太高。另外一些需求表面上很合理，但却并没有真正体现用户的需求。应该看到，需求陈述仅仅是对用户需求理解的出发点，它并不是一成不变的文档。全面、深入地理解问题域和用户的真实需求，建立起问题域的精确模型，才是面向对象分析的目的。系统分析员必须与用户及领域专家密切配合协同工作，共同提炼和整理用户需求，快速建立起原型系统，以便与用户更有效地交流。

7.3 建立对象模型

对象模型的五个层次的工作步骤是，首先确定影响系统整体结构和解决问题方法的对象类及关联，将大型复杂问题进一步划分为若干个主题；然后，为了进一步描述类和关联，要给类和关联增添属性；接下来，利用适当的继承关系进一步合并和组织类。建立动态模型和功能模型之后，最后才确定类中的操作，这两个子模型更准确地描述了对类中提供的服务的需求。

需求陈述、应用领域的专业知识以及关于客观世界的常识，是建立对象模型时的主要信息来源。人类认识客观世界的过程是一个渐进的过程，是在前人知识的基础上不断深化的。因此，面向对象分析不可能严格按照顺序线性进行。分析模型是不准确、不完整甚至包含错误的模型经过反复分析、加以扩充和更正来完成的。此外，在面向对象分析的每一步，都应该仔细分析研究针对相同的或类似的问题域而进行的面向对象分析所得到的结果，在本项目中尽可能地重用这些结果。

7.3.1 确定类与对象

1. 找出候选的类与对象

对象是对问题域中有意义的事物的抽象，它们既可能是物理实体，也可能是抽象概念。大多数客观事物可分为可感知的物理实体（如房屋、汽车、人）、人或组织的角色（如教师、学生、医生、病人）、应该记忆的事件（如授课、学习、治病）、多个对象的相互作用（如教学、纳税）、需要说明的概念（如纪律、课堂纪律）。在分析问题时，可以参照上述五类常见事物，找出在当前问题的候选类。另一种分析方法是非正式分析法。这种分析方法以用自然语言书写的需求陈述为依据，把陈述中的名词作为类与对象的候选者，用形容词作为确定属性的线索，把动词作为操作的候选者。然而，在这种简单方法中包含大量不正确的或不必要的事物，还必须经过更进一步的严格筛选，使其变得更准确。在需求陈述中，由于不会一个不漏地写出问题域中所有有关的类与对象，因此，分析员应该根据领域知识或常识进一步把隐含的类与对象提取出来。

2. 筛选出正确的类与对象

筛选是为了删除不正确或不必要的类与对象，其主要依据的标准如下：

（1）冗余

如果存在表达同样信息的两个类，则应该将最富于描述力的名称保留在此问题域中。

（2）无关联

如果某个类与对象与当前待解决的问题没有关系，我们就不能将其纳入到系统中去，虽然它们在其他问题中可能很重要，我们也应该把这些类与对象删除，将于本问题密切相关的类与对象放进系统中。

（3）笼统

在需求陈述中，虽然有一些名词在初步分析时被当做候选的类与对象列出来了，但是，要么系统无须记忆有关它们的信息，要么在需求陈述中有更明确、更具体的名词对应它们所暗示的事务，这些名词都过于笼统、宽泛，因此，通常把这些类去掉。

（4）属性

在需求陈述中，应该把描述其他对象属性的名词从候选类与对象中去掉。当然，应该把具有很强独立性的某个性质作为类而不是作为属性。

（5）操作

在需求陈述中有可能使用一些既可作为名词，又可作为动词的词，应该慎重考虑它们在本问题中的含义，以便正确地决定把它们作为类还是作为类中定义的操作。而应该把本身具有属性需独立存在的操作作为类与对象。

（6）实现

在分析阶段，不应该过早地考虑怎样实现目标系统。因此，应该去掉仅与实现有关的候选的类与对象。在设计和实现阶段，这些类与对象可能是重要的，但在分析阶段过早地考虑它们反而会分散我们的注意力。比如，“事务日志”是对一系列事务的记录，确切的表示方式是面向对象设计的议题；“通信链路”在系统实现时它是关联链的物理实现。总之，应该暂时去掉“事务日志”和“通信链路”这两个类，在设计或实现时再考虑它们。

7.3.2 确定关联

在需求陈述中，关联关系通常使用描述性动词或动词词组来表示。在初步确定关联时，可以通过直接提取需求陈述中的动词词组来得出大多数关联。通过分析需求陈述，还能发现一些在陈述中隐含的关联。然后，还要根据领域知识再进一步补充一些关联。

初次确定对象间关系集合后，要筛选掉不必要不正确的关系。筛选的主要准则如下。

- 去掉瞬间事件，因为关系描述的是对象间静态的作用。
- 去掉能用其他关系定义的关系（派生关系）。
- 去掉已删对象所涉及的关系。
- 去掉与问题无关的关系。
- 去掉三元关系。
- 筛选完后，完善剩下的对象间的关系，主要通过对关系名的修正使其适应不同的关系，并且分解所涉及到的对象、确定关系的类型和确定关系的阶数。

7.3.3 划分主题

主题是一种关于模型的抽象机制，具有控制作用。一个实际的目标系统通过对象和机构的确定，对问题空间的事物已经进行了抽象和概括，但是由于所确定的对象和结构数目巨大，有必要进行再次抽象。从名称来看主题与对象名类似，就是一个名词或者名词短语，主要区别就是主题和对象的抽象程度不同。

7.3.4 确定属性

属性表示对象的性质。确定属性的过程分为两个步骤。

（1）分析

在需求陈述中用名词词组来表示属性，用形容词来表示具体属性。分析中首先考虑的是最重要的属性，以后逐渐完善对象的属性集合。

(2) 选择

删除掉不确定和不必要的属性。主要考虑以下一些情况：误把对象当成属性；把链属性误作为属性；把限定误当成属性；误把状态当成属性；过于细化；不一致的属性。

7.3.5 识别继承关系

利用继承机制共享共用属性和服务，对系统的对象加以组织，一般可以使用自底向上和自顶向下两种方式建立继承关系。前者是抽象出泛化的父类，例如，通过对客车类和货车类的分析，可以归纳出汽车类；后者是把现有类细化成更具体的子类，但不能过于细化。

7.3.6 反复修改

只有经过了多次反复修改、逐步完善，一个完整的模型才能建立。在整个开发过程中，由于面向对象的概念和符号都是一致的，模型的构造也就更容易做到过程迭代、信息反馈、逐步完善。实际工作中，模型的构造过程可以几个步骤一起完成，也可以交换各项工作的次序，还可以先初步完成几项工作，再返回来加以完善。如果是初次接触面向对象方法，最好先按次序进行，有了实际经验以后，再采用更适合自己的构造方式。

7.4 建立动态模型

在面向对象方法中，主要用状态图来描述系统的动态模型，即行为模型。它是一个状态和事件的网络，侧重于描述每一类对象的动态行为。在状态图中，状态是对某一时刻中属性特征的概括。状态迁移则表示这一类对象对系统外发生的事件做出的响应。建立动态模型是以状态图为中心建立系统模型的过程。基本过程如下。

(1) 编写脚本

在需求分析过程中，脚本定义与程序设计中不同，此处的脚本定义是用户、设备、目标系统及其他资源一个或多个交互过程。这些过程可以是一些发生的事件。

用脚本来描述系统中的事件和某些特定对象触发的事件，要注意事件是每当系统（对象）与用户（或设备）信息交换时就发生的。对于每个事件都要确定该事件的动作对象。

(2) 设想用户界面

动态交互过程除了内部数据流和控制流交错执行的控制逻辑外，还必须提供一个初始事件或信息的外部输入界面。界面的形式可以是命令行的字符界面，也可以是图形形式的界面。

动态模型分析刻画了应用系统的内部控制逻辑，但用户对系统的“第一印象”往往来自于界面。因此，用户界面的美观、方便、易学以及效率等特点对用户接受一个系统起着很重要的作用。面向对象分析中主要考虑的是界面所提供的信息交换方式。这种信息交换方式决定了动态交互过程的运行质量。

(3) 画事件跟踪图

利用自然语言表示的脚本无法简明、直观地表达对象与对象之间发生的事件。而事件跟踪图则能够清楚地表达事件及事件与对象之间的关系。

构造事件跟踪图时，首先要认真分析每个脚本的信息，从中提取所有外部事件信息，包括用户或设备与系统交互的所有信号、输入、输出、中断、动作等，以及异常事件和出错条件的信息。传递信息的对象的动作也是事件。

每类事件的发送对象和接受对象确定之后，事件序列以及事件与对象的关系就可以利用事件跟踪图形象、清晰地表示出来。事件跟踪图实质上是扩充的图示脚本，因此，应该对每一个脚本构造一张事件跟踪图。

(4) 画状态图

首先，将文字描述的脚本归到对象中，进一步确定事件与对象的关系；然后，确定每类事件的发送对象和接收对象，用图形描述出来，即可得到时间跟踪图。集中考虑影响一类对象的事件，把这些事件作为状态图的有向边，两个事件间间隔就是一个状态，即初图，再把其他事件合并到初图中状态转化图就生成了。图 7-3 是一个简单的教练工作流和队员工作流的体育活动状态图模型。

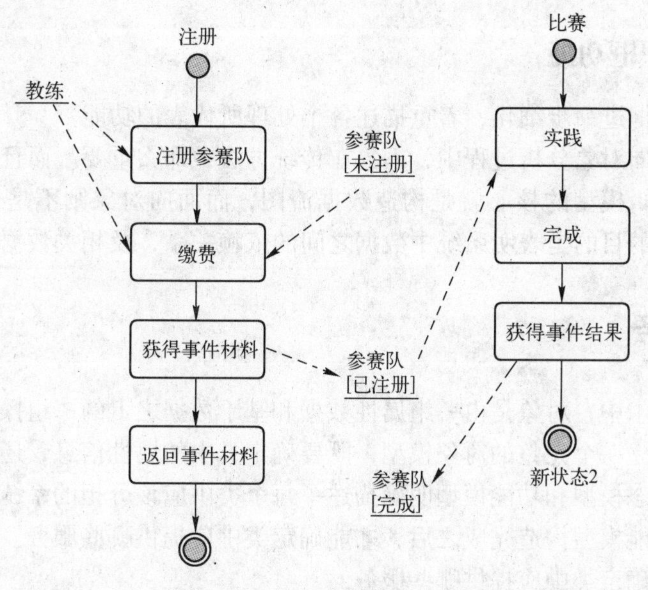

图 7-3　状态图实例

(5) 审查动态模型

系统的动态模型是通过共享事件将各类对象的状态图合并起来构成的。在完成了每个具有重要交互行为的对象的状态图之后，应该检查系统一级的完整性和一致性。一般来说。每个事件都应该既有发送对象又有接收对象。当然，有时发送者和接受者是同一个对象。对于没有前驱或后继的状态应该重点审查，如果这个状态不是交互序列的起点或终点，则表明发生了一个错误。应该认真审核每个事件，跟踪它对系统中各个对象所产生的效果，以保证这些事件与每个脚本相匹配。

7.5 建立功能模型

功能模型由一组数据流图组成，表达的是系统内部数据流的传送和处理的过程。在面向对象的开发方法中，功能模型描述的是系统做什么的问题。建立功能模型有助于软件开发人员更深入地理解问题域，改进和完善自己的设计。

7.5.1 画出基本系统模型图

基本系统模型由若干数据源点/终点，和一个逻辑处理构成。类似于用传统方法构造顶层数据流图。

7.5.2 画出功能级数据流图

把基本模型中的单一逻辑处理分解成若干处理，这些处理主要是对系统中数据的加工和变化。

7.5.3 描述处理框功能

将功能级处理框进一步细化，着重描述各个处理所代表的功能。

功能模型在面向对象分析过程中，不象在传统方法中那么重要。而且目标也不一样，传统方法中，系统逻辑模型的核心就是构造数据流图，而面向对象则不是，在面向对象分析中，构造功能模型的目的是表明系统中数据之间的依赖关系，及相关数据处理。

7.6 定义服务

在面向对象技术中，对象是由一组属性数据和基于数据之上的一组操作封装而构成的独立单元。因此，建立一个完整的对象模型，既要确定类中的属性信息，还要确定类中应该提供的服务。由于动态模型和功能模型明确描述了每个类中应该分担的系统责任，所以在所需要的动态模型和功能模型构造完成之后，才能确定类中应提供哪些服务。依据每个类中应该分担的责任便可以确定类中应提供哪些服务。

确定的原则如下。

(1) 基本的属性操作服务。一个类中定义属性数据是表达状态的主要内容。因此，类中应提供访问、修改自身属性值的基本操作。一般来说，这类操作属于类的内部操作，可不必在对象模型中显式表示。

(2) 事件的处理操作。在面向对象的系统中，一个事件即是一条消息。类和对象中必须提供处理相应消息的服务。动态模型中状态图描述了对象应接收的事件（消息），因此该对象中必须具有由消息选择指定的服务，这个服务修改对象的状态（属性值）并启动相应的服务。

(3) 完成数据流图中处理框对应的操作。功能模型中的每个处理框代表了系统应实现的部分功能，而这些功能都与一个或多个对象中提供的服务相对应。因此，应该仔细分析状态图和数据流图，以便正确地确定对象应该提供的服务。

（4）利用继承机制优化服务集合，减少冗余服务。在一个或多个对象提供的服务中，可能会存在冗余或重复的情况。应该尽量利用继承机制优化服务功能和减少服务的数目。只要不违反问题的实际情况和一般常识，应该尽量抽取相似的公共属性和服务，以建立这些相似类的新父类。并在类等级的不同层次中正确地定义各个服务。

7.7 经典例题讲解

进行面向对象的需求分析，实质就是用面向对象的思想建立需求模型。当然这些模型的核心就是对象图（类图）。分析前期工作和传统的方法一致。即可简单地用图 7-4 表示。只不过图中的逻辑模型也是用面向对象思想构造原型系统。

下面通过一个实际的例题来了解如何进行面向对象的分析。

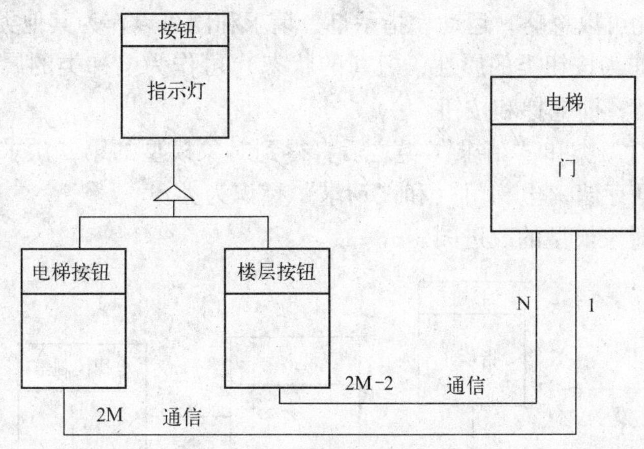

图 7-4　电梯系统对象图（初图）

例：将要讨论的是电梯的控制问题，下面给出对这个问题的描述。在一幢有 m 层楼的大厦中需要一套控制 n 部电梯的产品，要求这 n 部电梯根据下列约束条件在楼层间移动。

C1：每部电梯有 m 个按钮，每个按钮代表一个楼层。当按下一个按钮时该按钮指示灯亮，同时电梯驶向相应的楼层，当到达指定的楼层时指示灯熄灭。

C2：除了大厦的最底层和最高层外，每层楼都有两个按钮分别指示电梯上行和下行。当这两个按钮之一被按下时相应的指示灯亮，当电梯到达此楼层时灯熄灭，电梯向要求的方向移动。

C3：当电梯无升降动作时，关门并停在当前楼层

1. 首先建立对象模型

面向对象分析的第一步是构造对象模型。在这个步骤中将抽象出类和它的属性，并用对象模型图描绘类与对象及它们彼此之间的关系。类所提供的服务将在面向对象分析后期或面向对象设计阶段确定下来。首先抽象出问题域中包含的类，可以用下述三个过程产生候选类，并对所得到的结果加以精化。

（1）精确地定义问题

应该尽可能简洁地定义所需要的产品，最好只用一句话来描述目标系统。例如，对电梯

系统可以像下面这样描述，在一个 m 层楼的大厦里，用每层楼的按钮和电梯内的按钮来控制 n 部电梯的移动。

（2）提出非形式化策略

为了提出一种解决上述问题的非形式化策略，必须确定问题的约束条件。最好能用一小段文字把非形式化策略清楚地表达出来，对电梯问题来说，解决问题的非形式化策略可表达如下：在一幢有 m 层楼的大厦里，用电梯内的和每个楼层的按钮来控制 n 部电梯的运动。当按下电梯按钮以请求在某一指定楼层停下时，按钮指示灯亮；当请求获得满足时，指示灯熄灭。当电梯无升降操作时，关门并停在当前楼层。

（3）把策略形式化

非形式化策略的文字中共有八个不同的名词：按钮、电梯、楼层、运动、大厦、指示灯、请求和门。这些名词所代表的事物可作为类的初步候选者。其中，楼层和大厦是处于问题边界之外的，因此可以忽略；运动、指示灯、请求和门可以作为其他类的属性，例如，指示灯（的状态）可作为按钮类的属性，门（的状态）可作为电梯类的属性。经过上述筛选后只剩下两个候选类，即电梯和按钮。

增加了“电梯门”类和“请求”类之后，得到对象模型的第二次求精结果，修改了对象模型之后，把数据存储“电梯门”和“请求”标识为类。

图 7-5 所示为对象模型的改进图。

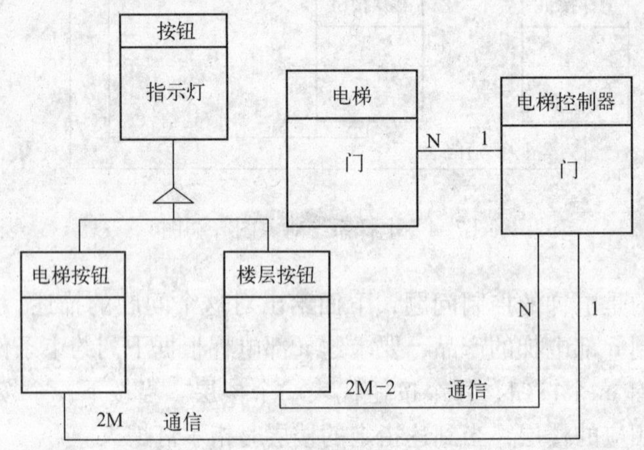

图 7-5　电梯系统对象图（改进图）

2. 建立动态模型

（1）编写脚本

这一步的目的是决定每一个类应该做的操作。达到这个目的的一种有效的方法是列出用户和系统之间相互作用的典型情况，即写出脚本（包括正常情况脚本和异常情况脚本）。下面分别是正常情况脚本和异常情况脚本。

电梯系统正常情况脚本。

- 用户 A 在 3 楼按上行按钮呼叫电梯，用户 A 希望到 7 楼去。
- 上行按钮指示灯亮。
- 一部电梯到达 3 楼，电梯内的用户 B 已按下了到 9 楼的按钮。

- 上行按钮指示灯熄灭。
- 电梯开门。
- 用户 A 进入电梯，用户 A 按下电梯内到 7 楼的按钮。
- 7 楼按钮指示灯亮。
- 电梯关门。
- 电梯到达 7 楼。
- 7 楼按钮指示灯熄灭。
- 电梯开门。
- 用户 A 走出电梯。
- 电梯在等待时间到后关门。
- 电梯载着用户 B 继续上行到达 9 楼。

电梯系统异常情况脚本

- 用户 A 在 3 楼按上行按钮呼叫电梯，但是用户 A 希望到 1 楼。
- 上行铵钮指示灯亮。
- 一部电梯到达 3 楼，电梯内用户 B 已按下了到 9 楼的按钮。
- 上行按钮指示灯熄灭。
- 电梯开门。
- 用户 A 进入电梯。
- 用户 A 按下电梯内到 1 楼的按钮。
- 电梯内 1 楼按钮指示灯亮。
- 电梯在等待时间到后关门。
- 电梯上行到达 9 楼。
- 电梯内 9 楼按钮指示灯熄灭。
- 电梯开门。
- 用户 B 走出电梯。
- 电梯在等待时间到后关门。
- 电梯载着用户 A 下行驶向 1 楼。

(2) 画状态转换图

电梯控制器是在电梯系统中起核心控制作用的类，下面画出这个类的状态转换图。为简单起见，仅考虑一部电梯（即 n = 1）的情况。电梯控制器的动态模型如图 7-6 所示，对照电梯系统的脚本来理解它。

3. 建立功能模型

结构化中使用的数据流图与面向对象中使用的数据流图的差别，主要是数据存储的含义不同。在结构化中数据存储几乎总是作为文件或数据库来保存，然而在面向对象中类的状态变量（即属性）也可以是数据存储。因此，面向对象的功能模型中包含两类数据存储，分别是类的数据存储和不属于类的数据存储。建立的方法与传统方法一致，这里不再叙述了。

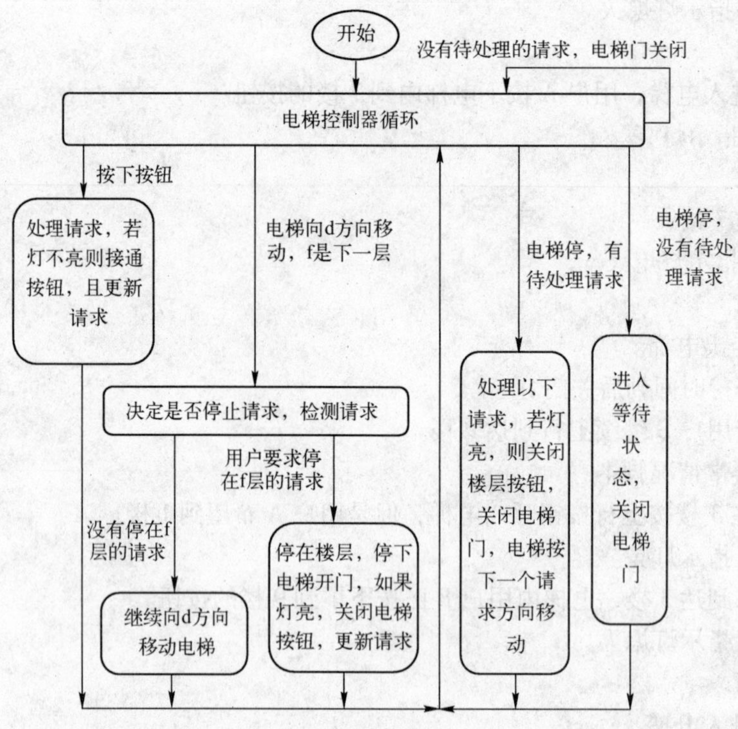

图 7–6　电梯系统状态转化图

小结

本章主要讲述面向对象分析的基本过程，分别针对对象模型的建立、动态模型的建立和功能模型的建立进行深入描述。我们可以了解到，虽然分析的目的是用分析模型取代需求陈述，并把分析模型作为设计的基础，但是事实上，在分析与设计之间并不存在绝对的界线。

面向对象分析的关键工作是分析、确定问题域中的对象及对象间的关系，并建立起问题域的对象模型。分析模型是同用户及领域专家交流时有效的通信手段，而最终的模型必须得到用户和领域专家的确认。一个好的分析模型应不包含与问题无关的内容，而应该可以正确完整地反映问题的本质属性。

习题

一、选择题

1. 在软件需求规范中，下述哪些要求可以归类为过程要求________。（　　）

A. 执行要求　　B. 效率要求

C. 可靠性要求　　D. 可移植性要求

2. 进行需求分析可使用多种工具，但________是不适用的。（　　）

A. 数据流图（DFD）　　B. 判定表

C. PAD 图　　　　　　　　　　D. 数据字典

3. 在软件的需求分析中，开发人员要从用户那里解决的最重要的问题是________。（　）

A. 要让软件做什么　　　　　　B. 要给该软件提供哪些信息

C. 要求软件工作效率怎样　　　D. 要让软件具有何种结构

4. 软件需求分析阶段的工作，可以分为四个方面：对问题的识别、分析与综合、编写需求分析文档以及________。（　）

A. 软件的总结　　　　　　　　B. 需求分析评审

C. 阶段性报告　　　　　　　　D. 以上答案都不正确

5. 各种需求分析方法都有它们共同适用的________。（　）

A. 说明方法　　　　　　　　　B. 描述方式

C. 准则　　　　　　　　　　　D. 基本原则

6. 由 RumBaugh 等人提出的一种面向对象方法叫做对象模型化技术（OMT），即三视点技术，它要求把分析时收集的信息建立在三个模型中。第一个模型是________，它的作用是描述系统的静态结构，包括构成系统的对象和类，它们的属性和操作，以及它们之间的联系。第二个模型是________，它描述系统的控制逻辑，主要涉及系统中各个对象和类的时序及变化状况。________包括两种图，即________和________。________描述每一类对象的行为，________描述发生于系统执行过程中的某一特定场景。第三个模型是________，它着重于描述系统内部数据的传送与处理，它由多个数据流图组成。（　）

供选择的答案：

A，B，E：① 数据模型　② 功能模型　③ 行为模型　④ 信息模型　⑤ 原型　⑥ 动态模型　⑦ 对象模型　⑧ 逻辑模型　⑨ 控制模型　⑩ 仿真模型

C，D：① 对象图　② 概念模型图　③ 状态迁移图　④ 数据流程图　⑤ 时序图　⑥ 事件追踪图　⑦ 控制流程图　⑧ 逻辑模拟图　⑨ 仿真图　⑩ 行为图

7. 加工是对数据流图中不能再分解的基本加工的精确说明，下述________是加工的最核心。（　）

A. 加工顺序　　　　　　　　　B. 加工逻辑

C. 执行频率　　　　　　　　　D. 激发条件

二、简答题

1. 什么是面向对象的分析？对象模型的层次是什么？

2. 在面向对象的分析中，应如何书写需求陈述？

3. 某银行的计算机储蓄系统功能是：将储户填写的存款单或存款单输入系统，如果是存款，系统记录存款人姓名、住址、存款类型、存款日期、利率等信息，并打印出存款单给储户；如果是取款，系统计算清单给储户。请用 DFD 描绘该功能的需求。

4. 基于复用的面向对象的需求分析过程主要分为两个阶段：论域分析和应用分析。试讨论它们各自承担什么任务？如何衔接？

5. 一台微机由一台显示器、一个主机、一个键盘、一个鼠标、打印机可有可无。主机包括一个机箱、一个主板、一个电源、存储器。存储器又分为固定存储器、活动存储器。固定存储器又分为内存和硬盘，活动存储器又分为软盘和光盘。建立微机的对象模型。

第 8 章　面向对象设计

本章要点

- 面向对象的准则和启发规则
- 软件重用的基本概念
- 系统的分解及各个子系统的设计
- 设计关联
- 设计优化

设计的过程就是把分析阶段得到的需求转变成符合成本和质量要求的、抽象的系统实现方案。面向对象分析到面向对象设计就是一个逐渐扩充模型的过程。或者说，面向对象设计就是用面向对象观点建立求解域模型的过程。

尽管分析和设计的定义有明显的区别，但是在实际的软件开发过程中二者的界限是模糊的。因此，分析和设计活动是一个多次反复迭代的过程。面向对象方法学在概念和表示方法上的一致性，保证了领域专家和开发人员能够比较容易地跟踪整个系统开发过程，这是面向对象设计方法与传统方法比较起来具有的一大优势。

8.1　面向对象设计的准则

优秀的设计能够权衡各种因素，从而使得在整个生命周期中的开销最小。对于大多数的软件系统而言，60%以上的软件费用都用于软件维护，因此，优秀的软件设计的一个主要特点就是容易维护。

8.1.1　模块化

模块是系统的基石，是软件工程中的一个基本概念。在面向对象设计方法中，对象就是模块，它是把数据和处理数据的方法结合在一起而构成的概念实体。在结构设计方法中，模块是按照系统功能划分而组织的执行实体。

8.1.2　抽象化

面向对象方法既支持过程抽象，又支持数据抽象。此外，某些面向对象的程序设计语言还支持参数化抽象。参数化抽象，是指当描述类的规格的说明时把数据类型作为参数，而并不具体指定所要操作的数据类型。这使得类的抽象程度的可重用性更高，抽象程度更高，应用范围更广。

类实际上是一种抽象数据类型，它对外开放的公共接口规定了外界可以使用的操作符，利用这些操作符可以对类实例中的数据进行操作。使用者不必知道这些操作符的具体表示方法，就可以通过它们使用类中定义的数据。通常这些类抽象被称为规格说明抽象。

8.1.3 信息隐藏和封装

信息隐藏在面向对象方法中是通过对对象的封装来实现的。类和对象在构造中将接口与事件过程分离，从而支持了实现过程信息的隐蔽。封装保证了对象的数据结构和服务试验的隐蔽，是一种数据的构造方式。

8.1.4 对象的高内聚和弱耦合

内聚与耦合是软件设计中评价模块独立性（也就是模块划分的质量）的指标。在面向对象方法中，对象和类称为基本模块，因此，模块内聚就是指一个对象或类中其内部属性和服务相互联系的紧密程度。在对象或类中存在两种不同类型的内聚。

1）服务内聚。一个服务应该且仅完成一个功能。

2）类内聚。一个类应该只有一个用途，它的属性和服务应该是高内聚的，其中不应该有与任务无关的属性或服务，应该是完成该类承担的任务所必需的。如果一个类有多个用途，通常把它分解成多个专用的类。

耦合是指一个软件结构内不同模块之间相互联系的紧密程度。在面向对象方法中，耦合主要是指不同对象之间相互关联的紧密程度。

通常来说，对象之间的耦合可分为两大类。

1）交互耦合。交互耦合是对象之间通过消息来试验它们之间的联系。

2）继承耦合。继承是一般类和特殊类之间耦合的一种形式，从本质上看，基类和派生类通过继承关系集合起来，构成了系统中粒度更大的模块。因此，它们彼此之间应该结合得越紧密越好。

8.1.5 可扩充性

面向对象易扩充设计，继承机制以两种方式支持扩充设计。第一，面向对象的语言中，类型系统的多态性也支持可扩充的设计；第二，继承关系有助于应用已有定义，同时更易于开发新定义。新类定义继承的规格说明和实现的量随着继承结构的逐渐变深而增大。这意味着，随着继承结构增长开发一个新类的工作量反而会逐渐减少。

8.1.6 可重用性

软件可重用性是提高目标系统质量和软件开发生产率的重要途径。重用基本上从设计阶段开始。重用有两方面的含义，一方面是在设计新类的协议时，应该考虑将来的可重复使用；另一方面是尽量使用自己已有的类。

8.2 启发规则

人们在使用面向对象方法学开发软件的过程中积累了一些经验，总结了一些启发规则。

8.2.1 设计结果应该清晰易懂

人们不会重用那些他们不理解的设计，设计结果清晰、易读、易懂，是提高软件可维护性和可重用性的重要措施。因此，保证设计结果清晰易懂的主要因素如下。

(1) 使用已有的协议

如果在所使用的类库中已有相应的协议，或者开发同一软件的其他人员已经建立了类的协议，则应该使用这些已有的协议。

(2) 用词一致

不同类中相似服务的名字应该相同。使用的名字应该与它所代表的事物一致，而且应该是人们习惯的名字。

(3) 减少消息模式的数目

如果已有标准的消息协议，设计人员应该遵守这些协议。如果确需自己建立消息协议，则应该尽量减少消息模式的数目，只要可能，就使消息具有一致的模式，以利于读者理解。

(4) 避免模糊的定义

一个类的定义应该是清晰的，应该从类名可以较容易地判断出它的用途。

8.2.2 一般——特殊结构的深度应适当

一般来说，类等级中包含的层数应该适当。一个中等规模的系统中，类等级层次数应该保持为 7±2。不应该随意创建派生类，应该使一般——特殊结构与领域知识或常识保持一致。

8.2.3 设计简单的类

对于一个很大的类来说，要记住它的所有服务是非常困难的。所以，应该尽量设计小而简单的类，以便于开发和管理。如果一个类的定义不超过一页纸，则使用这个类是比较容易的。因此，保证类设计简单应该注意以下几点。

(1) 避免包含过多的属性

属性过多通常表明这个类所完成的功能可能太多，过于复杂。

(2) 有明确的定义

为了使类的定义明确，分配给每个类的任务应该简单，最好能用一两个简单语句描述它的任务。

(3) 尽量简化对象之间的合作关系

尽量避免需要多个对象协作配合才能做好一件事的情况发生，否则就破坏了类的简明性和清晰性。

(4) 不要提供太多的服务

一个类提供的服务不要过多，一般来说，提供的公共服务不超过 7 个。

在开发软件系统时，遵循上述启发规则会设计出大量较小的类，也会带来一定的复杂性。解决这个问题的方法，就是把系统中的类按逻辑分组。

8.2.4 使用简单的协议

一般来说，通过复杂消息相互关联的对象是紧耦合的，对一个对象的修改往往导致其他对象的修改。因此，消息中的参数一般不要超过 3 个。当然，不超过 3 个的限制也不是绝对的。

8.2.5 使用简单的服务

面向对象设计出来的类中的服务通常都很小，如果一个服务中包含了过多的源程序语句，或者语句嵌套层次太多，或者使用了复杂的 CASE 语句，则应该仔细检查这个服务，设法分解或简化它。类中的服务一般只有 3 ~5 行源程序语句，它的功能可以仅用含一个动词和一个宾语的简单句子来描述。

8.2.6 把设计变动减至最小

设计的质量高低和设计结果保持的时间长短是成正比的。即使出现必须修改设计的情况，也应该使修改的范围尽可能的小。

在设计的早期阶段，变动较大，随着时间的推移，改动也越来越小。峰值越高，表明设计质量越差，可重用性也越差。理想的设计变动曲线如图 8-1 所示。图中的峰值与出现设计错误或发生非预期变动的情况相对应。

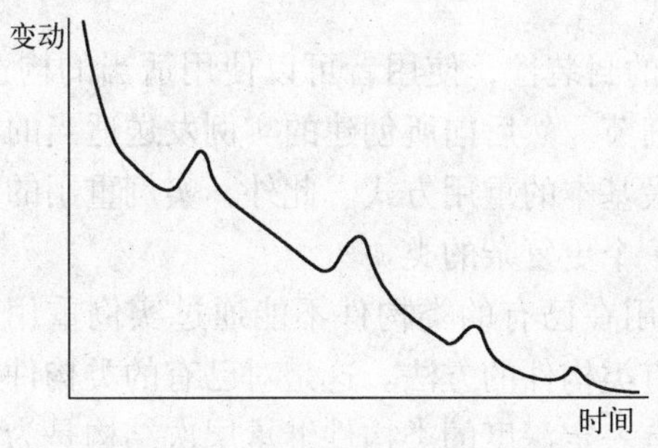

图 8-1　理想的设计变动情况

8.3 软件重用

8.3.1 概述

软件重用是指在软件开发过程中重复使用相同或相似的软件元素的过程。这些软件元素包括应用领域知识、开发经验、设计经验、体系结构、需求分析文档、设计文档、程序代码和测试用例等。

现有的成熟软件，已经过严格的运行检测，大量的错误已在开发、运行和维护过程中排除，是比较可靠的。因此，最大限度地重用现有的成熟的软件，不仅能提高开发效率，缩短开发周期，也能提高软件的可维护性和可靠性。在项目规划的开始阶段就把软件重用列入工作中不可缺少的一部分，作为提高可靠性的一种必要手段。

软件重用不仅仅是指软件本身，也可以是软件的开发思想、文档，甚至环境、数据等。软件重用包括 3 方面内容的重用。

1）开发过程重用。指开发规范、各种开发方法、工具和标准等。

2）软件构件重用。指文档、程序和数据等。

3）知识重用。如相关领域专业知识的重用。

一般用得比较多的是软件构件的重用。

8.3.2 类构件

（1）可重用软件构件应具备的特点

为使软件构件能够在构造各种各样的软件系统时方便地重复使用，就必须使它们满足下列要求。

1）具有高度可塑性。可重用的软件构件必须提供为适应特定需求而扩充或修改已有构件的机制，而且所提供的机制必须使用起来非常简单方便。

2）模块独立性强。它应该是一个不受或很少受外界干扰的封装体，其内部实现在外面是不可见的。具有单一、完整的功能，且经过反复测试被确认是正确的。

3）接口清晰、简明、可靠。软件构件应该提供清晰、简明、可靠的对外接口，而且还应该有详尽的文档说明，以方便用户使用。

（2）类构件的重用方式

1）实例重用。有了类的封装性，使用者可以使用适当的构造函数，按照需要创建类的实例，而不需要了解实现细节。然后向所创建的实例发送适当的消息，启动相应的服务，完成需要完成的工作。这是最基本的重用方式。此外，实例重用的另一种形式是用几个简单的对象作为类的成员创建出一个更复杂的类。

2）继承重用。继承重用在已有的类构件不能通过实例重用完全满足当前系统需求时，提供了一种安全地修改已有类构件的方法。这是对已有的类构件进行裁剪的机制。

设计一个合理的、具有一定深度的类构件继承层次结构是为了提高继承重用的效果。这样做有两个好处，第一，每个子类在继承父类的属性和服务的基础上，只加入了少量新属性和新服务，这不但提高了每个子类的可理解性，而且为软件开发人员提供了更多可重用的类构件，同时降低了每个类构件的接口复杂度；第二，为多态重用奠定了良好的基础。

3）多态重用。利用多态性降低了消息连接的复杂程度，提供了一种简便可靠的软件构件组合机制，而且还可以使对象的对外接口更加一般化。系统运行时，由多态性机制启动正确的方法，根据接收消息的对象类型，去响应一个一般化的消息，从而简化了消息界面和软件构件连接过程。

在设计类构件时，为充分实现多态重用，应把注意力集中在以下一些可能影响重用性的操作上：与表示方法有关的操作；与数据结构、数据大小等有关的操作；与外部设备有关的操作；实现算法在将来可能会改进（或改变）的核心操作。

利用多态性还可以把适配接口再进一步细分为转换接口和扩充接口。转换接口，是每个类构件在重用时都必须重新定义的服务的集合。扩充接口和转换接口不同，如果在派生类中没有给出扩充接口的新算法，则将继承父类中的算法，并不需要强迫用户在派生类中重新定义它们。当用 C++语言实现时，在基类中把这类服务定义为普通的虚函数。

8.3.3 软件重用的效益

（1）成本

与重用相关联的成本主要包括领域分析与建模的成本；维护和完善可重用的软件成分的

成本；设计领域体系结构的成本；为从外部获取构件所付出的版税和许可证费用；为便于重用而增加的文档的成本。

(2) 质量

事实上，由于软件构件不能定期进行形式化验证，错误可能而且也确实存在。构件的质量随着每次的重用也会随之改善，一些错误就会被发现并被清除。随着时间的推移，构件将变成实质上无错误的。在理想的情况下，为了重用而开发的软件构件已被证明是正确的，而且没有缺陷。

(3) 生产率

许多因素，例如应用领域、问题复杂程度、项目组的结构和大小、项目期限、可应用的技术等都对项目组的生产率有影响。因此，当把可重用的软件成分应用于软件开发的全过程时，创建计划、模型、文档、代码和数据所需花费的时间将减少，从而将用较少的投入给客户提供相同级别的产品，生产率得到了提高。

8.4 系统分解

人类解决复杂问题时普遍采用的策略是“分而治之，各个击破”。在设计比较复杂的软件系统时，软件工程师也是首先把系统分解成若干个比较小的部分，然后再分别设计每个部分。这样既降低了工作的难度，有利于协作，又有利于对系统的理解和维护。

系统的主要组成部分称为子系统。在划分和设计子系统时，应该尽量减少子系统彼此之间的依赖性。通常根据所提供的功能来划分子系统。一般来说，子系统的数目应该与系统规模基本匹配。各个子系统之间应该具有简单、明确的接口。接口确定了交互形式和通过子系统边界的信息流，但是无须规定子系统内部的实现算法。因此，可以相对独立地设计各个子系统。

与面向对象分析模型一样，采用面向对象方法设计软件系统时，面向对象设计模型也由主题、类—&—对象、结构、属性、服务等五个层次组成。这五个层次表现的细节一层比一层多。大多数系统的面向对象设计模型在逻辑上都由四大部分组成，对应于组成目标系统的四个子系统。在不同的软件系统中，这四个子系统的重要程度和规模可能相差很大，规模过大的系统在设计过程中进一步划分成更小的子系统，而规模过小的系统可能合并在其他子系统中。

我们可以把面向对象设计模型的四大组成部分想象成整个模型的四个垂直模块。典型的面向对象设计模型可以用图 8-2 表示。

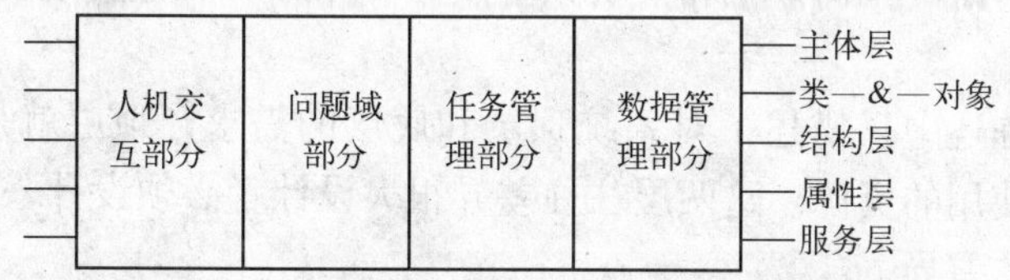

图 8-2 典型的面相对象设计模型

8.4.1 子系统之间的两种交互方式

在软件系统中，子系统之间的交互有两种可能的方式，分别是客户—供应商（Client-

Supplier）关系和平等伙伴（Peer-to-Peer）关系。

（1）客户—供应商关系

在这种关系中，作为客户的子系统必须了解作为供应商的子系统的接口，而后者却不用了解前者的接口就可以完成某些服务工作并返回结果。使用这种交互方案，任何交互行为都是由前者驱动的。

（2）平等伙伴关系

在这种关系中，每个子系统都能调用其他子系统，因此，每个子系统都必须了解其他子系统的接口。由于各个子系统需要相互了解对方的接口，因此这种组织系统的方案比起客户—供应商方案来，子系统之间的交互更复杂，而且这种交互方式还可能存在通信环路，从而使系统难于理解，容易发生不易察觉的设计错误。

总的来说，单向交互比双向交互更容易理解，也更容易设计和修改，因此应该尽量使用客户—供应商关系。

8.4.2 组织系统的两种方案

把子系统组织成完整的系统时，有垂直块状组织和水平层次组织两种方案可供选择。

（1）垂直块状组织

这种组织方案把软件系统垂直分解成若干个相对独立的弱耦合的子系统，利用层次和块的各种可能的组合，可以成功地由多个子系统组成一个完整的软件系统。当混合使用层次结构和块状结构时，同一块可以分为若干层，同一层也可以由若干块组成。

（2）水平层次组织

水平层次方案把软件系统组织成一个层次系统，每层为一个子系统。同一层内包含的对象彼此之间相互独立，而处于不同层次上的对象彼此之间往往有关联。实际上，在上、下层之间存在客户—供应商关系。低层子系统提供服务，相当于供应商，上层子系统使用下层提供的服务，相当于客户。

层次结构又可进一步划分成开放式和封闭式两种模式。在开放模式中，子系统可以使用处于其下面任何层次的子系统所提供的服务。这种工作模式的优点是减少了需要在每一层重新定义的服务数目，使得整个系统更高效更紧凑。但是开放模式对任何一个子系统的修改都会影响处于更高层次的子系统，不符合信息隐藏原则。所谓封闭式，就是每层子系统只能使用其直接下层提供的服务，这种工作模式降低了各层次之间的相互依赖性，更容易理解和修改。设计软件系统时需要权衡效率和模块独立性等多种因素，通盘考虑之后再做决定到底采用哪种结构模型。

通常，在需求陈述中只描述了对系统顶层和底层的需求，顶层就是用户看到的目标系统，底层则是可以使用的资源。这两层往往差异很大设计者必须设计一些中间层次，以减少不同层次之间的概念差异。

8.4.3 设计系统的拓扑结构

由子系统组成完整的系统时，典型的拓扑结构有管道形、树形、星形等。设计者应该采用与问题结构相适应的、尽可能简单的拓扑结构，以减少子系统之间的交互数量。

8.5 设计问题域子系统

使用面向对象方法学开发软件，能够保证问题域组织框架的稳定性，从而便于追踪分析、设计和编程的结果。在设计与实现过程中所做的细节修改，并不影响开发结果的稳定性，因为系统的总体框架是基于问题域的。

面向对象分析所得出的问题域精确模型，只要可能，就应该保持面向对象分析所建立的问题域结构，为设计问题域子系统奠定了良好的基础，建立了完整的框架。通常，面向对象设计仅需从现实角度对问题域模型做一些补充或修改。当问题与子系统过分复杂庞大时，应该把它进一步分解成若干个更小的子系统。

无论分析、设计、实现，面向对象方法的每一个阶段都是按照问题域本身的样子去构造、组织的，其核心是促使人们按照问题本身去组织系统的概念框架。因此，问题域子系统以分析阶段的对象模型和动态模型为基础，它是软件系统的核心；是软件系统中定义问题、表达类和对象静态结构和动态交互关系的求解模型。从技术实现的角度对模型进行必要的补充或修改。

问题域子系统设计的主要内容如下。

(1) 按照需求信息的最新变动调整并修改模型

导致修改通过面向对象分析所确定的系统需求一般有两种情况，一种是分析员对问题域理解不透彻或缺乏领域专家的帮助，以致面向对象分析模型不能完整、准确地反映用户的真实需求；另一种是用户需求或外部环境发生了变化。

面对上述两种情况，通常都只需简单地面向对象分析结果，然后再把这些修改反映到问题域子系统中。

(2) 调整和组合问题域中的类

良好的类定义是面向对象设计工作的关键。在研究分析模型时，必须对类的定义和内容作认真仔细的分析。首先应从复用类中添加“一般－特殊”关系派生出与问题域相关的类，或尽量复用已定义好的基类，这样就可以利用继承关系，复用继承来的属性和服务功能。若确实没有可供复用的类而必须创建新类时，也应当充分考虑新类的协议内容，以利于今后的复用。若一些具体类需要定义一个公共协议，在这种情况下可以引入一个根类，以便建立这个公共服务集合。

(3) 调整对象模型中的继承的支持级别

支持继承机制的语言能直接描述问题域中固有的语义，并能表示公共的属性和服务，为重用奠定了较好的基础。因此，只要可能，就应该使用具有继承机制的语言开发软件系统。如果对象模型中包含了多重继承关系，然而所使用的程序设计语言并不提供多重继承机制，则在问题域子系统的设计中，应该把对象模型中的多重继承结构转换成单继承结构。

(4) 改进系统的性能

性能是评价一个系统运行效率的重要指标，性能的改进主要从系统的运行速度、空间消耗、成本的节省、用户满意度等方面进行。

(5) 增加底层细节

从技术实现的角度，将问题域中一些底层的细节信息（主要是与硬件、设备或物理联结相关的信息）分离成独立的细节类，以隔离高层的逻辑实现。

当问题域子系统规模较大时，可将其分解为若干个更小的部分。

图 8-3 给出了 ATM 系统的问题域子系统的结构。

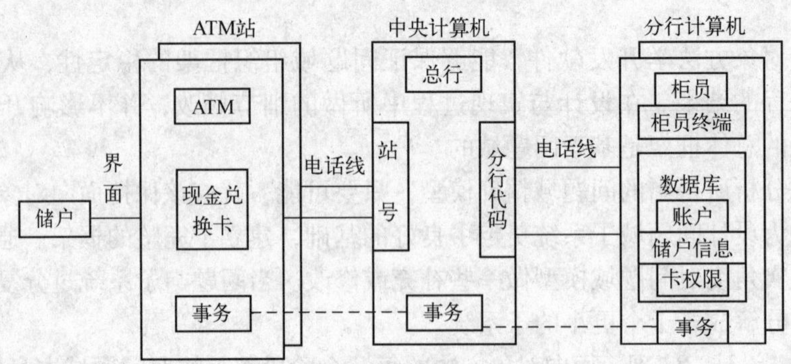

图 8-3 ATM 系统问题域子系统的结构

由于在面向对象分析过程中已经对 ATM 系统作了相当仔细的分析，而且假设所使用的实现环境能完全支持面向对象分析模型的实现，因此，在面向对象设计阶段无须对已有的问题域模型作实质性的修改或扩充。

8.6 设计人—机交互子系统

面向对象分析是对用户界面需求作初步分析，面向对象设计过程是对系统的人—机交互子系统进行详细设计，以确定人—机交互的细节。

人—机交互部分的设计结果的好坏将直接对用户情绪和工作效率产生重要的影响。人—机界面设计得好，则会使系统对用户产生吸引力，能够激发用户的创造力，用户在使用系统的过程中会感到兴奋，提高工作效率；相反，人—机界面设计得不好，用户在使用过程中就会产生负面情绪。由于对人—机界面的评价，在很大程度上由人的主观因素决定，因此，使用由原型支持的系统化的设计策略，是成功设计人—机交互子系统的关键。

8.6.1 设计人—机交互界面的准则

遵循下列准则有助于设计出让用户满意的人—机交互界面。

(1) 一致性

使用一致的术语，一致的动作，一致的步骤。

(2) 减少步骤

应使用户为做某件事情而需做出的动作都减至最少。应该为熟练用户提供简捷的操作方法。还应使得技术水平不同的用户，为获得有意义的结果所需使用的时间都减少。

(3) 及时提供反馈信息

系统在用户等待系统完成一项工作时，都应该向用户提供反馈信息，以便用户能够知道目前已经完成该项工作的比例。

(4) 提供“撤销”命令

人在与系统交互的过程中难免会犯错误，因此，应该提供“撤销（undo）”命令，以便用户及时撤销错误的动作。

（5）无须记忆

记住在某个窗口中显示的信息，然后再用到另一个窗口中，这是软件系统的责任而不是用户的任务。

（6）易学

人—机交互界面应该提供联机参考资料，以便用户在遇到困难时可随时参阅，让用户易学易用。

（7）人—机交互界面不仅应该方便、高效，还应该让人在使用时感到心情愉快，能够从中获得乐趣，从而吸引人去使用它。

8.6.2 设计人—机交互子系统的策略

（1）记录信息

记录的信息包括用户类型；使用系统欲达到的目的；特征（年龄、性别、受教育程度、限制因素等）；关键的成功因素（需求、爱好、习惯等）；技能水平；完成本职工作的脚本。

（2）分类用户

人—机交互界面是给用户使用的，因此设计者应该深入到用户的工作现场，仔细观察用户是怎样做他们的工作的，这对设计好人—机交互界面是非常必要的。显然，为设计好人—机交互子系统，设计者应该认真研究使用它的用户。

在设计人—机交互界面时，设计者应该考虑到以下问题，用户必须完成哪些工作？怎样使得这些工具使用起来更方便更有效？设计者能够提供什么工具来支持这些工作的完成？

为了设计出更符合用户需求的的界面，能更好地满足用户的需求和爱好，设计者首先应该把将来可能与系统交互的用户分类。通常从下列几个不同角度进行分类。

- 按技能水平分类。
- 按职务分类。
- 按所属的集团分类。

（3）设计命令层次

设计命令层次的工作通常包含以下几项内容。

1）研究现有的人—机交互界面的含义和准则。

Windows 程序通常遵循广大用户习以为常的许多约定，已经成了微机上图形用户界面事实上的工业标准，所有 Windows 应用程序的基本外观及给用户的感受都是相同的。设计图形用户界面时，为了让用户的接受和喜爱，应该保持与普通 Windows 应用程序界面相一致，并遵守广大用户习惯的约定。

2）确定初始的命令层次。

设计命令层次时，由于命令层次是用过程抽象机制组织起来的，通常先从服务的过程抽象开始，然后再进一步修改它们，从而能适合具体应用环境的需要。

3）精化命令层次。

为进一步修改完善初始的命令层次，应该考虑次序；整体和部分关系；宽度和深度；操作步骤等因素。

4）设计人—机交互类。

人—机交互类与所使用的操作系统及编程语言密切相关。

8.7 设计任务管理子系统

在传统方法设计的软件系统中，一个任务的执行方式大多是顺序的，其任务管理的功能可以很简单。而在面向对象的软件系统中，一个任务的完成可能需要多个对象以并发交互的方式协同配合，这个并发任务的执行过程可以通过分析阶段的动态模型来识别和确认。

如果这两个对象在本质上是可以并发活动的，且两个对象之间不存在信息交互，则通过检查各个对象的状态图及它们之间交换的事件，能够把若干个非并发的对象归并到一条控制线中。所谓控制线，是一条遍及状态图集合的路径，在这条路径上每次只有一个对象是活动的。在计算机系统中用任务来实现这条控制线，也可以将任务视为一连串活动（其含义由服务代码定义）构成的一个进程。若干个任务的并发执行称为多任务。

对于某些应用系统来说，通过划分任务，可以简化系统的设计及编码工作。常见的任务有事件驱动型任务、时钟驱动型任务、优先任务、关键任务和协调任务等。设计任务管理子系统，包括确定各类任务并把任务分配给适当的硬件或软件去执行。不同的任务标识了必须同时发生的不同行为，这种并发行为既可以在不同的处理器上实现，也可以在单个处理器上利用多任务操作系统仿真实现。

8.7.1 确定事件驱动型任务

一些负责与硬件设备通信的主要任务是完成通信工作，也就是说，这种任务可由事件来激发。通常，事件是表明某些数据到达的信号。

在系统运行时，这类任务首先处于睡眠状态，等待来自数据线或其他数据源的中断；一旦接收到中断，该任务就被唤醒，接收数据并把数据放入内存缓冲区或发往目的地，通知需要知道这件事的对象，接着该任务又回到睡眠状态。

8.7.2 确定时钟驱动型任务

以固定的时间间隔激发某事件，以执行一些处理。例如，某些设备需要周期性地获得数据；某些人—机接口、子系统、任务、处理器或其他系统也可能需要周期性地通信。因此，时钟驱动型任务应运而生。

时钟驱动型任务设置了唤醒时间后进入睡眠状态；任务睡眠（不消耗处理器时间），等待来自系统的中断；一旦接收到了这种中断，任务就被唤醒，执行它的工作，再通知所有有关的对象，最后该任务又回到睡眠状态。

8.7.3 确定优先任务和关键任务

任务优先级能根据需要调节实时处理的优先级次序，保证紧急事件能在限定的时间内得到处理，可以满足高优先级或者低优先级的处理需求。优先级分为以下两种。

1）高优先级。某些服务完成一些有特权的操作而被赋予了很高的优先级。需要把这类服务分离成独立的、高优先级的任务从而能在严格限定的时间内完成这种服务。

2）低优先级。与高优先级相反，有些任务是低优先级，工作不是特别重要，这类任务属于低优先级处理。设计时可能用额外的任务将这类服务分离出来。

关键任务的处理通常都有严格的可靠性要求，是有关系统成功或失败的关键处理。在设计的过程中可能用额外的任务把这些服务分离出来，以满足高可靠性处理的要求。对高可靠性处理应该精心设计和编码，并且应该严格测试。

8.7.4 确定协调任务

当系统中存在3个以上任务时，就应该增加一个任务，用它作为协调任务。引入协调任务会增加系统的总开销，但是有助于把不同的任务之间的协调控制封装起来。该任务可以使用状态转换矩阵来描述。这类任务应该仅做协调工作，不要让它再承担其他服务工作。

8.7.5 确定资源需求

使用多处理器或固件，设计者必须通过计算每一秒处理的业务数及处理一个业务所花费的时间，来估算所需要的CPU的处理能力，以此来满足高性能的需求。

设计者应该综合考虑各种因素，以决定哪些子系统用软件实现，哪些子系统用硬件实现。两个因素（现有的硬件完全能满足某些方面的需求和专用硬件比通用的CPU性能更高）用来考虑使用硬件实现某些子系统。设计者必须综合权衡一致性、成本和性能等多种因素，还要考虑未来的可扩充性和可修改性。

8.8 设计数据管理子系统

数据管理子系统建立在某种数据存储管理系统之上，是系统存储或检索对象的基本设施，并且隔离了数据存储管理模式的影响。

8.8.1 选择数据存储管理模式

设计者应该根据应用系统的特点选择合适的模式，因为不同的数据存储管理模式有不同的特点，使用范围也不相同。

(1) 文件管理系统

文件管理系统是操作系统的一个组成部分，不同的操作系统的文件管理系统往往有明显差异。文件操作的级别低，因此，为提供适当的抽象级别还必须编写额外的代码。

(2) 关系数据库管理系统

关系数据库管理系统的理论基础是关系代数，它不仅理论基础坚实而且有下列主要优点。

1）提供了各种最基本的数据管理功能。

2）为多种应用提供了一致的接口。

3）标准化的语言（大多数关系数据库管理系统都使用SQL语言）。

关系数据库管理系统通常都相当复杂，因此限制了这种系统的普遍使用。

1）运行开销大。即使只完成简单的事务，也需要较长时间。

2）不能满足高级应用的需求。高级应用一般数据类型十分丰富，数据结构比较复杂，因此，关系数据库管理系统很难用在数据类型丰富或操作不标准的应用中。

3）与程序设计语言的连接不自然。SQL语言是一种非过程性语言；然而大多数程序设计语言本质上却是过程性的，每次只能处理一个记录。

(3) 面向对象数据库管理系统

面向对象数据库管理系统主要有两种设计途径，即扩展的关系数据库管理系统和扩展的面向对象程序设计语言。

1) 扩展的关系数据库管理系统是在关系数据库的基础上，增加了创建及管理类和对象的通用服务，另外还增加了抽象数据类型和继承机制。

2) 扩展的面向对象程序设计语言，增加了在数据库中存储和管理对象的机制，扩充了面向对象程序设计语言和功能。开发人员不需要区分存储数据结构和程序数据结构（即生存周期短暂的数据），可以用统一的面向对象观点进行设计。

8.8.2 设计数据管理子系统

设计数据管理子系统，既需要设计相应的服务又需要设计数据格式。

(1) 设计相应的服务

如果某个类的对象需要存储起来，用于完成存储对象自身的工作则在这个类中增加一个属性和服务。无须在面向对象设计模型的属性和服务层中显式地表示此类的属性和服务，应该把它们作为“隐含”的属性和服务，仅需在关于类—&—对象的文档中描述它们。

利用多重继承机制，可以在某个适当的基类中定义这样的属性和服务，然后，如果某个类的对象需要长期存储，该类就从基类中继承这样的属性和服务。用于“存储自己”的属性和服务，在问题域子系统和数据管理子系统之间构成一座必要的桥梁。这样设计之后，对象将知道怎样存储自己。

(2) 设计数据格式

设计数据格式的方法与所使用的数据存储管理模式密切相关，下面分别介绍适用于每种数据存储管理模式的设计方法。

1) 文件系统。首先定义第一范式表：列出每个类的属性表；把属性表规范称第一范式，从而得到第一范式表的定义；然后为每一个第一范式表定义一个文件，接着测量需要的存储容量和性能；最后修改原设计的第一范式，以满足存储需求和性能。

必要时用某种编码值表示这些属性，把某些属性组合在一起，而不再分别使用独立的域表示每一个属性。必要时把归纳结构的属性压缩在单个文件中，以减少文件数量。这样做，虽然增加了处理时间，但是却减少所需要的存储空间。

2) 关系数据库管理系统。在设计关系数据库管理系统时，首先定义第三范式表：列出每个类的属性表；把属性表规范成第三范式，从而得出第三范式表的定义；然后为每个第三范式表定义一个数据库表，接着测量性能和需要的存储容量；最后修改先前设计的第三范式，以满足性能和存储需求。

3) 面向对象数据库管理系统。扩展的关系数据库途径适用于关系数据库管理系统的相同的方法。扩展的面向对象程序设计语言途径不需要规范化属性的步骤，因为数据库管理系统本身具有把对象值映射成存储值的功能。

(3) 介绍使用不同数据存储管理模式时的设计要点。

1) 文件系统。被存储的对象需要知道打开哪些文件，怎样检索出旧值，怎样把文件定位到正确的记录上，以及怎样用现有的值更新它们。

此外，还应该定义一个 Object Server（对象服务器）类，并创建它的实例。该类提供下列服务：通知对象保存自身；创建已存储的对象（查找、读值、创建并初始化对象），以便把这些对象提供给其他子系统使用。

2）关系数据库管理系统。被存储的对象，应该知道怎样访问所需要的行，访问哪些数据库表，怎样检索出旧值，以及怎样使用现有值更新它们。

此外，还应该定义一个 Object Server（对象服务器）类，并声明它的对象。该类提供下列服务：通知对象保存自身；检索已存储的对象（查找、读值、创建并初始化对象），以便由其他子系统使用这些对象。

3）面向对象数据库管理系统。

- 扩展的关系数据库途径，方法与使用关系数据库管理系统时的方法相同。
- 扩展的面向对象程序设计语言途径，这种数据库管理系统已经给每个对象提供了“存储自己”的行为，无须增加服务。由于有面向对象数据库管理系统负责存储和恢复这类对象，因此，只需给需要长期保存的对象加个标记。

8.9 设计类中的服务

跟面向对象分析不同的是，面向对象设计是扩充、完善和细化面向对象分析模型的过程，设计类中的服务是它的一项重要工作内容。

8.9.1 确定类中应有的服务

对象模型是进行对象设计的基本框架。需要综合考虑对象模型、动态模型和功能模型，才能正确确定类中应有的服务。由于面向对象分析得出的对象模型通常只在每个类中列出很少几个最核心的服务，因此，设计者必须把动态模型中对象的行为以及功能模型中的数据处理，转换成由适当的类所提供的服务。

功能模型指明了系统必须提供的服务。一张状态图中状态转换所出发的动作，在功能模型中有时可能扩展成一张数据流图，描绘了一个对象的生存周期，图中的状态转换是执行对象服务的结果。数据流图中的某些处理可能与对象提供的服务相对应，应该在该对象所属的类中定义这个服务，下列规则有助于确定操作的目标对象。

1）如果某个处理把对输入流处理的结果输出给数据存储或动作对象，则该数据存储或动作对象就是目标对象。

2）如果某个处理具有类型相同的输入流和输出流，而且输出流实质上是输入流的另一种形式，则该输入/输出流就是目标对象。

3）如果某个处理从多个输入流得出输出值，则该处理是输出类中定义的一个服务。

4）如果某个处理的功能是从输入流中抽取一个值，则该输入流就是目标对象。

当一个处理涉及多个对象时，通常在起主要作用的对象类中定义这个服务。设计者必须判断哪个对象在这个处理中起主要作用，为确定把它作为哪个对象的服务。下面两条规则有助于确定处理的归属：如果处理影响或修改了一个对象，则最好把该处理与处理的目标（而不是触发者）联系在一起。考察处理涉及的对象类及这些类之间的关联，从中找出处于中心地位的类。如果其他类和关联围绕这个中心类构成星形，则这个中心类就是处理的目标。

8.9.2 涉及实现服务的方法

在面向对象设计过程中还应该进一步涉及实现服务的方法，主要应该完成以下几项工作。

（1）选择数据结构

在分析阶段，设计者仅需考虑系统中需要的信息的逻辑结构，在面向对象设计过程中，则需要选择能够方便、有效地实现算法的物理数据结构。

（2）设计实现服务的算法

设计实现服务的算法时，应该考虑下列几个因素。

1）算法复杂度。通常选用效率较高的算法，但是也不要过分追求高效率，应该以能满足用户需求为准。

2）容易理解与容易实现。容易理解与容易实现的要求往往与高效率有矛盾，设计者应该对这两个因素适当折中。

3）易修改。在设计时应该先做一些能预测到的将来可能做的修改的准备。

（3）定义内部类和内部操作

在面向对象设计过程中，可能需要增添一些类，主要用来存放在执行算法过程中所得到的某些中间结果，这些类可能是一些在需求陈述中没有提到的、新增加的类。

此外，复杂操作往往可以用简单对象上的更底层操作来定义。因此，在分解高层操作时常常引入新的底层操作。在面向对象设计过程中应该定义这些新增加的底层操作。

8.10 设计关联

在对象模型中，关联是联结不同对象的纽带，它指定了对象相互间的访问路径。

在面向对象设计过程中，设计人员可以选定一个全局性的策略统一实现所有关联，也可以分别为每个关联选择具体的实现策略，以与它在应用系统中的使用方式相适应。

为了更好地设计实现关联的途径，首先应该分析使用关联的方式。

8.10.1 关联的遍历

使用关联在应用系统中有单向遍历和双向遍历两种遍历方式。在应用系统中，某些关联只需要单向遍历，这种单向关联实现起来比较简单，另外一些关联可能需要双向遍历，双向关联实现起来稍微麻烦一些。

在使用原型法开发软件的时候，为了便于增加新的行为，快速地扩充和修改原型，原型中所有关联都应该是双向的。

8.10.2 实现单向关联

用指针可以方便地实现单向关联。如果关联的阶是一元的，如图 8-4 所示，则实现关联的指针是一个简单指针；如果阶是多元的，则需要用一个指针集合实现关联，如图 8-5 所示。

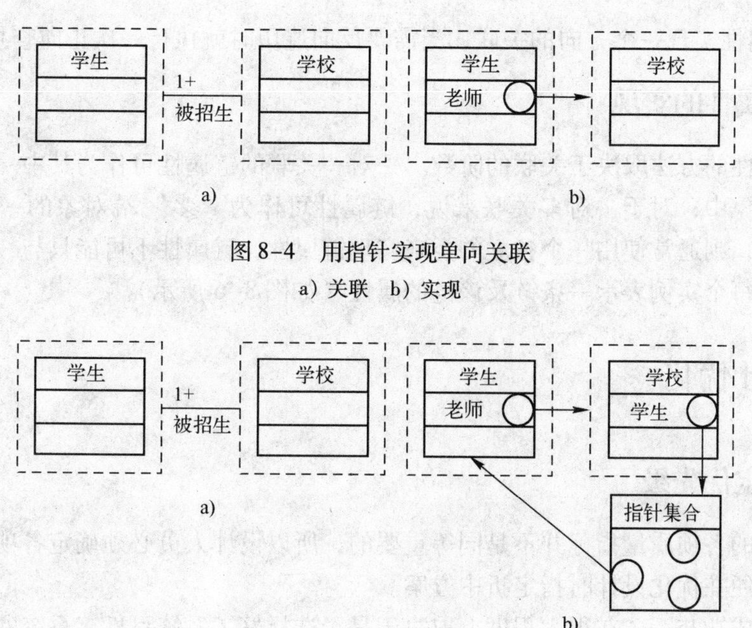

图 8-4　用指针实现单向关联

a）关联　b）实现

图 8-5　用指针实现双向关联

a）关联　b）实现

8.10.3　实现双向关联

许多关联都需要双向遍历，当然，两个方向遍历的频度往往并不相同。实现双向关联有下列 3 种方法。

1）两个双向的关联都用属性实现。具体实现方法已在上节中讲过，如图 8-5 所示。这种方法能实现快速访问。但是，如果修改了一个属性，为了保持该关联链的一致性，则相关的属性也必须随之修改，当访问次数远远多于修改次数时，这种实现方法很有效。

2）用独立的关联对象实现双向关联。关联对象是独立的关联类的实例，不属于相互关联的任何一个类，如图 8-6 所示。

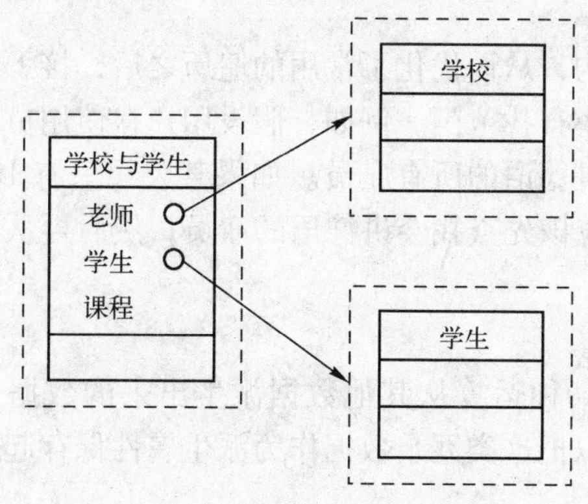

图 8-6　用对象实现关联

3）只用属性实现一个方向的关联，当需要反向遍历时就执行一次正向查找。

8.10.4 链属性的实现

实现链属性的方法取决于关联的阶数。一对一关联的链属性可作为其中一个对象的属性而存储在该对象中；对于一对多关联来说，链属性可作为“多”端对象的一个属性；如果是多对多关联，则通常使用一个独立的类来实现链属性，链属性不可能只与一个关联对象有关，这个类的每个实例表示一条链及该链的属性（如图 8-6 所示）。

8.11 设计优化

8.11.1 确定优先级

由于系统的各项质量指标并不是同等重要的，所以设计人员必须确定各项质量指标的相对优先级，以便在优化设计时指定折中方案。

最终产品成功与否，在很大程度上取决于是否选择好了系统目标。系统的整体质量与设计人员所制定的折中方案密切相关。如果没有站在全局的高度正确确定各个质量指标的优先级，以致于系统中各个子系统按照相互对立的目标作了优化，就会导致系统资源的严重浪费。

没有绝对的优先级，其优先级应该是模糊的，通常设计者是在效率和清晰性之间寻求适当的折中方案。下面各小节分别讲述在优化设计时提高效率的技术，以及建立良好的继承结构的方法。

8.11.2 提高效率的几项技术

（1）增加与冗余关联以提高访问效率

面向对象分析过程应该避免在对象模型中存在冗余的关联，因为这会降低模型的清晰度。在面向对象设计过程中，分析阶段确定的关联可能并没有构成成效最高的访问路径。因此当考虑用户的访问模式及不同类型的访问彼此之间的依赖关系时，设计者应该考虑到此类问题。

（2）调整查询次序

改进了对象模型的结构，从而优化了常用的遍历之后，接下来就应该优化算法了。优化算法的一个途径是尽量缩小查找范围。例如，假设用户在使用员工技能数据库的过程中，希望找出既会讲英文，又会讲德语的所有雇员。如果某公司只有 10 位雇员会讲德语，会讲英语的雇员却有 100 人，则应该先查找会讲德语的雇员，然后再从这些会讲德语的雇员中查找同时会讲英语的人。

（3）保留派生属性

冗余数据是一种通过某种运算从其他数据派生出来的数据。通常把这类数据“存储”在计算它的表达式中。可以把这类冗余数据作为派生属性保存起来，以此避免重复计算复杂表达式所带来的开销。

派生属性既可以在原有类中定义，也可以定义新类，并用新类的对象保存它们。每当修改了基本对象之后，所有依赖于它的、保存派生属性的对象也必须相应地修改。

8.11.3 调整继承关系

继承关系能够为一个类族定义一个协议，并能在类之间实现代码共享以减少冗余。在面向对象设计过程中，建立良好的继承关系是优化设计的一项重要内容。利用一个基类和它的子孙类在一起成为一个类继承能够把若干个类组织成一个逻辑结构。在面向对象设计中，建立良好的类继承是非常重要的。

下面讨论与建立类继承有关的问题。

（1）为提高继承程度而修改类定义

如果在一组相似的类中存在公共的属性和公共的行为，则可以把这些公共的属性和行为抽取出来放在一个共同的祖先类中，供其子类继承。

更常见的情况是，虽然相似却并不完全相同，各个现有类中的属性和操作，在这种情况下需要对类的定义稍加修改，才能定义一个基类供其子类中继承需要的属性或行为。显然，在当前情况下抽象出这个基类并没有获得共享的好处，有时抽象出一个基类之后，在系统中暂时只有一个子类能从它继承属性和行为。但是，这样做通常仍然是值得的，因为将来可能重用这个基类。

（2）抽象与具体

在设计类继承时，通常的做法是，首先创建一些满足具体用途的类，得出一些通用类之后，再对它们进行归纳和派生出具体类。在进行了一些具体化的工作之后，也许就应该再次归纳了。对于某些类继承来说，这是一个持续不断的演化过程。

（3）利用委托实现行为共享

仅当存在子类确实是父类的一种特殊形式时，利用继承机制实现行为共享才是合理的。

如果只想把继承作为实现操作共享的一种手段，则把一类对象作为另一类对象的属性，从而在两类对象间建立组合关系，也可以达到同样目的，而且这种方法更安全。使用委托机制时，只有有意义的操作才委托另一类对象实现，因此，不会发生不慎继承了无意义（甚至有害的）操作的问题。

8.12 经典例题讲解

例题 1（2010 年软件设计师试题）

采用面向对象方法开发软件的过程中，抽取和整理用户需求并建立问题域精确模型的过程叫________。

A. 面向对象测试　　　　B. 面向对象实现

C. 面向对象设计　　　　D. 面向对象分析

分析：面向对象设计是把分析阶段得到的需求转变成符合成本和质量要求的、抽象的系统实现方案的过程。从面向对象分析到面向对象设计，是一个逐渐扩充模型的过程。

瀑布模型把设计进一步划分成概要设计和详细设计两个阶段，类似地，也可以把面向对象设计再细分为系统设计和对象设计。系统设计确定实现系统的策略和目标系统的高层结构。对象设计确定解空间中的类、关联、接口形式及实现操作的算法。

参考答案：C

例题 2（2004 年软件设计师试题）

软件的互操作是指________。

A. 软件的可移植性

B. 人机界面的可交互性

C. 连接一个系统和另一个系统所需的工作量

D. 多用户之间的可交互性

分析：互操作性是指不同的计算机系统、网络、操作系统和应用程序一起工作并共享信息的能力。互操作性分为不同的级别，这是因为两个系统连接并共享信息，不能简单地认为用户也能从自己的应用程序中访问这些信息。

参考答案：C

例题 3（2004 年软件设计师试题）

在选择开发方法时，有些情况不适合使用原型法，以下选项中不能使用快速原型法的情况是________。

A. 系统的使用范围变化很大　　B. 系统的设计方案难以确定

C. 用户的需求模糊不清　　D. 用户的数据资源缺乏组织和管理

分析：当前，较多的应用部门采用的需求定义方法是一种严格的或称为预先定义的方法。但实际情况往往与此相反，有很多项目不按照预定的顺序向前推进，应用原型化方法为预先定义技术提供了一种很好的选择和补充。原型化方法开发策略有以下假设。

1）并非所有的需求在系统开发之前都能准确地说明。

2）有快速的系统建造工具。

3）项目参与者之间通常都存在通信上的障碍。

4）需求实际的、可供用户参与的系统模型。

5）需求一旦确定，就可以遵从严格的方法。

6）大量的反复是不可避免的，也是必要的，应该加以鼓励。

选项 A、B、C 都可以归到需求难以明确确定的情况，所以答案是 D。

参考答案：D

例题 4（2003 年软件设计师试题）

软件设计包括 4 个既独立又相互联系的活动，分别为 （1） 、 （2） 、数据设计和过程设计。

（1）A. 用户手册设计　B. 语言设计　C. 体系结构设计　D. 文档设计

（2）A. 文档设计　B. 瀑布模型和喷泉模型

C. 实用性设计　D. 接口设计

分析：设计模型可以表示成金字塔，这种形状的象征意义是重要的，因为金字塔是极为稳固的物体，它具有宽大的基础和低的重心。像金字塔一样，我们希望构造坚固的软件设计，我们通过用数据设计建立宽广的基础，用体系结构和接口设计建立坚固的中部，以及应用过程设计构造尖锐的顶部，从而创建出不会被修改之风轻易“吹倒”的设计模型。

参考答案：（1）C　（2）D

例题 5（2002 年软件设计师试题）

概要设计是软件系统结构的总体设计，以下选项中不属于概要设计的是________。

A. 把软件划分成模块　　B. 确定模块之间的调用关系

C. 确定各个模块的功能　　D. 设计每个模块的伪代码

分析：软件系统设计是结构化生命周期方法的组成部分。系统设计一般分为概要设计和详细设计两个阶段，概要设计的任务是确定软件的总体结构，子系统和子模块的划分，并确定各个模块间的接口和评价模块划分质量，以及进行数据分析。而详细设计的任务是确定每一个模块实现的定义，包括数据结构、算法和接口。

参考答案：D

小结

分析与设计本质上是一个多次反复迭代的过程，而面向对象分析与面向对象设计的界限尤其模糊。本章结合面向对象方法学固有的特点讲述了面向对象设计准则，并介绍了一些有助于提高设计质量的启发式规则。优秀设计是使得目标系统在其整个生存周期中总开销最小的设计，为获得优秀的设计结果，应该遵循一些基本准则。

本章结合面向对象方法学的特点，对软件重用作了较全面的介绍，其中着重讲述了类构件的重用技术。重用是提高软件生产率和目标系统质量的重要途径，它基本上始于设计。用面向对象方法设计软件，原则上也是先进行系统设计，然后再进行对象设计，事实上是一个多次反复迭代的过程。大多数求解空间模型，在逻辑上由四大部分组成。本章分别讲述了问题域子系统、人－机交互子系统、任务管理子系统和数据管理子系统的设计方法。此外还讲述了设计中服务的方法及实现关联的策略。

通常应该在设计工作开始之前，对系统的各项质量指标的相对重要性进行认真分析和仔细权衡，指定出恰当的系统目标。在设计过程中根据既定的系统目标，作必要的优化工作。

习题

1. 面向对象设计应该遵循哪些准则？简述每条准则的内容，并说明遵循这条准则的必要性。
2. 简述软件工程中界面的设计原则。
3. 简述有助于提高面向对象设计质量的每条主要启发规则的内容和必要性。
4. 数据存储有哪三种模式？
5. 为什么说类构件是目前比较理想的可重用软构件？它有哪些重用方式？
6. 为了设计人机交互子系统，为什么需要分类用户？
7. 从面向对象分析阶段到面向对象设计阶段，对象模型有何变化？

第9章　面向对象实现

9.1　面向对象语言

9.1.1　面向对象语言的优点

面向对象语言能够更完整、更准确地表达问题域语义的面向对象语言的语法，其优点主要有以下几点。

(1) 可重用性

可重用性不仅仅被应用在程序设计这个层次上，而且被应用在更广泛的范围中。该性能是提高软件开发生产率和目标系统质量的重要途径。随着时间的推移，软件开发组织既可能重用在某个问题域内的面向对象分析结果，也可能重用相应的面向对象设计、面向对象编程结果。

(2) 一致的表示方法

面向对象软件工程采用一致的表示方法，这样使得在软件开发过程中始终使用统一的概念，便于工作人员互相通信协作，也有利于维护人员理解软件的各种配置成分。

(3) 可维护性

在实际工作中很难做到文档与源程序完全一致，因此，维护人员最终要面对的往往只有源程序本身。如果在程序内部有问题域语义的陈述，即使没有合适的文档资料做参考，维护人员对软件的理解也会有很大的帮助。由此可见，在选择编程语言时，哪种语言能最好地表达问题域语义才是关键因素。一般情况下，我们选用面向对象语言来实现面向对象分析、设计。

9.1.2　面向对象语言的技术特点

目前，面向对象程序设计语言（OOPL）分为两大类，一类是纯面向对象语言，如Smalltalk和Eiffel等；另一类是在过程型语言的基础上增加了面向对象的结构，如C++、Objective-C等。它们的形成借鉴了许多程序语言的特点，主要有以下一些技术特点。

(1) 支持类和对象概念的定义与实现机制

类的定义是面向对象语言的基础，也是对象概念实现的描述。对象的动态创建可以通过类中定义的操作进行，也可以通过特殊的操作按定义创建对象。而几乎全部的面向对象语言都提供了类的定义机制和对象的动态创建功能。

(2) 实现继承的语言机制

继承是面向对象程序设计的一个重要特点，同时也是实现代码重用的重要手段。

(3) 实现属性和服务的机制

面向对象语言具有支持消息连接、控制服务可见性的机制，通过消息的发送实现对象之间的相互协作、消息的格式和服务的调用等。

（4）参数化类

参数化类是指使用一个或多个类型去参数化一个类的机制。首先，程序员利用这种机制定义一个参数化的类模板（即在类定义中包含以参数形式出现的一个或多个类型），然后把数据类型作为参数传递进来，从而把这个类模板应用在不同的应用程序中，或用在同一应用程序的不同部分。参数化类的特性有助于减少程序设计的冗余工作，提高程序的重用性。

（5）类型检查

程序设计语言按照编译时进行类型检查的严格程度分为两类：弱类型和强类型。其中，弱类型中语言仅要求每个变量或属性隶属于一个对象，如 Smalltalk；而在强类型中，语言要求每个变量或属性必须准确地属于某个特定的类，如 C ++ 和 Eiffel。当今大多数编程语言都是强类型的。

（6）提供类库

存在类库，许多软构件就不必由程序员重新编写了，这样就实现了软件重用性。

类库中往往包含实现通用数据结构（如动态数组、表、队列、栈、树等）的类，除了这些基本的类，还可以在类库中找到实现各种关联的类。更完整的类库通常还提供独立于具体设备的接口类（如输入/输出流）。此外，用于实现窗口系统的用户界面类也构成一个相对独立的图形库。

（7）提供持久对象的保存

如果希望数据能够不依赖于程序执行的生命周期而长时间保存下来，就需要提供一种保存数据的方法。一般来说，希望长期保存数据的原因有两个：一是为实现在不同程序之间传递数据，需要保存数据；二是为恢复被中断了的程序的运行，需要首先保存数据。

面向对象语言分为以下几类。

1）没有提供直接存储对象的机制，用户必须自己管理对象的输入/输出，或者购买面向对象的数据库管理系统，如 C ++ 。

2）把当前的执行状态完整地保存在磁盘上，如 Smalltalk。

3）提供了访问磁盘对象的输入/输出操作。

（8）可视化开发环境

良好的开发环境能提高软件生产率，保证软件产品的质量。可视化开发环境是目前运用最广泛的开发环境。面向对象语言的可视化开发环境至少应该包括以下基本的软件工具：编辑程序、编译程序或解释程序、浏览工具、调试器等。

9.1.3 选择面向对象语言的原则

开发一个软件，开发人员在选择合适语言时应着重考虑以下几个方面。

（1）选择将来能占主导地位的语言

根据目前占有的市场份额，参考专业书刊和学术会议上所做的分析、评价，选用将来最有可能占主导地位的语言编程，使自己的产品在若干年后仍然具有很强的生命力。

（2）考虑具有良好的类库和开发环境的语言

采用面向对象方法开发软件的主要优点是：通过提高可重用性来提高软件生产率。因此，应该尽量选用能够最完整、最准确地表达问题域语义的面向对象语言。同时，开发环境和类库也是非常重要的因素。事实上，语言、类库和开发环境这三个因素综合起来，共同决定了可重用性。

随着类库的日益成熟和丰富，在开发新应用系统时，需要开发人员自己编写的代码将越来越少。

(3) 考虑其他因素

除了考虑上述的（1）（2）因素外，还应该考虑如下一些重要因素：对用户学习面向对象分析、设计和编码技术提供的培训服务；在使用面向对象语言期间提供的技术支持；开发人员使用的开发工具、开发平台和发行平台，对机器性能和内存的需求，集成已有软件的难易程度等。

9.2 面向对象程序设计风格

良好的程序设计风格对面向对象实现非常重要，不仅能明显减少维护或扩充的开销，而且有助于新项目中重用已有的程序代码。良好的面向对象程序设计风格，既包括传统的程序设计风格准则，也包括为适应面向对象方法所特有的概念而必须遵守的一些新准则。

9.2.1 提高可重用性

软件重用是提高软件开发生产率和目标系统质量的重要方法。因此，设计面向对象程序时，要尽量提高软件的可重用性。软件重用有多个层次，但是实现软件重用的程序设计准则是相同的。下面讲述主要的准则。

(1) 提高方法的内聚、降低耦合

如果某个方法涉及两个或多个不相关的功能，则应该把它分解成几个更小的方法。尽量一个方法只完成单个功能，尽量不使用全局信息，尽量降低方法与外界的耦合程度。

(2) 减小方法的规模、保持其一致性

如果某个方法规模过大，则应该把它分解成几个更小的方法。尽量使功能相似的方法有一致的名字、参数特征、返回值类型、使用条件及出错条件等。

(3) 尽量全面覆盖

如果输入条件的各种组合都可能出现，则应该针对所有组合写出方法。另外，一个方法还应该能够处理正常值，也要处理空值、极限值及界外值等异常情况。

(4) 分开策略和实现方法

为了提高软件的可重用性，不要把策略和实现放在同一方法中，应该把算法的核心部分放在一个单独的具体实现方法中，然后从策略方法中提取出具体参数，作为调用实现方法的变元。

(5) 利用继承机制

在面向对象程序中，使用继承机制是实现共享和提高重用程度的主要途径。

1）调用公共代码：首先把公共代码分离出来，使其构成一个被其他方法调用的公用方法，然后在基类中定义这个公用方法，以便供派生类中的方法调用。

2）调用分解因子：首先从不同类的相似方法中分解出不同的代码，然后把余下的代码作为公用方法中的公共代码，把分解出的因子作为名字相同、算法不同的方法，放在不同类中定义，被这个公用方法调用。

3）使用委托机制：把一类对象作为另一类对象的属性，从而在这两类对象之间建立组合关系，这就是委托机制。当逻辑上不存在一般—特殊关系，而需要重用已有的代码时，就可以利用委托机制。

4）把代码封装在类中：把被重用的代码封装在类中是重用代码比较安全的途径。

9.2.2 提高可扩充性

在上一小节中讲述了提高可重用性的准则，以下的面向对象程序设计准则有助于提高可扩充性。

（1）封装实现策略

为了不降低今后修改数据结构或算法的自由度，将类的实现策略（包括描述属性的数据结构、修改属性的算法等）封装起来，对外只提供公有的接口。

（2）谨慎使用公有方法

公有方法是向公众公布的接口，修改起来的代价比较高，这是因为对这类方法的修改往往会涉及许多其他类。私有方法是仅在类内使用的方法，修改起来所涉及的类少，所以代价比较低。为了提高可修改性，降低维护成本，应该精心选择和定义公有方法。通常情况下，利用私有方法来实现公有方法。

（3）控制方法的规模

方法规模太大，既不易理解，也不易修改扩充。因此，一个方法应该只包含对象模型中的有限内容。

（4）合理利用多态性机制

一般情况下，如果根据对象类型选择应有的行为，那么在增添新类时将不得不修改原有的代码，这样既会影响效率，又不易扩充。可以考虑利用 DO_CASE 语句测试对象的内部状态，并且合理利用多态性机制，根据对象当前类型自动决定应有的行为。

9.2.3 提高健壮性

对于任何一个实用软件来说，健壮性都是一个不可忽略的质量指标。为提高健壮性应遵守以下准则。

（1）具备处理用户操作错误的能力

当用户输入数据发生错误时，不应该引起程序运行中断，更不应该造成“死机”，应该给出恰当的提示信息，并准备再次接收用户的输入。因此，一个软件系统必须具有处理用户操作错误的能力。

（2）检查参数的合法性

用户在使用公有方法时可能违反参数的约束条件，因此检查其参数的合法性显得尤为重要。

（3）使用动态内存分配机制

由于在设计阶段，很难准确预测应用系统中使用的数据结构的最大容量需求，因此，编程时尽量使用动态内存分配机制。

（4）先测试后优化

为了在效率与健壮性之间做出合理的分配，应先测试，合理地确定为提高性能应该着重优化的关键部分。

9.3 测试策略

9.3.1 面向对象测试模型

面向对象的开发模型突破了传统的瀑布模型，将开发分为面向对象分析（OOA），面向对象设计（OOD）和面向对象编程（OOP）3 个阶段。针对这种开发模型，结合传统的测试步骤的划分，把面向对象的软件测试分为面向对象分析的测试，面向对象设计的测试，面向对象编程的测试，面向对象单元测试，面向对象集成测试，面向对象系统测试。

9.3.2 面向对象分析的测试

传统的面向结构的分析是一个功能分解的过程，是把一个系统看成可以分解的功能的集合。这种传统的功能分解分析法的着眼点在于一个系统需要什么样的信息处理方法和过程，以过程的抽象来对待系统的需要。而 OOA 是“把 E-R 图和语义网络模型，即信息造型中的概念，与面向对象程序设计语言中的重要概念结合在一起而形成的分析方法”，最后通常是得到问题空间的图表的形式描述 OOA。直接映射问题空间，全面地将问题空间中实现功能的现实抽象化。将问题空间中的实例抽象为对象，用对象的结构反映问题空间的复杂实例和复杂关系，用属性和操作表示实例的特性和行为。对一个系统而言，与传统分析方法产生的结果相反，行为是相对稳定的，结构是相对不稳定的，这更充分反映了现实的特性。OOA 的结果是为后面阶段类的选定和实现，类层次结构的组织和实现提供平台。因此，对 OOA 的测试，应从以下方面考虑。

- 对认定的对象的测试。
- 对认定的结构的测试。
- 对认定的主题的测试。
- 对定义的属性和实例关联的测试。
- 对定义的服务和消息关联的测试。

9.3.3 面向对象设计的测试

面向对象设计（OOD）采用“造型的观点”，以 OOA 为基础归纳出类，并建立类结构或进一步构造成类库，实现分析结果对问题空间的抽象。由此可见，OOD 不是在 OOA 上的另一思维方式的大动干戈，而是 OOA 的进一步细化和更高层的抽象。所以，OOD 与 OOA 的界限通常是难以严格区分的。OOD 确定类和类结构不仅是满足当前需求分析的要求，更重要的是通过重新组合或加以适当的补充，能方便实现功能的重用和扩增，以不断适应用户的要求。因此，对 OOD 的测试，应从如下 3 方面考虑。

- 对认定的类的测试。
- 对构造的类层次结构的测试。

- 对类库的支持的测试。

9.3.4 面向对象编程的测试

典型的面向对象程序具有继承、封装和多态的新特性，这使得传统的测试策略必须有所改变。封装是对数据的隐藏，外界只能通过被提供的操作来访问或修改数据，这样降低了数据被任意修改和读写的可能性，降低了传统程序中对数据非法操作的测试。继承是面向对象程序的重要特点，继承使得代码的重用率提高，同时也使错误传播的概率提高。多态使得面向对象程序对外呈现出强大的处理能力，但同时却使得程序内"同一"函数的行为复杂化，测试时不得不考虑不同类型具体执行的代码和产生的行为。

面向对象程序是把功能的实现分布在类中。能正确实现功能的类，通过消息传递来协同实现设计要求的功能。因此，在面向对象编程（OOP）阶段，忽略类功能实现的细则，将测试的目光集中在类功能的实现和相应的面向对象程序风格，主要体现为以下两个方面。

1）数据成员是否满足数据封装的要求。

2）类是否实现了要求的功能。

9.3.5 面向对象的单元测试

传统的单元测试的对象是软件设计的最小单位——模块。单元测试的依据是详细设计的描述，单元测试应对模块内所有重要的控制路径设计测试用例，以便发现模块内部的错误。单元测试多采用白盒测试技术，系统内多个模块可以并行地进行测试。

当考虑面向对象软件时，单元的概念发生了变化。封装驱动了类和对象的定义，这意味着每个类和类的实例（对象）包装了属性（数据）和操纵这些数据的操作。而不是个体的模块。最小的可测试单位是封装的类或对象，类包含一组不同的操作，并且某特殊操作可能作为一组不同类的一部分存在，因此，单元测试的意义发生了较大变化。不再孤立地测试单个操作，而是将操作作为类的一部分。

9.3.6 面向对象的集成测试

传统的集成测试是通过自底向上或自顶向下集成完成功能模块的集成测试，一般可以在部分程序编译完成以后进行。但对于面向对象程序，相互调用的功能是分布在程序的不同类中，类通过消息相互作用申请并提供服务。类相互依赖极其紧密，根本无法在编译不完全的程序上对类进行测试。所以，面向对象的集成测试通常需要在整个程序完成编译以后进行。此外，面向对象的集成测试需要进行两级集成，一是将成员函数集成到完整类中；二是将类与其他类集成。

面向对象的集成测试能够检测出单元测试无法检测出的那些类相互作用时才会产生的故障。单元测试可以保证成员函数行为的正确性，集成测试则只关注系统的结构和内部的相互作用。

面向对象的集成测试可以分为静态测试和动态测试两步进行。静态测试主要针对程序结构进行，检测程序结构是否符合要求，通过静态测试方式处理由动态绑定引入的复杂性。动态测试则测试与每个动态语境有关的消息。面向对象集成测试的动态视图更加重要。

9.3.7 面向对象的系统测试

通过单元测试和集成测试，仅能保证软件开发的功能得以实现，但不能确认在实际运行时，它是否满足用户的需要。为此，对完成开发的软件必须经过规范的系统测试。系统测试应该尽量搭建与用户实际使用环境相同的测试平台，应该保证被测系统的完整性。对临时没有的系统设备部件，也应有相应的模拟手段。系统测试时，应该参考 OOA 分析的结果，对应描述的对象、属性和各种服务，检测软件是否能够完全“再现”问题空间。系统测试不仅是检测软件的整体行为表现，从另一个侧面看，也是对软件开发设计的再确认。

面向对象测试的整体目标——以最小的工作量发现最多的错误，和传统软件测试的目标是一致的，但是 OO 测试的策略和战术有很大不同。测试的视角扩大到包括复审分析和设计模型，此外，测试的焦点从过程构件（模块）移向了类。

不论是传统的测试方法还是面向对象的测试方法，都应该遵循下列的原则。

1）应当尽早和不断地测试。

2）程序员应该避免检查自己的程序，测试工作应该由独立的、专业的软件测试机构来完成。

3）设计测试用例时，应该考虑到合法的输入和不合法的输入，以及各种边界条件，特殊情况下要制造极端状态和意外状态，比如网络异常中断、电源断电等情况。

4）注意测试中的错误集中现象，这和程序员的编程水平以及习惯有很大的关系。

5）对测试错误结果一定要有一个确认的过程。一般由 A 测试出来的错误，一定要有一个 B 来确认，严重的错误可以召开评审会进行讨论和分析。

6）制定严格的测试计划，并把测试时间安排得尽量宽松，不要希望在极短的时间内完成一个高水平的测试。

7）回归测试的关联性一定要引起充分的注意。修改一个错误而引起更多错误出现的现象并不少见。

8）妥善保存一切测试过程中的文档，测试的重现性要以测试文档为依据。

9.4 经典例题讲解

例题 1（2002 年软件设计师试题）

如果一个软件是给许多用户使用的，大多数软件厂商要使用几种测试过程来发现那些可能只有最终用户才能发现的错误，（1）测试是由软件的最终用户在一个或多个用户实际使用环境下来进行的；（2）测试是由一个用户在开发者的场所来进行的，测试的目的是寻找错误的原因并改正。

分析：若一个软件是给许多客户使用的，那么让每一位用户都进行正式的接受测试是不切实际的。大多数厂商使用一个称为 alpha 的测试和 beta 测试的过程来发现那些似乎只有最终用户才能发现的错误。alpha 是由一个用户在开发者的场所进行的，软件在开发者对用户“指导”下进行测试，开发者负责记录错误和使用中出现的问题。beta 测试由软件的最终用户在一个或多个用户场所来进行的，开发者通常不在现场。

供选择的答案：(1) B　(2) A

参考答案：

(1) A. alpha　B. beta　C. gamma　D. delta

(2) A. alpha　B. beta　C. gamma　D. delta

例题 2（1997 年软件设计师试题 6）

在设计测试用例时，A 是用得最多的一种黑盒测试方法。在黑盒测试方法中，等价类划分方法设计测试用例的步骤如下。

根据输入条件把数目极多的输入数据划分成若干个有效等价类和若跟个无效等价类。

设计一个测试用例，使其覆盖 B 尚未被覆盖的有效等价类，重复这一步，直至所有的有效等价类均被覆盖。

设计一个测试用例，使其覆盖 C 尚未被覆盖的无效等价类，重复这一步，直至所有的无效等价类均被覆盖。

因果图方法是根据 D 之间的因果关系来设计测试用例的。

在实际应用中，一旦纠正了程序中的错误后，还应选择部分或全部原先已测试的测试用例，对修改后的程序重新测试，这种测试称为 E。

供选择的答案：

A.	① 等价类划分	② 边值分析	③ 因果图	④ 判定表
B、C.	① 1 个	② 7 个左右	③ 一半	④ 尽可能少的
	⑤ 尽可能多的	⑥ 全部		
D.	① 输入与输出	② 设计与实现	③ 条件与结果	④ 主程序与子程序
E.	① 验收测试	② 强度测试	③ 系统测试	④ 回归测试

分析：等价类划分是典型的黑盒测试方法。所谓等价类就是某个输入域的集合，对于一个等价类中的输入值来说，它们揭示程序中的错误的作用是等效的。

根据已划分的等价类表，应该按照以下步骤确定测试用例。

首先，设计一个测试用例，使其尽可能多地覆盖尚未覆盖的有效等价类。重复这一步，最后使得所有有效等价类都被测试用例所覆盖。

然后，设计一个新的测试用例，使其只覆盖一个无效等价类。重复这一步使所有无效等价类都被覆盖。应当注意到，一次只能覆盖一个无效等价类。因为一个测试用例中如果含有多个错误，有可能在测试中只发现其中的一个，另一些被忽视。

因果图是根据输入与输出之间的因果关系来设计测试用例的，要检查输入条件的各种组合情况，在设计测试用例时，需分析规格说明中哪些是原因，哪些是结果，并指出原因和结果之间、原因和原因之间的对应关系。

纠正了程序中的错误后，选择部分或全部原先已测试过的测试用例，对修改后的程序重新测试以验证对软件修改后有没有引出新的错误，称为回归测试。

参考答案：

A. ②　B. ⑤　C. ①　D. ①　E. ④

例题 3（1995 年软件设计师试题）

软件测试是软件质量保证的主要手段之一，测试的费用已超过的__A__30% 以上。因此提高测试有效性非常重要。“高产”的测试是指__B__。根据国家标准 GB 8566－88 计算机软件开发规范的规定，软件的开发和维护分为8个阶段，其中单元测试是在 C 阶段完成的；组装测试的计划内在 D 阶段制定的；确认测试计划是在 E 阶段制定的。

供选择的答案：

A. ① 软件开发费用 ② 软件维护费用
③ 软件开发和维护费用 ④ 软件研制费用

B. ① 用适量的测试用例，说明被测试程序正确无误
② 用适量的测试用例，说明被测试程序符合相应的要求
③ 用少量的测试用例，发现被测试程序尽可能多的错误
④ 用少量的测试用例，纠正被测试程序尽可能多的错误

C～E. ① 可行性研究和计划 ② 需求分析 ③ 概要分析 ④ 详细分析
⑤ 实现 ⑥ 组装测试 ⑦ 确认测试 ⑧ 使用和维护

分析：目前，在大中型软件开发项目中，测试都要占据着重要地位，同时，测试也是在将软件交付给客户之前所必须完成的步骤。测试所花费用已超过软件开发费用的30%。一个高效的测试，是指通过对所设计的少量测试用例进行测试，从而发现被测试程序中尽可能多的问题，并完成修改。

GB 8566－88规定单元测试在实现阶段完成；组装测试在组装测试阶段完成，但组装测试的计划应该在概要设计阶段制订；确认测试的计划在需求分析阶段就应该制订好。

参考答案：

A. ① B. ③ C. ⑤ D. ③ E. ②

小结

本章介绍了面向对象设计语言的优点、技术特点，良好的程序设计风格对面向对象实现的重要性，面向对象测试策略和设计测试用例。

习题

一、选择题

1. 下面的叙述正确的是________。 （ ）

① 在软件开发过程中，编程作业的代价最高
② 良好的程序设计风格应以缩小程序占用的存储空间和提高程序的运行速度为原则
③ 为了提高程序的运行速度，有时采用以存储空间换取运行速度的办法
④ 对同一算法，用高级语言编写的程序比用低级语言编写的程序运行速度快
⑤ COBOL语言是一种非过程型语言
⑥ Lisp语言是一种逻辑型程序设计语言

A. ②②④ B. ①③⑤ C. ③ D. ④⑥

2. 下列选项中与选择程序设计语言无关的因素是________。 （ ）

A. 程序设计风格 B. 软件执行的环境
C. 软件开发的方法 D. 项目的应用领域

3. 一个程序如果把它作为一个整体，它也是只有一个入口、一个出口的单个顺序结构，这是一种________。（ ）

A. 结构程序　　B. 组合的过程
C. 自顶向下设计　　D. 分解过程

4. 程序控制一般分为3种基本结构即分支、循环和________。（ ）

A. 分块　　B. 分支　　C. 循环　　D. 顺序

5. 为了提高易读性，源程序内部应加功能性注释，用于说明________。（ ）

A. 程序段或语句的功能　　B. 模块总的功能
C. 模块参数的用途　　D. 数据的用途

6. 序言性注释主要内容不包括________。（ ）

A. 模块的接口　　B. 数据的状态
C. 模块的功能　　D. 数据的描述

7. 适合在互联网上编写程序，并且可供在不同平台上运行的面向对象的程序设计语言是________。（ ）

A. Algol　　B. Java　　C. Smalltalk　　D. Lisp

8. 面向对象程序设计语言不同于其他语言的最主要的特点是________。（ ）

A. 继承性　　B. 分类性　　C. 对象唯一性　　D. 多态性

9. 提高程序效率的根本途径并非在于________。（ ）

A. 选择良好的设计方法　　B. 选择良好的数据结构
C. 选择良好的算法　　D. 对程序语句做调整

10. 20世纪60年代后期，由Dijkstra提出的，用来增加程序设计的效率和质量的方法是________。（ ）

A. 模块化程序设计　　B. 并行化程序设计
C. 标准化程序设计　　D. 结构化程序设计

11. 软件的集成测试工作最好由________承担，以提高集成测试的效果。（ ）

A. 该软件的设计人员
B. 该软件开发组的负责人
C. 该软件的编程人员
D. 不属于该软件开发组的软件设计人员

12. 集成测试的主要方法有两个，一个是________一个是________（ ）

A. 白盒测试方法、黑盒测试方法
B. 渐增式测试方法、非渐增式测试方法
C. 等价分类方法、边缘值分析方法
D. 因果图方法、错误推测方法

二、简答题

1. 面向对象程序设计优点及技术特点是什么？
2. 良好的面向对象程序设计风格的标准有哪些？
3. 面向对象程序设计的策略有哪些？
4. 设计测试用例的要点有哪些？

第 10 章　软件工程标准化和软件文档

本章要点

- 软件工程标准化的概念
- 软件工程标准化的意义
- 软件工程标准化的制定和推行
- 软件工程标准的层次和体系构架
- ISO 9000 国际标准简介
- 软件文档

10.1　软件工程标准化的概念

10.1.1　什么是软件工程标准化

人要和计算机交互，需要程序设计语言，这种语言不仅要让计算机理解，而且还应让别人看懂，使其成为人机交往的工具。20 世纪 60 年代程序设计语言蓬勃发展，出现了名目繁多的语言，这对于推动计算机语言的发展无疑有着重要作用，但同时也带来许多麻烦。即使同一种语言，由于在不同型号的计算机上实现时，做了不同程度的修改和变动，形成了这一语言的“方言”，为编写出程序的交流设置了障碍。制定标准化程序设计语言，为某一程序设计语言规定若干个标准子集，对于语言的实现者和用户都带来了很大方便。

随着软件工程学科的发展，人们对计算机软件的认识逐渐深入。软件工作的范围从使用程序设计语言编写程序，扩展到整个软件生存周期。诸如，软件概念的形成、需求分析、设计、实现、测试、调试、安装和检验、运行和维护直到软件引退（为新的软件所代替）。同时还有许多技术管理工作（如过程管理、产品管理、资源管理等）以及确认与验证工作（如评审与审计、产品分析、测试等），常常是跨越软件生存期各个阶段的专门工作。所有这些方面都应逐步建立起标准或规范来。

10.1.2　软件工程标准化的意义

开发一个软件项目，有多个层次、不同分工的人员相互配合，在开发项目的各个部分以及各开发阶段之间也都存在着许多联系和衔接问题。如何把这些错综复杂的关系协调好，需要有一系列统一的约束和规定。在软件开发项目取得阶段成果或最后完成时，需要进行阶段评审和验收测试。投入运行的软件，其维护工作中遇到的问题又与开发工作有着密切的关系。软件的管理工作则渗透到软件生存周期的每一个环节。所有这些都要求提供统一的行动规范和衡量准则，使得各种工作都能有章可循。

软件工程的标准化会给软件工作带来许多好处。

- 提高软件的可靠性、可维护性和可移植性（这表明软件工程标准化可提高软件产品的质量）。
- 提高软件的生产率，提高软件人员的技术水平。
- 提高软件人员之间的通信效率，减少差错和误解。
- 有利于软件管理。
- 有利于降低软件产品的成本和运行维护成本。
- 有利于缩短软件开发周期。

10.1.3 软件工程标准化的类型

软件工程标准的类型也是多方面的。它可能包括过程标准（如方法、技术、度量等）、产品标准（如需求、设计、部件、描述、计划、报告等）、专业标准（如职别、道德准则、认证、特许、课程等）以及记法标准（如术语、表示法、语言等），软件工程标准分类见表 10-1 和表 10-2。

表 10-1 软件工程标准分类 1

			软件生存周期								
			概念	需求	设 计	实现	测试	制造	安装与检验	运行与维护	引退
标准类型	过程	方法									
		技术									
		度量									
	产品	需求									
		设计									
		部件									
		描述									
		计划									
		报告									
	专业	职别									
		道德准则									
		认证									
		特许									
		课程									
	记法	术语									
		表示法									
		语言			ISO5807						

表 10-2 软件工程标准分类 2

			技术管理			确认与验证		
			过程管理	产品管理	资源管理	评审与审计	产品分析	测 试
标准类型	过程	方法				NSAC-39	NSAC-39	NSAC-39
		技术	FIPS 105					
		度量						

（续）

			技术管理			确认与验证		
			过程管理	产品管理	资源管理	评审与审计	产品分析	测　试
标准类型	产品	需求						
		设计						
		部件						
		描述						
		计划						
		报告						
	专业	职别						
		道德准则						
		认证						
		特许						
		课程						
	记法	术语						
		表示法						
		语言						

10.2　软件工程标准的制定与推行

软件工程标准的制定与推行通常要经历一个环状的生存周期，如图 10-1 所示。最初，制定一项标准仅仅是初步设想，经发起后沿着环状生存周期，顺时针进行要经历以下步骤。

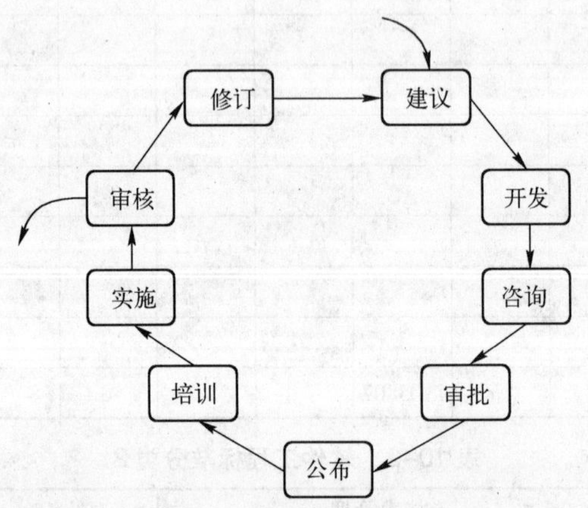

图 10-1　软件工程标准的环状生存周期

1）建议：拟订初步的建议方案。

2）开发：制定标准的具体内容。

3）咨询：征求并吸收有关人员意见。

4）审批：由管理部门决定能否推出。

5）公布：公开发布，使标准生效。

6）培训：为推行准备人员条件。

7）实施：投入使用，需经历相当期限。

8）审核：检验实施效果，决定修订还是撤销。

9）修订：修改其中不适当的部分，形成标准的新版本，进入新的周期。

为使标准逐步成熟，可能在环状生存周期上循环若干圈，需要做大量的工作。事实上，软件工程标准在制定和推行过程中还会遇到许多实际问题。其中影响软件工程标准顺利实施的一些不利因素应当特别引起重视。可能有如下因素。

① 标准本身制定得有缺陷，或是存在不够合理，不够准确的部分。

② 标准文本编写得有缺点，例如，文字叙述可读性差，理解性差，或是缺少实例供读者参阅。

③ 主管部门未能坚持大力推行，在实施的过程中遇到问题未能及时加以解决。

④ 未能及时做好宣传、培训和实施指导。

⑤ 未能及时修订和更新。

由于标准化的方向是无可置疑的，应该努力克服困难，排除各种障碍，坚定不移地推动软件工程标准化更快地发展。

10.3 软件工程标准的层次和体系框架

10.3.1 软件工程标准的层次

根据软件工程标准制定的机构和标准适用的范围有所不同，它可分为5个级别，即国际标准、国家标准、行业标准、企业（机构）标准及项目（课题）标准。以下分别对5级标准的标识符及标准制定（或批准）的机构做一简要说明。

1. 国际标准

由国际联合机构制定和公布，提供各国参考的标准。

ISO（International Standards Organization）——国际标准化组织。这一国际机构有着广泛的代表性和权威性，它所公布的标准也有较大影响。20世纪60年代初，该机构建立了“计算机与信息处理技术委员会”，专门负责与计算机有关的标准化工作。

2. 国家标准

由政府或国家级的机构制定或批准，适用于全国范围的标准。

GB——中华人民共和国国家技术监督局是我国的最高标准化机构，它所公布实施的标准简称为“国标”。现已批准了若干个软件工程标准。

ANSI（American National Standards Institute）——美国国家标准协会。这是美国一些民间标准化组织的领导机构，具有一定权威性。

FIPS(NBS)[Federal Information Processing Standards(Nation - Bureau of Standards)]——美国商务部国家标准局联邦信息处理标准。它所公布的标准均有FIPS字样，如1987年发表

的 FIPS PUB 132—87 Guideline for validation and verification plan of computer software 软件确认与验证计划指南。

BS（British Standard）——英国国家标准。

JIS（Japanese Industrial Standard）——日本工业标准。

3. 行业标准

由行业机构、学术团体或国防机构制定，并适用于某个业务领域的标准。

IEEE（Institute Of Electrical and Electronics Engineers）——美国电气和电子工程师学会。近年该学会专门成立了软件标准技术委员会（SESS），积极开展了软件标准化活动，取得了显著成果，受到了软件界的关注。IEEE 通过的标准常常要报请 ANSI 审批，使其具有国家标准的性质。因此，IEEE 公布的标准常冠有 ANSI 字样，例如，ANSI/IEEE Str 828—1983 软件配置管理计划标准。

GJB——中华人民共和国国家军用标准。这是由我国国防科学技术工业委员会批准，适合于国防部门和军队使用的标准，如 1988 年发布实施的 GJB 473—88 军用软件开发规范。

DOD-STD（Department Of Defense-Standards）——美国国防部标准，适用于美国国防部门。

MIL-S（Military-Standards）——美国军用标准，适用于美军内部。

此外，近年来我国许多经济部门（例如，航天航空部、原国家机械工业委员会、对外经济贸易部、石油化学工业总公司等），开展了软件标准化工作，制定和公布了一些适应于本部门工作需要的规范。这些规范大都参考了国际标准或国家标准，对各自行业所属企业的软件工程工作起了有力的推动作用。

4. 企业规范

一些大型企业或公司，由于软件工程工作的需要，制定适用于本部门的规范。例如，美国 IBM 公司通用产品部（General Products Division）1984 年制定的“程序设计开发指南”，仅供公司内部使用。

5. 项目规范

由某一科研生产项目组织制定，且为该项任务专用的软件工程规范，例如，计算机集成制造系统（CIMS）的软件工程规范。

10.3.2 软件工程过程中版本控制与变更控制处理过程

软件工程过程中某一阶段的变更，均要引起软件配置的变更，这种变更必须严格加以控制和管理，保持修改信息，并把精确、清晰的信息传递到软件工程过程的下一步骤。变更控制包括建立控制点和建立报告与审查制度。对于一个大型软件来说，不加控制的变更很快就会引起混乱。因此变更控制是一项最重要的软件配置任务，变更控制的过程如图 10-2 所示。

其中“检出”和“登入”处理实现了两个重要的变更控制要素，即存取控制和同步控制。存取控制管理各个用户存取和修改一个特定软件配置对象的权限。同步控制可用来确保由不同用户所执行的并发变更。

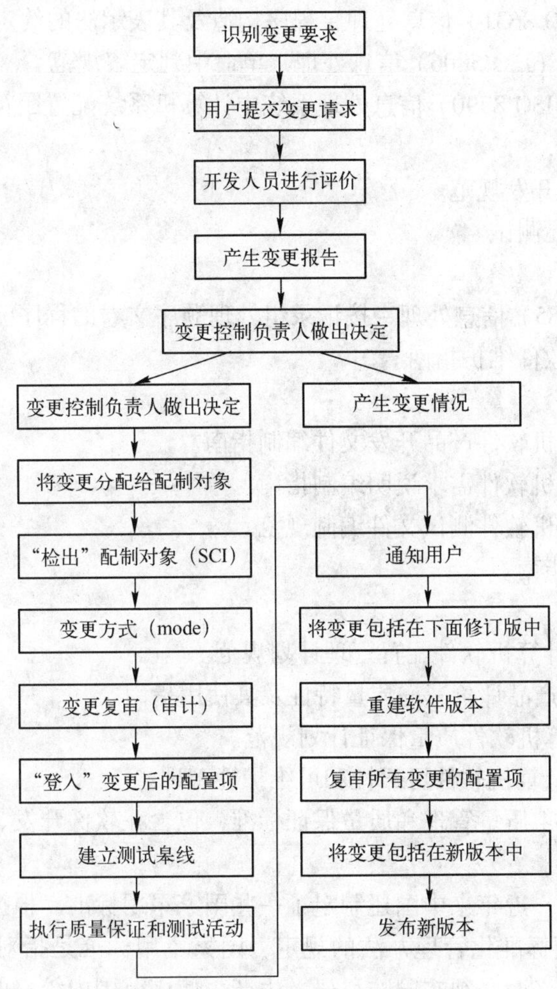

图 10-2　变更控制的过程图

10.3.3　中国的软件工程标准化工作

1983 年 5 月中国原国家标准总局和原电子工业部主持成立了"计算机与信息技术标准化技术委员会"，下设 13 个分技术委员会。与软件相关的有程序设计语言分委员会和软件工程技术分委员会。中国制定和推行标准化工作的总原则是向国际标准靠近，对于能够在中国适用的标准一律按等同采用的方法，以促进国际交流。这里，等同采用是要使自己的标准与国际标准的技术内容完全相同，仅稍做编辑性修改。

从 1983 年起到现在，中国已陆续制定和发布了 20 项国家标准。这些标准可分为 4 类。

1. 基础标准

GB/T 11457—89 软件工程术语。

GB 1526—891（ISO 5807—1985）信息处理 - 数据流程图、程序流程图、系统流程图、程序网络图和系统资源图的文件编制符号及约定。

GB/T 15538—1995 软件工程标准分类法。

GB 13502—92（ISO 8631）信息处理－程序构造及其表示法的约定。

GB/T 15535—1995（ISO 5806）信息处理－单命中判定表规范。

GB/T 14085—93（ISO 8790）信息处理系统中计算机系统配置图符号及其约定。

2. 开发标准

GB 8566—88 软件开发规范。

GB 计算机软件单元测试。

GB 软件支持环境。

GB（ISO 6593—1985）信息处理－按记录组处理顺序文卷的程序流程。

GB/T 14079—93 软件维护指南。

3. 文档标准

GB 8567—88 计算机软件产品开发文件编制指南。

GB 9385—88 计算机软件需求说明编制指南。

GB 9386—88 计算机软件测试文件编制规范。

GB 软件文档管理指南。

4. 管理标准

GB/T 12505—90 计算机软件配置管理计划规范。

GB 信息技术 软件产品评价——质量特性及其使用指南。

GB 12504—90 计算机软件质量保证计划规范。

GB/T 14394—93 计算机软件可靠性和可维护性管理。

GB/T 19000—3—94 质量管理和质量保证标准，包含在软件开发、供应和维护中的使用指南 3 部分。

除去国家标准以外，近年来中国还制定了一些国家军用标准。根据国务院、中央军委在 1984 年 1 月颁发的军用标准化管理办法的规定，国家军用标准是指对国防科学技术和军事技术装备发展有重大意义而必须在国防科研、生产、使用范围内统一的标准。凡已有的国家标准能满足国防系统和部队使用要求的，不再制定军用标准。出于他们的特殊需要，近年已制定了以“GJB”为标记的软件工程国家军用标准 12 项。

10.4 ISO 9000 国际标准简介

国际标准化组织（International Standardization Organization，ISO）是一个全球性的非政府组织，是国际标准化领域中一个十分重要的组织。ISO 的任务是促进全球范围内的标准化及其有关活动，以利于国际间产品与服务的交流，以及在知识、科学、技术和经济活动中发展国际间的相互合作。它显示了强大的生命力，吸引了越来越多的国家参与其活动。

1. ISO 9000 标准产生的背景

近年来，国际上影响最为深远的质量管理标准当属国际标准化组织于 1987 年公布的 ISO 9000 系列标准了。这一国际标准发源于欧洲经济共同体，但很快就被美国、日本及其他世界各国采纳。到目前为止，已有 70 多个国家在它们的企业中采用和实施这一系列标准，一套国际标准在如此短的时间内为这么多的国家采用，影响如此广泛，实属罕见。中国对此也十分重视，采取了积极态度，一方面确定对其等同采用，发布了与其相应的质量管理国家标准系列 GB/T 19000，同时积极组织实施和开展质量认证工作。

ISO 9000 系列标准迅速地在国际上广为流行，其主要原因如下。

1）市场经济，特别是国际贸易的驱动。无论任何产业，其产品的质量如何都是生产者、消费者以及中间商十分关注的问题。市场的竞争很大程度上反映了在质量方面的竞争。ISO 9000 系列标准客观地对生产者（也称供方）提出了全面的质量管理要求和办法，并且还规定了消费者（也称需方）的管理职责，使其得到双方的普遍认同，从而将符合 ISO 9000 标准的要求作为国际贸易活动中建立互相信任关系的基石。于是近年来在各国企业中形成了不通过这一标准认证就不具备参与国际市场竞争实力的潮流，并且在国际贸易中，把生产者是否达到 ISO 9000 质量标准作为购买产品的前提条件，取得 ISO 9000 质量标准认证被人们当做进入国际市场的通行证。

2）ISO 9000 系列标准适用领域广阔。它的出现最初针对制造行业，但现已面向更为广阔的领域，这包括硬件，指不连续的具有特定形状的产品，如机械、电子产品；软件，通过支持媒体表达的信息所构成的智力产品；流程性材料，将原料转化为某一特定状态的产品，如流体、粒状、线状等，通过瓶装、袋装等或通过管道传输交付；服务，为满足客户需求的更为广泛的活动。

2. ISO 的由来

国际标准化活动最早开始于电子领域，于 1906 年成立了世界上最早的国际标准化机构——国际电工委员会（IEC）。其他技术领域的工作原先有成立于 1926 年的国家标准化协会的国际联盟（International Federation of the National Standardizing Associations，ISA）承担，重点在于机械工程方面。ISA 的工作在 1942 年终止。1946 年，来自 25 个国家的代表在伦敦召开会议，决定成立一个新的国际组织，其目的是促进国际间的合作和行业标准的统一。于是，ISO 这一新组织于 1947 年 2 月 23 日正式成立，总部设在瑞士的日内瓦。ISO 于 1951 年发布了第一个标准工业长度测量用标准参考温度。

“ISO”并不是国际标准化组织（International Standardization Organization）首字母缩写，而是一个词，它来源于希腊语，意为“相等”，现在有一系列用它作前缀的词，诸如“isometric”（意为“尺寸相等”）、“isonomy”（意为“法律平等”）。从“相等”到“标准”，内涵上的联系使“ISO”成为组织的名称。

3. ISO 的组织结构

其组织机构包括全体大会、主要官员、成员团体、通信成员、捐助成员、政策发展委员会、理事会、ISO 中央秘书处、特别咨询组、技术管理处、标样委员会、技术咨询组、技术委员会等。

近几年，全国各地正在大力推行 ISO 9000 族标准，开展以 ISO 9000 族标准为基础的质量体系咨询和认证。国务院《质量振兴纲要》的颁布，更引起广大企业和质量工作者对 ISO 9000 族标准的关心和重视。

根据 ISO 9000-1 给出的定义，ISO 9000 族是指“由 ISO/TC 176 技术委员会制定的所有国际标准”。准确的说法应该是由 ISO/TC 176 技术委员会制定并已由 ISO（国标准化组织）正式颁布的国际标准有 19 项，ISO/TC 176 技术委员会正在制定还未经 ISO 颁布的国际标准有 7 项。对 ISO 已正式颁布的 ISO 9000 族的 19 项国际标准，我国已全部将其等同转化为我国国家标准。其他还处在标准草案阶段的 7 项国际标准，我国也正在跟踪研究，一旦正式颁布，我国将及时将其等同转化为国家标准。

4. ISO 9000 标准简介

ISO 9000 系列标准的主体部分可以分为以下两组，如图 10–13 所示。

1）“需方对供方要求质量保证”的标准一 9001 ~ 9003。

2）用于“供方建立质量保证体系”的标准一 9004。

9001、9002 和 9003 之间的区别在于其对象的工序范围不同。

9001 范围最广，包括从设计直到售后服务；9002 为 9001 的子集，而 9003 又是 9002 的子集。

ISO 9000 系列标准的内容。

ISO 9000 质量管理和质量保证标准：选择和使用规则。

ISO 9001 质量体系：设计/开发、生产、安装和服务中的质量保证模式。

ISO 9002 质量体系：生产和安装中的质量保证模式。

ISO 9003 质量体系：最终检验和测试中质量保证模式。

ISO 9004 质量管理和质量体系要素：规则。

ISO 9000-3 标准。

ISO 9000 系列标准原本是为制造硬件产品而制定的标准，不能直接用于软件制作。曾试图将 9001 改写用于软件开发方面，但效果不佳。于是以 ISO 9000 系列标准的追加形式，另行制定出 ISO 9000-3 标准。ISO 9000-3 成为“使 9001 适用于软件开发、供应及维护”的“指南”。

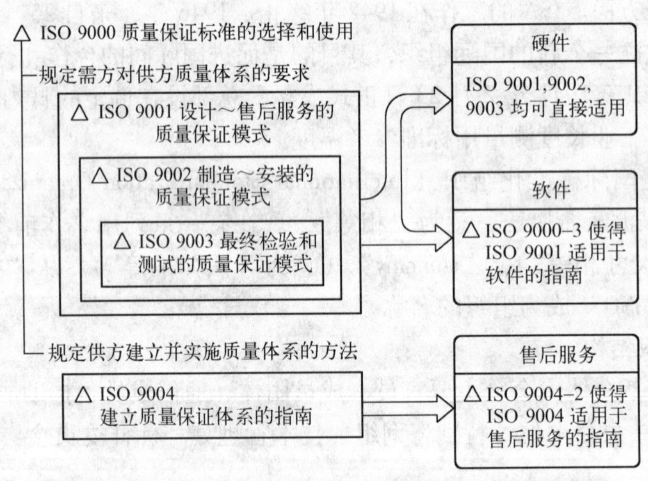

图 10–3　ISO 9000 质量保证标准

ISO 9000 标准要求证实“企业具有持续提供符合要求产品的能力”。质量认证是取得这一证实的有效方法。产品质量若能达到标准提出的要求，由不依赖于供方和需方的第三方权威机构对生产厂家审查证实后出具合格证明。如果认证工作是公正的、可靠的，其公证的结果应当是可以信赖的。为了达到质量标准，取得质量认证，必须多方面开展质量管理活动。其中，负责人的重视以及全体人员的积极参与是取得成功的关键。

10.5 软件文档

10.5.1 软件文档的作用和分类

软件文档通常被称为文件，是指一些记录的数据和数据媒体，它可被人和计算机阅读，和计算机程序共同构成了能完成特定功能的计算机软件（有人把源程序也当做文档的一部分）。究竟应该怎样要求它，文档应该如何写，说明哪些问题，起哪些作用，这里将给出简要的介绍。

文档在软件开发人员、软件管理人员、维护人员、用户以及计算机之间的多种桥梁作用可从图 10-4 中看出。软件开发人员在各个阶段中以文档作为前阶段工作成果的体现和后阶段工作的依据，这个作用是显而易见的。

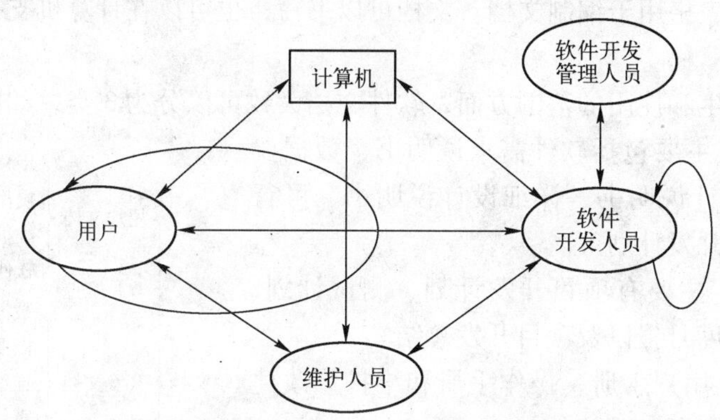

图 10-4 文档的桥梁作用

1. 文档的作用

我们通常所说的文档是指关于数据媒体和其中的记录的数据。在软件工程中，我们用文档来表示对需求、工程或结果等进行描述、定义、规定、报告或认证的书画或图示的信息。它们描述和规定了软件设计和实现的细节，说明使用软件的操作命令。文档也是软件产品的一部分，没有文档的软件就不成为软件。软件文档的编制在软件开发过程中占有突出的地位和相当大的工作量。高质量文档对于转让、变更、修改、扩充和使用文档，对于发挥软件产品的效益有着重要的意义。其主要作用有如下几点。

1）提高软件的开发效率。软件文档的编制使得开发人员对各个阶段的工作都进行周密思考，并且可在开发早期发现错误和不一致性，便于及时加以纠正。

2）提高软件开发过程的能见度。把开发过程中发生的事件以书面的形式记录在文档中。

3）提供对软件的运行、维护和培训的有关信息，便于管理人员、开发人员、操作人员、用户之间协作、交流和了解。

4）作为开发人员在一定阶段的工作成果和结束标志。

5）记录开发过程中有关信息，便于协调以后的软件开发、使用和维护。

6）便于潜在用户了解软件的功能、性能等各项指标，为他们选购符合自己需要的软件提供依据。

7）管理人员可把这些记载下来的材料作为检查软件开发进度和开发质量的依据，实现对软件开发的工程管理。

从某种意义上文档是软件开发规范的体现和指南。按规范要求生成一整套文档的过程，就是按照软件开发规范完成一个软件开发的过程。所以，在使用工程化的原理和方法来指导软件的开发和维护时，应当充分注意软件文档的编制和管理。

2. 文档的分类

软件的文档可以从两个方面进行分类。

从形式上可以分为两类。

1）开发过程中填写的各种图表（工作表格）。

2）开发过程中编制的技术资料或技术管理资料（文档或文件）。软件文档的编制可以用自然语言，特别设计的形式语言，介于两者之间的半形式化语言（结构化语言）以及各类图形进行表示。表格用于编制文档。文档可以书写，也可以在计算机支持系统中产生，但它必须是可阅读的。

如果从文档产生和使用的范围方面，软件文档大致可以分为3类，如图10-5所示。

1）开发文档：主要包括软件需求说明书、数据要求说明书、概要设计说明书、详细设计说明书、可行性研究报告、项目开发计划等。

2）管理文档：主要有项目开发计划、测试计划、测试报告、开发进度月报以及项目开发总结。

3）用户文档：用户手册、操作手册和维护修改建议，软件需求说明书等。

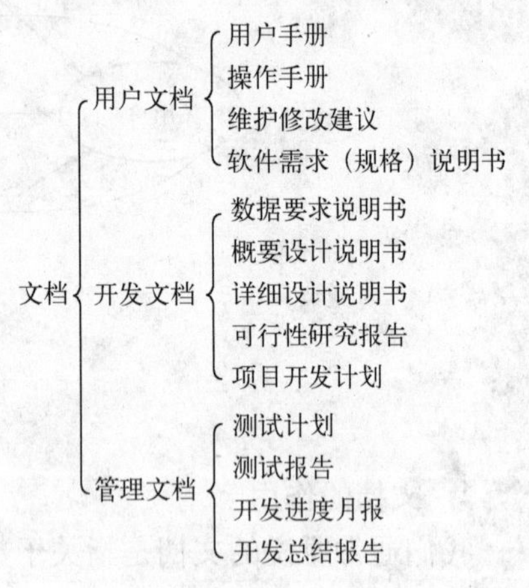

图10-5　3种文档

3. 文档包含的内容

1）可行性研究报告：说明该软件开发项目的实现在技术上、经济上和社会因素上的可行性，评述为了合理地达到开发目标可供选择的各种可能实施的方案，说明并论证所选定实施方案的理由。

2）项目开发计划：为软件项目实施方案制订出具体计划，应该包括各部分工作的负责人员、开发的进度、开发经费的预算、所需的硬件及软件资源等。项目开发计划应提供给管理部门，并作为开发阶段评审的参考。

3）软件需求说明书：也称软件规格说明书，其中对所开发软件的功能、性能、用户界面及运行环境等做出详细的说明。它是用户与开发人员双方对软件需求取得共同理解基础上达成的协议，也是实施开发工作的基础。

4）数据要求说明书：该说明书应给出数据逻辑描述和数据采集的各项要求，为生成和维护系统数据文件做好准备。

5）概要设计说明书：该说明书是概要设计阶段的工作成果，它应说明功能分配、模块划分、程序的总体结构、输入/输出以及接口设计、运行设计、数据结构设计和出错处理设计等，为详细设计奠定基础。

6）详细设计说明书：着重描述每一模块是怎样实现的，包括实现算法、逻辑流程等。

7）用户手册：本手册详细描述软件的功能、性能和用户界面，使用户了解如何使用该软件。

8）操作手册：本手册为操作人员提供该软件各种运行情况的有关知识，特别是操作方法的具体细节。

9）测试计划：为做好组装测试和确认测试，需要为如何组织测试制定实施计划。计划应包括测试的内容、进度、条件、人员、测试用例的选取原则、测试结果允许的偏差范围等。

10）测试分析报告：测试工作完成以后，应提交测试计划执行情况的说明。对测试结果加以分析，并提出测试的结论意见。

11）开发进度月报：该月报系软件人员按月向管理部门提交的项目进展情况报告。报告应包括进度计划与实际执行情况的比较、阶段成果、遇到的问题和解决的办法以及下个月的计划等。

12）项目开发总结报告：软件项目开发完成以后，应与项目实施计划对照，总结实际执行的情况，如进度、成果、资源利用、成本和投入的人力。此外还需对开发工作做出评价，总结出经验和教训。

13）维护修改建议：软件产品投入运行以后，发现需对其进行修正、更改等问题，应将存在的问题、修改的考虑以及修改的影响估计做详细的描述，写成维护修改建议，提交审批。以上这些文档是在软件生存期中，随着各阶段工作的开展适时编制的。其中有的仅反映一个阶段的工作，有的则需跨越多个阶段。

这些文档最终要向软件管理部门，或是向用户回答以下的问题。

1）哪些需求要被满足，即回答“做什么”。

2）所开发的软件在什么环境中实现以及所需信息从哪里来，即回答“从何处”。

3）某些开发工作的时间如何安排，即回答“何时干”。

4）某些开发（或维护）工作打算由“谁来做”。

5）某些需求是怎么实现的。

6）为什么要进行那些软件开发或维护修改工作。

上述13个文档都在一定程度上回答了这6个方面的问题。

10.5.2 对软件文档编制的质量要求

为了使软件文档能起到前面所提到的多种桥梁作用，使它有助于程序员编制程序，有助丁管理人员监督和管理软件开发，有助丁用户了解软件的工作和应做的操作，有助于维护人员进行有效的修改和扩充，文档的编制必须保证一定的质量。质量差的软件文档不仅使读者难于理解，给使用者造成许多不便，而且会削弱对软件的管理（管理人员难以确认和评价开发工作的进展），增加软件的成本（一些工作可能被迫返工），甚至造成更加有害的后果（如错误操作等）。

造成软件文档质量不高的原因如下。

- 缺乏实践经验，缺乏评价文档质量的标准。
- 不重视文档编写工作或是对文档编写工作的安排不恰当。

最常见到的情况是，软件开发过程中不能分阶段及时完成文档的编制工作，而是在开发工作接近完成时集中人力和时间专门编写文档。另一方面和程序工作相比，许多人对编制文档不感兴趣，于是在程序工作完成以后，随便应付一下，把要求提供的文档赶写出来。这样的做法不可能得到高质量的文档。实际上，要得到真正高质量的文档并不容易，除去应在认识上对文档工作给予足够的重视外，常常需要经过编写初稿，听取意见进行修改，甚至要经过重新改写的过程。

高质量的文档应当体现在以下一些方面。

(1) 针对性

文档编制以前应分清读者对象，按不同的类型、不同层次的读者，决定怎样适应他们的需要。例如，管理文档主要是面向管理人员的，用户文档主要是面向用户的，这两类文档不应像开发文档（面向软件开发人员）那样过多地使用软件的专业术语。

(2) 精确性

文档的行文应当十分确切，不能出现多义性的描述。同一课题若干文档内容应是一致的。

(3) 清晰性

文档编写应力求简明，如有可能，配以适当的图表，以增强其清晰性。

(4) 完整性

任何一个文档都应当是完整的、独立的，它应自成体系。例如，前言部分应做一般性介绍，正文给出中心内容，必要时还有附录，列出参考资料等。同一课题的几个文档之间可能有些部分相同，这些重复是必要的。例如，同一项目的用户手册和操作手册中关于本项目功能、性能、实现环境等方面的描述是没有差别的。特别要避免在文档中出现转引其他文档内容的情况。比如，一些段落并未具体描述，而用“见××文档××节”的方式，这将给读者带来许多不便。

(5) 灵活性

各个不同的软件项目，其规模和复杂程度有着许多实际差别，不能一律看待。文档是针对中等规模的软件而言的，对于较小的或比较简单的项目，可做适当调整或合并。比如，可将用户手册和操作手册合并成用户操作手册；软件需求说明书可包括对数据的要求，从而去掉数据要求说明书；概要设计说明书与详细设计说明书合并成软件设计说明书等。

(6) 可追溯性

由于各开发阶段编制的文档与各阶段完成的工作有着紧密的关系，前后两个阶段生成的文档，随着开发工作的逐步扩展，具有一定的继承关系。在一个项目各开发阶段之间提供的文档必定存在着可追溯的关系。例如，某一项软件需求，必定在设计说明书、测试计划以及用户手册中有所体现。必要时应能做到跟踪追查。

10.5.3 软件文档的管理和维护

在整个软件生存周期中，各种文档作为半成品或是最终成品，会不断地生成、修改或补充。为了最终得到高质量的产品，达到10.5.2节提出的质量要求，必须加强对文档的管理。以下几个方面是应注意做到的。

1) 软件开发小组应设一位文档保管人员，负责集中保管本项目已有文档的两套主文本。两套文本内容完全一致。其中的一套可按一定手续，办理借阅。

2）软件开发小组的成员可根据工作需要在自己手中保存一些个人文档。这些一般都应是主文本的复制件，在做必要的修改时，也应先修改主文本。

3）开发人员个人只保存着主文本中与他工作相关的部分文档。

4）在新文档取代了旧文档时，管理人员应及时注销旧文档。在文档内容有更改时，管理人员应随时修订主文本，使其及时反映更新了的内容。

5）项目开发结束时，文档管理人员应收回开发人员的个人文档。发现个人文档与主文本有差别时，应立即着手解决。这常常是未及时修订主文本造成的。

6）在软件开发过程中，可能发现需要修改已完成的文档，特别是规模较大的项目，主文本的修改必须特别谨慎。修改以前要充分估计修改可能带来的影响，并且要按照提议、评议、审核、批准和实施等步骤加以严格控制。

10.6　经典例题讲解

例题1

软件工程管理是________一切活动的管理。

A. 需求分析　　　　B. 软件设计过程

C. 模块设计　　　　D. 软件生命期

分析：软件工程包括软件开发技术和软件工程管理两大部分内容。软件工程管理是对软件项目的开发管理。具体地说是对整个软件生存周期的一切活动进行管理。

参考答案：D

例题2

软件管理的主要职能包括________。

A. 人员管理、计划管理　　　　B. 标准化管理、配置管理

C. 成本管理、进度管理　　　　D. 文档管理

分析：软件工程管理的具体内容包括对开发人员、组织机构、用户、文档资料等方面的管理。

1. 开发人员

开发人员有项目负责人、系统分析员、高级程序员、初级程序员、资料员和其他辅助人员。

2. 组织机构

这里的组织机构要求有好的组织结构，合理的人员分工，有效的通信。下面简单介绍3种组织机构。

1）主程序员组织机构。

2）专家组织机构。

3）民主组织机构。

3. 用户

软件是为用户而开发的，在开发过程中自始至终必须得到用户的密切合作和支持。作为项目负责人，要特别注意与用户保持联系，掌握用户心理和动态，防止来自用户的各种干扰和阻力。其干扰如下。

1）不积极配合。

2）求快求全。

3）功能变化。

4. 控制

控制包括进度控制、人员控制、经费控制和质量控制。

5. 文档资料

软件工程管理很大程度上是通过对文档资料的管理来实现的。因此，要把开发过程中的一切初步设计、中间过程、最后结果建立成一套完整的文档资料。文档标准化是文档管理的重要方面。

参考答案：ABCD

例题3（1994年软件设计师试题）

国家标准《计算机软件产品开发文件编制指南 GB 8567—88》中规定，在一项软件开发过程中，一般地说，应该产生14种文件，其中管理人员主要使用的有__A__、__B__、__C__、开发进度月报、项目开发总结报告。开发人员主要使用的有__A__、__B__、__D__、数据要求说明书、概要设计说明书、详细设计说明书、数据库设计说明书、测试计划和__E__。维护人员主要使用的有设计说明书、__E__和__C__。

供选择的答案：

A ~ E. ① 软件需求说明书 ② 项目开发计划 ③ 可行性研究报告 ④ 模块开发卷宗 ⑤ 测试分析报告 ⑥ 操作手册 ⑦ 用户手册

分析：《计算机软件产品开发文件编制指南 GB 8567—88》是《计算机软件开发规范 B8566—88》的配套文件，由国家标准局在1988年1月批准并发布，规范中详细规定了软件开发过程中各个阶段及每一阶段的任务、实施步骤、实施要求、完成标志及交付的文本。《计算机软件产品开发文件编制指南 GB 8567—88》则为应交付的文本提供了编写指南，一般来说，规定在一项软件开发过程中应该产生14种文件：可行性研究报告、项目开发计划、软件需求说明书、数据要求说明书、概要设计说明书、详细设计说明书、数据库设计说明书、用户手册、操作手册、模块开发卷宗、测试计划、测试分析报告、开发进度月报和项目开发总结报告。

其中管理人员主要使用的有项目开发计划、可行性研究报告、模块开发卷宗、开发进度月报和项目开发总结报告；开发人员主要使用的有项目开发计划、可行性研究报告、软件需求说明书、数据要求说明书、概要设计说明书、详细设计说明书、数据库设计说明书、测试计划和测试分析报告；维护人员主要使用的有设计说明书、测试分析报告和模块开发卷宗。

参考答案：

A. ② B. ③ C. ④ D. ① E. ⑤

小结

随着软件工程学科的发展，人们对计算机软件的认识逐渐深入。软件工作的范围从只是使用程序设计语言编写程序，扩展到整个软件生存周期，随着程序设计语言蓬勃发展，出现了名目繁多的语言，这对于推动计算机语言的发展无疑有着重要作用。但同时也带来许多麻烦。制定标准化程序设计语言，为某一程序设计语言规定若干个标准子集，对于语言的实现者和用户都带来了很大方便。

软件工程标准的类型也是多方面的。它可能包括过程标准、产品标准、专业标准以及记法标准等。

软件工程标准的制定与推行通常要经历一个环状的生命期。最初，制定一项标准仅仅是初步设想，经发起后沿着环状生命期，顺时针进行要经历以下的步骤：建议、开发、咨询、审批、公布、培训、实施、审核和修订。

软件工程的标准化会给软件工作带来许多好处，如提高软件的可靠性、可维护性和可移植性、提高软件的生产率、提高软件人员的技术水平、提高软件人员之间的通信效率、减少差错和误解、有利于软件管理、有利于降低软件产品的成本和运行维护成本、有利于缩短软件开发周期。

根据软件工程标准制定的机构和标准适用的范围有所不同，它可分为 5 个级别，即国际标准、国家标准、行业标准、企业（机构）标准及项目（课题）标准。

软件文档（Document）也称文件，通常指的是一些记录的数据和数据媒体，它具有固定不变的形式，可被人和计算机阅读。它和计算机程序共同构成了能完成特定功能的计算机软件。

文档在软件开发人员、软件管理人员、维护人员、用户以及计算机之间的多种桥梁作用。

在整个软件生存周期中，各种文档作为半成品或是最终成品，会不断地生成、修改或补充。为了最终得到高质量的产品，达到 10.5.2 节提出的质量要求，必须加强对文档的管理和维护。

为了使软件文档能起到前面所提到的多种桥梁作用，文档的编制必须保证一定的质量。高质量的文档应当体现在以下一些方面：针对性、精确性、清晰性、完整性、灵活性和可追溯性。

习题

一、选择题

1. 软件需求规格说明书的内容不应该包括________。（　）

A. 对重要功能的描述　　B. 对算法的详细过程描述

C. 对数据的要求　　D. 软件的性能

2. 软件需求说明书在软件开发中具有重要作用，但其作用不应该包括________。（　）

A. 软件设计的依据

B. 用户和开发人员对软件要做什么的共同理解

C. 软件验收的依据

D. 软件可行性分析依据

3. 据国家标准 GB 8566—8 计算机软件开发的规定，软件的开发和维护划分为 8 个阶段，其中组装测试的计划是在________阶段完成的。（　）

A. 可行性研究和计划　　B. 需求分析

C. 概要设计　　D. 详细设计

4. 软件工程学是指导计算机软件开发和________的工程学科。（　）

A. 软件维护　　B. 软件设计　　C. 软件应用　　D. 软件理论

5. 国际标准化组织和国际电工委员会发布的关于软件质量的标准中规定了________质量特性及相关的21个质量子特性。（　）

A. 5个　　B. 6个　　C. 7个　　D. 8个

6. ISO/IEC规定的6个质量特性包括功能性、可靠性、可使用性、效率、________和可移植性等。（　）

A. 可重用性　　B. 组件特性　　C. 可维护性　　D. 可测试性

7. ISO/IEC 9126-1991规定的6个质量特性，21个质量子特性，其中可测试性属于________。（　）

A. 可使用性　　B. 效率　　C. 可维护性　　D. 可移植性

8. 通常把软件交付使用后做的变更称为维护，软件投入使用后的另一项工作是软件再工程，针对这类软件实施的软件工程活动，主要是对其重新实现，使其具有更好的________，包括软件重构、重写文档等。（　）

A. 功能性　　B. 可靠性　　C. 可使用性　　D. 可维护性

9. 对于软件产品来说，有4个方面影响着产品的质量，即开发技术、过程质量、人员素质及________等条件。（　）

A. 风险控制　　B. 项目管理　　C. 配置管理　　D. 成本、时间和进度

10. 软件文档是软件工程实施的重要成分，它不仅是软件开发各阶段的重要依据，而且也影响软件的________。（　）

A. 可理解性　　B. 可维护性　　C. 可扩展性　　D. 可移植性

二、简答题

1. 试说明软件工程标准化的重要性。

2. 文档的作用是什么？

3. 软件配置管理的对象称为软件配置项，它包含哪些内容？

4. 试述软件工程过程中，版本控制与变更控制处理过程。

5. 软件工程标准化的等级有哪些？

6. 软件产品的特点是什么？

第 11 章　软件工程质量及项目管理

本章要点

- 软件质量的定义及其特性
- 软件质量的度量，软件质量保证
- 软件技术评审
- 软件质量管理体系
- 软件工程项目管理的基本概念
- 进度计划中的 Gantt 图及工程网络技术
- 风险管理的分类、评估、管理和监控
- CMM 成熟度模型及其应用

11.1　软件质量特性

11.1.1　软件质量的定义

软件质量可以从两个角度来看：从用户角度来看，质量就是适用性，即满足用户潜在或指明需求的程度；从产品角度来看，质量与产品内在特性相关。

ANSI/IEEE Std 729 – 1983 定义软件质量为“与软件产品满足规定的和隐含的需求的能力有关的特征或特性的全体”，具体包括如下内容。

- 软件产品中所能满足用户给定需求的全部特性的集合。
- 软件具有所期望的各种属性组合的程度。
- 用户主观得出的软件是否满足其综合期望的程度。
- 决定软件在使用中将满足其综合期望程度的软件合成特性。

M. J. Fisher 定义软件质量为“所有描述计算机软件优秀程度的特性的组合”。

也就是说，为满足软件的各项精确定义的功能、性能需求，符合文档化的开发标准，需要相应地给出或设计一些质量特性及其组合，作为在软件开发与维护中的重要考虑因素。如果这些质量特性及其组合都能在产品中得到满足，则这个软件产品质量就是高的。

软件质量反映了以下 3 方面的问题。

1）软件需求是度量软件质量的基础，不符合需求的软件质量就不合格。

2）规范化的标准定义了一组开发准则，用来指导软件人员用工程化的方法来开发软件。如果不遵守这些开发准则，软件质量就得不到保证。

3）往往会有一些隐含的需求没有显式地提出来。如软件应具备良好的可维护性。如果软件只满足那些精确定义了的需求而没有满足这些隐含的需求，软件质量也不能保证。

软件质量是各种特性的复杂组合。它随着应用的不同而不同，随着用户提出的质量要求不同而不同。因此，有必要讨论各种质量特性，以及评价质量的准则，还要介绍为保证质量所进行的各种活动。

11.1.2 软件质量的特性

软件质量特性，反映了软件的本质。讨论一个软件的质量，问题最终要归结到定义软件的质量特性。而定义一个软件的质量，就等价于为该软件定义一系列质量特性。

人们通常把影响软件质量的特性用软件质量模型来描述。不同的质量模型定义了不同的质量特性。

McCall 等人定义的质量特性如下。

- 正确性：在预定环境下，软件满足设计规格说明及用户预期目标的程度。它要求软件本身没有错误。
- 可靠性：软件按照设计要求，在规定时间和条件下不出故障，持续运行的程度。
- 效率：为了完成预定功能，软件系统所需的计算机资源的多少。
- 完整性：为某一目的而保护数据，避免它受到偶然的或有意的破坏、改动或遗失的能力。
- 可使用性：对于一个软件系统，用户学习、使用软件及为程序准备输入和解释输出所需工作量的大小。
- 可维护性：为满足用户新的要求，或当环境发生了变化，或运行中发现了新的错误时，对一个已投入运行的软件进行相应诊断和修改所需工作量的大小。
- 可测试性：测试软件以确保其能够执行预定功能所需工作量的大小。
- 灵活性：修改或改进一个已投入运行的软件所需工作量的大小。
- 可移植性：将一个软件系统从一个计算机系统或环境移植到另一个计算机系统或环境中运行所需工作量的大小。
- 可复用性：一个软件（或软件的部件）能再次用于其他应用（该应用的功能与此软件或软件部件所完成的功能有关）的程度。
- 互连性：又称相互操作性。连接一个软件和其他系统所需工作量的大小。如果这个软件要联网或与其他系统通信或要把其他系统纳入到自己的控制之下，必须有系统间的接口，使之可以连接。

ISO 9162 定义的 6 个质量特性如下。

- 功能性（Functionality）：与一组功能及其指定的性质有关的一组属性，这里的功能是指满足明确或隐含的要求的那些功能。
- 可靠性（Reliability）：与在规定的一段时间和条件下，软件维持其性能水平的能力有关的一组属性。
- 可用性（Usability）：与一组规定或潜在用户为使用软件所需做的努力和对这样的使用所做的评价有关的一组属性。
- 效率（Efficiency）：与在规定的条件下，软件性能水平与所使用资源量之间关系有关的一组属性。
- 可维护性（Maintainability）：与进行指定的修改所需的努力有关的一组属性。
- 可移植性（Portability）：与软件从某一环境转移到另一环境的能力有关的一组属性。

这6个质量特性各有其子特性，关系如表11-1所示。

表11-1　质量特性与子特性的关系

质 量 特 性	质量子特性
功能性（Functionality）	适用性，准确性，互操作性，一致性，安全性
可靠性（Reliability）	健壮性，容错性，可恢复性
可使用性（Usability）	可理解性，可学习性，可操作性
效率（Efficiency）	时间性能，资源性能
可维护性（Maintainability）	可分析性，可修改性，稳定性，可测试性
可移植性（Portability）	适应性，可安装性，遵循性，可替换性

11.2　软件质量的度量模型

11.2.1　软件度量和软件质量的度量

1. 软件度量的基本概念

软件度量是对软件开发项目、过程及其产品进行数据定义、收集以及分析的持续性量化过程，目的在于对此加以理解、预测、评估、控制和改善。没有软件度量，就不能从软件开发的暗箱中跳出来。通过软件度量可以改进软件开发过程，促进项目成功，开发出高质量的软件产品。度量取向是软件开发诸多事项的横断面，包括顾客满意度度量、质量度量、项目度量、以及品牌资产度量、知识产权价值度量等。度量取向要依靠事实、数据、原理、法则；其方法是测试、审核、调查；其工具是统计、图表、数字、模型；其标准是量化的指标。

软件度量在软件开发的过程、产品、资源、方法和技术的相互关联中提供了可见性。度量有助于人们定义一个基线，以便更好地了解所提出变更的性质和影响，同时还有助于管理人员和开发人员对各种活动进行评估和预测，从而进行控制，达到过程改进的目的。

软件度量能够为项目管理者提供有关项目的各种重要信息，其实质是根据一定规则，将数字或符号赋予系统、构件、过程或者质量等实体的特定属性，即对实体属性的量化表示，从而能够清楚地理解该实体。软件度量贯穿整个软件开发生存周期，是软件开发过程中进行理解、预测、评估、控制和改善的重要载体。软件质量度量建立在度量数学理论基础之上。软件度量包括3个维度，即项目度量、产品度量和过程度量，具体情况如表11-2所示。

表11-2　软件度量的3个维度

度 量 维 度	侧 重 点	具 体 内 容
项目度量	理解和控制当前项目的情况和状态；项目度量具有战术性意义，针对具体的项目进行	规模、成本、工作量、进度、生产力、风险、顾客满意度等
产品度量	侧重理解和控制当前产品的质量状况，用于对产品质量的预测和控制	以质量度量为中心，包括功能性、可靠性、易用性、效率性、可维护性、可移植性等
过程度量	理解和控制当前情况和状态，还包含了对过程的改善和未来过程的能力预测；过程度量具有战略性意义，在整个组织范围内进行	如成熟度、管理、生存周期、生产率、缺陷植入率等

软件度量是针对计算机软件的度量，是对一个软件系统、组件或过程具有的某个给定属性度的一个定量测量。通过度量，可以对软件给出客观的评价，可用于指出软件属性的趋势，能有针对性地进行改善。

目前软件度量的研究主要集中在寻找新的和更有效的度量指标，确认已知度量的有效性和度量的形式化3个方面。

在寻找新的和更有效的度量指标方面，主要采用面向对象的技术，针对的主要领域包括产品的结构度量、产品的质量度量和过程度量。产品结构度量主要是对软件工程过程中生成的文档（例如，需求规约、设计规约、源程序等）进行结构上的度量。被度量最多的是源程序。这是因为与其他文档相比，源程序对软件的语法及语义的形式化表达更完整。产品的质量度量针对的是软件产品的质量特性，如可靠性、可维护性等。过程度量集中在软件过程的特性上，例如，需求工作量、设计工作量等。

确认已知度量的有效性是目前开展较多的度量研究课题。最常使用的确认方法是用度量对软件质量特性做预测。目前使用软件产品度量对质量特性做预测的工作都是使用统计学的方法，如方差分析（Analysis of Variance）和回归（Regression），是通过对实践数据（Empirical Data）进行分析完成的。例如，Li 和 Henry 在 1993 年成功地使用 CK 度量集预测了软件模块的维护工作量，Basili 等在 1996 年使用几乎是同一组度量，成功地预测了软件模块的出错率，Subramanyam 和 Krishnan 在 2003 年也用 CK 度量集，在控制了模块大小的条件下，成功地预测了有缺陷的模块。这些研究大多数是基于实践方法（Empirical Methods）的。

2. 软件产品度量方法（即软件质量度量方法）

软件产品度量用于对软件产品进行评价，并在此基础上推进产品设计、产品制造和产品服务优化。软件产品的度量实质上是软件质量的度量。

软件产品的度量主要针对作为软件开发成果的软件产品的质量而言，独立于其过程。软件的质量由一系列质量要素组成，每一个质量要素又由一些衡量标准组成，每个衡量标准又由一些度量标准加以定量刻划。质量度量贯穿于软件工程的全过程以及软件交付之后，在软件交付之前的度量主要包括程序复杂性、模块的有效性和总的程序规模，在软件交付之后的度量则主要包括残存的缺陷数和系统的可维护性方面。

软件质量度量方法比较多，常用的有如下两种。

1）Halstead 复杂性度量法，基本思路是根据程序中可执行代码行的操作符和操作数的数量来计算程序的复杂性。操作符和操作数的量越大，程序结构就越复杂。

2）McCabe 复杂性度量法，其基本思想是程序的复杂性很大程度上取决于程序控制流的复杂性，单一的顺序程序结构最简单，循环和选择所构成的环路越多，程序就越复杂。

下一节会简要介绍软件质量的度量模型。

3. 软件过程度量

（1）软件过程性能

过程度量是对软件开发过程的各个方面进行度量，目的在于预测过程的未来性能，减小过程结果的偏差，对软件过程的行为进行目标管理，为过程控制、过程评价持续改善提供定量性基础。过程度量与软件开发流程密切相关，具有战略性意义。软件过程质量的好坏会直接影响软件产品质量的好坏，度量并评估过程、提高过程成熟度可以改进产品质量。相反，度量并评估软件产品质量会为提高软件过程质量提供必要的反馈和依据。过程度量与软件过程的成熟度密切相关，其度量模型如图 11-1 所示。

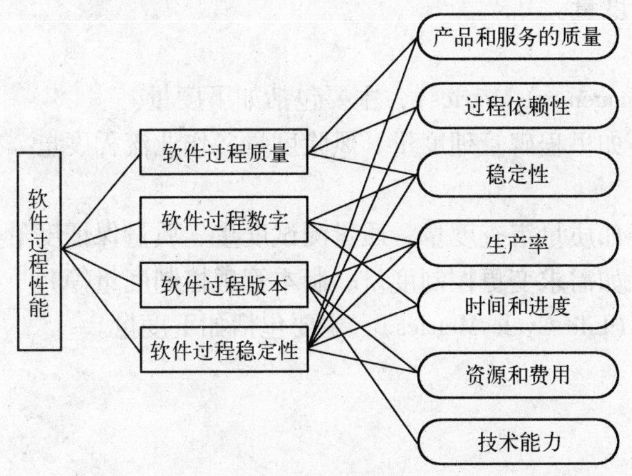

图 11-1　软件过程性能的度量模型

(2) 软件过程管理中的过程度量

弗罗哈克（William A. Florac）、帕克（Robert E. Park）和卡尔顿（Anita D. Carleton）在《实用软件度量：过程管理和改善之度量》（Practical Software Measurement：Measuring for Process Management and Improvement）中描述了过程管理和项目管理的关系。认为软件项目团队生产产品基于产品需求、项目计划和已定义软件过程 3 大要素。

度量数据在项目管理中将被用来完成如下工作。

1）识别和描述需求。

2）准备能够实现目标的计划。

3）执行计划。

4）跟踪基于项目计划目标的工作执行状态和进展。

而过程管理也能使用相同的数据和相关度量来控制和改善软件过程本身。这就意味着，软件组织能使用建构和维持度量活动的共同框架来为过程管理和项目管理两大管理功能提供数据。

软件过程管理包括定义过程、计划度量、执行软件过程、应用度量、控制过程和改善过程，其中计划度量和应用度量是软件过程管理中的重要步骤，也是软件过程度量的核心内容。计划度量建立在对已定义软件过程的理解之上，产品、过程、资源的相关事项和属性已经被识别，收集和使用度量以进行过程性能跟踪的规定都被集成到软件过程之中。应用度量通过过程度量将执行软件过程所获得的数据，以及通过产品度量将产品相关数据用来控制和改善软件过程。

(3) 软件过程度量的内容

软件过程度量主要包括 3 大方面的内容。

1）成熟度度量（Maturity Metrics)，主要包括如下度量。

- 组织度量。
- 资源度量。
- 培训度量。

- 文档标准化度量。
- 数据管理与分析度量。
- 过程质量度量等。

2）管理度量（Management Metrics），主要包括如下度量。

- 项目管理度量（如里程碑管理度量、风险度量、作业流程度量、控制度量、管理数据库度量等）。
- 质量管理度量（如质量审查度量、质量测试度量、质量保证度量等）。
- 配置管理度量（如需求变更控制度量、版本管理控制度量等）。

3）生命周期度量（Life Cycle Metrics），主要包括如下度量。

- 问题定义度量。
- 需求分析度量。
- 设计度量。
- 制造度量。
- 维护度量等。

（4）软件过程度量流程

软件过程的度量，需要按照已经明确定义的度量流程加以实施，这样能使软件过程度量作业具有可控制性和可跟踪性，从而提高度量的有效性。软件过程度量的一般流程主要包括如下内容。

1）确认过程问题。

2）收集过程数据。

3）分析过程数据。

4）解释过程数据。

5）汇报过程分析。

6）提出过程建议。

7）实施过程行动。

8）实施监督和控制。

这一度量过程的流程质量能保证软件过程度量获得有关软件过程的数据和问题，并进而对软件过程实施改善。

11.2.2 软件质量的度量模型

软件质量度量管理模型（Software Quality Management，SQM）也称为软件质量评价模型，就是从整体上评价软件质量，以便在软件开发过程中对软件质量进行控制，并对最终软件产品进行评价和验收的模型。

1968 年，Rubey 和 Hartwick 首次提出了从整体上来度量软件质量的观点，针对一些软件属性提出了度量方法，但是没有提出度量模型。

此后，Boehm 等人于 1976 年提出了定量评价软件质量的概念，给出了 60 个质量度量公式，并且首次提出了软件质量的层次模型。1978 年，Walters 和 McCall 提出了从软件质量要素、准则到度量的三层次软件质量度量模型，此模型中软件质量要素减到了 11 个。1985 年，ISO 依据 McCall 的模型提出了软件质量度量模型，该模型由三层组成。ISO 最新正式推出的软件质量度量模型 ISO/IEC 9126 模型提出了内部质量度量和外部质量度量的概念，为软件质量评价奠定了基础，也为制定软件质量评价标准提供了依据。下面具体分析各个质量度量模型。

1. Boehm 模型

B. W. Boehm 等人于 1976 年首次提出了软件质量度量模型。他们认为软件产品的质量基本可从 3 个方面来考虑：软件的可使用性、软件的可维护性和软件的可移植性。可使用性分为可靠性、效率和人工工程 3 个方面，反映用户的满意程度；可维护性可以从可测试性、可理解性、可修改性 3 个方面进行度量，反映公司本身的满意程度；可移植性被单独划分为一个属性，可见在 20 世纪 70 年代软件移植技术很受重视，因为当时的硬件系统尚不成熟，主流系统还不明显。而到了 20 世纪 80 年代之后，由于主流硬件系统基本形成，软件移植已不再如以前那样重要，取而代之的是软件的重用性，因为它是软件价值的反映，是未来的开发者对该软件的满意程度。这些属性又被进一步细分为准确性、完备性、健壮性、一致性、可说明性、设备效率、可存取性、通信性、设备独立性、自包含性、自描述性、结构化、简明性、可扩充性、易读性等 15 个属性，互有交叉。

由此可见，Boehm 模型将软件质量分解为若干层次，对于最低层的软件质量属性再引入数量化的指标，从而得到软件质量的整体评价。

2. McCall 模型

1979 年，McCall 等人改进 Boehm 质量模型又提出了一种软件质量模型即 McCall 模型。该质量模型中的质量概念基于 11 个特性之上。而这 11 个特性分别面向软件产品的运行、修正、转移。它们与特性的关系如图 11-2 所示。McCall 等认为，特性是软件质量的反映，软件属性可用做评价准则，定量化地度量软件属性可知软件质量的优劣。

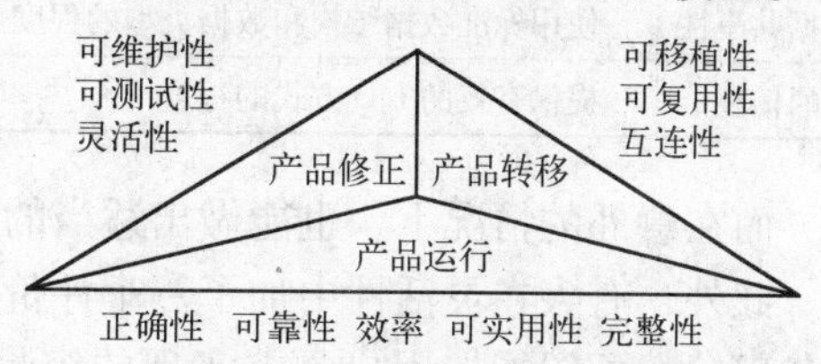

图 11-2 McCall 软件质量模型

对以上各个质量特性直接进行度量是很困难的，有些情况下甚至是不可能的。因此，McCall 定义了一些评价准则，使用它们对反映质量特性的软件属性分级，以此来估计软件质量特性的值。软件属性一般分级范围从 0（最低）到 10（最高）。各评价准则定义见表 11-3。

表 11-3 McCall 软件质量评价准则

可跟踪性	在特定的开发和运行环境下跟踪设计表示或实际程序部件到原始需求的（可追溯）能力
完备性	软件需求充分实现的程度
一致性	在整个软件设计与实现的过程中技术与记号的统一程度
安全性	防止软件受到意外的或蓄意的存取、使用、修改、毁坏或防止泄密的程度
容错性	系统出错（机器临时发生故障或数据输入不合理）时，能以某种预定方式，做出适当处理，得以继续执行和恢复系统的能力，它又称健壮性
准确性	能达到的计算或控制精度，它又称精确性
简单性	在不复杂、可理解的方式下，定义和实现软件功能的程度
执行效率	为了实现某个功能，提供使用最少处理时间的程度
存储效率	为了实现某个功能，提供使用最少存储空间的程度
存取控制	软件对用户存取权限的控制方式达到的程度
存取审查	软件对用户存取权限的检查程度

（续）

操作性	操作软件的难易程度。它通常取决于与软件操作有关的操作规程，以及是否提供有用的输入/输出方法
易训练性	软件辅助新的用户使用系统的能力。这取决于是否提供帮助用户熟练掌握软件系统的方法，它又称可培训性或培训性
简明性	软件易读的程度。这个特性可以帮助人们方便地阅读本人或他人编制的程序和文档，它又称可理解性
模块独立性	软件系统内部接口达到的高内聚、低耦合的程度
自描述性	对软件功能进行自我说明的程度，也称自含文档性
结构性	软件能达到的结构良好的程度
文档完备性	软件文档齐全、描述清楚、满足规范或标准的程度
通用性	软件功能覆盖面宽广的程度
可扩充性	软件的体系结构、数据设计和过程设计的可扩充的程度
可修改性	软件容易修改，而不致于产生副作用的程度
自检性	软件监测自身操作效果和发现自身错误的能力，也称工具性
机器独立性	不依赖于某个特定设备及计算机而能工作的程度，也称硬件独立性
软件独立性	软件不依赖于非标准程序设计语言特征、操作系统特征或其他环境约束，仅靠自身能实现其功能的程度，也称自包含性
通信共享性	使用标准的通信协议、接口和带宽的标准化的程度
数据共享性	使用标准数据结构和数据类型的程度
通信性	提供有效的I/O方式的程度

而在意外的情况下，也能做出适当的处理，隔离故障，尽快地恢复。这才是一个好的程序。此外，有人在灵活性中加了一个评价准则，叫做“可重配置特性”，它是指软件系统本身各部分的配置能按用户要求实现的容易程度。在简明性中也加了一个评价准则，即“清晰性”，它是指软件的内部结构、内部接口要清晰，人机界面要清晰。

3. ISO/IEC 9162 质量模型

ISO于1985年提出建议，软件质量度量模型应由三层组成。

高层（Top Level）：软件质量需求评价准则（SQRC）。

中层（Mid Level）：软件质量设计评价准则（SQDC）。

低层（Low Level）：软件质量度量评价准则（SQMC）。

1991年，ISO推出了软件质量模型ISO/IEC 9126，高层称为质量特性，中间层称为质量子特性，第三层称为度量。这个标准经过了几次修正，最新版本为ISO/IEC 9126：2001，共包括质量模型、外部度量、内部度量和使用质量度量4个部分。

ISO/IEC 9126中定义了6个外部质量特性和内部质量特性以及4个使用质量特性。

使用质量是从用户角度来看的软件质量，包括效率（Effectiveness）、生产力（Productivity）、安全（Safety）和满意度（Satisfaction）。使用质量度量用来测量软件产品从以上4个方面满足用户需求的程度。这4个特性的具体定义如下。

1）效率：指软件产品辅助用户获得准确完整地制定目标的性能。

2）生产力：指软件产品帮助用户为了效率花费适当数量的资源的性能。

3）安全性：指软件产品对业务、财产或环境等的危害具有可以接受的风险等级的性能。

4）满意度：指软件产品满足用户的性能。

ISO 的三层次模型与 McCall 等人的模型相似，ISO 的高层、中层和低层分别与 McCall 模型中的要素、评价准则和度量相对应。根据 ISO 的观点，高层和中层应建立国际标准以便在国际范围内推广应用 SQM 技术，而低层可由各公司、单位视实际情况制定。

11.3 软件质量保证

11.3.1 什么是软件质量保证

质量保证是为保证产品和服务充分满足消费者要求的质量而进行的有计划、有组织的活动。质量保证是面向消费者的活动，是为了使产品实现用户要求的功能，站在用户立场上来掌握产品质量的。这种观点也适用于软件的质量保证。

软件的质量保证就是向用户及社会提供满意的高质量的产品。进一步地，软件的质量保证活动也和一般的质量保证活动一样，是确保软件产品在软件生存周期所有阶段的质量的活动，即为了确定、达到和维护需要的软件质量而进行的所有有计划、有系统的管理活动。它包括的主要功能如下。

- 制定和展开质量方针。
- 制定质量保证方针和质量保证标准。
- 建立和管理质量保证体系。
- 明确各阶段的质量保证业务。
- 坚持各阶段的质量评审。
- 确保设计质量。
- 提出与分析重要的质量问题。
- 总结实现阶段的质量保证活动。
- 整理面向用户的文档、说明书等。
- 鉴定产品质量，鉴定质量保证体系。
- 收集、分析和整理质量信息。

11.3.2 软件质量保证的主要任务

软件质量保证（SQA）由各项任务构成，这些任务的参与者有两类人，即软件开发人员和质量保证人员。前者负责技术工作，后者负责质量保证的计划、监督、记录、分析及报告工作。

软件开发人员通过采用可靠的技术方法和措施，进行正式的技术评审，执行计划周密的软件测试来保证软件产品的质量；软件质量保证人员则辅助软件开发组得到高质量的最终产品。1993 年，美国 SEI 推荐了一组有关质量保证的计划、监督、记录、分析及报告的 SQA 活动。这些活动将由一个独立的 SQA 小组执行（或协助）。

- 为项目制定 SQA 计划。该计划在制定项目计划时制定，由相关部门审定。它规定了软件开发小组和质量保证小组需要执行的质量保证活动，其要点包括需要进行哪些评价；需要进行哪些审计和评审；项目采用的标准；错误报告的要求和跟踪过程；SQA 小组应产生哪些文档；为软件项目组提供的反馈数量等。

- 参与开发该软件项目的软件过程描述。软件开发小组为将要开展的工作选择软件过程，SQA 小组则要评审过程说明，以保证该过程与组织政策、内部的软件标准、外界所制定的标准（如 ISO 9001）以及软件项目计划的其他部分相符。
- 评审各项软件工程活动，核实其是否符合已定义的软件过程。SQA 小组识别、记录和跟踪所有偏离过程的偏差，核实其是否已经改正。
- 审计指定的软件工作产品，核实其是否符合已定义的软件过程中的相应部分。SQA 小组对选出的产品进行评审，识别、记录和跟踪出现的偏差，核实其是否已经改正，定期向项目负责人报告工作结果。
- 确保软件工作及工作产品中的偏差已被记录在案，并根据预定规程进行处理。偏差可能出现在项目计划、过程描述、采用的标准或技术工作产品中。
- 记录所有不符合部分，并向上级管理部门报告。跟踪不符合的部分直到问题得到解决。

除了进行上述活动外，SQA 小组还需要协调变更的控制与管理，并帮助收集和分析软件度量的信息。

11.3.3 软件质量保证策略

软件质量的保证策略如下。

- 以检测为重：产品制成之后进行检测，只能判断产品质量，不能提高产品质量。
- 以过程管理为重：把质量的保证工作重点放在过程管理上，对制造过程中的每一道工序都要进行质量控制。
- 以新产品开发为重：在新产品的开发设计阶段，采取强有力的措施来消除由于设计原因而产生的质量隐患。

基于以上策略，有下面的保证措施。

- 基于非执行的测试（也称为复审或评审）：用来保证在编码之前各个阶段产生的文档的质量。
- 基于执行的测试（即前面讲过的软件测试）：需要在程序编写出来之后进行，它是保证软件质量的最后一道防线。
- 程序正确性证明：使用数学方法严格验证程序是否与对它的说明完全一致。

11.4 技术评审

技术评审（Technical Review，TR）的目的是尽早地发现工作成果中的缺陷，并帮助开发人员及时消除缺陷，从而有效地提高产品的质量。

技术评审最初是由 IBM 公司为了提高软件质量和提高程序员生产率而倡导的。技术评审方法已经被业界广泛采用并收到了很好的效果，它被普遍认为是软件开发的最佳实践之一。

技术评审的主要好处如下。

- 通过消除工作成果的缺陷而提高产品的质量。
- 技术评审可以在任何开发阶段执行，不必等到软件可以运行之际，越早消除缺陷就越能降低开发成本。
- 开发人员能够及时地得到同行专家的帮助和指导，无疑会加深对工作成果的理解，更好地预防缺陷，在一定程度上提高了开发生产率。

技术评审有以下两种基本类型。

- 正式技术评审（FTR）。FTR 比较严格，需要举行评审会议，参加评审会议的人员比较多。
- 非正式技术评审（ITR）。ITR 的形式比较灵活，通常在同伴之间开展，不必举行评审会议，评审人员比较少。

理论上讲，为了确保产品的质量，产品的所有工作成果都应当接受技术评审。现实中，为了节约时间，允许人们有选择地对工作成果进行技术评审。技术评审方式也视工作成果的重要性和复杂性而定。将重要性、复杂性各分“高、中、低”3 个等级。重要性－复杂性组合与技术评审方式的对应关系见表 11－4。

表 11－4　重要性－复杂性组合和技术评审方式的对应关系

重要性－复杂性组合	技术评审方式（FTR，ITR）
高高	FTR
高中	FTR
高低	FTR 或者 ITR 均可
中中	FTR 或者 ITR 均可
中低	ITR
低低	ITR

正式技术评审的流程，如图 11－3 所示。

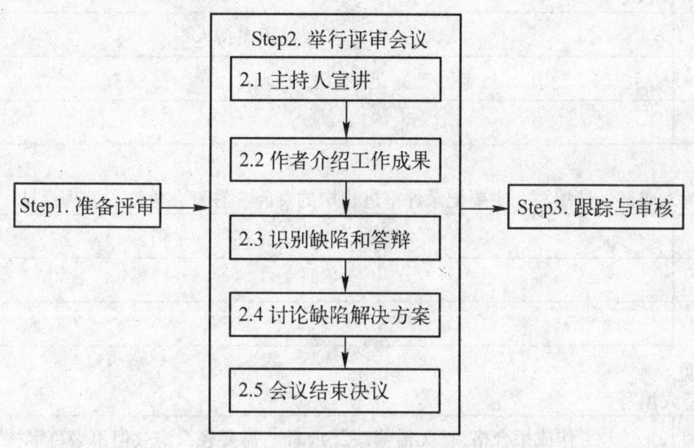

图 11－3　正式技术评审的流程

1. 准备评审

1）评审主持人首先确定评审会议的时间、地点、设备和参加会议的人员名单（包括评审员、记录员、作者、旁听者等），并告知所有相关人员（如 E－mail）。

2）评审主持人把工作成果及相关材料、技术评审规程、检查表等发给评审员。

3）评审员阅读（了解）工作成果及相关材料。

2. 举行评审会议

1）主持人宣讲本次评审会议的议程、重点、原则、时间限制等。

2）作者扼要地介绍工作成果。

3）评审员根据“检查表”认真查找工作成果的缺陷。作者回答评审员的问题，双方要对每个缺陷达成共识（避免误解）。

4）作者和评审员共同讨论缺陷的解决方案。对于当场难以解决的问题，由主持人决定“是否有必要继续讨论”或者“另定时间再讨论”。

5）评审小组给出评审结论和意见，主持人签字后本次会议结束。评审结论有以下 3 种。

- 工作成果不合格，需要做比较大的修改，之后必须重新对其评审。
- 工作成果合格，“无需修改”或者“需要轻微修改但不必再审核”。
- 工作成果基本合格，需要做少量的修改，之后通过审核即可，转向第三步。

3. 跟踪与审核

作者修正工作成果，消除已发现的缺陷。评审主持人（或者指定审查员）跟踪每个缺陷的状态，直到工作成果合格为止。

技术评审报告的模板见表 11–5。

表 11–5　技术评审报告的模板

XXX 技术评审报告

1. 基本信息

提示：由评审主持人或记录员填写

成果介绍	名称，版本，作者，时间等
评审时间	
评审地点	
评审会议名单	
人员 A	评审主持人
人员 B	
…	

2. 问答记录

提示：由评审主持人或记录员填写，主要记录评审过程中的疑问、答复、争论、处理意见

记录 A	
记录 B	
…	

3. 评审结论与意见

提示：由评审主持人填写

评审结论	[　] 工作成果合格，“无需修改”或者“需要轻微修改但不必再审核” [√] 工作成果基本合格，需要做少量的修改，之后通过审核即可 [　] 工作成果不合格，需要做比较大的修改，之后必须重新对其评审
意见建议	
签字	主持人签字

4. 缺陷跟踪与审核

提示：如果适用了缺陷跟踪软件，那么无需手工填写此表，用软件生成缺陷报表就行。

缺陷描述	缺陷解决方案、结果

11.5 软件质量管理体系

11.5.1 软件产品质量管理的特点

软件产品质量管理，就是为了开发出符合质量要求的软件产品，贯穿于软件开发生存周期的质量管理工作。

同其他产品相比，软件产品的质量有其明显的特殊性。

1）很难制定具体的、数量化的产品质量标准，所以没有相应的国际标准、国家标准或行业标准。对软件产品而言，无法制定诸如“合格率”、“一次通过率”、“产品组合管理（Product Portfolio Management，PPM）”、“寿命”之类的质量目标。每千行的缺陷数量是通用的度量方法，但缺陷的等级、种类、性质、影响不同，不能说每千行缺陷数量小的软件一定比该数量大的软件质量好。至于软件的可扩充性、可维护性、可靠性等，也很难量化，不好衡量。软件质量指标的量化手段需要在实践中不断总结。

2）软件产品质量没有绝对的合格与不合格界限，软件不可能做到“零缺陷”，对软件的测试不可能穷尽所有情况，有缺陷的软件仍然可以使用。软件产品的不断完善通过维护和升级问题来解决。

3）软件产品之间很难进行横向的质量对比，很难说哪个产品比哪个产品好多少。不同软件之间的质量也无法直接比较，所以没有什么“国际领先”、“国内领先”的提法。

4）满足了用户需求的软件质量，就是好的软件质量。如果软件在技术上很先进，界面很漂亮，功能也很多，但不是用户所需要的，仍不能算质量好的软件。客户的要求需双方确认，而且这种需求一开始可能是不完整、不明确的，随着开发的进行不断调整。

5）软件的类型不同，软件质量的衡量标准的侧重点也不同。例如，对于实时系统而言，效率（Efficiency）会是衡量软件质量的首要要素；对于一些需要软件使用者（用户）与软件本身进行大量交互的系统，如资源管理软件，对可用性（Usability）就提出了较高的要求。

正是基于上述软件产品质量的特殊性，软件产品质量管理也有其自身的特点。

1）软件质量管理应该贯穿软件开发的全过程，而不仅仅是软件本身。

软件质量不仅仅是一些测试数据、统计数据、客户满意度调查回函等，衡量一个软件质量的好坏，首先应该考虑完成该软件生产的整个过程是否达到了一定的质量要求。例如，在软件开发实践中，软件质量控制主要是靠流程管理（如缺陷处理过程、开发文档控制管理、发布过程等），严格按软件工程执行，才能保证质量。

- 通过从“用户功能确认书”到“软件详细设计”过程的过程定义、控制和不断改善，确保软件的“功用性”。
- 通过测试部门的“系统测试”、“回归测试”过程的定义、执行和不断改善，确保软件的可靠性和可用性。
- 通过测试部门的“性能测试”，确保软件的效率。
- 通过软件架构的设计过程及开发中代码、文档的实现过程，确保软件的可维护性。
- 通过引入适当的编程方法、编程工具和设计思路，确保软件的“可移植性”等。

2）对开发文档的评审是产品检验的重要方式。

由于软件是在计算机上执行的代码，离开软件的安装、使用说明文档等则寸步难行，所以开发过程中的很多文档资料也作为产品的组成部分，需要像对产品一样进行检验，而对文档资料的评审就构成了产品检验的重要方式。

3）通过技术手段保证质量。

利用多种工具软件进行质量保证的各种工作，如用并行版本系统（Concurrent Version System，CVS）软件进行配置管理和文档管理、用 MR 软件进行变更控制、用 Rational Rose 软件进行软件开发等。采用先进的系统分析方法和软件设计方法（OOA、OOD、软件复用等）来促进软件质量的提高。

11.5.2 软件质量管理的指导思想

软件质量管理的指导思想如下。

（1）缺陷预防

分析过去遇到过的缺陷并采用相应的措施以避免这些类型的缺陷以后再次出现。这些缺陷可能在当前项目的早期阶段或任务中被确定，也可能是被其他项目所确定。缺陷预防活动也是项目间汲取教训的一种机制；规划缺陷预防活动；找出并确定引起缺陷的通常原因；对引起缺陷的通常原因划分优先级并系统地消除。

（2）紧紧扣住用户需求

用户分为 CUSTOMER 和 END USER 两种。前者是付钱的，而后者才是使用者。两者的要求有时是不同的，所以两方面的要求都要满足。但是，有时两方面的要求并不一致。因此，应采取以下方式。

1）采用快速原型法，尽快提供用户软件原型，并及时获取用户的反馈，根据用户的反馈不断修改软件，而不是全部完工后再最后交给用户。否则，要改的地方可能很多，甚至推翻重来。

2）充分设计之后再编码，防止因考虑不周而返工。

3）牢牢控制对缺陷的修改。要用专门的软件，记录和跟踪软件缺陷的修复。缺陷跟踪记录包括发现人、缺陷描述、修复人、修复记录、确认人、确认结论，通过后才关闭该记录。

4）充分进行软件的系统测试。软件编码、单元测试、集成测试后，还要进行充分的系统测试、回归测试，软件稳定、不再出新的缺陷后，再考虑软件出厂。

5）恰当掌握软件的放行标准。并不是零缺陷的软件才是质量高的软件，软件零缺陷几乎是不可能的，对遗留的缺陷要充分进行分析，只要能满足用户需求，软件遗留的缺陷可以通过今后升级版本解决。

基于以上指导思想，ISO 9000：2000 系列标准提出了下面 8 个质量管理原则，这些原则与 CMM/CMMI 标准的管理原则是相通的。特别是 CMMI 标准，综合了 3 个源标准，也借鉴和融合了当今适用的管理理论和实践，包括 ISO 9000 等其他标准的管理思想。

（1）以顾客为中心

组织依存于其顾客，因此，组织应理解顾客当前的和未来的需求，满足顾客要求并争取超越顾客期望。

(2) 领导作用

领导将本组织的宗旨、方向和内部环境统一起来，并创造使员工能够充分参与实现组织目标的环境。

(3) 全员参与

各级人员是组织之本，只有他们的充分参与，才能使他们的才干为组织带来最大的收益。

(4) 过程方法

将相关的资源和活动作为过程进行管理，可以更高效地得到期望的结果。

过程方法的原则不仅适用于某些较简单的过程，也适用于由许多过程构成的过程网络。在应用于质量管理体系时，2000 版 ISO 9000 族标准建立了一个过程模式。此模式把管理职责、资源管理、产品实现、测量、分析与改进作为体系的 4 大主要过程，描述其相互关系，并以顾客要求为输入，提供给顾客的产品为输出，通过信息反馈来测定的顾客满意度，评价质量管理体系的业绩。

(5) 管理的系统方法

针对设定的目标，识别、理解并管理一个由相互关联的过程所组成的体系，有助于提高组织的有效性和效率。

(6) 持续改进

持续改进是软件开发原则的一个永恒的目标。

(7) 基于事实的决策方法

对数据和信息的逻辑分析或直觉判断是有效决策的基础。

以事实为依据做决策，可防止决策失误。在对信息和资料做科学分析时，统计技术是最重要的工具之一。统计技术可以用来测量、分析和说明产品和过程的变异性。统计技术可以为持续改进的决策提供依据。

(8) 互利的供方关系

通过互利的关系，增强组织及其供方创造价值的能力。

供方提供的产品可能对组织向顾客提供满意的产品产生重要的影响，处理好与供方的关系，影响到组织能否持续稳定地提供顾客满意地产品。对供方不能只讲控制，不讲合作互利。特别对关键供方，更要建立互利关系。这对组织和供方双方都是有利的。

11.5.3 软件质量管理体系

1. 基于 CMM 的质量管理体系

软件质量管理和质量保证工作应该不断创新，适应形势发展需要，主动将全面质量管理和质量改进思想纳入质量管理和质量保证计划，使软件质量提高到新的水平。在此只介绍一些业已成熟的软件质量管理与保证理论。

(1) CMM 概述

CMM 是指“能力成熟度模型”（Capability Maturity Model for Software，CMM）。它是对于软件组织在定义、实施、度量、控制和改善其软件过程的实践中各个发展阶段的描述。CMM 的核心是把软件开发视为一个过程，并根据这一原则对软件开发和维护进行过程监控和研究，以使其更加科学化、标准化，使企业能够更好地实现商业目标。

CMM 软件生产能力成熟度模型是 1987 年由美国卡内基梅隆大学软件工程研究所（CMU SEI）研究出的一种用于评价软件承包商能力并帮助改善软件质量的方法，其目的是帮助软件企业对软件工程过程进行管理和改进，增强开发与改进能力，从而能按时地、不超预算地开发出高质量的软件。

CMM 目前通用流行的版本是 1.1（Version1.1）。按照软件工程研究所（SEI）的原来计划，CMM 的改进版本 2.0（V2.0）是要在 1997 年的 11 月完成的。但是，美国国防部办公室要求软件工程研究所（SEI）延迟发放公布 CMM 版本 2.0，直至他们完成另一个更为紧迫的项目——能力成熟度模型集成。

能力成熟度模型集成（Capability Maturity Model Integration，CMMI），是美国国防部的一个设想。他们希望把所有现存的与将被发展出来的各种能力成熟度模型，集成到一个框架中去。这个框架用于解决两个问题，第一，软件获取办法的改革；第二，从集成产品与过程发展的角度出发，建立一种包含健全的系统开发原则的过程改进。

CMM 为软件企业的过程能力提供了一个阶梯式的改进框架，它基于过去所有软件工程过程改进的成果，吸取了以往软件工程的经验教训，提供了一个基于过程改进的框架；它指明了一个软件组织在软件开发方面需要管理哪些主要工作、这些工作之间的关系、以及以怎样的先后次序，一步一步地做好这些工作而使软件组织走向成熟。

（2）CMM 成熟度级别

CMM 框架用 5 个不断进化的层次来评定软件生产的历史与现状，其中初始层是混沌的过程；可重复层是经过训练的软件过程；定义层是标准一致的软件过程；管理层是可预测的软件过程；优化层是能持续改善的软件过程。任何单位所实施的软件过程，都可能在某一方面比较成熟，在另一方面不够成熟，但总体上必然属于这 5 个层次中的某一个层次。而在某个层次内部，也有成熟程度的区别。在 CMM 框架的不同层次中，需要解决带有不同层次特征的软件过程问题。因此，一个软件开发单位首先需要了解自己正处于哪一个层次，然后才能够针对该层次的特殊要求解决相关问题，这样才能收到事半功倍的效果。任何软件开发单位在致力于软件过程改善时，只能由所处的层次向紧邻的上一层次进化。而且在由某一个成熟层次向上一个更成熟层次进化时，在原有层次中的那些已经具备的能力还必须得到保持与发扬。

软件产品质量在很大程度上取决于构筑软件时所使用的软件开发和维护过程的质量。软件过程是人员密集和设计密集的作业过程，若缺乏有素训练，就难以建立起支持实现成功的软件过程，改进工作亦将难以取得成效。CMM 描述的这个框架正是从无定规的混沌过程向训练有素的成熟过程演进的途径。

CMM 包括“软件能力成熟度模型”和“能力成熟度模型的关键惯例”两部分。“软件能力成熟度模型”主要是描述此模型的结构，并且给出该模型的基本构件的定义。“能力成熟度模型”的关键惯例详细描述了每个“关键过程方面”涉及的“关键惯例”。这里“关键过程方面”是指一组相关联的活动；每个软件能力成熟度等级包含若干个对该成熟度等级至关重要的过程方面，它们的实施对达到该成熟度等级的目标起到保证作用。这些过程域就称为该成熟度等级的关键，反之有非关键过程域是指对达到相应软件成熟度等级的目标不起关键作用。归纳为互相关联的若干软件实践活动和有关基础设施的一个集合。而“关键惯例”是指使关键过程方面得以有效实现和制度化的作用最大的基础设施和活动，对关键过程的实践起关键作用的方针、规程、措施、活动以及相关基础设施的建立。关键实践一般只描述“做什么”而不强制规定“如何做”。各个关键惯例按每个关键过程方面的5个“公共特性”（对执行该过程的承诺，执行该过程的能力，该过程中要执行的活动，对该过程执行情况的度量和分析及证实所执行的活动符合该过程）归类，逐一详细描述。当做到了某个关键过程的全部关键惯例就认为实现了该关键过程，实现了某成熟度级及其低级所含的全部关键过程就认为达到了该级。

上面提到了CMM把软件开发组织的能力成熟度分为5个等级。除了第一级外，其他每一级由几个关键过程方面组成。每一个关键过程方面都由上述5种公共特性予以表征。CMM给了每个关键过程一些具体目标。按每个公共特性归类的关键惯例是按该关键过程的具体目标选择和确定的。如果恰当地处理了某个关键过程涉及的全部关键惯例，这个关键过程的各项目标就达到了，也就表明该关键过程实现了。这种成熟度分级的优点在于明确而清楚地反映了过程改进活动的轻重缓急和先后顺序，见表11-6。

表11-6　过程成熟度级别

能力等级	特　点	关键过程
第一级 基本级	软件过程是混乱无序的，对过程几乎没有定义，成功依靠的是个人的才能和经验，管理方式属于反应式	
第二级 重复级	建立了基本的项目管理来跟踪进度。费用和功能特征，制定了必要的项目管理，能够利用以前类似的项目应用取得成功	需求管理，项目计划，项目跟踪和监控，软件子合同管理，软件配置管理，软件质量保障
第三级 确定级	已经将软件管理和过程文档化，标准化，同时综合成该组织的标准软件过程，所有的软件开发都使用该标准软件	组织过程定义，组织过程焦点，培训大纲，软件集成管理，软件产品工程，组织协调，专家评审
第四级 管理级	收集软件过程和产品质量的详细度量，对软件过程和产品质量有定量的理解和控制	定量的软件过程管理和产品质量管理
第五级 优化级	软件过程的量化反馈和新的思想和技术促进过程的不断改进	缺陷预防，过程变更管理和技术变更管理

(3) CMM评估的步骤

一般来说，评估是一种协调的、客观的测量，是对组织的软件过程的强项和弱项的测量。CMM评估的高层目标是标识出组织遵从哪些CMM PKA和不遵从哪些以及为什么。评估的主要目标不是确定一个组织CMM等级上的得分，这只是个附带的结果；而是标识改进应该聚焦的部分，即可能需要提供资源支持或需要重新定义工作方式的部分。为此，评估过程需要在工作状态下查看过程和实践；通常是查看在组织中选出的项目。目标是得到组织人纲的一个代表性图像，然后基于这个图像，将观察写成文档，给出结论并提出建议。

评估的步骤如下。

1）决定执行一个评估。

2）与一位主任评估师签定合同。

3）选择评估团队。

4）选择项目。

5）选择参与者。

6）制订评估计划。

7）评审与批准已制订的计划。

8）在 CMM 方面培养团队。

9）团队做好准备。

10）举行启动会议。

11）散发和填写成熟度提问单。

12）考察提问单结果。

13）考察过程和时间文档。

14）进行现场访谈。

15）提炼信息。

16）编制评估发现的草稿。

17）陈述评估发现的草稿。

18）发布正式评估报告。

19）交付报告。

20）举行高层管理会议。

这只是从管理方面应该了解的评估过程，至于每一步应该如何做，做些什么工作，可参看有关资料中更详细的阐述。

2. ISO 基于 ISO 9000 的质量管理体系

（1）ISO 9000 系列标准

国际标准化组织制定的 ISO 9000 系列标准是国际公认的质量管理和质量保证标准，被世界各国和地区广泛采用。按照该系列标准的定义，产品是“活动或过程的结果”，“产品包括服务、硬件、流程型材料、软件或它们的组合。”所以毫无疑义，软件企业、软件产品的质量管理和质量保证，也应该遵循这套标准。这套标准源于国际标准化组织（ISO）1986 年发布的 ISO 8402“质量术语”和 1987 年发布 ISO 9000“质量管理和质量保证标准——选择和使用指南”、ISO 9001“质量体系——设计开发、生产、安装和服务的质量保证模式”、ISO 9002“质量体系——生产和安装的质量保证模式”、ISO 9003“质量体系——最终检验和试验的质量保证模式”、ISO 9004“质量管理和质量体系要素——指南”等 6 项国际标准，统称为系列标准或称为 1987 版 ISO 9000 系列国际标准。

1990 年负责制定 ISO 9000 系列标准的 ISO/TC 176 质量管理和质量保证技术委员会决定对 1987 年版的 ISO 9000 系列的 6 项标准进行修订，并采纳 1987 年最初提出的 ISO 9000 系列标准的修订战略，将这次修订分两个阶段进行。第一阶段称为“有限修改”，即在标准结构上不做大的变动，仅对标准的内容进行小范围修改，但这种修改要趋向于将来的修订本，以便更好地满足标准使用者的需要。1994 年 ISO/TC 176 完成了对标准的第一阶段的修订工作，ISO 发布了 1994 版 ISO 8402、ISO 9001-1、ISO 9001、ISO 9002、ISO 9001 和 ISO 9004 等 6 项国际标准，统称为 1994 版 ISO 标准。该些标准分别取代 1987 版的 6 项标准。

1994 年发布 ISO 9000 族修订本时，ISO/TC 176 提出了“ISO 9000 族”的概念，“ISO 9000 族”是指由 ISO/TC 176 制定的所有国际标准。ISO 在发布上述 6 项质量标准时，已陆续制定发布了 10 项指南性国际标准。这样，ISO 9000 族国际标准就从 1987 年仅有的 6 项发展到 1994 年的 16 项。其中包括 ISO 9001-3；1991“质量管理和质量保证标准——第 3 部分：ISO 9001 在软件开发、供应和维护中的使用指南。”这个指南是专门针对软件的质量管理和质量保证而制定的，对软件企业和软件产品的质量管理和质量保证具有重要的意义。ISO/TC 176 在 1994 年完成对标准的第一阶段的“有限修改”工作后，随即启动修订战略第二阶段的工作，称为“彻底修改”。1996 年，在广泛征求标准使用者意见、了解顾客对标准修订的要求、比较各种修改方案后，相继提出了“2000 版 ISO 9001 的标准结构和内容的设计规范”和“ISO 9001 修订草案”，作为 1994 版标准修订的依据。在 2000 版 ISO 9001 里面引入了全面质量管理的概念，全面质量管理的基本工作方法是 PDCA 循环，即由计划（PLAN）、实施（DO）、检查（CHECK）、处理（ACTION）这 4 个密切相关的阶段所构成的工作方式。国际质量管理学界普遍认为，PDCA 循环是一个非常科学的工作方式，引进 PDCA 循环，即过程方法模式，对质量保证有很大的益处。

（2）ISO 9001-3

ISO 9001-3 是国际标准化组织关于软件质量管理和保证而制定的国际标准。因此，它适合合同环境下的软件开发质量的保证。在这里，提出了较完整的质量体系要素。质量体系是由质量体系要素构成的，在 ISO 9001 中一共有 20 个质量体系要素，这些体系要素主要是针对硬件设计的，对软件不完全适用。在 ISO 9001-3 中针对软件的特点将软件的质量体系要素分为 3 种类型，设计了 22 个体系要素，其中结构类型要素 4 个，生存周期活动类型要素 9 个，支持活动类型要素 9 个。

1）结构类质量体系要素共 4 个，它们是领导的责任；质量体系的建立和运行；内部质量体系审核；纠正措施。

2）生存周期类质量体系要素共 9 个，它们是合同评审、需方要求规范、开发策略、质量策划、设计和实施、试验和确认、验收、复制交付和安装、维护。

3）支持活动类型质量体系要素共 9 个，它们是技术状态管理、文件控制、质量记录、测量、规则和惯例、工具和方法、采购、配套的软件产品、培训。

很明显，不管是 CMM 还是 ISO 都强调对产生应用软件过程的管理，提高软件产品的生产效率和软件的质量，同时，软件工程理论的广泛运用也推动了软件产业由小规模生产到集成自动化生产迈进。这也充分说明，软件产品的质量不仅表现在最终产品的质量，还应该包含软件产生过程的质量，只有这样，才能使软件组织连续不断地生产出高质量的软件产品。

另外，从管理层次上看，ISO 要比 CMM 所处的级别高，ISO 只是提出了一个质量管理框架，是属于指导性的框架，而 CMM 提出的框架是一个操作性很强的框架，其 KPA 过程非常明确地提出了过程目标和过程注意事项。因此，在软件组织中，可以将 ISO 和 CMM 结合起来应用，即把 ISO 作为软件质量管理的指导性框架，把 CMM 作为具体实施层的应用，这样就可以充分利用二者的优势来共同完成对软件开发过程的质量控制，从而达到既提高软件开发效率又保证所开发的软件具有较高的质量。目前，虽然 ISO 和 CMM 在国外的应用已经有了十几年的历史，是一套比较实用的质量控制和保证方法，但其在国内应用也只有 5、6 年的光景，并且应用水平很低，原因是多方面的，其中一个主要原因就是没有形成一套适合我国软件组织的软件质量控制方法，这也是阻碍我国软件企业发展的瓶颈之一。

11.6 软件项目管理

项目管理逐渐成为各机构执行管理功能的有效手段。项目管理应该成为一种企业整体的行为。20世纪60年代到20世纪70年代初期，许多大型软件项目的失败告诉人们，软件管理困难重重。软件产品常常不能按时完成、可靠性差、成本是预期的几倍。在这种背景下，项目管理这门学科应运而生。

11.6.1 软件项目管理的特点

软件项目管理并不是单纯地把其他工程学科的管理方法运用到软件开发中来，它们之间在很多方面有显著的区别，下面简单介绍软件项目管理的一些特征。

1. 软件产品是不可见的

软件产品在开发过程中，软件项目的管理者是无法看到其进展情况的，他们只能从开发人员提交的进度报告中来掌握。

2. 软件过程没有统一的标准

在开发某一软件产品的时候，应该按照一般的软件工程的步骤进行实施，但是人们不能保证某一软件过程何时有可能出现问题。

3. 大型软件项目常常是“一次性的”

对于软件项目不可能像建造桥梁那样，一次一次地从中积累出经验来。软件项目有些很难预见的问题，并且计算机技术日新月异，早先的经验也随之过时，其中的教训也不能在新的项目里发挥作用。

11.6.2 软件项目管理的主要职能

软件项目管理的主要职能如下。

1）制定计划：规定待完成的任务、要求、资源、人力和进度等。

2）建立组织：为实施计划，保证任务的完成，需要建立分工明确的责任机构。

3）配备人员：任用各种层次的技术人员和管理人员。

4）指导：鼓励和动员软件人员完成所分配的情况。

11.6.3 软件项目管理的主要内容

一般来说，项目管理包括进度管理、资源与费用管理、质量管理3个基本内容。在项目管理方面已有不少成功的经验、方法与软件工具。对于软件项目来说，还有两个比较特殊的问题。首先是测试工作方面的支持。由于软件质量比较难以测定，所以不仅需要根据设计任务书提出测试方案，而且还需要提供相应的测试环境与测试数据。人们很自然地希望软件开发工具能够在这些方面提供帮助。另一个是版本管理问题。当软件规模比较大的时候，版本的更新、各模块之间以及模块与使用说明之间的一致性、向外提供的版本的控制等都带来一系列十分复杂的管理问题。如果软件开发工具能够在这些方面给予支持或帮助，无疑将有利于软件开发工作的进行。

软件项目管理的内容主要包括：人员的组织与管理，软件度量，软件项目计划，风险管理，软件质量保证，软件过程能力评估，软件配置管理等。

这几个方面都是贯穿、交织于整个软件开发过程中的，其中人员的组织与管理把注意力集中在项目组人员的构成、优化；软件度量把关注用量化的方法评测软件开发中的费用、生产率、进度和产品质量等要素是否符合期望值，包括过程度量和产品度量两个方面；软件项目计划主要包括工作量、成本、开发时间的估计，并根据估计值制定和调整项目组的工作；风险管理预测未来可能出现的各种危害到软件产品质量的潜在因素并由此采取措施进行预防；质量保证是保证产品和服务充分满足消费者要求的质量而进行的有计划、有组织的活动；软件过程能力评估是对软件开发能力的高低进行衡量；软件配置管理针对开发过程中人员、工具的配置、使用提出管理策略。

11.7 基于 CASE 技术的开发工具简介

软件开发工具是一种计算机程序系统，用来帮助软件的开发、维护和管理。例如，自动设计工具、编译程序、测试工具及维护工具等。

CASE 技术是软件工具和软件方法的结合。它不同于以前的软件技术，因为它强调了解决整个软件开发过程的效率问题，而不仅仅是实现阶段。CASE 也是一种完美的软件技术，CASE 着眼于软件分析和设计以及程序实现和维护的自动化，从软件生存期的两端解决了软件生产率的问题。

CASE 工具是指 CASE 的最外层用户使用 CASE 去开发一个应用系统，所接触到的所有软件工具。

- 图形工具：绘制结构图、系统专用图。
- 屏幕显示和报告生成的各种专用系统：可支持生成一个原型。
- 专用检测工具：用以测试错误或不一致的专用工具及其生成的信息。
- 代码生成器：从原型系统的工具中自动产生可执行代码。
- 文件生成器：产生结构化方法和其他方法所需要的用户系统文件。

对于 CASE 工具的分类可以帮助开发人员了解不同类型的 CASE 工具的作用及任务，从不同的角度可以产生不同的分类方法，下面从功能方面进行分类。

- 规划工具：PERT 工具、估算工具、电子表格工具。
- 编辑工具：文本编辑器、图表编辑器、文字处理器。
- 配置工具：版本管理、系统建立管理。
- 原型建立工具：高端语言、用户界面生成工具。
- 变更工具：需求跟踪工具、变更控制器。
- 方法支持工具：设计编辑器、数据字典、代码生成器。
- 语言处理工具：编译及解释系统、静态及动态分析器。
- 测试工具：测试用例生成工具、调试程序。
- 文档工具：图像编辑器，文字工具等。

接下来对基于 CASE 技术的开发工具进行简单的介绍。

1. Rational Rose

Rational 公司曾以 ADA 语言享誉全世界，今天又以面向对象的可视化建模工具 Rational Rose 博得了业界一片好评。Rational Rose 包括了一体化建模语言 UML，OOSE 及 OMT。其中 UML 由 Rational 公司的 3 位世界级面向对象技术专家 Gray Booch，Ivar Jacobson 和 Jim Rumbaugh 通过对早期面向对象研究和设计方法的进一步扩展而得来的，为可视化建模奠定了坚实的理论基础。

Rose 工具集中体现了当代软件开发的先进思想，把面向对象的建模和螺旋上升式的开发过程相结合、支持最新 UML 标准。并且，Rose 工具中集成了许多的软件技术，支持团队开发，支持代码的自动生成（如 Java 、C + +、VB、Oracle 等的代码生成），与多种外部程序相联系，如版本管理程序等，为软件系统的开发提供了一个全面的支持环境。

RUP（Rational Unified Process）是 Rational 公司提出的面向对象的软件开发过程，RUP 是针对 UML 建模技术而发展的一种开发过程模型。UML 与 RUP 的结合可以相得益彰，Rose 提供了对 RUP 和 UML 的完善支持。

对于代码的自动生成，Rose 提供了对几种主流开发工具的支持，这些代码生成模块是以插件的形式提供，主要有下面几种：VC + +、VB、Smaltalk、Ada、Java、SQL、Oracle8、PowerBuilder 等，在 Rational 中使用 UML 等建立好系统的模型后，这些插件会将描述的模型元素转变为相应的开发语言的描述，加速了系统的开发过程。

Rose 的逆向工程功能，除了提供由模型到程序代码的自动生成外，Rose 还提供了由程序代码到再现系统模型的逆向工程功能，对代码进行修改时，Rose 的逆向工程功能能保证模型和代码的一致性，对于没有模型的系统，可以通过 Rose 重构系统模型，帮助分析和理解系统。

现在 Rose 已经发展成为一套系统的软件开发工具，对软件工程的全过程进行支持，包括系统建模、模型集成、代码生成、软件系统测试、软件文档生成、逆向工程、软件开发的项目管理、团队开发管理等。

2. PowerDesigner

PowerDesigner 系列产品提供了一个完整的建模解决方案。业务或系统分析人员、设计人员、数据库管理员 DBA 和开发人员可以对其裁剪以满足他们的特定的需要；而其模块化的结构为购买和扩展提供了极大的灵活性，从而使开发单位可以根据其项目的规模和范围来使用他们所需要的工具。PowerDesigner 灵活的分析和设计特性允许使用一种结构化的方法有效地创建数据库或数据仓库，而不要求严格遵循一个特定的方法学。PowerDesigner 提供了直观的符号表示使数据库的创建更加容易，并使项目组内的交流和通信标准化，同时能更加简单地向非技术人员展示数据库和应用的设计。

PowerDesigner 不仅加速了开发的过程，也向最终用户提供了管理和访问项目信息的一个有效的结构。它允许设计人员不仅创建和管理数据的结构，而且开发和利用数据的结构针对领先的开发工具环境快速地生成应用对象和数据敏感的组件。开发人员可以使用同样的物理数据模型查看数据库的结构和整理文档，以及生成应用对象和在开发过程中使用的组件。应用对象生成有助于在整个开发生命周期提供更多的控制和更高的生产率。

11.8 软件项目管理活动

11.8.1 计划项目

软件项目计划是一个软件项目进入系统实施的启动阶段，主要进行的工作包括确定详细的项目实施范围、定义递交的工作成果、评估实施过程中主要的风险、制定项目实施的时间计划、成本和预算计划、人力资源计划等。

软件项目管理过程从项目计划活动开始，而第一项计划活动就是估算，需要多长时间、需要多少工作量、以及需要多少人员。此外，还必须估算所需要的资源（硬件及软件）和可能涉及的风险。

为了估算软件项目的工作量和完成期限，首先需要预测软件规模。度量软件规模的常用方法有直接的方法——LOC（代码行），间接的方法——FP（功能点）。这两种方法各有优缺点，应该根据软件项目的特点选择适用的软件规模度量方法。

根据项目的规模可以估算出完成项目所需的工作量，可以使用一种或多种技术进行估算，这些技术主要分为分解和经验建模两大类。分解技术需要划分出主要的软件功能，接着估算实现每一个功能所需的程序规模或人月数。经验技术的使用是根据经验导出的公式来预测工作量和时间。可以使用自动工具来实现某一特定的经验模型。

精确的项目估算一般至少会用到上述技术中的两种。通过比较和协调使用不同技术导出的估算值，可能得到更精确的估算。软件项目估算永远不会是一门精确的科学，但将良好的历史数据与系统化的技术结合起来能够提高估算的精确度。

当对软件项目给予较高期望时，一般都会进行风险分析。在标识、分析和管理风险上花费的时间和人力可以从多个方面得到回报。比如，更加平稳的项目进展过程；更高的跟踪和控制项目的能力；由于在问题发生之前已经做了周密计划而产生的信心。

对于一个项目管理者，他的目标是定义所有的项目任务，识别出关键任务，跟踪关键任务的进展情况，以保证能够及时发现拖延进度的情况。为此，项目管理者必须制定一个足够详细的进度表，以便监督项目进度并控制整个项目。

常用的制定进度计划的工具主要有 Gantt 图和工程网络两种。Gantt 图具有悠久历史、直观简明、容易学习、容易绘制等优点，但是，它不能明显地表示各项任务彼此间的依赖关系，也不能明显地表示关键路径和关键任务，进度计划中的关键部分不明确。因此，在管理大型软件项目时，仅用 Gantt 图是不够的，不仅难于做出既节省资源又保证进度的计划，而且还容易发生差错。

工程网络不仅能描绘任务分解情况及每项作业的开始时间和结束时间，而且还能清楚地表示各个作业彼此间的依赖关系。从工程网络图中容易识别出关键路径和关键任务。因此，工程网络图是制定进度计划的强有力的工具。通常，联合使用 Gantt 图和工程网络这两种工具来制定和管理进度计划，它们互相补充、取长补短。有关 Gantt 图与工程网络图的内容将在 11.11 节详细介绍。

11.8.2 项目组织

项目组织是保证工程项目正常实施的组织保证体系，就项目这种一次性任务而言，项目组织建设包括从组织设计、组织运行、组织更新到组织终结这样一个生命周期。项目管理要在有限的时间、空间和预算范围内将大量物资、设备和人力组织在一起，按计划实施项目目标，必须建立合理的项目组织。

1. 项目组织特征

1）组织目标单一，工作内容庞杂。

2）项目组织是一个临时性机构。

3）项目组织应精干高效。

4）项目经理是项目组织的关键。

2. 项目组织设置原则

1）有效幅度管理原则。

2）权责对等原则。

3）才职相称原则。

4）命令统一原则。

5）效果与效率原则。

6）适时重组原则。

3. 项目组织机构的类型

1）工程指挥部型：从1964年以来，我国大型工程项目主要采取这种形式，目前仍然被广泛采用。工程指挥部型的优点是对项目实施过程中所出现的相互间协作配合问题的解决具有决策快、效率高的特点；缺点是该形式是行政管理的方式，许多方面不能符合市场经济的规律。现代项目管理中所采用的工程指挥部型项目组织，无论是形式上还是内容上都比早期的工程指挥部型有了很大的改进。

2）职能组织型：该结构呈金字塔形，高层管理者位于金字塔的顶部，中层和底层管理者则沿着塔身向下分布。公司的经营活动按照设计、生产、营销和财务等职能划分成部门；一个项目可以作为公司中某个职能部门的一部分，这个部门应该是对项目的实施最有帮助或最有可能使项目成功的部门，例如，开发一个新产品项目可以被安排在技术部门的下面，直接由技术部门经理负责。

3）项目组织型：在这种组织形式中，每个项目就如同一个微型公司那样运作，项目组的成员来自不同的部门，完成每个项目所需的资源完全分配给这个项目，专门为该项目服务。

4）矩阵组织型：现代大型项目中应用最广泛的新型组织形式，它是职能组织型和项目组织型的结合。

4. 项目组的组建

1）项目组的组成成员，主要包括如下成员。

- 项目经理：包括客户项目经理、设计单位项目经理和实施单位项目经理。
- 项目工程师：主管产品的设计开发，负责产品的功能分析、规格说明、图纸、费用估算、质量、工程变更及技术文档。
- 制造工程师：为项目工程师的设计成果组织有效的生产过程，包括设计和安装相应的生产设备、安排生产进度以及其他的生产活动。
- 现场经理：负责在产品交付用户使用时的现场支持、包括安装调试等。
- 合同管理员：负责项目的所有正式书面文件，对用户变更、提问、投诉、法律方面、成本及其他授权给项目的关于合同方面的事务保持跟踪。
- 项目管理员：负责记录项目的日常收支情况，包括成本变化、劳务费用、日常用品及设备状况等；还要定期做一些报表，并与项目经理和公司领导保持密切联系。
- 支持服务经理：负责产品的服务支持，与分包商的联系、信息处理等。

2）建立项目组沟通计划：通常可以采用会议、书面情况报告、电子邮件或其混合形式来加强项目组成员间的信息沟通和相互交流。

3）项目启动会议：目的是召集项目有关人员开会，介绍项目目标、实施策略及计划安排，宣布有关项目管理中的有关规程；出席人员包括项目发起人、客户代表、公司主管领导、有关职能部门经理和全体项目组成员，该会议的结束标志着项目正式启动。

11.8.3 控制项目

对于软件开发项目而言，控制是十分重要的管理活动。下面介绍软件工程控制活动中的质量保证和配置管理。其实上面所提到的风险分析也可以算是软件工程控制活动的一类。而进度跟踪则起到连接软件项目计划和控制的作用。

软件质量保证（Software Quality Insurance，SQA）是在软件过程中的每一步都进行的“保护性活动”。SQA 主要有基于非执行的测试（也称为评审）、基于执行的测试（即通常所说的测试）和程序正确性证明。

软件评审是最为重要的 SQA 活动之一。它的作用是，在发现及改正错误的成本相对较小时就及时发现并排除错误。审查和走查是进行正式技术评审的两类具体方法。审查过程不仅步数比走查多，而且每个步骤都是正规的。由于在开发大型软件过程中所犯的错误绝大多数是规格说明错误或设计错误，而正式的技术评审发现这两类错误的有效性高达 75%，因此技术评审是非常有效的软件质量保证方法。

软件配置管理（Software Configuration Management，SCM）是应用于整个软件过程中的保护性活动，它是在软件整个生存周期内管理变化的一组活动。

软件配置由一组相互关联的对象组成，这些对象也称为软件配置项，它们是作为某些软件工程活动的结果而产生的。除了文档、程序和数据这些软件配置项之外，用于开发软件的开发环境也可置于配置控制之下。

一旦一个配置对象已被开发出来并且通过了评审，它就变成了基线。版本控制是用于管理这些对象而使用的一组规程和工具。

变更控制是一种规程活动，它能够在对配置对象进行修改时保证质量和一致性。配置审计是一项软件质量保证活动，它有助于确保在进行修改时仍然保持质量。状态报告向需要知道关于变化的信息的人提供有关每项变化的信息。

11.8.4 终结项目

项目终结确保工程项目验收、正式终结并形成书面文字，使一个项目或项目的某一期有序正式终结，包括合同（双方或多方）执行完毕、工程经验、工程教训学习的文件编制、管理终结。第一级，没有正式地结束所有交接的终结过程，无合同执行结束过程，工程文件记载没有收集，没有分类更没有储存。第二级，明确了非正式的结束过程，整个项目管理过程的关键性技术和学习及质量进行了非正式审议。第三级，完成所有的终结活动，工程文件已经储存并得以管理。项目团队积极参与，对项目管理方法提出总结建议，并将项目管理最好的方法编制成文。第四级，合同执行终结，管理执行终结，工程文件编制并综合集成。第五级，项目终结过程得到优化，项目管理过程得以持续改进。

11.9 成本估算

为了使开发项目能够在规定的时间内完成，而且不超过预算，成本估算和管理控制是关键。软件开发成本主要是指软件开发过程中所花费的工作量及相应的代价。它不同于其他物理产品的成本，它不包括原材料和能源的消耗，主要是人的劳动消耗。人的劳动消耗所需代价是软件产品的开发成本。另一方面，软件产品开发成本的计算方法不同于其他物理产品成本的计算。软件产品不存在重复制造过程，它的开发成本是由一次性方法过程所花费的代价来计算的。因此软件开发成本的估算，应是从软件计划、需求分析、设计、编码、单元测试、组装测试到确认测试，整个软件开发全过程所花费的代价作为依据。

要注意到成本估算和预算之间的差别。成本估算作为预算的一个输入。预算各项作为预算的不同账目或报表的输入。预算要受到授权实体的审核，此实体是一个预算管理部门，或者是项目策略经理。作为一名项目经理，也许无法控制预算，但可以根据成本估算结果来控制预算输入。

有些附加信息需要在成本估算中体现出来。这包括决策，例如，不同的内容将通过什么投资渠道获得投资。应该将原始估算与从评估人员那里得到的最终结果进行比较，将评估人员忽略的因素增加到估算中。

对一个大型的软件项目，由于项目的复杂性，开发成本的估算不是一件简单的事，要进行一系列的估算处理。主要靠分解和类推的手段进行。基本估算方法分为以下 3 类。

1. 自顶向下的估算方法

自顶向下的估算方法的思想是从项目的整体出发，进行类推。即估算人员根据以前已完成项目所耗费的总成本（或工作总量），推算将要开发的软件的总成本（或工作总量），然后按比例将它分配到各开发任务中去，再检验它是否能满足要求。这种方法的优点是估算量小、速度快；缺点是对项目中的特殊困难估计不足，估算出来的成本盲目性大，有时会遗漏被开发软件的某些部分。

2. 自底向上的估算法

自底向上的估算方法的想法是把待开发的软件细分，直到每一个子任务都已经明确所需要的开发工作量，然后把它们加起来，得到软件开发的总工作量。这是一种常见的估算方法。它的优点是估算各个部分的准确性高；缺点是缺少各项子任务之间相互联系所需要的工作量，还缺少许多与软件开发有关的系统级工作量（配置管理、质量管理和项目管理）。所以往往估计值偏低，必须用其他方法进行校验和校正。

3. 差别估算法

差别估算方法综合了上述两种方法的优点，其方法是把待开发的软件项目与过去已完成的软件项目进行比较，不同的部分则采用相应的方法进行估算，这种方法的优点是可以提高估算的准确度；缺点是不容易明确“类似”的界限。

11.10 计划和组织

11.10.1 项目计划的制定

项目计划详细说明了所需软件及如何实现。它定义了每一个主要任务，并估算其所需时间和资源，同时为管理层的评估和控制提供了一个框架。项目计划也提供了一种很有效的学习途径。如果能合理建档，它便是一个与实际运行效能比较的基准。这种比较可以使计划者看到他们的估算误差，从而提高其估算精确度。

人们着重强调对项目规模和资源的估算，是因为低质量的项目资源估算将不可避免地造成资源短缺、进度延迟和预算超支。又由于项目资源估算是从软件规模估算中直接衍生出来的，所以低质量的规模估算是造成许多软件项目问题的根本原因。

项目计划应在项目开始初期制定出，并随着工程的进展不断地加以精化。起初，由于软件需求通常是模糊而又不完整的，人们的工作重点应放在明确该项目需要哪些领域的知识，并且如何获取这些知识。如果不遵循这一指导原则，程序员们通常会积极地投入到那部分已知的工作中去，而把未知部分留滞到以后。这种工作方式通常会产生很多问题，因为未知部分具有最高的风险系数。软件项目计划的逻辑如下所述。

由于软件需求在初始阶段是模糊而又不完整的，质量计划只能建立在对客户需求的大致而不确切的理解之上。因此，项目计划应该从找出含糊不确切与准确恰当的软件需求间的映射关系入手。

接着建立一种概念设计。项目初始架构的建立要十分谨慎，因为它通常标定了产品模块的分割线，同时描述了这些模块所实现的功能及所有模块间的关系。这就为项目计划和项目实施提供了组织框架，因此一个低质量的概念设计是不能满足要求的。

在每一次后续的需求精化时，也应同时精化资源映射、项目规模估算和工程进度。

11.10.2 项目组人员管理原则

积极的人员管理和交流对于项目成败来说非常关键。有效的人员管理能够促进团队的建设和协作。接下来介绍人员管理的原则。

1. 领导风格

- 领导团队而不是管理团队。
- 展示足够的自信心。
- 建立对开发项目的自我认识。
- 参加专业交流，不要盲目地出风头。
- 跟踪技术领域的发展。
- 工作勤奋负责。
- 对自己的专业实力有足够的认识，忌浮夸。

2. 监督

- 适当的时候授权于人。
- 保证下属对工作的热情与积极性，采取客观的方法。
- 建立透明的评估机制。
- 培养信任感并树立威信。
- 在决策制定过程中汲取他人意见。

3. 交流

- 运用专业手段进行交流。
- 积极参加到开发小组成员的讨论中来。
- 及时、准确地传达别人的意见以赢得尊重。
- 培养良好的倾听习惯。

• 将个人领导魅力融入到交流中。

4. 解决冲突

• 在同事、下属及领导之间协调好关系。
• 遇到突发事件保持冷静沉着。
• 不要权利争斗，但要争取必要的权利。
• 坦率地处理错误，但不要有意迁就。
• 使项目目标与公司目标相协调。

11.10.3 人员组织与管理

人员是软件工程项目最重要也是最为活跃的资源因素。如何组织得更加合理，如何管理得更加有效，从而最大限度地发挥这一重要的资源潜力，对于成功地完成软件工程项目至关重要。

1. 项目组的组织结构

开发组织采用什么形式，要针对软件项目的特点来决定，同时也与参加人员的素质有关。建立项目组织时要考虑以下一些原则。

（1）项目责任制度

项目必须实行项目负责人责任制。项目责任人对项目的完成负全部责任。

（2）人员少而精

项目组成员之间的交流和协作是项目成败的关键。人员少，具有便于组织管理、合理分工、减少通信等优点；人员精，有利于互相激励、发挥各自的特长，提高工作效率。

2. 程序设计小组的组织形式

一般情况下，程序设计人员是在一定程度上独立自主地完成各自的任务。但这并不意味着互相之间没有联系。事实上，人员之间联系多少、联系方式与生产效率直接相关。程序设计小组内人数少，如2~3人，则人员之间的联系比较简单。但随着人数的增加，相互之间的联系就按非线性关系变得复杂起来。因此，小组内部人员的组织形式对生产率也有很大的影响。

3. 主程序员组

主程序员组由主程序员、后援工程师和程序员为核心组成。主程序员是经验丰富、能力强的高级程序员，负责小组全部技术活动的计划、协调与审查工作，还负责设计和实现项目中的关键部分；后援工程师协助和支持主程序员的工作，为主程序员提供咨询，也做部分分析、设计和实现的工作，并在必要时代替主程序员工作，以便使项目能继续进行；程序员负责项目的具体分析与开发，以及文档资料的编写工作。根据系统规模大小及难易程度，小组还可以聘请一些专家、辅助人员、软件资料员协助工作。主程序员组这种集中领导的组织形式突出了主程序员的领导作用，简化了人际通信。这种组织形式能否取得好的效果，很大程度上取决于主程序员的技术水平和管理才能。美国的软件产业中大多采用主程序员组的组织形式，如图11-4所示。

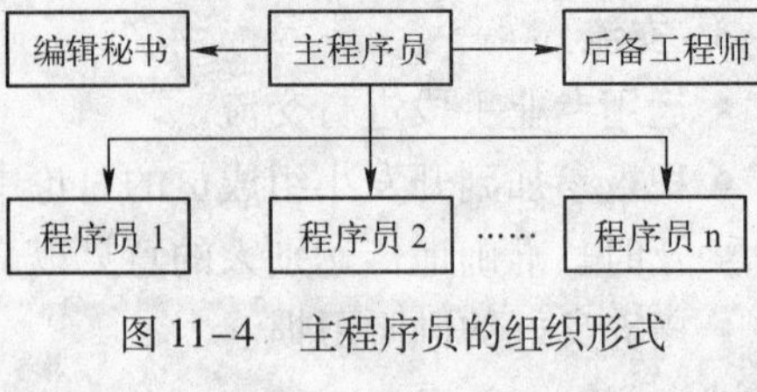

图11-4 主程序员的组织形式

4. 民主小组

小组由经验丰富的技术人员组成。项目有关的所有重大决策都由全体成员集体讨论、确定解决。这种组织形式强调发挥每个成员的积极性，要求每个成员充分发挥主动精神和协作精神。通过充分讨论，也是在互相学习，因而在组内形成一个良好合作的工作气氛。但有时也会因此削弱个人的责任心和必要的权威作用。有人认为这种组织形式适合于研制时间长、开发难度大的项目。日本软件产业中大多采用这种组织形式，取得了较好的效果。这种组织形式在强调发挥每个成员的积极性的同时，也创造了一个尊重每个成员的良好工作环境。由于小组成员在工作上能够很好地配合，因而小组成员能较长时间保持稳定的合作关系。这样的小组形式避免了因软件人员频繁流动对工作造成的严重干扰，如图 11-5 所示。

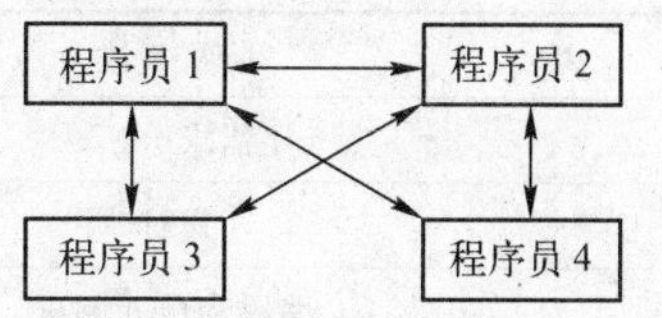

图 11-5　民主小组程序员形式

5. 层次小组

小组内人员分为组长、高级程序员和程序员 3 级。组长负责全组工作，包括任务分配、技术评审和复查、掌握工作量和参加技术活动。组长直接领导 2 至 3 名高级程序员。高级程序员通过基层小组，管理若干个程序员。这种组织结构只允许必要的人际通信。它比较适合项目本身就是层次结构状的课题以及大型软件项目的开发，如图 11-6 所示。

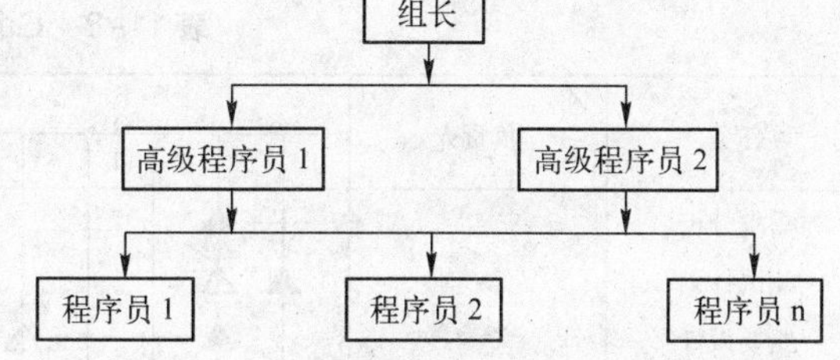

图 11-6　层次小组程序员组

11.11　进度计划

11.11.1　制定开发进度计划

制定进度计划是软件计划工作中一项最困难的任务，计划人员要把可用资源与项目工作量协调好；要考虑各项任务之间的相互依赖关系，并且尽可能地平行进行；预见可能出现的问题和项目的瓶颈，并提出处理意见；规定进度，评审和应交付的文档。

假设用做变量的开发时间 TD 按线性变化，而且已经得到了总的开发工作量估计值 ED，要求在规定的时间 TD 内完成，在项目中最好有参加工作的人员平均值 M，即 M = ED/TD，这将是一个非常有用的数据。在上述方程中，项目的工作量和开发时间不能作为独立的变量。Brooks 定律描述了这种现象的最极端情况：为误期的软件项目增加人员将会使其进度更慢。

估算开发时间可以使用类似工作量的估算法。一些研究人员指出，开发时间与开发工作量之间十分精确地满足下面的方程关系：

$$TD = a(ED)^b$$

其中，a 和 b 为经验常数，a 和 b 的取值范围分别为 2 ~4 和 0.25 ~0.4，若 ED 以人/月为单位，则 TD 的单位为月。

方程 $TD = a(ED)^b$ 给出了名义开发时间。某些模型给出了工作量的下限，不管项目增加多少额外的工作人员，也不能提高开发进度。如 COCOMO 模型，最多只能压缩到名义开发时间的 75%。所增加的这一部分工作人员的工作量都消耗在保持项目人员之间的通信的开销中了。各阶段开发进度分配也必须由经验数据确定，表 11-7 为典型的百分比值。

表 11-7　系统各阶段的开发进度分配

阶　段	占开发时间的百分比
需求分析	10 ~ 30
设计	17 ~ 27
编码和单元测试	25 ~ 60
组装测试和确认测试	16 ~ 28

11.11.2　Gantt 图与时间管理

时间管理在项目的执行和实施过程中进行，通过经常性的检查进度是否按进度计划完成，来发现和纠正偏差，并找出原因，以便在短时间里找到解决的方法。Gantt 图是表示项目进度计划使用最广泛的工具之一。一张 Gantt 图可以表示出计划过程和实际过程。表 11-8 是 Gantt 图用于安排软件工程进度计划的一个例子。

表 11-8　Gantt 图例子

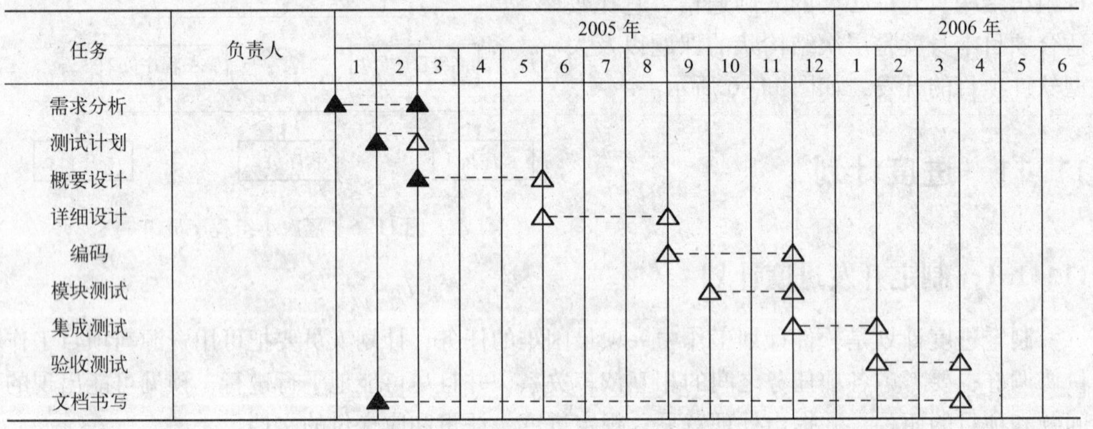

在 Gantt 图中，每一项任务的开始时间和结束时间先均匀用空心小三角表示，两者用横线相连，令人一目了然。当活动开始时，将横线左面的小三角涂黑，当活动结束时，再把横线右边的小三角涂黑。从表 11-8 可以看出，需求分析工作从 2005 年 1 月开始，到 3 月底已经完成；测试计划、编写文档工作从 2 月初开始，概要设计也已经开始，这 3 项工作尚未完成；其他几项还未开始。

Gantt 图表示了任务之间的并行和串行关系，简单明了，易画、易读、易改，使用十分方便。由于图中显示了年、月，用它来检查工程完成的情况十分直观、方便。但是，它不能显示各项子任务之间的依赖关系，以及哪些是关键任务等。要弥补这一不足，可采用工程网络技术。

11.11.3　工程网络与关键路径

任务之间的依赖关系可以用工程网络的方式来定义。工程网络技术又称为 PERT（Program Evaluation and Review Technique）技术，可以利用 PERT 图制定计划。

该图用圆圈表示事件（子任务的开始或结束），还能明显地表示各个子任务之间的依赖关系。事件是可以明确定义的时间点，本身并不消耗时间和资源。用有向弧或箭头表示一个事件结束，另一个事件开始。用开始事件编号和结束事件的编号表示一个任务，箭头上方的数字表示该子任务的持续事件，箭头上面的数字表示该任务允许的机动时间。例如任务 3→4 的持续时间为 3，机动时间为 0。

表示事件的圆圈分左右两部分，左半部分中的数字表示事件的序号。圆圈的右半部分划分为上、下两部分，上部中的数字表示前一子任务结束或后一个子任务开始的最早时刻；右下部中的数字则表示前一子任务结束或后一子任务开始的最迟时刻。

工程网络图只有一个开始点和一个终止点，开始点没有流入的箭头，最早时刻定义为零。终止点没有流出的箭头，其最迟时刻就是它的最早时刻。中间的事件圆表示在它之前的子任务已经完成，在它之后的子任务可以开始，如图 11-7 所示。

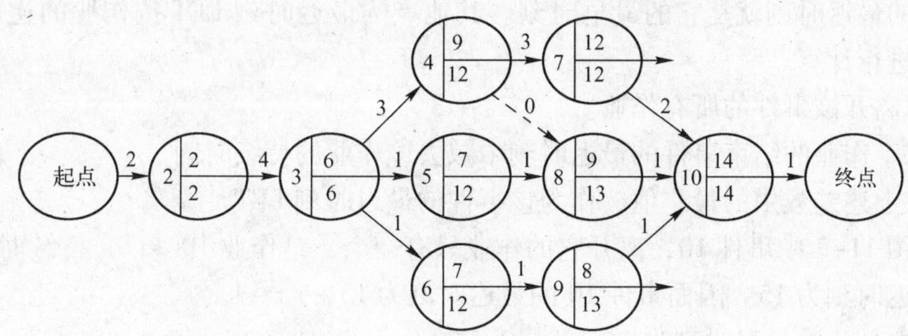

图 11-7　工程网络图

工程网络图中还可以有一些虚线箭头表示虚拟子任务。这些虚拟子任务实际并不存在，只是表示子任务之间存在依赖关系。例如，在图 11-7 中有虚拟子任务 4→8，表示只有 4→8 和任务 5→8 都结束后，事件 8 才能开始，虚拟任务 4→8 本身并不花费时间。

关键路径是指一系列决定项目最早完成时间的事件链接。虽然这些事件并不一定是项目中最重要的，但肯定是项目网络中最长的路径，并且有最少的机动时间。尽管关键路径是最长的，但是代表了为完成项目所花费的最少的时间。在绘制完工程网络图之后，通过计算，能够确定出项目各任务的最早开始时间和最迟结束时间。通过最早与最迟时间之差来分析每一个时间的重要性与紧迫程度。机动时间为 0 的事件就是关键任务，而由关键任务组成的路径就构成了关键路径。

一个项目可以有多条关键路径，并且关键路径也可能因实际情况发生变化。关键路径的主要目的就是要确定项目中的关键任务，以保证项目实施过程中重点突出，线路明确，按期完成。

下面介绍画工程网络图的步骤。

1. 计算最早时刻

事件的最早时刻是该事件可以开始的最早时间。工程网络图由开始点沿着事件发生的顺序，使用以下 3 条简单规则来计算最早时刻 EET。

1）考虑进入该事件的所有作业。

2）对每个作业都计算它的持续时间与起始事件的 EET 之和。

3）选取上述 EET 之和中的最大值，作为该事件的最早时刻 EET。

例如，作业 2→3 由事件 2 开始，到事件 3 结束。事件 2 的最早时刻为 2，只有一个作业进入事件 3；作业 2→3 的持续时间为 4；则事件 3 的最早时间为 2 + 4 = 6。

作业 3→5 的持续时间为 1，事件 3 的最早时刻为 6，事件 5 只有一个作业进入，则事件 5 的最早时刻为 6 + 1 = 7。

作业 5→8 进入事件 8，持续时间为 1，事件 5 的最早时刻为 7，有 7 + 1 = 8。

虚拟作业 4→8 也进入事件 8，持续时间为 0，事件 4 的最早时刻为 9，有 9 + 0 = 9。

根据第三条规则，事件 8 的最早时刻为：EET = max{7 + 1, 9 + 0} = 9

按照此方法，算出所有事件的最早时刻，写在每个圆圈的右上部内。

2. 计算最迟时刻

从结束点开始，计算出每个事件的最迟时刻，写在圆圈的右下部内。事件的最迟时刻是在不影响工程进度的前提下，该事件最晚可以发生的时刻。

结束点的最迟时刻就是它的最早时刻。其他点的最迟时刻 LET 按作业的逆向顺序，使用下述规则进行计算。

1）考虑离开该事件的所有作业。

2）从每个作业的结束事件的最迟时刻中减去该作业的持续时间。

3）选取上述差数中的最小值，作为该事件的最迟时刻 LET。

例如，图 11-7 中事件 10，离开它的作业只有一个，是作业 10→11，持续时间为 1，结束事件的最迟时刻为 15。因而事件 10 的最迟时刻为 15 - 1 = 14。

同理，事件 7 的最迟时刻为 14 - 2 = 12。

事件 8 的最迟时刻为 14 - 1 = 13。

离开事件 4 的作业有两个：作业 4→7 和虚拟作业 4→8。持续时间分别为 3 和 0。

因而，事件 4 的最迟时刻为：LET = min{12 - 3, 13 - 0} = 9

3. 机动时间

不在关键路径上的作业有一定的机动时间，实际开始时间可以比预定时间晚一点，或者实际持续时间可以比预定持续时间长一些，这并不影响工程的结束时间。

一个作业可以有的机动时间等于它的结束事件的最迟时刻减去它的开始事件的最早时刻，再减去这个作业的持续时间，即机动时间 = 最迟时间 - 最早时间。

在工程网络图中，每个作业的机动时间写在该作业的箭头旁边，参看图 11-7。

关键路径上的作业的机动时间为 0。

在制定进度计划时，仔细考虑和利用网络图中的机动时间，往往能安排出既节省资源又不影响竣工时间的进度表。

对于不在关键路径上的任务，可根据实际情况调整其开始时间。这样做，既不影响整个工程的进度，又可减少工作人员。将网络图和 Gantt 图结合起来安排进度，有时可以节省不少的人力。例如，在图 11-7，作业 3→5 和作业 3→6 本来是两个并行的作业，由于可以在时间安排上错开进行，如果由一组人员先后完成这两个作业，就节省了一组人力。其他作业也一样，应仔细研究是否能节省人力。

争取缩短关键路径上的某些任务的耗时数，以便缩短整个工程的工期。

利用工程网络和 Gantt 图可以制定出合理的进度计划，并能科学合理地管理软件开发的进展情况。

一般来说，Gantt 图适用于简单的软件项目，而对各项任务的相互依赖关系较为复杂的软件项目，使用网络技术较为适宜。有时可同时使用这两种方法，互相比较，取长补短，随时调整，更好地安排项目进度。

11.11.4 项目进度跟踪与控制

项目进度控制的目的是：增强项目进度的透明度，以便当项目进展与项目计划出现严重偏差时可以采取适当的纠正或预防措施。已经归档和发布的项目计划是项目控制和监督中活动、沟通、采取纠正和预防措施的基础。

在制定项目进度阶段形成的 Gantt 图可以作为测量项目进展的基础。项目控制者应该经常监督项目所处的状态，他可以用符号在 Gantt 图中标出项目活动的确切位置，同时他要保持有关项目活动的实际状态和理想状态差距的记录。这些项目信息应该与控制活动所需要的清晰的指示一起传达给相关的人员。项目中的关键点或控制点越多，控制活动就越容易，随着控制点数量的增多，允许监督项目进度的方法就越平常和清晰。项目控制延迟所需要采取的一些控制措施包括工作的重新设计；生产力的提高；项目范围的修正；项目总体规划的修正；项目的加速或行动的冲突；不必要活动的删除；重新估计关键点或到期时间。

在跟踪当前项目的过程中，有些任务是项目经理每周必须考虑的，如跟踪项目预算；跟踪项目范围的状态；跟踪项目产品的进展与状态；跟踪项目进度；分析变化；管理有效的范围变化等。

（1）跟踪项目范围的状态

随着项目的进展，项目经理应该定期检查开发人员的工作是否处于项目范围内，是否有些问题已经超出了项目范围。对于超出项目范围的问题，有两种处理方法：可以检查整个变化管理和范围修订过程，对于有效的项目范围扩展正式批准；也可以阻止开发人员在与项目无关的事情上浪费时间。由项目经理完全负责召集人员并对他们超出范围的工作加以纠正。

还必须紧密控制项目产品的开发。在项目组开始各方面的开发工作时，必须对其加以跟踪，了解项目产品的状态，包括工作出了差错、工作进展完全正确以及有人在交付产品时需要帮助等。应该非常了解项目的产品是什么样的，因为经过反复修订的项目需求文档是项目经理撰写的，正是这份文档规定了如何生产产品。除了需求文档，还有一份任务表，描述了如何开发产品、满足需求。

（2）跟踪项目进度表

由于若干方面的因素，进度表的安排会被打破。项目组成员完成任务进展缓慢；项目组成员做了他不该做的工作，因此扩大了项目范围，并打破项目进度表；项目组成员生病，或遭遇不幸事件，占用了项目时间；项目组成员与另一成员坠入情网，把时间花费在了通过电子邮件谈情说爱上，而不是集中精力完成项目；厂商没有按时提供产品或服务；公司策略变化等外部因素降低了项目的处理优先等级等。

任何可以阻碍项目组工作的事情都将导致项目进度的延缓。应该在进度表中留出一些余地。但是，过多的回旋余地会超出允许范围，会被要求解释其中的原因。

（3）分析变化

差值分析是一种理想的方法，可以利用项目管理软件方便地进行计算。在制定时间和经费计划时，需要输入与某任务相关的开支。在真正使用经费时，需要输入使用的时间和所采购物品的开支，这样，软件就会计算出预算与实际支出之间的差值。如果通过普通的电子表格制定一个廉价的项目计划，那么在计算差值时就需要多付出一些努力，但它也同样是一种有效的手段。在计算时，把实际值与预算值加以比较，并计算出提前或落后的百分比。

一个需要经常监督的差值是实现这种非人力资源的参考。例如，可以预计使用 8 小时，通过负载模拟软件对一个网站进行测试。由于这是一个企业软件，其他人也需要预定时间使用这一软件，所以预计使用这一软件的时间将对其他项目产生影响。

（4）管理有效的范围变化

如果考虑对项目范围加以调整，而这种变化又是合理的，那么一项任务就是对这一变化加以管理。现存的有效的变化管理政策可以协助实现范围调整。例如，变化管理政策可能规定，拟议中的范围变化应该在实施前提交给筹划指导委员会。这样，就可以与项目干系人对这一拟议中的变化进行讨论，对与之相关的风险加以分析，并在开始实施之前得到委员会的同意。

如果有人提出了一项变化请求，他们必须经历一个严格的审查过程，这一过程大概需要数周的时间，而这一变化请求根本不那么重要。这时，项目经理的工作不是拒绝变化请求，而是要保证所接受的变化必须是重要的，值得增加项目时间和开支。

一旦某个变化请求得到认可，必须重新审查项目计划，也许需要增加人力，获得批准使用更多资源。最重要的是获得项目主管的批准，以实施这一变化。在大型项目中，还要对项目的范围文档进行修订。项目范围变化后，文档要更新，新工作文档需要得到正式批准。

11.12 风险管理

软件开发几乎总会存在风险。能够预见可能影响项目进度或正在开发的软件产品的质量的风险，是每个项目管理者应该具备的能力。对付风险应该采取主动的策略，也就是说，早在技术工作开始之前就应该启动风险管理活动，标识出潜在的风险，评估它们出现的概率和影响，并且按重要性把风险排序，然后，软件项目组制定一个计划来管理风险。

风险管理的主要目标是预防风险，但是，并非所有风险都能预防，因此，项目组还必须制定一个处理意外事件的计划，以便一旦风险变成现实时能够以可控的和有效的方式做出反应。

11.12.1 风险识别与分类

软件项目的风险无非体现在需求、技术、成本、机构、人员、产品和进度这 6 个方面。在表 11-9 中简单列出了几种风险类型及 IT 项目开发中常见的风险 。

表 11-9 可能出现的 IT 项目开发中的风险

风　险	风险类型	描　述
需求风险	需求风险	软件需求与预期相比，可能会有很大的出入
计划编制风险	进度风险	计划跟不上变化
组织和管理风险	机构风险	有时，管理者的决策将对项目进度产生巨大影响

（续）

风　险	风险类型	描　述
人员风险	人员风险	有着丰富开发经验的人员随时可能跳槽
开发环境风险	技术风险	所需要的硬件等基础设备没有按时到位
客户风险	需求风险	达不到客户的要求
产品风险	产品风险	软件产品的质量不能得到保证
设计和实现风险	技术风险	开发人员的技术不能满足项目的需求
过程风险	机构风险	管理体制不够完善，进度跟不上

1. 需求风险

1）需求已经成为项目基准，但需求还在继续变化。

2）需求定义欠佳，而进一步的定义会扩展项目范畴。

3）添加额外的需求。

4）产品定义含混的部分比预期需要更多的时间。

5）在做需求中客户参与不够。

6）缺少有效的需求变化管理过程。

2. 计划编制风险

1）计划、资源和产品定义全凭客户或上层领导口头指令，并且不完全一致。

2）计划是优化的，是“最佳状态”，但计划不现实，只能算是“期望状态”。

3）计划基于使用特定的小组成员，而那个特定的小组成员其实指望不上。

4）产品规模（代码行数、功能点、与前一产品规模的百分比）比估计的要大。

5）完成目标日期提前，但没有相应地调整产品范围或可用资源。

6）涉足不熟悉的产品领域，花费在设计和实现上的时间比预期的要多。

3. 组织和管理风险

1）仅由管理层或市场人员进行技术决策，导致计划进度缓慢，计划时间延长。

2）低效的项目组结构降低生产率。

3）管理层审查决策的周期比预期的时间长。

4）预算削减，打乱项目计划。

5）管理层做出了打击项目组织积极性的决定。

6）缺乏必要的规范，导致工作失误与重复工作。

7）非技术的第三方的工作（预算批准、设备采购批准、法律方面的审查、安全保证等）时间比预期的要长。

4. 人员风险

1）作为先决条件的任务（如培训及其他项目）不能按时完成。

2）开发人员和管理层之间关系不佳，导致决策缓慢，影响全局。

3）缺乏激励措施，士气低落，降低了生产能力。

4）某些人员需要更多的时间适应还不熟悉的软件工具和环境。

5）项目后期加入新的开发人员，需进行培训并逐渐与现有成员沟通，从而使现有成员的工作效率降低。

6）由于项目组成员之间发生冲突，导致沟通不畅、设计欠佳、接口出现错误和额外的重复工作。

7）不适应工作的成员没有调离项目组，影响了项目组其他成员的积极性。

8）没有找到项目急需的，具有特定技能的人。

5. 开发环境风险

1）设施未及时到位。

2）设施虽到位，但不配套，如没有电话、网线、办公用品等。

3）设施拥挤、杂乱或者破损。

4）开发工具未及时到位。

5）开发工具不如期望的那样有效，开发人员需要时间创建工作环境或者切换新的工具。

6）新的开发工具的学习期比预期的长，内容繁多。

6. 客户风险

1）客户对于最后交付的产品不满意，要求重新设计和重做。

2）客户的意见未被采纳，造成产品最终无法满足用户要求，因而必须重做。

3）客户对规划、原型和规格的审核决策周期比预期的要长。

4）客户没有或不能参与规划、原型和规格阶段的审核，导致需求不稳定和产品生产周期的变更。

5）客户答复的时间（如回答或澄清与需求相关问题的时间）比预期长。

6）客户提供的组件质量欠佳，导致额外的测试、设计和集成工作，以及额外的客户关系管理工作。

7. 产品风险

1）矫正质量低下的不可接受的产品，需要比预期更多的测试、设计和实现工作。

2）开发额外的不需要的功能（镀金），延长了计划进度。

3）严格要求与现有系统兼容，需要进行比预期更多的测试、设计和实现工作。

4）要求与其他系统或不受本项目组控制的系统相连，导致无法预料的设计、实现和测试工作。

5）在不熟悉或未经检验的软件和硬件环境中运行所产生的未预料到的问题。

6）开发一种全新的模块将比预期花费更长的时间。

7）依赖正在开发中的技术将延长计划进度。

8. 设计和实现风险

1）设计质量低下，导致重复设计。

2）一些必要的功能无法使用现有的代码和库实现，开发人员必须使用新的库或者自行开发新的功能。

3）代码和库质量低下，导致需要进行额外的测试，修正错误或重新制作。

4）过高估计了增强型工具对计划进度的节省量。

5）分别开发的模块无法有效集成，需要重新设计或制作。

9. 过程风险

1）大量的纸面工作导致进程比预期的慢。

2）前期的质量保证行为不真实，导致后期的重复工作。

3）太不正规（缺乏对软件开发策略和标准的遵循），导致沟通不足，质量欠佳，甚至需重新开发。

4）过于正规（教条地坚持软件开发策略和标准），导致过多耗时于无用的工作。

5）向管理层撰写进程报告占用开发人员的时间比预期的多。

6）风险管理粗心，导致未能发现重大的项目风险。

识别风险是风险管理的第一个阶段，这一阶段是要系统化地识别已知的和可预测的风险，在可能时避免这些风险，且当必要时控制这些风险。根据风险内容，可以将风险分为如下几种。

1）技术风险：源于组成开发系统的软件技术或硬件技术的风险。

2）人员风险：与软件开发团队的成员有关的风险。

3）机构风险：源于软件开发机构的环境风险。

4）工具风险：源于CASE工具和其他用于系统开发的支持软件的风险。

5）需求风险：源于客户需求的变更和需求变更的处理过程的风险。

6）估算风险：源于对系统特性和构建系统所需资源进行估算的风险。

在进行具体的软件项目风险识别时，可以根据实际情况对风险分类。但简单的分类并不是总行得通的，某些风险根本无法预测。在这里，介绍一下美国空军软件项目风险管理手册中指出的如何识别软件风险。这种识别方法要求项目管理者根据项目实际情况标识影响软件风险因素的风险驱动因子，这些因素包括以下几个方面。

1）性能风险：产品能够满足需求和符合使用目的的不确定程度。

2）成本风险：项目预算能够被维持的不确定的程度。

3）支持风险：软件易于纠错、适应及增强的不确定的程度。

4）进度风险：项目进度能够被维持且产品能按时交付的不确定的程度。

11.12.2 风险评估与分析

在进行了风险辨识后，就要进行风险估算，风险估算从以下几个方面评估风险清单中的每一个风险。

1）建立一个尺度，以反映风险发生的可能性。

2）描述风险的后果。

3）估算风险对项目及产品的影响。

4）标注风险预测的整体精确度，以免产生误解。

对辨识出的风险进行进一步的确认后分析风险，即假设某一风险出现后，分析是否有其他风险出现，或是假设这一风险不出现，分析它将会产生什么情况，然后确定主要风险出现最坏情况后，如何将此风险的影响降到最低，同时确定主要风险出现的个数及时间。进行风险分析时，最重要的是量化不确定性的程度和每个风险可能造成损失的程度。为了实现这点，必须考虑风险的不同类型。识别风险的一个方法是建立风险清单，清单上列举出在任何时候可能碰到的风险最重要的是要对清单的内容随时进行维护，更新风险清单，并向所有的成员公开，应鼓励项目团队的每个成员勇于发现问题并提出警告。建立风险清单的一个办法是将风险输入缺陷追踪系统中，建立风险追踪工具，缺失追踪系统一般能将风险项目标示为已解决或尚待处理状态，也能指定解决问题的项目团队成员，并安排处理顺序。风险清单给项目管理提供了一种简单的风险预测技术，表 11-10 是一个风险清单的例子。

表 11-10　风险清单

风　险	类　别	概　率	影　响
资金将会流失	商业风险	40%	1
技术达不到预期效果	技术风险	30%	1
人员流动频繁	人员风险	60%	3

在风险清单中，风险的概率值可以由项目组成员个别估算，然后加权平均，得到一个有代表性的值。也可以通过先做个别估算而后求出一个有代表性的值来完成。对风险产生的影响可以对影响评估的因素进行分析。

一旦完成了风险清单的内容，就要根据概率进行排序，高发生率、高影响的风险放在上方，依次类推。项目管理者对排序进行研究，并划分重要和次重要的风险，对次重要的风险再进行一次评估并排序。对重要的风险要进行管理。从管理的角度来考虑，风险的影响及概率是起着不同作用的，一个具有高影响且发生概率很低的风险因素不应该花太多的管理时间，而高影响且发生率从中到高的风险以及低影响且高概率的风险，应该首先列入管理考虑之中。表 11-11 是对识别出的风险进行分析后，对其出现的可能性及造成结果的反映。

表 11-11　项目开发中的风险分析

风　险	出现的概率	造成的结果
开发经费出现赤字，须减少预算	小	灾难性
招聘不到符合项目要求的开发人员	大	灾难性
开发过程中，主要人员有急事离开	中等	严重
客户需求变化，主体设计要重新	中等	严重
新员工的培训跟不上	中等	可容忍
低估了软件的规模	大	可容忍
开发工具编码效率低	中等	可忽略

在这里，需要强调的是如何评估风险的影响，如果风险真的发生了，它所产生的后果会对风险的性质、范围及时间这 3 个因素产生影响。风险的性质是指当风险发生时可能产生的问题，风险的范围是指风险的严重性及其整体分布情况；风险的时间是指主要考虑何时能够感到风险及持续多长时间。可以利用风险清单进行分析，并在项目进展过程中迭代使用。项目组应该定期复查风险清单，评估每一个风险，以确定新的情况引起风险的概率及影响发生改变。这个活动可能会添加新的风险，删除一些不再有影响的风险，并改变风险的相对位置。

11.12.3　风险策划与管理

风险管理在项目管理中占有非常重要的地位。首先，有效的风险管理可以提高项目的成功率。其次，风险管理可以增加团队的健壮性。与团队成员一起进行风险分析可以让大家对困难有充分估计，对各种意外有心理准备，大大提高组员的信心，从而稳定队伍。第三，有效的风险管理可以帮助项目经理抓住工作重点，将主要精力集中于重大风险，将工作方式从被动救火转变为主动防范。

被动风险策略是针对可能发生的风险来监督项目，直到它们变成真正的问题时，才会拨出资源来处理它们。更普遍的是，软件项目组对风险不闻不问，直到发生了错误才赶紧采取行动，试图迅速地纠正错误。这种管理模式常常被称为“救火模式”。当补救的努力失败后，项目就处在真正的危机之中了。

对于风险管理的一个更好的策略是主动式的。主动策略早在技术工作开始之前就已经启动了。标识出潜在的风险，评估它们出现的概率及产生的影响，对风险按重要性进行排序，然后，软件项目组建立一个计划来管理风险。主动策略中的风险管理，其主要目标是预防风险。但是，因为不是所有的风险都能够预防，所以，项目组必须建立一个应付意外事件的计划，使其在必要时能够以可控的及有效的方式作出反应，任何一个系统开发项目都应将风险管理作为软件项目管理的重要内容。

在进行软件项目风险管理时，要标识出潜在的风险，评估它们出现的概率及产生的影响，并按重要性加以排序，然后建立一个规划来管理风险。风险管理的主要目标是预防风险，但不是所有的风险都能够预防。所以必须建立一个意外事件计划，使其在必要时能以可控的和有效的方式作出反应。风险管理目标的实现包含3个要素。首先，必须在项目计划书中写下如何进行风险管理；第二，项目预算必须包含解决风险所需的经费，如果没有经费，就无法达到风险管理的目标；第三，评估风险时，风险的影响也必须纳入项目规划中。

风险管理涉及的主要过程包括风险识别、风险量化、风险应对计划制定和风险监控，风险识别在项目的开始时就要进行，并在项目执行中不断进行。也就是说，在项目的整个生命周期内，风险识别是一个连续的过程。

风险识别：风险识别包括确定风险的来源，风险产生的条件，描述风险特征和确定哪些风险事件有可能影响本项目。风险识别不是一次就可以完成的事，应当在项目的自始至终定期进行。

风险量化：涉及对风险及风险的相互作用的评估，是衡量风险概率和风险对项目目标影响程度的过程。风险量化的基本内容是确定哪些事件需要制定应对措施。

风险应对计划制定：针对风险量化的结果，为降低项目风险的负面效应制定风险应对策略和技术手段的过程。风险应对计划依据风险管理计划、风险排序、风险认知等依据，得出风险应对计划、剩余风险、次要风险以及为其他过程提供的依据。

风险监控：涉及整个项目管理过程中的风险进行应对。该过程的输出包括应对风险的纠正措施以及风险管理计划的更新。每个步骤所使用的工具和方法详见表11-12。

表11-12　风险管理步骤及方法

风险管理步骤	所使用的工具、方法
风险识别	头脑风暴法、面谈、Delphi法、核对表、SWOT技术
风险量化	风险因子计算、PERT估计、决策树分析、风险模拟
风险应计划制定	回避、转移、缓和、接受
风险监控	核对表、定期项目评估、净值分析

11.12.4 风险规避与监控

所有风险分析活动都只有一个目的——辅助项目组建立处理风险的策略。如果软件项目组对于风险采取主动的方法，则避免永远是最好的策略。这可以通过建立一个风险缓解计划来达到，即制定对策。

对不同的风险项要建立不同的风险规避和监控的策略。如对于开发人员离职的风险项目开始时应作好人员流动的准备，采取一些措施确保人员一旦离开时项目仍能继续；制定文档标准并建立一种机制，保证文档及时产生；对每个关键性技术岗位要培养后备人员。对于技术风险，可以采用的策略有，对采用的关键技术进行分析，避免软件在生命周期中很快落后；在项目开发过程中保持对风险因素相关信息的收集工作，减少对合作公司的依赖尤其是对延续性强的项目应该尽可能地吸收合作公司的技术并变为自己的技术，避免因为可能发生的与合作公司合作的终止带来的影响和风险，降低投入成本。

一个有效的策略必须考虑风险避免、风险监控和风险管理及意外事件计划这样 3 个问题。风险的策略管理可以包含在软件项目计划中，或者风险管理步骤也可以组成一个独立的风险缓解、监控和管理计划（RMMM 计划）。RMMM 计划（Risk Mitigation Monitoringand Management plan）将所有风险分析工作文档化，并且由项目管理者作为整个项目计划的一部分来使用，RMMM 计划的大纲主要包括主要风险，风险管理者，项目风险清单，风险缓解的一般策略、特定步骤，监控的因素和方法，意外事件和特殊考虑的风险管理等。一旦建立了 RMMM 计划，就开始了风险缓解及监控，风险缓解是一种避免问题的活动，风险监控则是跟踪项目的活动。它有 3 个主要目的，评估一个被预测的风险是否真的发生了；保证为风险而定义的缓解步骤被正确地实施；收集能够用于未来的风险分析信息。

软件开发是高风险的活动。如果项目采取积极风险管理的方式，就可以避免或降低许多风险，而这些风险如果没有处理好，就可能使项目陷入瘫痪。因此在软件项目管理中还要进行风险跟踪。对辨识后的风险在系统开发过程中进行跟踪管理，确定还会有哪些变化，以便及时修正计划。具体内容如下。

1）实施对重要风险的跟踪。

2）每月对风险进行一次跟踪。

3）风险跟踪应与项目管理中的整体跟踪管理相一致。

4）风险项目应随着时间的不同而相应地变化。

通过风险跟踪，进一步对风险进行管理，从而保证项目计划如期完成。

11.13 项目管理认证体系 IPMP 与 PMP

11.13.1 IPMP 概况

国际项目管理专业资质认证（International Project Management Professional，IPMP）是国际项目管理协会（International Project Management Association，IPMA）在全球推行的四级项目管理专业资质认证体系的总称。IPMP 是对项目管理人员知识、经验和能力水平的综合评估证明，根据 IPMP 认证等级划分获得 IPMP 各级项目管理认证的人员，将分别具有负责大型国际项目、大型复杂项目、一般复杂项目或具有从事项目管理专业工作的能力。

IPMA 依据国际项目管理专业资质标准（IPMA Competence Baseline，ICB），针对项目管理人员专业水平的不同，将项目管理专业人员资质认证划分为 4 个等级，即 A 级、B 级、C 级、D 级，每个等级分别授予不同级别的证书。

A 级（Level A）证书是认证的高级项目经理。获得这一级认证的项目管理专业人员有能力指导一个公司（或一个分支机构）的包括有诸多项目的复杂规划，有能力管理该组织的所有项目，或者管理一项国际合作的复杂项目。这类等级称为认证的高级项目经理（Certificated Projects Director，CPD）。

B 级（Level B）证书是认证的项目经理。获得这一级认证的项目管理专业人员可以管理大型复杂项目。这类等级称为认证的项目经理（Certificated Project Manager，CPM）。

C 级（Level C）证书是认证的项目管理专家。获得这一级认证的项目管理专业人员能够管理一般复杂项目，也可以在所有项目中辅助项目经理进行管理。这类等级称为认证的项目管理专家（Certificated Project Management Professional。PMP）。

D 级（Level D）证书是认证的项目管理专业人员。获得这一级认证的项目管理人员具有项目管理从业的基本知识，并可以将它们应用于某些领域。这类等级称为认证的项目管理专业人员（Certificated Project Management Practitioner。PMF）。

由于各国项目管理发展情况不同，各有各的特点，因此 IPMA 允许各成员国的项目管理专业组织结合本国特点，参照 ICB 制定在本国认证国际项目管理专业资质的国家标准（National Competence Baseline，NCB），这一工作授权于代表本国加入 IPMA 的项目管理专业组织完成。

11.13.2 PMP 简介

PMP 是英文“Project Management Professional”（即项目管理专业人员）首字母的缩写。自 1984 年以来，美国项目管理协会（PMI）一直致力于全面发展，并保持一种严格的、以考试为依据的专家资质认证项目，以便推进项目管理行业和确认个人在项目管理方面所取得的成就。美国项目管理协会的项目管理专家（PMP）认证是世界上对项目管理从业人员最具权威的认证。PMP 是众多希望取得项目管理认证的个人和企业的选择之一。获得 PMP 认证之后，将会被列入项目管理团体中最大、最具影响力的资质认证组织之中，个人和企业在国际范围内的项目合作中将获得宝贵的竞争优势、获得国际认可。目前，全世界有大约 43000 名项目管理专家（PMP），他们在 120 多个国家提供项目管理服务。而初级项目管理人员的年薪大约在 40 万人民币以上，从某种程度上讲 PMP 意味着高薪。对各种行业的企业来说，除了项目经理们为了职业的发展要求拥有 PMP 证书外，许多顾客要求企业拥有一定数量取得 PMP 证书的专业人士为他们提供服务，因为越来越多的业内人士认识到，PMP 对企业意味着高效、科学的管理，优质的服务，规范化的制度，甚至于可以杜绝腐败现象的发生，在建筑、电子行业可以将豆腐渣工程的出现几率控制为零。许多企业的雇主都将获得 PMP 认证的项目管理人员定位为这一领域的领导者，并且都承认雇佣他们来管理自己的关键项目会获得盈利。随着 WTO 的加入，国际经济一体化进程的加快及西部大开发进程的深入，越来越多的外资及国际项目进入中国，进而引起了对国际型项目管理人才的迫切需求，各国都相继建立起了自己的项目管理体系，但作为世界项目管理研究开山之祖的美国项目管理协会 PMI 授权的 PMP 资质认证才真正是全球公认的金牌资质证书，并被越来越多的业界人士公认为中国继 MBA、MPA 之后的项目经理及高级管理人士的含金量最高的金牌名片。

11.13.3 我国目前的项目管理认证体系的发展状况

为了大力推行国家职业资格证书制度，提高管理人员业务素质和管理水平，满足社会经济发展对管理人才的需求，2002 年 9 月 29 日，劳动和社会保障部办公厅印发了第四批国家职业标准（劳动厅发［2002］10 号文件），项目管理师被列入其中。这标志着我国项目管理师国家职业资格认证工作已经正式启动。2002 年 12 月 9 日，劳动和社会保障司发函《关于开展项目管理师职业资格全国统一鉴定试点工作的通知》（劳动培就司函［2002］110 号文件），要求各省、自治区、直辖市劳动和社会保障厅（局），国务院有关劳动保障机构贯彻执行。2003 年 9 月 25 日，劳动和社会保障部职业技能鉴定中心发文《关于开展国家职业资格项目管理师职业全国统一试点工作的通知》（劳社鉴发［2003］28 号文件），在全国开展项目管理员和助理项目管理师两个等级的职业资格鉴定试点工作。2004 年 3 月 31 日，劳动和社会保障司发函《关于开展项目管理师远程培训试点工作的通知》（劳动培就司函［2004］31 号），标志着中国项目管理师远程培训试点工作的开始。这些举措的出台和着手实施正是适应了时代的要求。

11.14 经典例题讲解

例题 1

什么是软件质量保证的策略？现代软件质量保证的策略是什么？

参考答案：软件质量的保证策略如下。

1）以检测为重：产品制成之后进行检测，只能判断产品质量，不能提高产品质量。

2）以过程管理为重：把质量的保证工作重点放在过程管理上，对制造过程中的每一道工序都要进行质量控制。

3）以新产品开发为重：在新产品的开发设计阶段，采取强有力的措施来消灭由于设计原因而产生的质量隐患。

基于以上策略，有下面的保证措施。

1）基于非执行的测试（也称为复审或评审）：用来保证在编码之前各个阶段产生的文档的质量。

2）基于执行的测试（即前面讲过的软件测试）：需要在程序编写出来之后进行，它是保证软件质量的最后一道防线。

3）程序正确性证明：使用数学方法严格验证程序是否与它的说明完全一致。

例题 2

软件质量的各种特性怎样度量？

参考答案：人们通常把影响软件质量的特性用软件质量模型来描述。不同的质量模型定义了不同的质量特性。

McCall 等人的定义的质量特性如下。

1）正确性：在预定环境下，软件满足设计规格说明及用户预期目标的程度。它要求软件本身没有错误。

2）可靠性：软件按照设计要求，在规定时间和条件下不出故障，持续运行的程度。

3）效率：为了完成预定功能，软件系统所需的计算机资源的多少。

4）完整性：为某一目的而保护数据，避免它受到偶然的或有意的破坏、改动或遗失的能力。

5）可使用性：对于一个软件系统，用户学习、使用软件及为程序准备输入和解释输出所需工作量的大小。

6）可维护性：为满足用户新的要求，或当环境发生了变化，或运行中发现了新的错误时，对一个已投入运行的软件进行相应诊断和修改所需工作量的大小。

7）可测试性：测试软件以确保其能够执行预定功能所需工作量的大小。

8）灵活性：修改或改进一个已投入运行的软件所需工作量的大小。

9）可移植性：将一个软件系统从一个计算机系统或环境移植到另一个计算机系统或环境中运行时所需工作量的大小。

10）可复用性：一个软件（或软件的部件）能再次用于其他应用（该应用的功能与此软件或软件部件的所完成的功能有关）的程度。

11）互连性：又称相互操作性。连接一个软件和其他系统所需工作量的大小。如果这个软件要联网、与其他系统通信或要把其他系统纳入到自己的控制之下，必须有系统间的接口，使之可以连接。

ISO 9162 定义的 6 个质量特性如下。

1）功能性（Functionality）：是与一组功能及其指定的性质有关的一组属性，这里的功能是指满足明确或隐含的要求的那些功能。

2）可靠性（Reliability）：是与在规定的一段时间和条件下，软件维持其性能水平的能力有关的一组属性。

3）可用性（Usability）：是与一组规定或潜在用户为使用软件所需做的努力和对这样的使用所作的评价有关的一组属性。

4）效率（Efficiency）：是与在规定的条件下，软件性能水平与所使用资源量之间关系有关的一组属性。

5）可维护性（Maintainability）：是与进行指定的修改所需的努力有关的一组属性。

6）可移植性（Portability）：是与软件从某一环境转移到另一环境的能力有关的一组属性。

例题 3

影响软件质量的因素分哪几类？

参考答案：影响软件质量的主要因素有：正确性、健壮性、效率、完整性（安全性）、可用性、风险、可理解性、可维修性、灵活性（适应性）、可测试性、可移植性、可再用性、互运行性。

例题 4　（2004 年软件设计师试题）

当在软件工程的环境中考虑风险时，主要基于 Charette 提出的 3 个概念。以下选项中不属于这 3 个概念的是<u>（1）</u>项目风险关系着项目计划的成败，<u>（2）</u>关系着软件的生存能力。在进行软件工程风险分析时，项目管理人员要进行四种风险评估活动，这 4 种活动是__(3)__以及确定风险估计的正确性。

供选择的答案：

(1) A. 关心未来　　B. 关心变化　　C. 关心技术　　D. 关心选择

(2) A. 资金风险　　B. 技术风险　　C. 商业风险　　D. 预算风险

(3) A. 确立表示风险概率的尺度，描述风险引起的后果，估计风险影响的大小

B. 建立表示风险概率的尺度，描述风险引起的后果，确定产生风险的原因

C. 确定产生风险的原因，描述风险引起的后果，估计风险影响的大小

D. 建立表示风险概率的尺度，确定产生风险的原因，估计风险影响的大小

分析：软件风险是指软件开发过程及软件产品本身可能造成的伤害或损失。Robert Charette 在他关于风险管理的著作中对风险给出了这样的定义："首先，风险关系到未来发生的事情。……我们今天收获的是以前的活动播下的种子。问题是，能否通过改变今天的活动为我们自身的明天创造一个完全不同的充满希望的美好前景。其次，风险会发生变化，就像爱好、意见、动作或地点会变化一样……。第三，风险导致选择，而选择本身将带来不确定性。因此，风险就像死亡那样，是一个生命周期不确定性的东西。"

进行风险分析时，重要的是量化不确定的程度和与每个风险相关的损失的程度。必须考虑以下几种不同类型的风险。

项目风险：项目风险是指潜在的预算、进度、人力（工作人员和组织）、资源、客户、需求等方面的问题以及它们对软件项目的影响。项目风险威胁项目计划，如果风险变成现实，有可能会拖延项目的进度，增加项目的成本。项目风险的因素还包括项目的复杂性、规模、结构的不确定性。

技术风险：是指潜在的设计、实现、接口、验证和维护等方面的问题。此外规约的二义性、技术的不确定性、陈旧的技术以及"过于先进"的技术也是风险因素。技术风险威胁得发软件的质量及交付时间。如果技术风险变成现实，则颁发工作可能变得很困难或者不可能完成。

商业风险：商业风险威胁到要开发软件的生存能力。商业风险常常会危害项目或产品。5 个主要的商业风险如下。

1) 开发一个没有真正需要的优秀产品或系统（市场风险）。

2) 开发的产品不再符合公司的整体商业策略（策略风险）。

3) 创建了一个销售部门不知道如何销售的产品。

4) 由于重点的转移或人员的变动失去了高级管理层的支持（管理风险）。

5) 没有得到预算或人力上的保证（预算风险）。

在进行风险分析时，项目管理人员要进行 4 种风险评估活动，即建立表示风险概率的尺度；描述风险引起的后果；估计风险影响的大小；确定风险估计的正确性，

参考答案：(1) C；(2) C；(3) A；

例题 5　(2004 年 5 月填空题)

CMU/SEI 推出的______将软件组织的过程能力分为 5 个成熟度级别，每个级别定义了一组过程能力目标，并描述了要达到这些目标应该具备的时间活动。

供选择的答案：

A. CMM　　B. PSP　　C. TSP　　D. SSE－CMM

分析：CMM（Capability Maturity Model for Software，软件过程能力成熟度模型）将软件组织的过程能力分为5个成熟度级别：初始级、可重复级（有规章的过程）、定义级（标准化、一致的过程）、管理级（可预测过程）、优化级（可持续改进的过程）。每个级别定义了一组过程能力目标，并描述了要达到这些目标应该具备的实践活动。

参考答案：A

例题6 （2003年填空27~29）

软件开发的螺旋模型综合了瀑布模型和演化模型的优点，还增加了__(1)__。采用螺旋模型时，软件开发沿着螺旋线自内向外旋转，每转一圈都要对__(2)__进行识别和分析，并采取相应的对策。螺旋线第一圈的开始点可能是一个__(3)__。从第二圈开始，一个新产品开发项目开始了，新产品的演化沿着螺旋线进行若干次迭代，一直运转到软件生命期结束。

供选择的答案：

（1）A 版本管理　B. 可行性分析　C. 风险分析　D. 系统集成

（2）A. 系统　B. 计划　C. 风险　D. 工程

（3）A. 原型项目　B. 概念项目　C. 改进项目　D. 风险项目

分析：软件开发的螺旋模型综合了瀑布模型和演化模型的优点，还增加了风险分析，每转一圈都要对风险进行识别和分析。螺旋线第一圈的开始点可能是一个概念项目。从第二圈开始，一个新产品开发项目开始了。新产品的演化沿着螺旋线进行若干次迭代，一直运转到软件生命周期结束。

参考答案：(1) C；(2) C；(3) B；

小结

软件质量就是与软件产品满足规定的和隐含的需求的能力有关的特征或特性的全体。ISO定义了6个质量特性：功能性、可靠性、可维护性、效率、可使用性、可移植性。软件的质量是由质量特性体系所属的质量度量模型来评价的。软件质量保证是为保证产品和服务充分满足消费者要求的质量而进行的有计划、有组织的活动。技术评审的目的是尽早地发现工作成果中的缺陷，并帮助开发人员及时消除缺陷，从而有效地提高产品的质量。技术评审包括正式技术评审和非正式技术评审。其中正式技术评审有准备评审，举行评审会议，跟踪与审核3个步骤。研究软件质量管理，就是要建立一个完善的软件质量管理体系，并且介绍了两个已成熟的体系：基于CMM的质量管理体系和基于ISO 9000的质量管理体系。

另外本章还讲述了软件工程项目管理的几个主要方面，软件工程项目管理的常见技术及其工具的介绍，软件项目的管理活动、成本的估计、进度计划、风险管理、软件成熟度模型、项目管理的认证体系等。在常见技术及其工具部分介绍了CASE技术及基于CASE技术的管理工具；在成本估计部分介绍了几种成本估计的方法和两种典型的成本估算模型；在进度计划部分主要介绍了Gantt图和工程网络技术；在风险管理部分讲述了风险的分类、风险识别、评估和控制；接下来概述了软件成熟度模型CMM；简述了项目管理认证体系PMP与IPMP，及我国目前的项目管理认证体系的发展状况。

习题

一、选择题

1. 在 McCall 软件质量度量模型中，属于面向软件产品的操作是______。 ( )

A. 正确性 B. 可维护性 C. 适应性 D. 互操作性

2. ISO 9000 是由 ISO/TC 176 制定的国际标准，关于质量保证和______。 ( )

A. 质量控制 B. 质量管理 C. 质量策划 D. 质量改进

3. 追求更高的效益和效率为目标的持续性活动是______。 ( )

A. 质量策划 B. 质量控制 C. 质量保证 D. 质量改进

4. 为保证软件的质量可以采取的措施是______。 ( )

A. 严格审查 B. 控制成本 C. 定期复查 D. 科学测试

5. 质量保证是为了保证产品和服务充分满足消费者要求的质量而进行的有计划、有组织的活动。质量保证使产品实现的功能是______。 ( )

A. 系统分析员 B. 程序员 C. 软件开发者要求 D. 用户要求

6. 以软件质量为目的的技术活动是______。 ( )

A. 技术创新 B. 测试 C. 技术改造 D. 技术评审

7. 提高软件质量和可靠性的技术大致可分为两大类：其中一类就是避开错误技术，但避开错误技术无法做到完美无缺和绝无错误，这就需要______。 ( )

A. 消除错误 B. 检测错误 C. 避开错误 D. 容错

8. 软件度量的 3 个维度包括______。 ( )

A. 技术度量 B. 项目度量 C. 产品度量 D. 过程度量

E. 生产率度量

9. 全面质量管理的基础工作包括______。 ( )

A. 定额工作 B. 计划工作 C. 标准化工作 D. 统计工作

10. ISO 1985 提出的关于软件质量度量模型的层次组成是______。 ( )

A. 软件质量需求评价准则 B. 软件质量设计评价准则

C. 软件质量度量评价准则 D. 软件质量过程评价准则

11. 下列______过程是作为成本估计的一个输入。 ( )

A. 预算 B. 进度计划 C. 小组成员的选拔 D. 小组的建立

12. 下列______将使整个项目进行改变。 ( )

A. 大的预算变化 B. 人员问题 C. 计划改变 D. 开发工具效率低

二、简答题

1. 软件质量是什么？有何基本特性？

2. 软件度量是什么？软件质量的度量是什么？二者有何关系？

3. 软件质量保证什么？软件质量保证的主要任务包含哪些？

4. 试简述正式技术评审意义和基本流程。

5. PDCA 循环是什么？它的主要步骤是什么？举例说明如何应用 PDCA 循环。

6. 试简述 ISO 9000 族标准的质量管理原理。

7. 试简述软件项目管理的主要职能。

8. 试简述 IT 项目中风险的分类以及风险管理的步骤。

9. 讨论领导和经理之间的区别。

10. 图 11-8 是表示某项目各项任务的工程网络图。

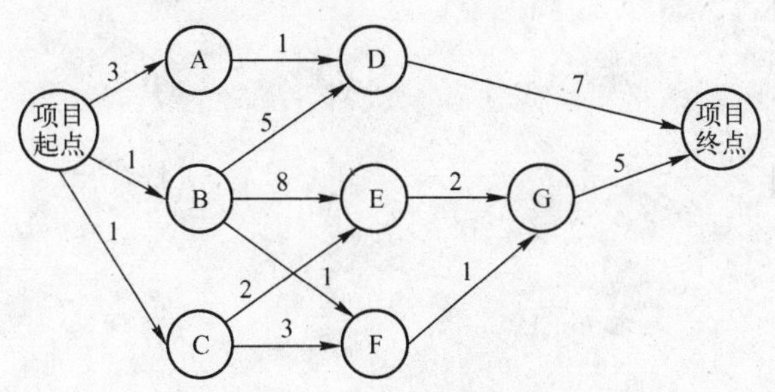

图 11-8　某项目各项任务的工程网络图

圆圈中的字母代表各个任务开始或结束事件的编号，箭头上方的数字表示完成各任务所需要的周数。要求：

1）标出每个事件的最早时刻、最迟时刻与机动时间。问完成该工程项目共需要多少时间？

2）标出工程的关键路径。

11. 简述软件成熟度分哪几个等级。

12. 讨论一下如何对一个项目进行风险评估。

第12章 开发实例

本章要点

- 项目论证和计划
- 可行性分析
- 需求分析
- 总体设计
- 详细设计
- 系统实现
- 测试与维护

12.1 项目论证和计划

利用 PowerBuilder 9.0 程序开发工具和 Sybase 数据库，设计出相应的基于 C/S 模式的人事管理系统。

12.1.1 系统调查

在企业的日常事务中，人事管理工作是非常重要的一项工作，它负责整个企业的日常人事安排，人员的人事管理等。上一代的人事管理系统是单机单用户方式，开发简单，能充分利用数据库的特性。其缺点是开发出的系统依赖性强，运行必须依托数据库环境；不容易升级与扩展；无法实现数据的共享与并行操作；代码重用性差。

12.1.2 新系统的总体功能需求和性能要求

建立一个合理的人事管理系统，从而能够对单位人事系统进行完善的管理，企业管理更加科学规范，并能根据系统提供的准确信息进行适当的调整，促使企业更好发展。采用现有的软硬件及科学的管理系统开发方案，建立人事管理系统，实现移动人事管理的计算机自动化。系统应符合公司人事管理制度，并达到操作直观、方便、实用、安全等要求。并做到以下几点。

（1）简单性

系统设计尽量简单，从而实现使用方便、提高效率、节省开支、提高系统的运行质量。

（2）灵活性

系统对外界条件的变化有较强的适应能力。

（3）完整性

系统是各个子系统的集合，作为一个有机的整体存在。因此，要求各个子系统的功能尽量规范，数据采集统一，语言描述一致。

（4）可靠性

实现安全的、可靠的数据保护措施。

人事管理系统可以用于支持企业完成劳动人事管理工作，实现的目标如下。

1）支持企业高效率完成劳动人事管理的日常业务，包括新职员调入时人事的管理，职员调出、辞职、退休等。

2）支持企业进行劳动人事管理及其相关方面的科学决策，如企业领导根据现有的员工数目决定招聘的人数等。

12.1.3 系统开发的框架

系统开发的框架如图 12-1 所示。

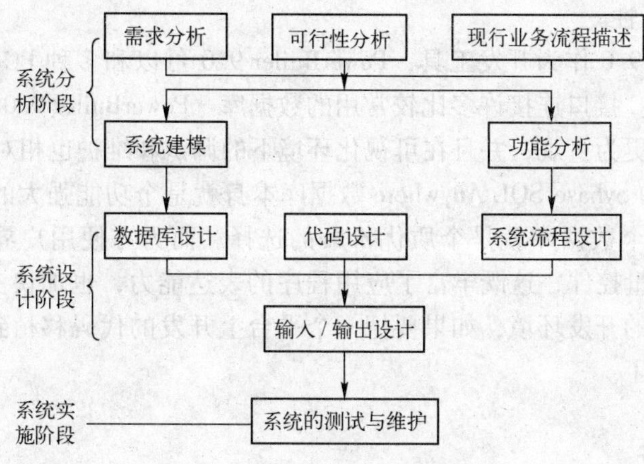

图 12-1 系统开发框架

12.2 可行性分析

通过对系统内容的调查与分析，复查了系统的规模和目标。对于新系统设计的几个关键技术的可行性分析后的流程图如图 12-2 所示。

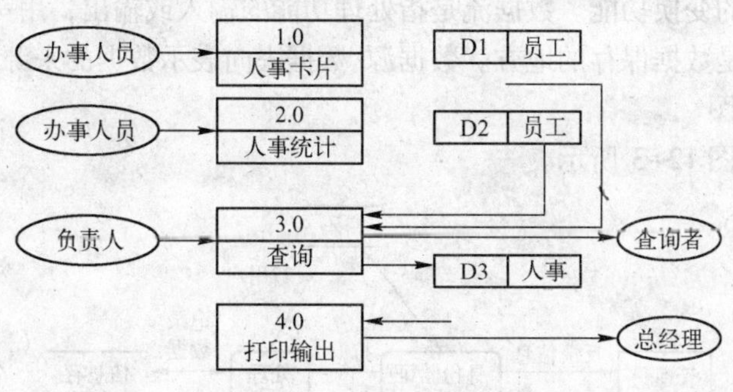

图 12-2 系统处理流程图

1. 技术可行性

随着国内软件开发的日益发展壮大，各种中小企事业单位已具备独立开发各种类型软件的能力，能够满足不同行业的特别需求。而这个系统尽管其在组织关系上存在着很大的复杂性，繁琐性，但是就整个系统的技术构成上来看，它还是属于一个数据库应用类的系统。其基本操作还是对存在数据库进行添加、删除、查找、编辑等。所以就单纯的数据库应用来看，不存在太大的技术问题。

2. 经济可行性

对于整个系统而言，在系统未运行之前，初期投资比较大，花费相对而言比较多。但减少了数据的流通环节，提高了效率，又保证了各项数据的准确性，同时也避免了工作人员的流动造成的数据丢失等问题，适应了当前的发展形式。

3. 管理可行性

随着时代的发展，人员素质已经逐步提高，不论是对于电脑系统的基本操作，还是对于系统的维护都有了一定的基础，管理的可行性也得到了保障。

4. 开发环境可行性

采用 PowerBuiler 9.0 作为开发工具，PowerBuiler 9.0 可以和多种 PC 产品集成，并可以通过专用接口或 ODBC 接口连接许多比较常用的数据库。PowerBuiler 9.0 具有可视化的开发环境，使代码的编写更为直观，并且在可视化环境下的调试和维护也相对容易。其次 PowerBuiler 9.0 随身携带的 Sybase SQL Anywhere 数据库本身就是个功能强大的 DBMS，对小型应用来说，直接使用这个数据库就是个质优价廉的选择。而为方便用户界面的开发，PowerBuilder 9.0 提供了大量控件，这既丰富了应用程序的表达能力，也加快了项目的开发速度。同时，它拥有多平台的开发环境，如果要把一个平台上开发的代码移植到另外一个平台上，只要重新编译就可以了。

12.3 需求分析

12.3.1 数据流分析

数据流程图是新系统逻辑模型的主要组成部分，它可以反映出新系统的主要功能、系统与外部环境间的输入/输出、系统内部的处理、数据传送、数据存储等情况。它的绘制依据是现行系统流程图，数据流程图是管理信息系统的总体设计图。其中数据处理指对数据的逻辑处理功能，也就是对数据的变换功能。数据流是指处理功能的输入或输出，用一个水平箭头或垂直箭头表示。数据存储是数据保存的地方。数据源/数据去向表示数据的来源或数据的流向。

（1）顶层数据流图

顶层数据流图如图 12-3 所示。

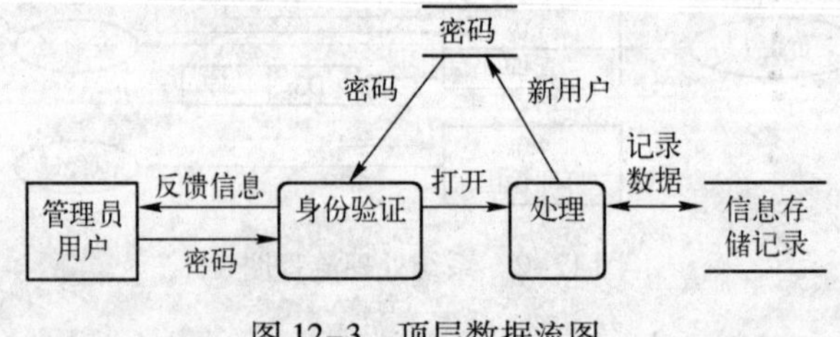

图 12-3　顶层数据流图

（2）管理员总体数据流图

管理员总体数据流图如图 12-4 所示。

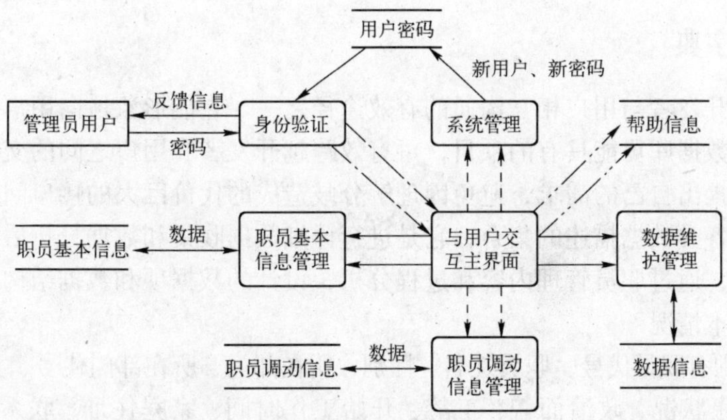

图 12-4　管理员总体数据流图

（3）普通用户总体数据流图

普通用户总体数据流图如图 12-5 所示。

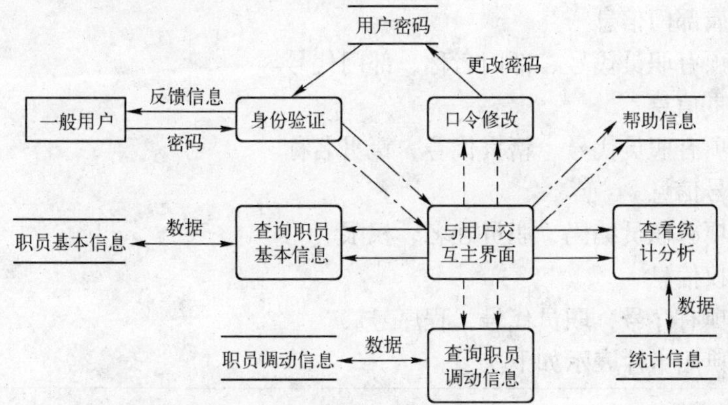

图 12-5　普通用户总体数据流图

12.3.2　系统流程图

系统流程图如图 12-6 所示。

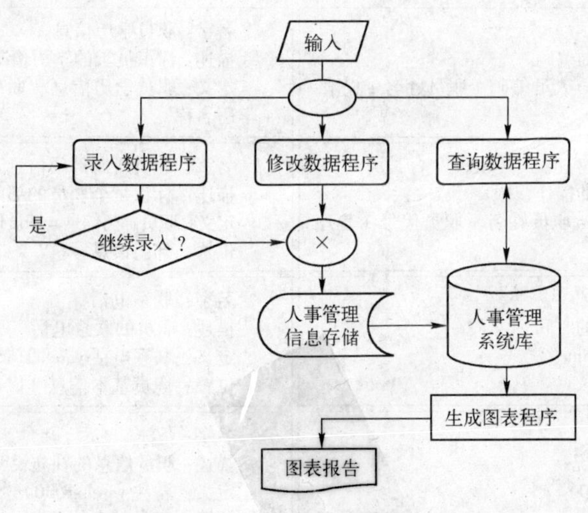

图 12-6　系统流程图

12.3.3 数据字典

数据字典是开发者与用户相互沟通的有效途径之一。它能形象地向用户描述开发者的意图，使用户明白数据库可能具有的项目，可有效跨越开发者和用户之间的交流鸿沟，也有利于用户向开发者提出自己的需求，避免因理解分歧造成的代价巨大的接口问题。

数据字典是各类数据描述的集合，它是进行详细数据收集和数据分析后所获得的主要成果。针对本系统，通过职员管理内容和过程分析，设计的数据项和数据结构如下。

（1）职员基本情况

包括的数据项有职员代号、职员姓名、性别、所在部门、所在部门代号、身份证号、生日、籍贯、民族、健康状况、政治面貌、工龄、开始工作时间、家庭住址、联系电话、职务、职称等。

（2）职员学历信息

包括的数据项有职员代号、学历代码、学历名称。

（3）职员所属部门信息

包括的数据项有职员代号、部门名称、部门代号。

（4）职员籍贯信息

包括的数据项有职员代号、籍贯代号、籍贯名称。

（5）职员代号信息

包括的数据项有职员编码，职员姓名，权限。

（6）用户授权信息

包括的数据项有序号，职员代号，程序号。

主要数据字典用卡片表示如下。

名字：职员基本信息
描述：档案入库时进行登记的职员基本信息表
定义：职员基本信息＝职员代号＋职员姓名＋性别＋所在部门＋身份证号＋出生年月＋籍贯＋民族＋学历＋政治面貌＋工龄＋开始工作时间＋家庭住址＋联系电话＋所在部门代号＋学历
位置：职员基本信息

名字：职员编码信息 描述：标识不同用户的编码 定义：职员编码信息＝人员编码＋职员姓名＋权限 位置：登录界面信息	名字：职员学历信息 描述：标识员工的学历情况 定义：职员学历信息＝职员代号＋姓名＋学历代码＋学历名称
名字：用户授权信息 描述：标识不同用户的操作权限 定义：用户授权信息＝职员姓名＋职员代号＋程序号。	名字：职员所属部门信息 描述：标识每个职员的部门情况 定义：职员部门信息＝职员代号＋部门代号＋部门名称 位置：部门信息
名字：调入时间 描述：标识职员调入的时间 定义：调入时间 datetime 位置：职员基本信息	名字：联系电话 描述：职员的联系电话 定义：联系电话 varchar(15) 位置：职员基本信息
名字：职员学历 描述：职员的学历情况 定义：学历 varchar(30) 位置：职员基本信息	名字：备注 描述：职员信息的补充说明 定义：备注 varchar(30) 位置：职员基本信息

12.4 总体设计

12.4.1 功能模块图

功能模块图如图 12-7 所示。

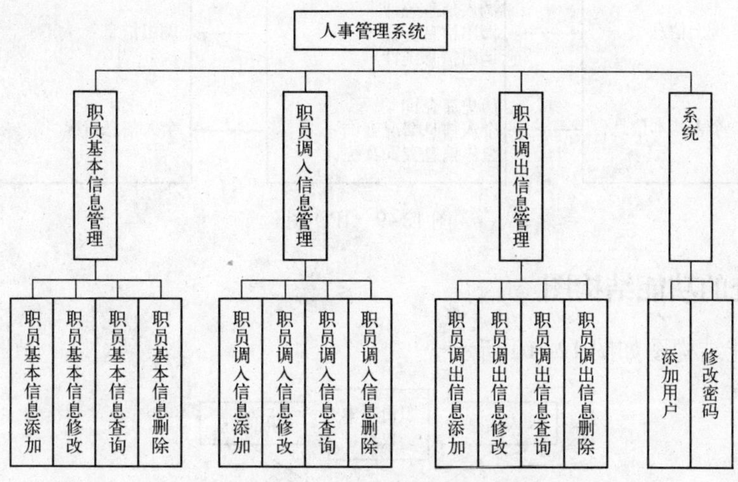

图 12-7　人事管理系统模块

12.4.2 层次方框图

系统功能框图如图 12-8 所示。

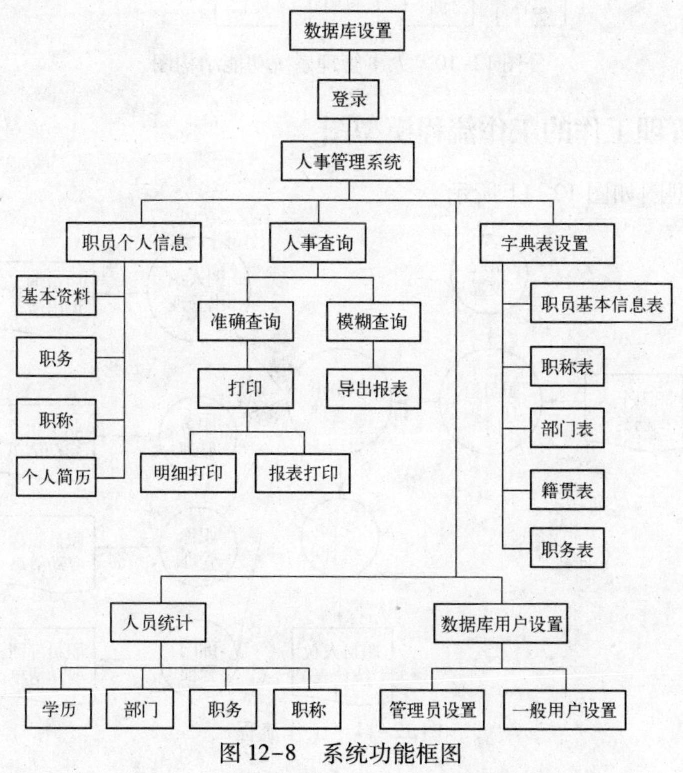

图 12-8　系统功能框图

12.4.3 IPO 图

IPO 图如图 12-9 所示。

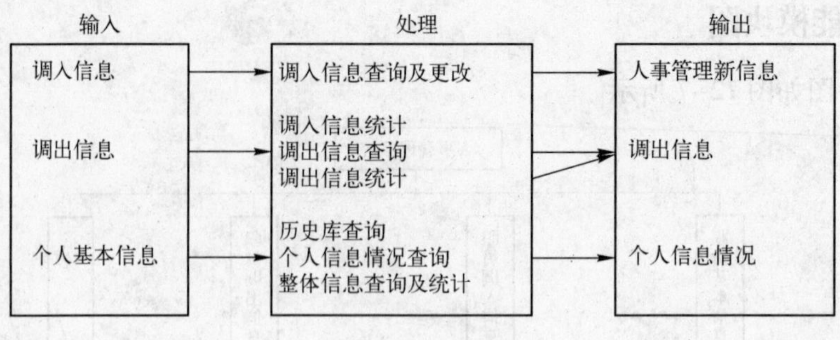

图 12-9 IPO 图

12.4.4 系统的功能结构图

系统的功能结构图如图 12-10 所示。

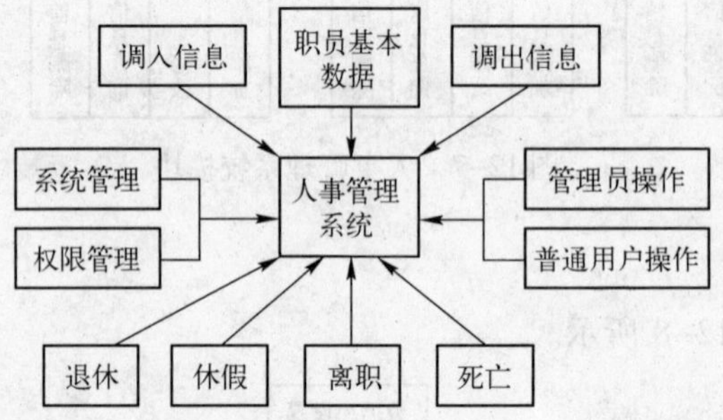

图 12-10 人事管理系统功能结构图

12.4.5 人事管理工作的工作流程模型图

工作流程模型图如图 12-11 所示。

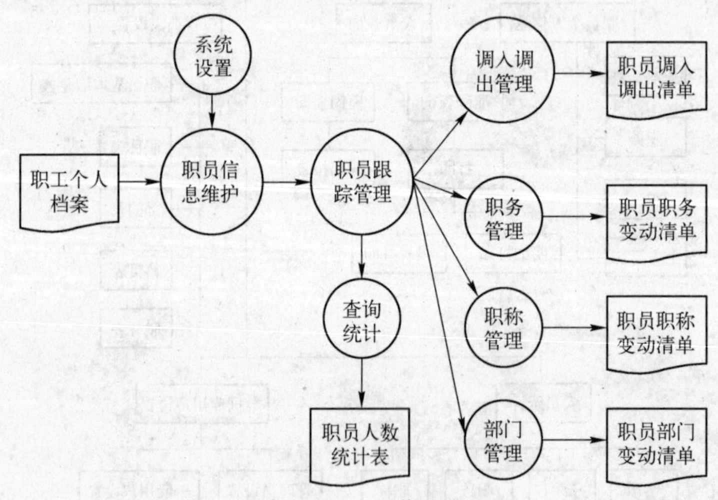

图 12-11 工作流程

12.4.6 系统数据库关系说明图

系统数据库关系说明图如图 12-12 所示。

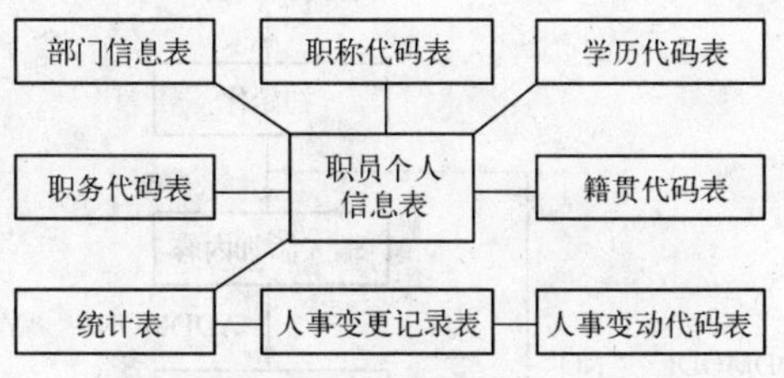

图 12-12　系统数据库关系说明图

12.5 详细设计

1. 查询功能流程图

查询功能流程如图 12-13 所示。

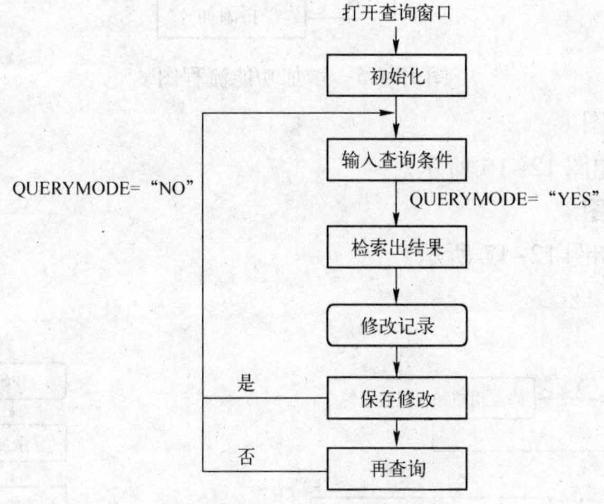

图 12-13　查询功能流程

2. 登录界面程序流程图

登录界面程序流程图如图 12-14 所示。

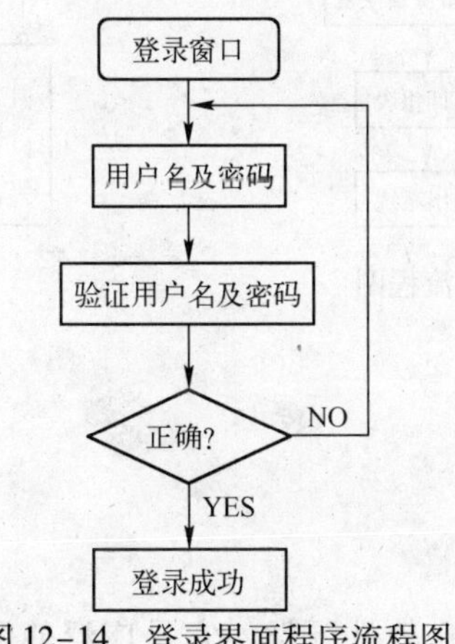

图 12-14　登录界面程序流程图

3. 添加功能流程图

添加功能流程图如图 12-15 所示。

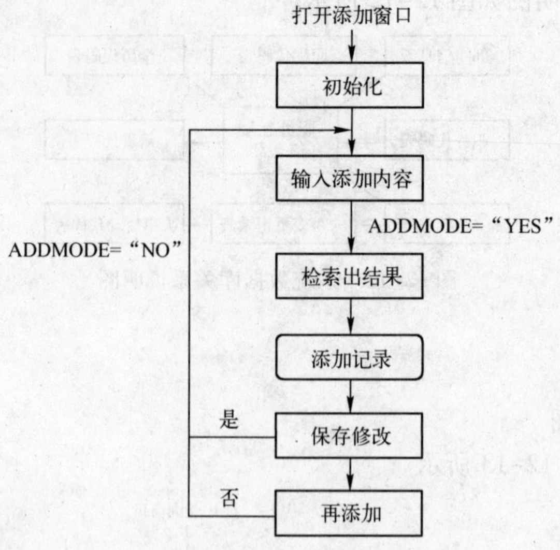

图 12-15　增加功能流程图

4. 系统程序流程图

系统程序流程图如图 12-16 所示。

5. 系统功能流程图

系统功能流程图如图 12-17 所示。

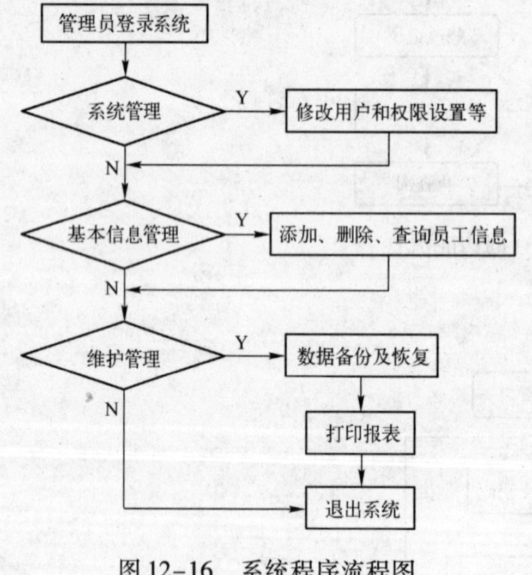

图 12-16　系统程序流程图

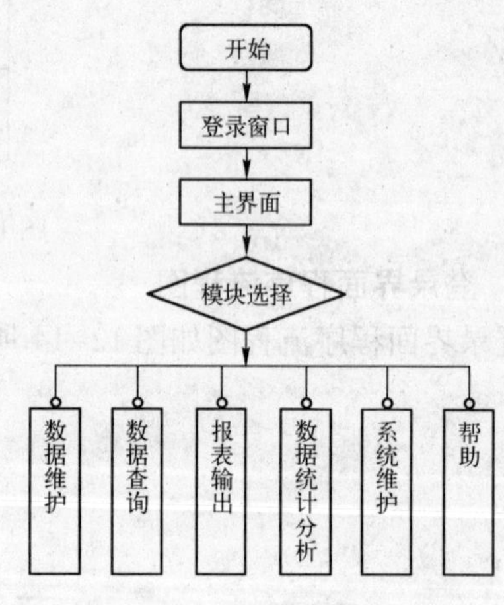

图 12-17　系统功能流程图

12.6　系统实现

1. 实现工具

(1) PowerBuilder 9.0

本系统采用 PowerBuilder 9.0 软件开发，它是广泛使用于 C/S 体系结构下的应用程序，具有完整的 Web 应用开发功能，同时支持多种关系数据库管理系统，采用面向对象技术，图形化的应用开发环境，是数据库的前端开发工具；通过微软公司的 ODBC 接口和其他的大型数据库链接，能够高速读取数据库中的数据。值得一提的是 PowerBuilder 9.0 拥有数据窗口对象（DATAWindows），它能操纵关系数据库的数据而无需编写 SQL 语言，可进行修改、更新、插入、删除等。

（2）Sybase 8.0 数据库

PowerBuilder 9.0 上的 Sybase 8.0 是 PowerSoft 子公司推出的新一代数据库开发工具，它除了能够设计传统的性能、基于客户/服务器（Client/Server）体系结构的应用系统外，也能够用于开发基于 Internet 的应用系统。Sybase 数据库在数据模型（关系模型）、查询语言（ANSI/SQL89、ISO/ANSI SQL92）、安全控制等方面遵循国际标准，这就使得在数据库方面易于操作、方便快捷。

Sybase 数据库还具有客户端应用程序与数据库服务器分布的透明性。Sybase 的客户/服务器体系结构基于独立的单进程、多线程服务器 SQL Server 和支持客户端进程的例程库 Open Client，两者之间采用内部的 TDS 表单式数据流协议传送数据。

将 PowerBuilder 9.0 和 Sybase 8.0 数据库这两个在各自领域最流行的软件结合起来，开发出的人事管理系统具有一定的实用价值。

2. 开发平台

人事管理系统的数据库采用 Sybase 8.0，前端采用 PowerBuilder 9.0 作为应用开发工具。客户端软件在 Windows 95/98、Windows Me 以及 Windows 2000/XP 下均可以安装使用。

3. 数据库系统工作结构图

数据库系统工作结构如图 12-18 所示。

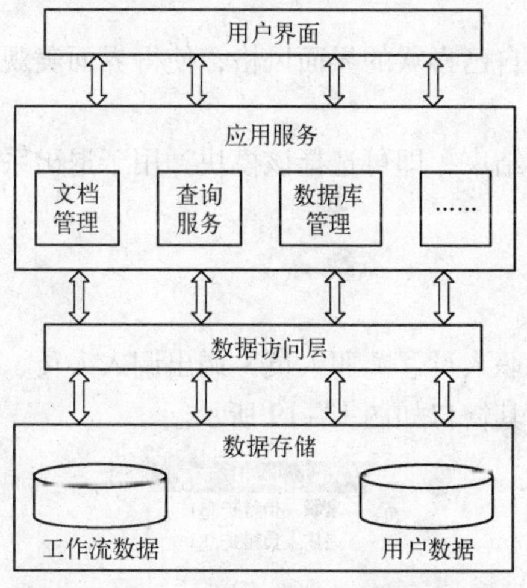

图 12-18　数据库系统工作结构图

12.7　测试与维护

测试是为了发现程序中的错误而执行程序的过程。测试的目的是软件投入生产性运行之前，尽可能多地发现软件中的错误。成功的测试能发现系统运行中的错误，让系统正确运行。

12.7.1 测试结果

1）管理系统登录模块。

该模块是系统管理人员的登录界面，管理员须输入正确的用户名称和密码才能进入人事管理系统。该模块的设计主要是为了确保人事管理数据的保密性和安全性，对录入、修改、访问进行权限管理。

2）人事管理系统主界面模块。

该模块是调用其他各功能模块的主模块，主要包括对数据维护、数据查询、报表输出、数据统计分析、窗口和帮助等模块的调用。

3）职员基本信息显示及查询、打印模块。

该模块包括查询、打印职员的学历学位信息、所属部门、籍贯等信息。

4）数据查询模块。

通过该模块可以对调出调入人员、在职人员、离职人员以及退休人员等信息进行查询。

5）调入人员的信息查询结果：显示调入人员的基本信息状况。

6）调出人员的信息查询结果：显示调出人员的基本信息状况。

7）报表输出模块。

包括对个人详细信息、在职人员清单、离职人员清单、退休人员清单和调出/调入人员清单的打印。

8）数据统计分析模块。

通过该模块可以对各部门的人员数量、人员学历结构、职务和职称结构进行统计，并且可以选择不同的统计图形表达方式。

9）窗口模块。

可以通过此模块选择出自己喜欢的界面风格，使得界面美观，符合不同人员的审美。

10）系统退出模块。

当对人事管理系统操作结束，即可选择该模块，用于退出系统。

12.7.2 系统维护

1）数据维护模块。

数据维护模块用于对在职人员、离职人员、调出调入人员、数据备份、数据恢复以及查看运行日志等内容的维护，其窗口如图 12-19 所示。

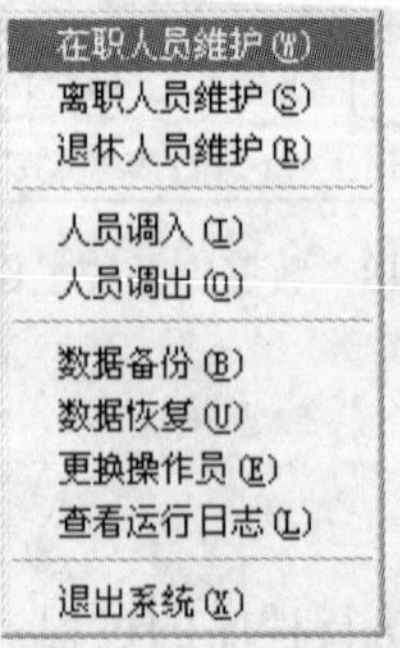

图 12-19 数据维护窗口

2）运行日志模块。

运行日志模块用于管理人员查看登录信息以及其信息被查看、更改的操作信息和操作时间，便于发现系统发生错误的原因，防止不法分子的非法进入及非法操作，保障系统的正常工作，其界面如图 12-20 所示。

图 12-20　运行日志界面

3）调入、调出人员维护：根据人员变动情况，对调动信息进行维护，其界面如图 12-21 所示。

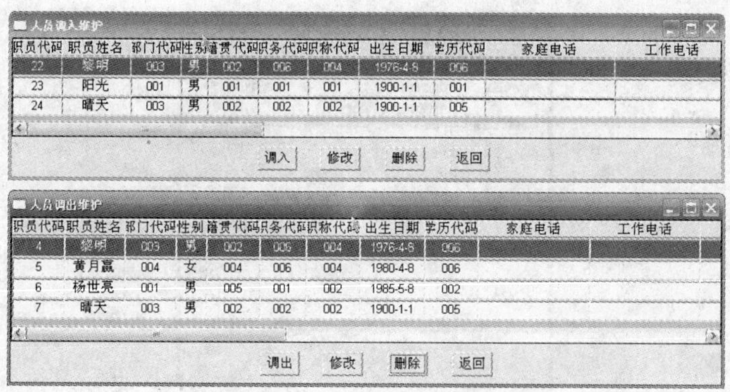

图 12-21　调入、调出人员维护

4）系统维护模块。

通过此模块管理远可以对部门表、籍贯表、学历表、职称、职务表和用户权限等信息进行管理，并且可以通过此模块对运行日志进行相应的设置，如图 12-22 所示。

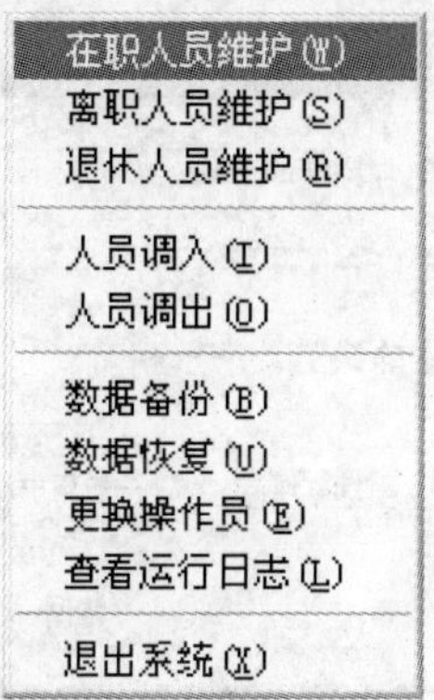

图 12-22　系统维护窗口

5）部门维护模块。

部门维护模块用于对部门信息进行维护，管理员可以通过这个模块对部门信息进行增加和删除等修改操作，便于系统的及时更新，如图 12-23 所示。

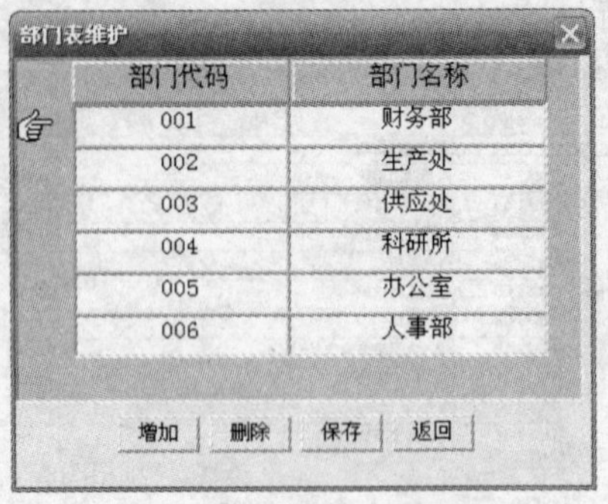

图 12-23　部门维护界面

6）权限设置模块。

管理员通过该模块可以增加、删除用户，对不同用户进行不同的权限设置，普通用户通过该模块可以修改自己的口令密码，如图 12-24 所示。

图 12-24　权限设置界面

7）增加用户模块。

管理增加用户时，要对增加的新用户设置类型以及用户名称和用户口令，如图 12-25 所示。

图 12-25　增加用户界面

8）用户口令维护模块。

管理员或者一般用户可以通过该模块修改口令，在修改之前为了防止被盗用，需要首先输入原口令，然后再进行相应的修改，并且为了防止修改时输入错误的口令，因此需要对新输入的口令进行验证，若在修改的过程中，不想重新去修改口令时，则可选择“取消”按钮，取消操作，若修改成功则提示成功修改信息，若修改时出错则提示出错的原因，请用户继续对其进行修改，如图 12-26 所示。

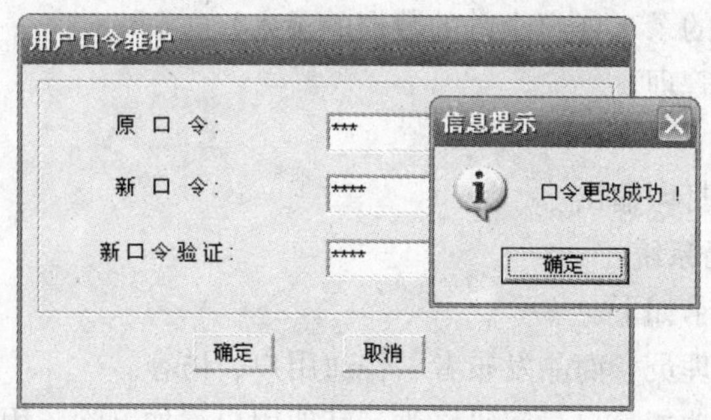

图 12-26　用户口令维护界面

9）权限维护模块。

管理员通过此模块可以对不同的用户，设置不同的操作权限，设计时将其设计成可选框，若赋予用户某个权限，则在相应的权限上选中，在选择框上出现一个“√”表示选中此项目，可选框的默认状态为选中状态。没有选中的选择表示用户没有此项操作权限，如图 12-27 所示。

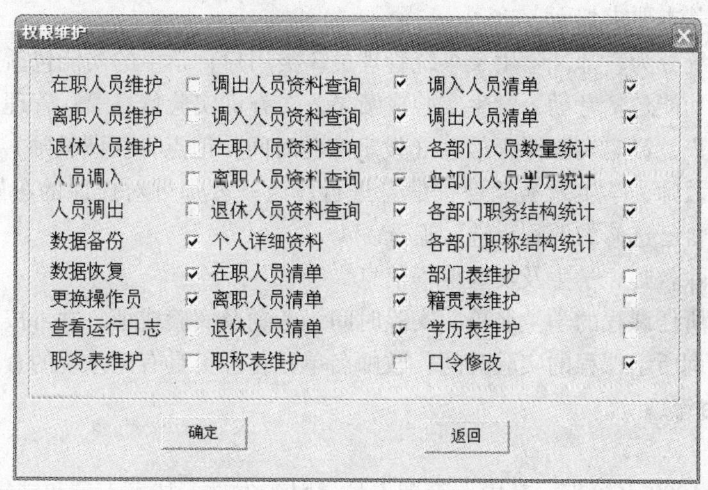

图 12-27　权限维护界面

小结

本章主要以人事管理系统作为实例，介绍了软件工程的各个环节，旨在帮助读者对软件工程有一个清晰的认识，利用软件工程的方法来解决实际问题。

习题

1. 能源管理收费系统

系统功能的基本要求如下。

用户基本信息的录入：包括用户的单位、部门、姓名、联系电话、住址、用户的水、用户的电、用户的气数据的录入（每个月的数据的录入）。

水、电、气价格的管理。

工号的管理。

查询、统计的结果打印输出。

2. 校园小商品交易系统

系统功能的基本要求如下。

包含 4 类用户：管理员、商品发布者、普通用户、访客。

向管理员提供以下功能：自身密码修改，其他用户添加删除，用户信息修改、统计。商品信息添加、修改、删除、查找、统计。

向商品发布者提供以下功能：注册、登陆、注销、自身密码修改、自身信息修改。商品信息发布，自身商品信息统计。查找浏览其他商品。

向一般用户提供以下功能：商品浏览、查找、获知商家联系方式，定购商品。

向访客提供以下功能：商品浏览、查找、获知商家联系方式。

3. 实验选课系统

系统功能的基本要求如下。

实验选课系统分为教师，学生及系统管理员 3 类用户，学生的功能包括选课，查询实验信息等；教师的功能包括考勤，学生实验成绩录入，查询实验信息等；管理员的功能包括新建教师，学生账户，设定实验课程信息（设定实验时间，地点，任课教师）。

管理员可对教师，学生及实验课程信息进行修改；教师可对任课的考勤，成绩进行修改；学生可以对自己选修的课程重选，退选。

管理员可删除教师，学生及实验课程信息。

教师可查询所任课程的学生名单，实验时间，考勤及实验成绩，并可按成绩分数段进行统计；学生可查询所学课程的实验时间，教师名单；管理员具有全系统的查询功能。

4. 员工薪资管理

背景资料：

某单位现有 1000 名员工，其中有管理人员、财务人员、技术人员和销售人员。

该单位下设 4 个科室，即经理室、财务科、技术科和销售科。

工资由基本工资、福利补贴和奖励工资构成，失业保险和住房公积金在工资中扣除。

每个员工的基本资料有姓名、性别、年龄、单位和职业（如经理、工程师、销售员等）。

每月个人的最高工资不超过 3000 元。工资按月发放，实际发放的工资金额为工资减去扣除。

能够删除辞职人员的数据。

5. 销售合同管理系统

系统设计要求如下。

对数据库数据的管理：添加、修改数据。

对合同的管理：修改、增加合同、整理、备份合同。

统计：合同执行情况统计、未完成合同统计、合同分类统计。

打印合同：销售、供货合同单、简易报表打印。

查询：按合同编号、金额、签订日期、供货日期查询。浏览全部合同、浏览未完成合同。

考虑系统的使用权限及数据安全。

6. 仪器仪表管理

系统功能的基本要求如下。

新的仪器仪表信息的录入。

在借出、归还、维修时对仪器仪表信息的修改。

对报废仪器仪表信息的删除。

按照一定的条件查询、统计符合条件的仪器仪表信息；查询功能至少应该包括仪器仪表基本信息的查询、按时间段（如在 2006 年 1 月 1 日到 2006 年 10 月 10 日购买、借出、维修的仪器仪表等）查询、按时间点（借入时间，借出时间，归还时间）查询等；统计功能至少包括按时间段（如在 2006 年 1 月 1 日到 2006 年 10 月 10 日购买、借出、维修的仪器仪表等）统计、按仪器仪表基本信息的统计等。

对查询、统计的结果打印输出。

7. 仓库设备管理

系统功能的基本要求如下。

新的设备信息的录入。

在借出、归还、维修时对设备信息的修改。

对报废设备信息的删除。

按照一定的条件查询、统计符合条件的设备信息；查询功能至少应该包括设备基本信息的查询、按时间段（如在 2006 年 1 月 1 日到 2006 年 10 月 10 日购买、借出、维修的设备等）查询、按时间点（借入时间，借出时间，归还时间）查询等，统计功能至少包括按时间段（如在 2006 年 1 月 1 日到 2006 年 10 月 10 日购买、借出、维修的设备等）统计、按设备基本信息的统计等。

对查询、统计的结果打印输出。

8. 仓库管理系统

系统功能的基本要求如下。

各种商品信息的输入，包括商品的价格，类别，名称，编号，生产日期，保质期，所属公司等信息。

各种商品信息的修改。

对于已售商品信息的删除。

按照一定的条件，查询、统计符合条件的商品信息；至少应该包括每个商品的订单号，价格，类别，所属公司等信息进行查询。

对查询、统计的结果打印输出。

参考文献

[1] Dines Bjorner. 软件工程（卷1：抽象与建模）[M]. 刘伯超，向剑文，等译. 北京：清华大学出版社，2010.

[2] Dines Bjorner. 软件工程（卷3：领域、需求与软件设计）[M]. 刘伯超，向剑文，等译. 北京：清华大学出版社，2010.

[3] Dines Bjorner. 软件工程（卷2：系统与语言规约）[M]. 刘伯超，向剑文，等译. 北京：清华大学出版社，2010.

[4] 张海藩，倪宁. 软件工程 [M]. 3版. 北京：人民邮电出版社，2010.

[5] 张海藩. 软件工程 [M]. 北京：清华大学出版社，2009.

[6] 萨默维尔. 软件工程 [M]. 8版. 程成，陈霞，译. 北京：机械工业出版社，2007.

[7] Shari Lawrence Pfleeger，Joanne M. Atlee. 软件工程 [M]. 4版. 杨卫东，译. 北京：人民邮电出版社，2010.

[8] 王立福，孙艳春，刘学洋. 软件工程 [M]. 3版. 北京：北京大学出版社，2009.

[9] 李代平. 软件工程 [M]. 2版. 北京：清华大学出版社，2008.

[10] 教育部软件工程学科课程体系研究课题组. 中国软件工程学科教程 [M]. 北京：清华大学出版社，2005.

[11] 金尊和. 软件工程实践导论：有关方法、设计、实现、管理之三十六计 [M]. 北京：清华大学出版社，2005.

[12] 克里斯腾森，软件工程最佳实践项目经理指南 [M]. 王立福，等译. 北京：电子工业出版社，2004.

[13] 郭荷清. 现代软件工程——原理、方法与管理 [M]. 广州：华南理工大学出版社，2004.

[14] 胥光辉. 软件工程方法与实践 [M]. 北京：人民邮电出版社，2004.

[15] 许家珆，曾翎，彭德中. 软件工程：理论与实践 [M]. 北京：高等教育出版社，2004.

[16] 王小铭，林拉. 软件工程辅导与提高 [M]. 北京：清华大学出版社，2004.

[17] Watts S Humphrey. 软件工程规范 [M]. 傅为，苏俊，许青松，译. 北京：清华大学出版社，2004.

[18] 胥光辉. 软件工程方法与实践 [M]. 北京：机械工业出版社，2004.

[19] Sommerville I. Software Engineering（6th Edition）[M]. 北京：机械工业出版社，2003.

[20] 雅各布森. 面向对象软件工程（修订版）（英文版）[M]. 北京：人民邮电出版社，2003.

[21] Schach，S R. 面向对象与传统软件工程 [M]. 5版. 韩松，等译. 北京：机械工业出版社，2003.

[22] 王立峰，延伟东，软件工程理论与实践 [M]. 北京：清华大学出版社，2003.

[23] Shari Lawrence Pfleeger. 软件工程理论与实践. 2版. 吴丹，唐忆，史争印，译. 北京：清华大学出版社，2003.

[24] 中国标准出版社. 计算机软件工程规范国家标准汇编. 2003 [M]. 北京：中国标准出版社，2003.

[25] 陈松乔. 现代软件工程 [M]. 北京：北京交通大学出版社，2002.

[26] Lethbridge T C，aganiere R. 面向对象软件工程 [M]. 张红光，等译. 北京：机械工业出版社，2003.

[27] 张海藩. 软件工程 [M]. 北京：人民邮电出版社，2002.

[28] 王家华. 软件工程 [M]. 沈阳：东北大学出版社，2001.
[29] 陈明. 软件工程 [M]. 北京：科学出版社，2002.
[30] 邓成飞，李洁. 软件工程管理 [M]. 北京：清华大学出版社，2000.
[31] 邓良松，等. 软件工程 [M]. 西安：西安电子科技大学出版社，2000.
[32] 周之英. 现代软件工程 [M]. 北京：科学出版社，2000.